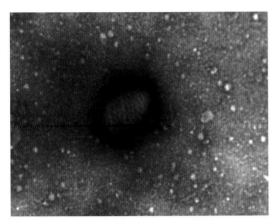

彩图5-1　羊口疮病毒　　　　（古少鹏供图）

彩图5-2　羊口疮　　　　（郑明学供图）

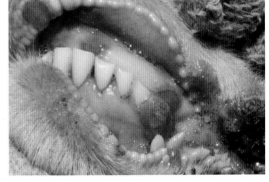

彩图5-3　羊口疮　　　　（郑明学供图）

彩图5-4　羊口疮病毒在寄生的细胞胞浆内形成
　　　　包涵体（↑）　　（古少鹏供图）

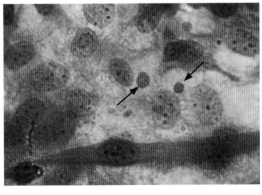

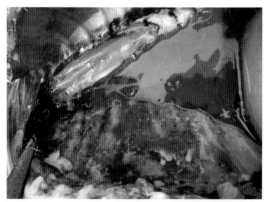

彩图5-5　羊传染性胸膜肺炎——纤维素性肺炎
（郑明学供图）

彩图6-1　细颈囊尾蚴（1）与肝片吸虫（2）
（王凤龙供图）

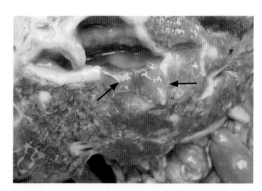

彩图6-2　羊肝脏内寄生的肝片吸虫（↑）
（王凤龙供图）

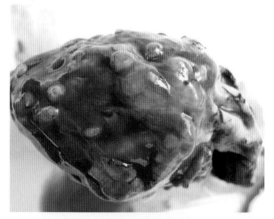

彩图6-3　羊心脏有多量棘球蚴寄生
（郑明学供图）

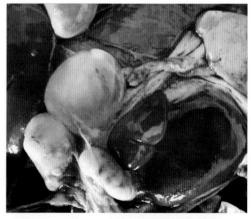

彩图6-4　羊肝脏表面寄生的细颈囊尾蚴
（王凤龙供图）

彩 图

彩图6-5　羊小肠内寄生的绦虫　　（王凤龙供图）

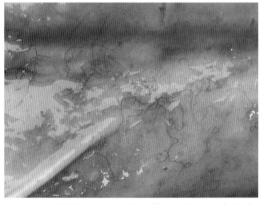

彩图6-6　羊皱胃内寄生的捻转血矛线虫和奥斯特
　　　　线虫　　　　　　　　（王凤龙供图）

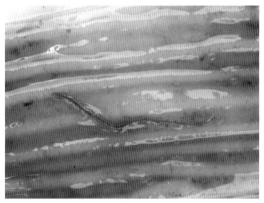

彩图6-7　羊小肠内寄生的仰口线虫
　　　　　　　　　　　　　　　（王凤龙供图）

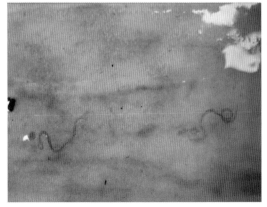

彩图6-8　羊小肠内寄生的细颈线虫（王凤龙供图）

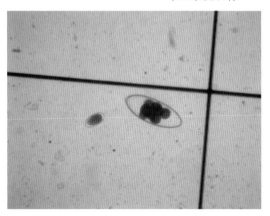

彩图6-9　羊细颈线虫卵　　　　（王凤龙供图）

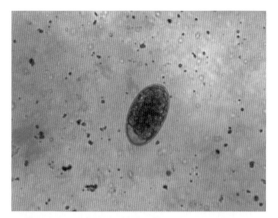

彩图6-10　羊捻转血矛线虫卵　（王凤龙供图）

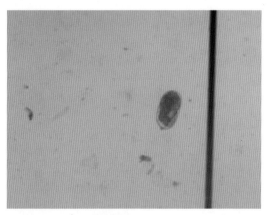

彩图6-11　羊毛圆线虫卵　　（王凤龙供图）

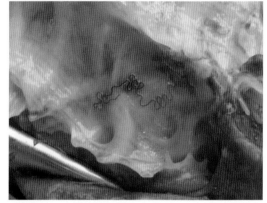

彩图6-12　羊气管和支气管内肺线虫（王凤龙供图）

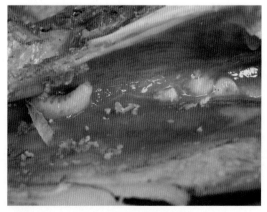

彩图6-13　羊鼻腔内鼻蝇蛆各期幼虫

（王凤龙供图）

彩图6-14　羊鼻蝇蛆病羊流鼻液（王凤龙供图）

舍饲羊场疾病预防与控制新技术

王仲兵　郑明学　主编

中国农业出版社

图书在版编目（CIP）数据

舍饲羊场疾病预防与控制新技术／王仲兵，郑明学
主编. —北京：中国农业出版社，2013.5
ISBN 978-7-109-17043-8

Ⅰ.①舍…　Ⅱ.①王…②郑…　Ⅲ.①羊病-防治
Ⅳ.①S858.26

中国版本图书馆 CIP 数据核字（2012）第 180652 号

中国农业出版社出版
（北京市朝阳区农展馆北路 2 号）
（邮政编码 100125）
责任编辑　黄向阳　周锦玉

北京中科印刷有限公司印刷　新华书店北京发行所发行
2013 年 5 月第 1 版　2013 年 5 月北京第 1 次印刷

开本：720mm×960mm　1/16　印张：23.25　插页：2
字数：410 千字　印数：1～4 000 册
定价：50.00 元
（凡本版图书出现印刷、装订错误，请向出版社发行部调换）

本书由国家"十一五"科技支撑计划课题（2007BAD56B06）
项 目 支 持

本书有关用药的声明

兽医科学是一门不断发展的学科。标准用药安全注意事项必须遵守，但随着科学研究的发展及临床经验的积累，知识也不断更新，因此治疗方法及用药也必须或有必要做相应的调整。建议读者在使用每一种药物之前，参阅厂家提供的产品说明以确认推荐的药物用量、用药方法、所需用药的时间及禁忌等。医生有责任根据经验和对患病动物的了解决定用药量及选择最佳治疗方案。出版社和作者对任何在治疗中所发生的对患病动物和/或财产所造成的伤害不承担责任。

敬读者知。

中国农业出版社

编写人员

主　编　王仲兵　郑明学

副主编　古少鹏　马海利　刘兴国

编　者（按姓名笔画排序）

马海利　王仲兵　牛军星　古少鹏

石　慧　田泰安　刘兴国　李宝钧

张利俊　武守艳　郑明学　赵左英

赵宇琼　高文伟　韩一超　雷宇平

前 言 ■

随着国民经济的高速发展，人民生活水平的不断提高，人们对生态环境的保护意识不断加强。为了实现生态环境的改善和畜牧业的持续发展，舍饲畜牧已成为畜牧业的发展方向。羊的饲养方式已由小规模、散养或放牧为主转化为大规模、舍饲为主，随着羊的饲养方式改变，羊场疾病的发生原因、流行规律也发生了变化。

为防控舍饲羊场疾病，我们以国家"十一五"科技支撑计划"舍饲羊场疾病防控技术集成研究"成果为基础，结合国内外羊病防治研究新成果编写了《舍饲羊场疾病预防与控制新技术》一书。内容涉及规模化舍饲羊场疾病的诊断技术、羊场常用药物与治疗技术、羊场环境卫生与生物安全、生产管理与疾病控制、常见羊病的防治、舍饲羊场疾病防控技术规程等。将舍饲羊场疾病的诊断技术、防治技术和诊疗记录进行了详细、具体阐述，对羊场兽医及相关人员的操作进行了规范，强化了羊场生物安全和羊产品安全的控制技术。全书力求系统、全面、实用、可操作性强。本书是羊场管理人员、技术人员、基层兽医工作者以及畜牧兽医大专院校学生较为适用的工具书和参考书。

由于水平所限，书中内容不尽完善，欢迎广大读者批评指正。

编 者

2013 年 4 月

第一章 羊病的诊断技术

羊病诊断是对羊病本质的判断：就是查明病因，确定病性，为制定和实施羊病防治提供依据。羊病诊断是防治工作的前提，只有及时准确的诊断，防治工作才能有的放矢，否则往往会盲目行事，贻误时机，给养羊业带来重大损失。羊病诊断常用的方法有：临床诊断、病理剖检、实验室诊断等。由于每种羊病的特点各有不同，因此常需要根据实际情况进行综合诊断，有时只需要采用其中的一两种方法就可以及时做出诊断。

第一节 临床诊断

临床诊断是诊断羊病最基本的方法，即通过问诊、视诊、触诊、叩诊、听诊、嗅诊等方法对羊进行检查来诊断羊病，临床诊断包括一般检查、系统检查及特殊检查。

一、检查方法

临床检查的方法主要有问诊、视诊、触诊、叩诊、听诊、嗅诊。这些方法简便易行，在任何地方都可以实施，往往可对疾病做出诊断或为进一步确诊提供依据。

（一）问诊

问诊即向畜主、饲养人员等调查和了解病羊或羊群发病情况和经过的一种方法。问诊的主要内容包括现病历、既往病史、饲养管理情况、羊舍卫生和防疫情况、繁殖性能和周围环境等。

1. 现病历 包括本次发病的发生时间、发病只数、死亡只数，发病前和病后的表现，如采食、反刍、排便、排尿、呼吸及运动等异常变化，以及病羊发病的经过及治疗情况以及可能的原因。

2. 既往病史 过去病羊或羊群的患病情况，是否发生过类似疾病，其经过和结果如何，本地和邻近乡村的常在疫情及地区性的常发病，特别是有无与本次发病有密切关系的疾病，预防接种的内容、时间及结果等。

3. 饲养管理情况　了解羊群规模的大小，羊的品种、年龄、性别，日粮组成，饲料的种类与品质，饲喂的制度和方法等。

4. 羊舍卫生和防疫情况　羊舍的卫生消毒制度是否健全，病死羊尸体的处理情况，场内羊只的流动情况；防疫情况，包括主要传染病预防接种的时间、接种方法、疫苗的来源、抗体监测效价、疫苗保存方法等。

5. 繁殖性能和周围环境　调查有否屡配不孕、流产、配种过度等情况，了解羊舍的环境卫生条件及运动场、农牧场的位置、地形，附近厂矿的废水、废气及污物的处理情况等。

（二）视诊

视诊即用肉眼或借助简单器械观察病羊全身状况或局部病理现象的一种检查方法。视诊的主要内容包括病羊的放牧、采食、运动、膘情、被毛、皮肤、黏膜和粪便等。

1. 放牧情况　包括精神状况、有无举止行为异常等。健康羊一般精神状态良好，争食反应敏捷。病羊萎靡不振、落群、呆立和卧地不起。

2. 姿势与步态　健康羊两眼有神，神态安详，行动活泼，步态平稳。病羊姿态不稳，不愿行走，有的表现四肢僵直，有的做转圈运动，有的表现为跛行。

3. 膘情　一般病羊患有急性病，如急性炭疽、羊快疫、羊黑疫、羊肠毒血症等疾病时，身体仍可表现肥壮。当羊患有慢性传染病和寄生虫病时，身体多为瘦弱。

4. 被毛和皮肤　被毛的光泽度、换毛状况、有无局部脱毛、皮肤颜色、有无创伤、溃疡、肿瘤及疱疹等。健康羊被毛平整光亮，病羊的被毛常粗乱、无光、质脆、易脱落。如羊患螨病时，常表现为被毛脱落、结痂、皮肤增厚和蹭痒擦伤等现象。在检查皮肤时，除要注意皮肤的外观，还要注意有无水肿、炎症肿胀和外伤等。如重症寄生虫病，常在颌下、胸前、腹下等部位出现水肿。

5. 可视黏膜　注意颜色变化，有无分泌物、分泌物的性状，有无糜烂、溃疡、赘生物、水疱、脓疱等。健康羊的可视黏膜（眼结膜、鼻腔、口腔、阴道、肛门等黏膜）呈淡红色，且湿润光滑。当黏膜变为苍白，则是贫血征兆；黏膜潮红，多为能引起体温升高的热性病所致；黏膜发黄，说明血液中的胆红素增加，见于多种原因造成的肝实质病变、胆管阻塞和溶血性黄疸等病。如羊患焦虫病、肝片吸虫病、双腔吸虫病，可视黏膜均呈现不同程度的黄染现象，发生黄疸。当黏膜的颜色变为紫红色（又称发绀），说明血液中的还原血红蛋白或变性血红蛋白增加，是严重缺氧的征兆，常见于呼吸困难性疾病、中毒性疾病和某些疾病的垂危期。黏膜颜色的变化，反映心脏、肺脏功能及血液成分的改变。在诊断羊病时不要忽视该项目的检查。

6. 采食、饮水及粪尿 食欲的好坏，直接反映出羊全身及消化系统的健康状况。注意采食、咀嚼、吞咽、反刍、嗳气、排粪、排尿等有无异常，观察有否咳嗽、流鼻涕、呕吐、流涎、腹泻、尿淋漓等情况。羊出现舐泥土、吃草根等嗜癖，是慢性营养不良的表现，饮食废绝，说明病情严重；若想吃而不敢咀嚼，应检查口腔和牙齿有无异常。健康羊，通常鼻镜湿润，饮喂后 30min 开始反刍，每次反刍持续时间 30～40min，每一食团咀嚼 50～70 次，每昼夜反刍 6～8 次。若发现鼻镜干燥，反刍减少或停止时，多见于高热、严重的前胃及真胃疾病或肠道炎症。热性病的初期，常表现出饮欲增加。对羊粪便的检查，要注意其形状、硬度、颜色及附着物等的变化。正常羊粪，呈灰黑色小球形，软硬适中。如粪便过于干小、色黑，为缺水和胃肠道弛缓；粪便出现特殊臭味或过于稀薄，多为各类型的急慢性肠炎所致；前部消化道出血时，粪便呈现黑褐色，后段肠道出血，粪便为暗红色；当粪便混有寄生虫及其节片时，表示体内有寄生虫寄生。对尿液的观察，健康羊每天排尿 3～4 次，尿液清亮、无色或稍黄。羊排尿的次数和尿量过多或过少，尿液的颜色发生变化以及排尿痛苦、失禁或尿闭等，都是有病的症状。

7. 呼吸 观察呼吸运动、呼吸节律是否正常，有无呼吸困难。胸壁与腹肌同时一起一伏为一次呼吸，亦可用听诊器在气管或肺区听取呼吸音来计数。健康羊每分钟呼吸 10～20 次。当患有热性病、呼吸系统疾病、心脏衰弱、贫血、中暑、胃肠臌气、瘤胃积食等病时，呼吸次数增加。某些中毒性疾病和代谢障碍等，可使羊呼吸次数减少。

（三）嗅诊

嗅诊是利用嗅觉嗅闻发自动物的异常气味（如呼出气、口腔、排泄物和病理性分泌物的气味）来判断疾病的一种检查方法。嗅诊时检查者用手将羊体散发的气味扇向自己鼻部，再仔细判断气味的特点与性质。如呼出气体、皮肤、尿液等有烂苹果味，提示有酮病；如鼻液和呼出的气体常带有腐败性恶臭时，提示呼吸道及肺脏有坏疽性病变的可能；如粪便腥臭或恶臭，从呼气中闻到酸臭味，提示消化不良，患胃肠炎；如从胃内容物和呼出的气体中闻到有大蒜味道，提示有机磷制剂中毒。

（四）触诊

触诊是用手指、手掌或拳头触压被检部位，感知其硬度、温度、压痛、移动性和表现状态，以确定病变的位置、大小和性质。

1. 浅部触诊 检查者用手掌平放在被检部位，按一定顺序触摸，或以手指及指尖稍加压力于被检部位，以检查是否正常。一般用来检查皮肤温度、皮肤弹性、肌肉紧张度及敏感性，也可触摸体表的固定部位，感知淋巴结和心搏情况等。

（1）**皮肤弹性及敏感度的检查** 以拇指和食指捏紧皮肤向上提起，然后突然松开。正常皮肤应立即恢复原状，当羊营养不良，患有皮肤疾病或全身性脱水时，皮肤则失去弹性；中枢或末梢神经麻痹时，则相应皮内的敏感度降低或消失。

（2）**体温的检查** 一般用手触摸羊的耳根或将手指插入口腔即可感知病羊是否发热。但最准确的方法是用兽用体温表进行直肠测温。具体方法是：将体温表用力甩到 35℃ 以下，涂上润滑剂（凡士林、石蜡油、植物油等）后，再将有水银的一端从肛门口边旋转边插入直肠内，然后将体温表的夹子固定在尾根部的被毛上，经 3～5min 后取出，读取水银柱顶端的刻度数，即为羊的体温度数。正常羊的体温在 38～39.5℃。一般羔羊比成年羊的体温要偏高些，热天比冷天高些，下午比上午高些，运动后比运动前高些，均属正常生理现象。如果体温超过正常范围，则为发热。多见于传染病、各种炎症性疾病和一些血液原虫病等。但在一些中毒性疾病和蠕虫病过程中，羊的体温常没有变化。

（3）**体表淋巴结的检查** 主要检查颌下、颈浅、髂下和乳房上淋巴结。当羊发生结核病、伪结核病、羊链球菌病以及四肢组织器官发生炎症时，相应的淋巴结往往肿大；患乳房炎时，乳房上淋巴结肿大，有热痛感；患伪结核病时，淋巴结初期肿大变硬，以后化脓，触压有波动感，最后淋巴结内常呈现干酪样变，容易挤出。一般的传染病或炎症过程，触摸相应淋巴结都有肿大、发热、变硬和疼痛的感觉。只有在羊患结核病时，淋巴结只肿大、变硬，但无热痛反应。

（4）**脉搏的检查** 用手指触摸颌外动脉或股内侧动脉，感知心搏的情况。健康羊的脉搏每分钟跳动 70～80 次，一般在发热、心肌炎初期和疼痛性疾病时，心搏数增加；相反，在导致心脏传导和兴奋性降低的疾病中，脉搏的次数减少。

2. 深部触诊 是用不同的力量对患部进行按压，以便进一步探知病变的性质。触压肿胀部位，呈现生面团状，指压后长时间留有痕迹，无热、无痛，为组织水肿的表现；触压感觉发硬，并伴有热痛感觉，为炎性肿胀；触压不留痕迹，柔软而有弹性，内有液体移动感，为组织间有血肿、脓肿或淋巴外渗；按压时感觉柔软，稍有弹性且不时发出细小捻发音，并有气泡向邻近组织窜动感，为皮下聚集大量气体所致。触诊瘤胃或真胃内容物的性状及腹水的波动时，常以一手放在羊的背腰部作支点，另一只手四指伸直并拢，垂直放在被检部位，指端不离开体表，用力作短而急的触压。触诊网胃区（剑状软骨后方）或瓣胃区（羊右侧第 7～9 肋间和肩关节水平线上下）时，如发生前胃疾患，病羊会感觉疼痛，即哞叫、呻吟或表现骚动不安。

（五）叩诊

叩诊是通过用手指或叩诊器（叩诊锤和叩诊板），叩打羊的体表相应部位所发出的不同声音，判断其被叩击的组织、器官有无病理变化的一种诊断方法。在病理情况下，受炎症、浸润、脏器臌气或变位等的影响，组织器官的质地、弹性和含气量会发生改变，叩诊的声音就会发生变化。

1. 基本叩诊音 叩诊健康羊可发出四种基本叩诊音：

（1）清音 叩击健康羊的胸廓时，发出持续、高而清亮的声音。

（2）浊音 叩击健康羊臀部、肩部肌肉及不含空气的脏器时，发出音调高、声音弱、持续时间短的声音。当羊胸腔聚集大量渗出液时，叩打胸壁，可出现水平浊音。

（3）半浊音 介于浊音和清音之间的一种声音。叩打肺部的边缘时，即可产生半浊音。患支气管肺炎时，肺泡含气量减少，叩诊肺部，可产生半浊音。

（4）鼓音 叩打含有一定量气体的腔体时，可产生类似击鼓音，如叩诊左侧瘤胃的上部，可发出鼓音，当瘤胃臌气时，则鼓音增强。

2. 叩诊方法

（1）手指叩诊法 检查者以左手食指和中指紧密贴在被检处，充当叩诊板。右手的中指稍弯曲，以中指指尖或指腹做叩诊锤，向左手的第二指节上叩打，则可听到被检部位的叩诊声音。此方法适用于对羔羊及瘦弱成年羊的检查。

（2）用叩诊器叩诊 选用小型叩诊锤和叩诊板，以左手拇指和食指（或中指）固定叩诊板（注意叩诊板一定要紧贴体表），右手握锤，用同等的力量垂直作短而急的叩打。辨别其声音类型，并注意与对侧进行比较。

（六）听诊

听诊是直接或间接听取体内各种脏器所产生声音的性质，进而推断其病理变化的方法。临床上常用于心脏、肺脏及胃肠病的检查。

1. 听诊方法

（1）直接听诊法 用一块大小适当的布（听诊布）贴在被检部位，检查者将耳朵直接贴在布上进行听诊。此方法常用于胸、肺部的听诊，简单易行，声音纯真，其效果往往优于间接听诊。但容易使检查者污染或感染，或是受到动物的伤害。

（2）间接听诊法 是借助听诊器进行听诊。听诊器的头端要紧贴于体表，防止相互间摩擦而影响效果。

2. 羊体各器官的听诊

（1）心脏的听诊 心脏的听诊区位于羊左侧肋突内的胸部。健康羊的心脏随着心脏的收缩和舒张，产生"嘣"第一心音和"咚"第二心音，第一心音低而钝、长，与第二心音的间隔时间较短，听诊心尖部清楚。第二心音高而锐、短，与第一心音的间隔时间较长，听诊心的基部明显。两个心音构成一次心搏动。听诊时要注意两个心音的强度、节律、性质有无异常。当第一、二心音均增强时，见于热性病的初期；第一、二心音均减弱时，见于心脏机能障碍的后期或患有渗出性胸膜炎、心包炎；第一心音增强，并伴有明显的心搏动增强和第二心音的减弱，主要见于心脏衰弱的晚期；单纯第二心音强，见于肺气肿、肺水肿和肾炎等病理过程。如除以上两种心音以外，听到其他杂音，如摩擦音、拍水音和产生第三心音（又称奔马调），多因胸膜炎、创伤性心包炎和瓣膜疾病所致。

（2）肺脏的听诊 是听取肺脏在吸气和呼气时由肺部直接发出的声音。一般有下列 6 种。

①肺泡呼吸音：听诊健康羊的肺部，在吸气时可听到"呋"的声音，呼气时可听到"呼"的声音。它是空气在支气管与肺泡之间进出时发出的声音，其音性柔和。当病羊发热时，呼吸中枢兴奋，局部肺组织代偿性呼吸加强，可出现肺泡呼吸音增强和肺泡呼吸音过强，多为支气管炎、支气管黏膜肿胀等。

②支气管呼吸音：其声音较粗，类似"赫"的声音，在羊呼气时容易听到，在肺的前下部听诊较为明显。它是空气通过声门裂隙时所发出的声音。如果在广大肺区都可听到支气管呼吸音，而且肺泡呼吸音相对减弱，则为支气管呼吸音增强，多见于肺炎的肝变期，如羊传染性胸膜肺炎等。

③干性啰音：是支气管炎时分泌物黏稠或炎性水肿造成狭窄时，听到的类似笛音、哨音、"咝咝"声等粗糙而响亮的声音，常见于慢性支气管炎、支气管肺炎、肺线虫病等。

④湿性啰音：当支气管内有稀薄的分泌物时，随呼吸气流形成的类似漱口

音、沸腾音或水泡破裂音。常见肺水肿、肺充血、肺出血、各种肺炎和急慢性支气管炎等。

⑤捻发音：当肺泡内有少量液体存在时，肺泡随气流进出而张开、闭合，此时即产生一种细小、断续、大小相等而均匀，似用手指捻搓头发时所发出的声音。肺实质发生病变时，如慢性肺炎、肺水肿等可出现这种呼吸音。

⑥摩擦音：类似粗糙的皮革互相摩擦时发出的断续性的声音。常见有两种情况：一种是发生在肺脏与胸膜之间称胸膜摩擦音。多见于纤维素性胸膜炎、胸膜结核等，此时胸膜发炎，有大量纤维素沉积，使胸膜变得粗糙，当呼吸运动时互相摩擦而发出声音；另一种是心包摩擦音，在纤维素性心包炎时，听诊心区伴有随心脏跳动的摩擦声音。

（3）腹部的听诊　主要是听取腹部胃肠蠕动的声音。在健康羊的左侧肷窝处可听到瘤胃的蠕动音，声音由远而近、由小到大的噼啪、沙沙音，到达蠕动高峰时，声音又由近而远、由大到小，直至停止蠕动，这两个过程为一次收缩运动。经过一段休止后再开始下一次的收缩运动，平均每2min 4～6次。当羊发生前胃弛缓或患发热性疾病时，瘤胃蠕动音减弱或消失。在健康羊的右侧腹部，可听到短而稀少的流水声音或漱口声，即为肠蠕动音，羊患肠炎的初期，肠音亢进，呈持续高昂的流水声；发生便秘时肠音减弱或消失。

二、临床检查程序

临床检查应按一定顺序，有目的、有系统地进行，这样可避免遗漏主要症状，防止产生误诊，从而获得完整的病史及症状资料，这对于综合判断疾病是十分必要和重要的。也就是说，要拟定总体方案，有条不紊地进行临床检查。对病羊一般应按下列顺序进行检查，即登记、病史调查、现症检查以及病历记录等。

（一）登记

登记就是把病羊的个体特征，如品种、性别、年龄、牲口号、毛色、用途等，逐项登记在病历表上，便于识别病羊，并为诊断、预后及治疗提供参考。

1. 品种　品种不同，对疾病的感受性和抵抗力也不一样。一般情况下，本地羊的抗病力比引进的新品种高得多。

2. 牲畜性别　由于公、母羊的解剖生理特点不同，在某些疾病的发生上有一定差异。公羊尿道细长，并呈S状弯曲，易发生尿结石而阻塞尿道；母羊在妊娠期及分娩前后的特定阶段，常会出现一些相关疾病（如乳房炎等）。

3. 年龄　年龄不同，对疾病的抵抗力和感受性存在差异，在不同年龄阶段发生特定的多发病，如幼龄易患某些传染性和寄生虫性疾病；老龄常患肺气肿及慢性心脏病等器质性疾病。预后判断时要考虑动物的使用年限，治疗的用药量等，也应考虑年龄因素。

4. 毛色　一般认为浅色动物较深色动物对某些皮肤病的抵抗力弱。

5. 用途　有些动物的疾病往往与用途有关，同时在判断疾病预后方面有参考价值。

（二）病史调查

通常在登记后，马上就询问了解病史，即进行问诊。问诊就是以询问的方式，听取饲养、管理人员关于发病情况和经过的介绍。问诊的主要内容包括现病历、既往病史，平时的饲养管理情况等。

1. 现病历　即本次发病的情况与经过。其中应重点了解以下情况：

（1）发病的时间与地点　根据发病时间可判断该病是急性的还是慢性的。根据具体情况，如饲前或喂后，舍饲时或放牧中，清晨或夜间，产前或产后等，有助于了解病因，推断病性及病程。

（2）主要表现　饲养员所见到的有关疾病症状表现，如腹痛不安、咳嗽、喘息、便秘、腹泻或尿血，反刍减弱或不反刍等。重点了解症状出现的部位、性质、持续时间和程度等。所有这些内容，常是提出假定症状诊断的线索。必要时可提出某些类似的症状、现象，以求饲养员的解答。

（3）疾病的经过　与发病初期比较，病势是减轻或加重；症状的变化，又出现了什么新的病状或原有什么现象消失。是否经过治疗，用过什么药物，疗效如何，有无出现治疗后病情复杂的情况等。这不仅可推断病势的进展情况，而且可作为诊断疾病的参考。

（4）可能的病因　提供的线索，如饲喂不当、受凉、意外事故等，常是推断病因的重要依据。

（5）流行病学调查　了解群体的发病情况，是单发还是群发，羊群的发病数、死亡数；邻舍及附近场、村最近是否有什么疾病流行等情况，可作为是否疑似为传染病的判断条件。

2. 既往病史　即过去病羊或羊群的病史。其主要内容包括：

（1）过去患病的情况，是否发生过类似疾病，其经过与结局如何，有些病可旧病复发，而有些疾病如果过去发生过，以后则一般不会再发生。

（2）本地区或邻近场、村的疫情及地区性常发病，过去该地区是否被划定为某些疾病的疫区。

（3）预防接种的内容及实施的时间、方法、效果等。

3. 饲养管理 对平时饲养管理的了解，不仅可从中查找饲养管理与发病的关系，而且对制定合理的疾病防治措施也是十分必要的。因此，应详细地进行询问。

（1）饲料的种类、数量与质量，饲喂制度与方法。饲料品质不良与日粮配合不当，精料和粗料的搭配比例不当，经常是营养不良、消化紊乱、代谢失调的根本原因；饲料与饲养制度的突然改变，常是引起消化不良的原因；饲料发霉变质、加工或调制方法的失误而形成有毒物质，或放置不当而混入毒物等，可成为饲料中毒的条件。

（2）羊舍及周围卫生和环境条件是否良好。如光照、通风、保暖与降温、废物排除设备、羊床与垫草、围栏设备等，运动场、牧场的地理情况，如位置、地形、土壤特性、供水系统、气候条件等是否有利于饲养羊只，附近厂矿的三废（废水、废气及废渣）的污染和处理情况等，对病因推断有重要意义。

（3）羊只运动不足，管理制度的混乱与饲养人员技术的不熟练等，也可能是致病的因素。

（4）必要时应了解羊群来源、羊群组成及繁育方法等情况，以期掌握全面的资料。

（三）现症检查

对现症的检查通常按一般检查、系统检查、实验室检查及特殊检查的程序进行。

1. 一般检查 检查的主要内容包括整体状态、被毛和皮肤、可视黏膜、浅表淋巴结和淋巴管、体温、脉搏次数及呼吸次数、动物行为的检查等。

2. 系统检查 即各器官系统的检查，包括心血管系统、呼吸系统、消化系统、泌尿生殖系统、神经系统、骨骼与运动系统的检查等。

3. 实验室检查 经一般检查及系统检查以后，从实际情况出发，根据已获得的资料和症状还不足以做出明确诊断时，就需要拟定必要的实验室检查方案，包括血、尿、粪的常规检查及生化分析，瘤胃内容物的检查，脑脊液、胸腹腔液检查，肝、肾功能试验等，微生物学和免疫学诊断，寄生虫学检查，毒物分析，病理解剖和组织学诊断等。

4. 特殊检查 借助特殊器械对胃肠、喉、支气管、肺、膀胱、子宫及骨骼的病变进行检查，如 X 线、超声波、心电描记、放射性同位素的应用等。

（四）病历记录

病历是对登记、病史调查及现症检查全部资料的客观书面记载。病历记录不仅对疾病诊断和防治有重要价值，而且对总结经验、积累材料、指导临床实践等均有积极的意义。因此，在整个临床诊疗过程中，自始至终必须认真、详细、客观填写，并应突出主要症状、诊断依据和治疗措施，一定妥善保存，同时附上该病历的附件（如体温曲线表、临床检查和特殊检查卡片等）。

三、一般检查

一般检查的主要内容包括整体状态的观察，表被状态的检查，眼结膜的检查，浅表淋巴结的检查，体温、脉搏、呼吸数的检查。

（一）整体状态观察

整体状态的观察，应注意其精神状态、体格与发育状况、营养状态、姿势与体态、运动与行为等。

1. 体格与发育状况检查　通过视诊的方法，重点观察体高、体长、体重，骨关节的粗细、骨骼的发育及比例等，根据骨骼与肌肉的发育程度及各部的比例关系来判定，必要时可用测量法。体格分为体格强壮、体格中等和体格纤弱。发育状况可分为发育良好和发育不良两种：发育良好，表现为体躯高大，结构匀称，肌肉结实；发育不良，表现为体躯矮小，结构不匀称，肢体扭曲变形，发育迟缓或停滞等。体格发育不良多见于慢性传染病、寄生虫感染、长期消化紊乱、营养不良、过早配种等。

2. 精神状态检查　临床上主要观察病畜的神态，注意其耳、眼活动，面部的表情及各种反应活动。根据精神状态的观察，可以很容易地从羊群中发现患病羊。健康羊表现精神状态良好，头耳灵活，目光有神，反应敏捷，行动活泼，动作协调，行为正常。在疾病情况下，可表现两种异常状态，即兴奋和抑制。兴奋状态表现为兴奋、躁动不安，重则狂奔乱跑、乱冲乱撞、甚至踢咬；抑制状态表现为离群呆立、萎靡不振、头低耳耷、双眼半闭，对周围事物反应迟钝，行动迟缓，重者卧地不起。

3. 营养状态检查　根据羊被毛光泽度、肌肉丰满程度、骨骼的外露、特别是皮下脂肪的蓄积程度可分为营养良好、营养中等和营养不良3个等级：

（1）营养良好　表现为肌肉丰满，皮下脂肪充实，躯体圆润而骨骼棱角不显露，被毛有光泽，皮肤富有弹性等。

（2）**营养中等** 表现为六七成膘，居于营养良好和营养不良之间。

（3）**营养不良** 五成膘以下，表现为消瘦，机体各部位轮廓明显，骨骼外露，被毛蓬乱无光泽，皮肤缺乏弹性等。短期内急剧营养不良，提示急性传染病，如发热或大量失血、脱水。缓慢营养不良，提示有慢性传染病、蛔虫、肝片吸虫、球虫等严重寄生虫感染，长期营养不足或缺乏，长期消化紊乱以及维生素和微量元素缺乏等。高度消瘦且贫血称为恶病质，预后不良。

4. 姿势与体态检查 健康羊姿势和体态一般为正常状态，表现自然、动作灵活而协调。在病理状态下，常在站立、躺卧和运动时出现一些异常姿势。

（1）**强迫站立** 患某些疾病的羊，躯体被迫保持一定的站立姿势，如破伤风表现出全身肌肉强直，四肢开张站立，头颈平伸，尾根挺起，牙关紧闭，脊柱僵直，呈典型的木马样姿态。

（2）**站立不稳** 一般见于疼痛性疾病和神经系统疾患，如单肢疼痛则患肢不能负重或提起，当四肢的骨骼、关节和肌肉发生疾患，如风湿症时站立也呈现不自然姿势，或将四肢集于腹下而站立，或四肢频繁交替负重，呈站立困难的姿势。

（3）**强迫躺卧** 当神经系统损伤，四肢骨骼、关节和肌肉疼痛时，羊被迫躺卧不起。长期慢性消耗性疾病和某些营养代谢紊乱性疾病也可引起长卧不起。

5. 运动与行为检查 健康羊肢体动作协调一致、灵活自然。当四肢的机能或神经调节发生障碍时，就会出现运动异常：

（1）**共济失调** 表现运动不协调，呈酒醉样，走路摇摆不定，肢蹄高抬后用力着地，如涉水样，常见于脑脊髓炎、小脑受损伤等。

（2）**盲目运动** 表现无目的地徘徊，原地运动，前冲或后退不止，遇到障碍物时停止前进或头顶住不动，或以一肢为轴做转圈运动。见于乙型脑炎、脑包虫等。

（3）**腹痛不安** 呈前肢刨地、后肢踢腹、伸腰、摇尾、回视腹部、碎步急行、起卧滚转、仰足朝天、犬坐姿势、做排尿动作等，见于腹痛性胃肠病。

（4）**跛行** 这一症状是羊只疼痛、乏力、畸形或机体肌肉骨骼系统发生病变的标志。当一肢疼痛时，一肢不敢负重或不敢提起；当两前肢或两后肢疼痛时，两后肢尽量前伸或两前肢尽量后送；当四肢疼痛时，运动时碎步前进，站立时四肢尽量集于腹下。

（二）表被状态检查

表被状态检查包括被毛、皮肤及皮下结缔组织的变化以及表在病变的有无及其特点的检查。主要通过视诊和触诊，有时需要穿刺检查和显微镜检查相配合。

1. 被毛检查 健康羊的被毛整洁有光泽，柔软致密，生长牢固，不易脱落。当被毛蓬乱无光泽，脆弱易脱落时，病羊可能患慢性疾病、内寄生虫病、长期营养不良或消化紊乱等；当发生局部脱毛，病羊可能患外寄生虫病（如疥癣、虱等）、皮肤病（如秃毛癣、湿疹等），也可能为缺乏某些营养物质时出现异嗜行为，常舔食自身或其他羊的被毛，造成局部脱毛；当胃肠道疾病下痢时，肛门周围及后肢被毛被粪便、尿液及其他分泌物或排泄物污染。

2. 皮肤检查 皮肤检查主要确定皮肤颜色、温度、湿度、弹性、有无疹疱及损伤、溃疡等。

（1）**皮肤颜色** 健康绵羊，皮肤没有色素，呈粉红色，容易检查出皮肤颜色发生的细微变化。病羊皮肤颜色可呈现苍白、黄染、发绀和潮红等变化。山羊（除白色的外）皮肤具有色素，所以辨认色彩的变化较为困难，一般通过检查可视黏膜的颜色足以反映病理变化。

①苍白：当皮肤血液供应减少或血液性质发生变化时，皮肤呈苍白色，如外伤性大出血，或脏器破裂而致的内出血时，呈急性苍白；如患慢性贫血及慢性消耗性疾病等时，呈渐进性或较长时期的苍白。

②黄染：即黄疸，指胆色素代谢障碍，血液胆色素增多渗入组织，造成皮肤发黄。如患肝病（肝炎、肝营养不良等）、胆管阻塞（如蛔虫阻塞、胆道结石等）、溶血性疾病等时，皮肤呈现黄色。

③发绀：即皮肤黏膜因瘀血缺氧呈蓝紫色，当患严重呼吸器官疾病、心力衰弱、呼吸困难及某些中毒（如亚硝酸盐）等疾病时，皮肤发绀。多种疾病的后期全身皮肤出现重度发绀，常提示预后不良。检查时，轻者以耳尖、鼻端及四肢末端较明显，重者可遍及全身各部位。

④潮红：是皮肤充血的标志，当患发热性疾病时，全身皮肤潮红，体温升高，局部皮肤潮红见于局部炎症。

（2）**皮肤温度** 通常用感觉灵敏的手背或手掌触诊被检部位进行判定。健康羊的皮温，以股内侧为最高，头、颈、躯干部次之，尾及四肢部最低。一般触诊的部位为羊的鼻镜、角根、胸侧、四肢下部，可出现皮温升高、降低和不均等病理变化。当患热性病以及心脏机能亢进、过度兴奋等时，全身皮温升高；当有局部炎症时，局部皮温升高；当严重营养不良、贫血、休克、大失血及衰竭症时，全身皮温降低，即体温过低的标志；当一定部位水肿或外周神经麻痹时，该部位皮温降低；当血液循环障碍时，表现为耳鼻冰凉，四肢末梢冷厥，皮温不均。

（3）**皮肤湿度** 健康羊在安静状态下，汗液一般随时分泌、随时蒸发，皮肤表面不干不湿有腻滑感。鼻镜由于腺体分泌，凉且湿润，表面有小而密集的水珠。当患热性病、剧烈疼痛性疾病（如疝痛、骨折）、中暑、高度呼吸困难（如肺炎）、循环障碍及有机磷农药中毒等时，会出现病理性发汗增加，被毛及皮肤湿润，甚至出现汗珠。如心力衰竭、虚脱、休克时，则汗多而有黏腻感，同时皮温降低，四肢发凉，发冷汗，提示循环衰竭，预后不良。当机体脱水（如剧烈腹泻、呕吐）、多尿症、慢性营养不良、饮水不足等时，发汗减少，被毛粗乱无光，皮肤干燥，缺乏黏腻感，鼻镜干燥。此外，瘦弱及老龄羊，皮肤湿度也降低。

（4）**皮肤弹性** 健康动物的皮肤弹性良好，老龄动物的皮肤弹性差。检查皮肤弹性的方法为：用手将被检部位的皮肤捏成皱褶，并轻轻拉起，然后放开，根据皱褶恢复的速度判定。皮肤弹性良好，立即恢复原状；皮肤弹性减退，则恢复原状缓慢。如患慢性皮肤病、螨病、湿疹、营养不良、脱水及慢性消耗性疾病时，皮肤弹性减退。

（5）**皮肤疹疱** 常见于传染病、寄生虫病、皮肤病、过敏反应等。一般的皮肤疹疱有：

①斑疹：是由皮肤充血和出血所致，仅出现局部变红，不隆起，不凹陷。

②丘疹：见于痘病、湿疹、螨病等，由米粒大至豌豆大，是皮肤乳头层发生浆液浸润而引起的圆形隆起。

③饲料疹：颈部、背部明显，喂饲过量含有感光物质的饲料（如荞麦、三叶草、灰菜等），照晒日光后，发生皮肤充血、潮红、水疱、脓疱及灼热。

④荨麻疹：是皮肤表面隆起，由豌豆大至核桃大甚至手掌大，表面平坦，界限明显，颜色苍白或红色的局限性水肿，发生突然，消失迅速。

⑤痘疹：有典型的分期性经过，一般经由红斑、丘疹、水疱、脓疱，终而结痂，是痘病毒侵害皮肤上皮细胞而形成的结节状肿物。

（6）**皮肤完整性检查** 褥疮，局部有黑褐色结痂或较大溃烂，全身感染发生败血症，如在动物发生骨折、骨软病及衰竭症等；创伤，由外力作用引起皮肤、黏膜及其深部软组织发生皲裂或缺损；脱鳞屑，见于维生素及微量元素缺乏症、脂溢性皮炎、真菌性皮肤病等。

（7）**皮下组织检查** 主要检查皮肤及皮下组织有无肿胀，常见的肿胀有炎性肿胀、浮肿、气肿、血肿、脓肿、淋巴外渗、疝及肿瘤等。

①炎性肿胀：体表炎性肿胀可以局部或大面积出现，伴有病变部位的红、热、痛及机能障碍，严重者还有明显的全身反应。

②浮肿：浮肿即皮下组织水肿，浮肿部位的特征是皮肤表面光滑、紧张而有冷感，弹性减退，指压留痕，硬捏粉样，无痛感，肿胀界限多明显。从临床

角度，要多考虑营养性水肿、心脏性水肿、肾脏性水肿等。

③皮下气肿：肿胀界限不明显，触压时柔软而容易变形，并可感觉到由气泡破裂和移动所产生的捻发音（沙沙声）。

④血肿和淋巴外渗：特点是在皮肤及皮下组织呈局限性（多为圆形）肿胀，触诊有明显的波动感。

⑤疝及肿瘤：疝是指肠管等脏器从腹腔脱垂到皮下，或其他生理乃至病理性腔穴内形成凸出的肿胀。常见于腹壁、脐部及阴囊部。触之常有波动感，可触及疝环及通过整复试验而与其他肿胀相鉴别。肿瘤是在致瘤因素作用下体细胞发生质变并异常增生所形成的新生细胞群，形状多种多样，有结节状、乳头状等。应结合其他方面的状况作进一步检查，以判断是良性肿瘤还是恶性肿瘤。

（三）可视黏膜检查

在临床上常进行眼结膜检查。健康羊黏膜的颜色为淡红色或粉红色，有光泽，湿润且鲜艳。根据黏膜颜色的异常变化，可判断血液成分和血液循环状况。眼结膜检查一般在自然光线下用视诊的方法，用两手拨开上、下眼睑进行检查。应注意眼的分泌物、眼睑状态、结膜颜色。

1. 眼睑及分泌物　眼睑肿胀并伴畏光流泪，是眼炎或结膜炎的特征，脓性眼屎是化脓性结膜炎的特征，见于某些热性传染病。

2. 眼结膜颜色

①潮红：表现为鲜红色、暗红色或深红色。单眼潮红为一侧性眼结膜炎所致，见于外伤、结膜炎、角膜炎等；双侧潮红除见于眼病外，多标志全身循环状态的变化；弥漫性潮红见于急性热性病、肺部疾病、胃肠疾病、中毒性疾病等；树枝状潮红，即结膜下小血管充盈特别明显而呈树枝状，又称树枝状充血，见于血液循环或心脏机能障碍。

②发绀：结膜呈蓝紫色，是缺氧的标志，见于心、肺脏机能障碍的重症疾病、某些血液疾病及中毒性疾病。

③黄染：由血液中胆红素增多引起。见于实质性肝炎、胆道阻塞及溶血性疾病。

④苍白：是贫血的表现。急速苍白，见于大失血，肝、脾内脏破裂；逐渐苍白见于慢性消耗性疾病。

3. 出血点、出血斑　检查眼结膜颜色变化时，应特别注意黏膜上有无出血点或出血斑。结膜上有点状或斑点状出血，常见于败血性传染病、出血性素质病等。

(四) 浅表淋巴结检查

临床上常检查的淋巴结有颌下淋巴结、颈浅淋巴结、髂下（膝襞）淋巴结、腹股沟淋巴结等。检查时应注意其大小、结构、性状、硬度、湿度、温度、敏感度及活动性等。

1. 淋巴结检查的方法

（1）颌下淋巴结 位于下颌间隙中，检查时将手指伸入下颌间隙，沿下颌内侧前后滑动。

（2）颈浅淋巴结 位于肩关节前上方，检查时将头颈略向检查侧弯曲，使肩前皮肤松弛，用手指在肩前凹陷处上下触捏，发现淋巴结后，即将手指深深插入其两侧，握住后仔细触诊。

（3）髂下淋巴结 位于髋关节和膝关节之间，股阔筋膜张肌前方，检查时用手放于该位置，以手指前后滑动，即可触及上下方向、呈条柱状的淋巴结。

（4）腹股沟淋巴结 位于骨盆壁腹面、大腿内侧，检查时在腹壁下精索前后（公羊）或乳房背侧（母羊），用手指左右触压。

2. 淋巴结的病理变化

（1）淋巴结急性肿胀 淋巴结体积增大、坚实，活动性变小，表面光滑平坦，触诊热感、疼痛。主要见于急性感染性疾病。

（2）淋巴结慢性肿胀 淋巴结轻度肿大，质地坚硬，表面不平，与周围组织粘连，无热无痛。见于慢性感染性疾病。

3. 淋巴管的检查 健康时，浅在淋巴管不能明视，淋巴管炎性肿胀时，呈索状突出于体表，有的淋巴管上出现豌豆至核桃大的许多结节。这些结节破溃内容物流出后，即成溃疡。淋巴管上的皮肤呈现水肿，触压时疼痛。

(五) 体温的测定

健康羊的正常体温为 38～40℃。临床测温均以直肠温为标准。测温时，先将体温计充分甩动，使水银柱降至 35℃以下；后用消毒棉清拭并涂以润滑剂（如滑润油或水）；检温人员一手将尾根部提起并推向对侧；另一手持体温计徐徐插入肛门中，放下尾部后，用附有的夹子夹在尾毛上以固定。按体温计的规格要求，使体温计在直肠中放置一定时间（3～5min），取出后读取水银柱上端的度数即可。测温完毕，甩动体温计使水银柱降下并用消毒棉清拭，以备下次使用。

四、系统检查

(一) 循环系统检查

1. 心脏检查 羊的心脏约 5/7 在胸腔的左侧；心基部在胸腔 1/2 高度的水平线上；心尖与第 5 肋软骨相对，距胸骨背侧约 2cm；心脏前、后缘在第 3~5 肋骨之间。心脏听诊是检查心脏最重要的方法之一。心脏听诊在左侧第 3~4 肋间，肩端水平线下方。多使用软质双耳听诊器进行。羊取站立姿势，左前肢向前牵引伸出半步，以充分暴露心区。通常于左侧肘头内侧上方的胸壁上听取。

2. 动脉和静脉检查 主要包括动脉脉搏检查，浅表静脉检查，判定其充盈状态，有无颈静脉阳性搏动等。

(1) 动脉脉搏检查

①部位和方法：羊的脉搏检查在后肢的股内动脉。检查股动脉时，检查者用一手（左手）握住羊的一侧后肢的下部；检手（右手）的食指及中指放于股内侧的股动脉上，拇指放于股外侧。

②频率的检查：在正常情况下，脉搏频率与心搏频率基本一致，脉搏数增多，是心动过速的结果，见于热性病、心脏病、呼吸器官疾病、各型贫血、疼痛性疾病等；脉搏频率减少，主要见于某些脑病及中毒。但临床上要注意区别由于外界温度高、海拔高、运动、采食、恐惧、兴奋等外界条件的变化引起脉搏数的暂时性增多（生理性脉搏次数），勿将生理性脉搏数增多认为是病理性增多。

③性质的检查：包括脉搏的大小、强度、紧张度、脉管的充盈度等。健康状态下，脉搏性质表现为：脉管有一定的弹性，搏动的强度中等，脉管内的血量充盈适度；正常的脉搏节律，其强弱一致、间隔均等。病理状态下的羊的脉搏变化主要有：振幅较弱、较小，脉搏力量微弱，脉管壁过于紧张而具硬感，脉管内血液充盈不足，脉律不齐。

(2) 浅表静脉检查 一般营养良好的病羊，浅表静脉管不明显；羊较瘦或皮薄毛稀时较为明显。在心力衰竭，体循环障碍，静脉回流受阻时，浅表静脉，如颈静脉、胸外静脉、股内静脉等明显充盈，隆起呈条索状。

(二) 呼吸系统检查

呼吸系统检查的内容包括呼吸运动检查、上呼吸道检查、胸部检查。检查的方法主要有问诊、视诊、触诊、叩诊和听诊。

1. 呼吸运动检查 呼吸运动检查主要包括呼吸类型、呼吸频率、呼吸节律、呼吸困难及呼吸对称性等的检查。

（1）呼吸类型 即动物呼吸的方式，健康羊多为胸腹式呼吸。检查呼吸类型时应注意胸廓和腹壁起伏动作的协调性和强度。病理性的呼吸方式有胸式呼吸和腹式呼吸两种。胸式呼吸，多因腹壁和腹腔器官患病，膈肌和腹壁运动受阻而引起，常见于急性腹膜炎、膈肌炎、急性瘤胃臌气和积食、肠臌气及腹腔大量积液等。特征为呼吸时胸壁的起伏动作特别明显，而腹壁的运动极弱，多表明病变在腹部。腹式呼吸，多因胸壁或胸腔器官患病，胸壁运动受到限制而引起，常见于急性胸膜炎、胸膜肺炎、胸腔大量积液、肺气肿及肋骨骨折等。特征为呼吸时腹壁的起伏特别明显，而胸壁的活动极其微弱，表明病变多在胸部。单纯的呼吸类型比较少见，在疾病过程中常见一种类型占优势的混合呼吸。

（2）呼吸频率 羊呼吸数的正常值为每分钟10～25次。呼吸数增加，见于热性病、心脏衰弱、高度贫血、肺炎、支气管炎、肺气肿、胸膜疾病等。呼吸数减少，是呼吸中枢受抑制的结果，见于慢性脑水肿、某些中毒，以及上呼吸道高度狭窄，每次吸气的持续时间延长等。

（3）呼吸节律 正常的呼吸是有节律地进行，病理情况下呼吸节律变化如下：

①吸气延长：特征为吸气异常费力，吸气的时间显著延长，见于上呼吸道狭窄，如鼻、喉和气管有炎性肿胀、肿瘤和异物梗阻，或呼吸道外有病变压迫等。

②呼气延长：特征为呼气异常费力，呼气的时间显著延长，表示气流呼出不畅，是支气管腔狭窄，肺的弹性不足所致，见于慢性肺泡气肿、慢性支气管炎等。

③断续性呼吸：特征为吸气或呼气分成二段或若干段，为间断性吸气或呼气，见于细支气管炎、慢性肺气肿、胸膜炎和伴有疼痛的胸腹部疾病，也见于呼吸中枢兴奋性降低时，如脑炎、中毒和濒死期。

④潮式呼吸：其特征为呼吸由浅加深、加快，当达到高峰以后，又逐渐变弱、变浅、变慢，乃至呼吸中断，经数秒乃至10～30s的短暂间歇后，又重复上述形式。如此反复，呈波浪式呼吸节律。这是一种典型的病理性呼吸节律，是呼吸中枢衰竭的早期表现。见于心力衰竭、脑炎以及某些中毒，如尿毒症、药物或有毒植物中毒等。此时病羊可能出现昏迷，意识障碍，瞳孔反射消失以及脉搏的显著变化。

⑤间歇呼吸：特征为数次连续的、深度大致相等的深呼吸和呼吸暂停交替

出现，病情较潮式呼吸更为严重，是病情危重的标志。常见于各种脑膜炎，也见于某些中毒，如蕨中毒、酸中毒和尿毒症等。

⑥深长呼吸：特征为呼吸运动显著深长，呼吸次数少，无呼吸终止期，混有呼吸杂音，是呼吸中枢衰竭的晚期表现，表明病情严重，预后不良。见于酸中毒、尿毒症、濒死期，偶见于大失血、脑脊髓炎和脑水肿等。

（4）呼吸减弱或消失　提示该侧胸腹部有疾患存在，而健康一侧的呼吸运动常出现代偿性加强。见于单侧性胸膜炎、胸腔积液、气胸和肋骨骨折等；也见于一侧大支气管阻塞或狭窄，一侧性肺膨胀不全等。

（5）呼吸困难　临床上表现为呼吸费力，辅助呼吸肌参与呼吸运动，从而引起呼吸频率、类型、深度和节律发生改变。

①吸气性呼吸困难：特征为吸气时费力，时间显著延长，并伴有吸入性狭窄音。呼吸时，头颈伸展，肘头外展，鼻孔张大，肛门内陷，胸廓开张。可见于上呼吸道狭窄的疾病，如鼻腔狭窄、喉水肿、咽喉炎等。

②呼气性呼吸困难：特征为呼气时费力，时间显著延长，呈两段呼气。高度呼气困难时，腹部用力收缩，可沿肋骨和肋软骨结合处出现较深的凹陷沟，同时可见背拱起，肷窝变平，肛门突出。可见于慢性肺气肿、急性细支气管炎、胸膜肺炎等。

③混合性呼吸困难：为临床上最常见的一种呼吸困难。特征为吸气和呼气均发生困难，常伴有呼吸次数增加现象。常见于各种肺脏病、心脏病、热性病及中毒病。

2. 上呼吸道检查　上呼吸道检查的内容主要包括鼻液、咳嗽、鼻腔、喉及气管的检查。

（1）**鼻液检查**　健康羊有微量鼻液，一般被舌舔去或喷鼻排出，看不到鼻孔流鼻液，一旦鼻液大量增加即为病态。应注意鼻液流量、性状、颜色、气味、稠度及有无混杂物。

①浆液性鼻液：呈稀薄水样，无色透明，见于呼吸道急性炎症的初期。

②黏液性鼻液：呈蛋清样，黏稠不透明，见于急性上呼吸道感染和支气管炎中期。

③脓性鼻液：呈糊状、膏状或凝结成团块，黏稠混浊，有脓臭或恶臭味。因感染的化脓细菌不同而呈黄色、灰黄色或黄绿色，为化脓性炎症的特征，见于呼吸道急性炎症的后期。

④血液性鼻液：呈红色液状，见于呼吸道损伤和肺充血。

⑤腐败性鼻液：呈污秽不洁的灰色或暗褐色，液状，尸臭或恶臭味。常为坏疽性炎症的特征，见于肺坏疽、坏疽性鼻炎和腐败性支气管炎等。

⑥铁锈色鼻液：呈铁锈色液状，是纤维素性肺炎肝变期的重要特征，也是大叶性肺炎和传染性胸膜肺炎一定阶段的特征。在病程经过中往往只在短时期内见到，故应注意观察才能发现。

⑦鼻液中的混杂物：鼻液中混有气泡，见于肺充血、水肿，鼻液内混有唾液、饲料碎片，多由吞咽障碍引起，见于咽炎、咽麻痹食道梗塞；鼻液中混有血液即血性鼻液，如混有呕吐物，提示胃内容物流出，往往预后不良。

（2）咳嗽检查　咳嗽为呼吸器官疾病最常见的症状。一般分为干咳、湿咳、痛咳和痉咳。

①干咳：特征为咳嗽的声音清脆，干而短，疼痛较明显。表明炎症初期，呼吸道无或仅有少量的分泌物，或分泌物黏稠。见于喉、气管异物和胸膜炎、上呼吸道炎症的初期等。

②湿咳：湿咳的特征为咳嗽的声音钝浊、湿而长，并将分泌物咳出体外。提示呼吸道内有大量稀薄的分泌物，往往从鼻孔流出多量鼻液。见于咽喉炎、支气管炎、支气管肺炎、肺脓肿和肺坏疽等。

③痛咳：声音短弱，咳嗽伴有疼痛或痛苦症状者，其特征为病羊头颈伸直，摇头不安，前肢刨地，且有呻吟和惊慌现象，见于呼吸道异物、异物性肺炎、急性喉炎、胸膜炎等。

④痉咳：连续剧烈的咳嗽，表明呼吸道被强烈刺激或刺激因素不易排除。同时要注意区别非呼吸道因素引起的咳嗽与病理性咳嗽。

（3）鼻腔检查　注意鼻腔的形态变化，黏膜的色泽变化，有无肿胀、出血斑、水疱、结节、肿瘤、溃疡和瘢痕等。

（4）喉及气管检查

①视诊：注意观察喉是否肿胀，器官是否变形及头颈姿势有无变化。

②触诊：有热感、压痛，并且咳嗽是急性喉炎的表现；触诊气管敏感，并发咳嗽是气管炎的特征。

③听诊：在健康羊的喉部听诊，可听到喉呼吸音，如果呼吸音增强，见于各种原因引起的呼吸困难；若听到吹哨声、锯木声等干性啰音，多说明喉腔狭窄，见于喉水肿、纤维素性喉炎等，到中、后期渗出物变稀薄则转为湿性啰音。必要时可进行内窥镜检查。

3. 胸、肺检查　一般按视诊、触诊、叩诊和听诊的顺序进行。视诊和触诊也可同时或交替进行。

（1）视诊　观察胸廓形状，胸壁有无外伤肿胀及其他病变。胸廓向两侧扩大，左右横径显著增加，呈圆桶状，常见于重症慢性肺气肿；两侧不对称，一侧胸壁平坦而下陷，而对侧常呈代偿性扩大，见于肋骨骨折、单侧性胸膜炎、胸膜粘连、骨软症和代偿性肺气肿等；胸腔狭小呈扁平状见于纤维性骨营养不良、佝偻病及慢性消耗性疾病等。

（2）触诊　检查胸壁的温度、有无肿胀及敏感性等。局部温度增高，胸壁肿胀疼痛、敏感性高，常见于胸膜的炎症，也可见于胸壁的皮肤、肌肉或肋骨的发炎与疼痛性疾病，肋骨骨折时，疼痛非常显著。当触诊胸壁时，感觉手下发生胸膜摩擦感，主要是发生急性胸膜炎。

（3）叩诊

①羊的肺叩诊区：为三角形，上界为与脊柱平行的直线，距背中线4～5指；前界为自肩胛骨后角沿肘向下所划的类似S形的曲线，止于第4肋间；后界由第12肋骨与上界交点开始，向下、向前的弧线，依次经髋关节水平线与第11肋间的交点，肩关节水平线与第8肋间的交点而止于第4肋间。

②肺叩诊区的病理变化：主要表现为扩大或缩小。其变动范围与正常肺叩诊区相差2～3cm以上时，才可认为是病理征象。

肺叩诊区扩大：为肺容积增大（肺气肿）和胸腔内气体聚积（气胸）的结果。多见于急性肺气肿等。肺叩诊区缩小：为腹腔器官对膈的压力增大，并将肺的后缘向前推移所致。见于心肥大、心扩张、心包炎、心包积液、妊娠后期、急性瘤胃臌气、肠臌气，腹腔大量积液等。

③正常肺叩诊音：采用强叩诊，从上到下、由前到后地沿肋骨间顺序进行叩打，直至叩完整个肺区。肺正常叩诊音呈现清音，音响较长，音调较低。叩诊时也应考虑到羊的体格、肥瘦、年龄等差异会使叩诊音稍有差异。

④肺叩诊音病理变化：病理叩诊音常见以下几种：浊音，类似叩打肌肉发出的音响，见于大叶性肺炎的肝变期等；半浊音，类似叩打正常肺边缘发出的音响，声音钝浊而略带清音调，如支气管肺炎；鼓音，音调较清音高，见于大动物肺泡中空气含量减少并伴有弹性减退（大叶性肺炎的充血期和溶解吸收期）或肺部形成大的含气空洞与外界相通时（坏疽性肺炎或肺脓肿）；水平浊音，叩诊浊音上界呈水平，并随动物体位变换而变换，见于胸膜积有大量液体时，如渗出性胸膜炎；过清音，介于清音和鼓音之间，类似敲打空纸盒的声音，见于肺泡含气量增多并伴有弹性减退时，如急、慢性肺泡气肿和间质性肺气肿。

（4）胸部听诊　胸听诊区和叩诊区基本一致。听诊时宜先从肺部的中1/3开始，由前向后、由上到下逐渐听取，其次是上1/3，最后是下1/3。每个点听2～3次呼吸音，再如发现异常呼吸音，为确定其性质，应将该处与临近部位进行比较，对照听取。生理状态下，可听到肺泡呼吸音和支气管呼吸音。肺泡呼吸音类似柔和的"呋、呋"音。支气管呼吸音类似"赫、赫"的声音。

①肺泡呼吸音增强：如整个肺脏区域内肺泡呼吸音普遍性增强，并重复听到"呋、呋"的声音，是呼吸中枢兴奋，呼吸运动和肺换气加强的结果。见于发热、贫血、酸中毒、代谢亢进及其他伴有一般性呼吸困难的疾病。如肺泡音局限性增强（代偿性增强），这是由于肺脏一侧或局灶性病变，则对侧或无病变的部分出现代偿性呼吸机能亢进的结果。见于大叶性肺炎、小叶性肺炎、渗出性胸膜炎等病变时的健康肺区。

②肺泡呼吸音减弱或消失：由于进入肺泡的空气量减少或不能进入肺泡所致，见于支气管炎、肺炎、慢性肺泡气肿、胸膜炎、胸水、支气管堵塞、大叶性肺炎的肝变期和渗出性胸膜炎等。

③病理性支气管呼吸音：呈强"赫、赫"音。可能的原因有：肺组织实变，见于大叶性肺炎的实变期、严重的小叶性肺炎等；肺组织空洞，见于肺脓肿、肺结核等；压迫性肺扩张，见于渗出性胸膜炎和胸积水等。

④病理性混合呼吸音：在正常肺泡呼吸音的区域内听到的支气管肺泡呼吸音。吸气时主要是肺泡呼吸音，而呼气时则主要为支气管呼吸音，近似"呋—赫"的声音。见于小叶性肺炎、大叶性肺炎初期和散在性肺结核等。

⑤啰音：呼吸音以外的附加音响。可分为以下两种：一是干啰音，当支气管黏膜上有黏稠的分泌物，支气管黏膜发炎、肿胀或支气管痉挛使其管径变窄，空气通过狭窄的支气管腔或气流冲击附着于支气管内壁的黏稠分泌物时引起振动而生产的类似哨音、笛音、飞箭音或咝咝声音，广泛的干啰音见于弥散性支气管炎、支气管炎、慢性肺气肿等；局限性干啰音常见于支气管炎。二是湿啰音，是当支气管内有稀薄液体（如渗出液、漏出液、分泌液、血液等）存在时，气流通过液体引起液体的移动或水泡破裂而发出的声音，湿啰音是支气管疾病和许多肺部疾病的重要症状之一，如支气管炎、各型肺炎、肺结核、心力衰竭、肺瘀血、肺出血、异物性肺炎。

（三）消化系统检查

消化系统检查的主要内容包括饮食状态的观察，口、咽、食管、腹部及胃肠的检查，排粪动作及粪便检查等。检查方法以询问病史和临床基本检查法为主。

1. 饮食状态的观察

（1）饮食欲　在病理状态下，羊表现为食欲减退或废绝、食欲亢进及异嗜等。食欲减退见于热性病，口、咽、食管病；食欲废绝常见于各种热性病、胃肠炎等，是消化机能的高度障碍，也是病情严重的标志，长期食欲废绝，为预后不良的象征；食欲亢进见于某些代谢障碍性疾病及肠道寄生虫病或慢性消耗性疾病；异嗜多提示为营养代谢病，尤其为矿物质、维生素缺乏症。饮欲增加，表现为口渴多饮，饮水量显著增加，见于热性、脱水性疾病（呕吐、腹泻、大出汗等）、渗出性病理过程；饮欲减退，表现为不喜饮水或饮水量显著减少。可见于伴有意识障碍的脑病及某些胃肠病。

（2）采食和咀嚼障碍　采食障碍表现为采食不灵活或不能用唇采食，或采食后不能用唇、舌运动将饲料送至臼齿间进行咀嚼。咀嚼障碍表现为咀嚼困难、费力或疼痛，有时咀嚼时有饲草从口角漏出。采食、咀嚼障碍可见于口、唇、舌、齿等疾病，亦可见于中枢神经机能障碍。吞咽障碍表现为摇头、伸颈，企图吞咽而中止，有时吞咽时引起咳嗽并伴有流涎，可见于咽部及食道疾病，如咽炎、咽部异物或肿瘤、咽麻痹、食道阻塞、食道炎、食道痉挛或麻痹等。

（3）反刍、嗳气

①反刍：生理状态下，一般于饲后 0.5～1h 开始反刍，每昼夜 1～10 次，每次持续 20～40min，通常每个食团咀嚼 30～50 次再咽下。反刍机能障碍包括反刍机能减弱和反刍完全停止。反刍机能减弱，见于前胃病：前胃弛缓、瘤胃积食、瘤胃臌气、瓣胃阻塞等，以及引起前胃机能障碍的全身性疾病（热性病、中毒病、代谢病及多种传染性疾病等）。反刍完全停止，是病情严重的标志之一，如反刍逐渐恢复，则表示病情趋向好转。

②嗳气：健康羊一般每小时 10 次左右。嗳气的异常变化，主要有嗳气增多、嗳气减少和嗳气完全停止。嗳气增多，见于瘤胃臌气的初期，主要是瘤胃内容物异常发酵，产生大量的游离气体。嗳气减少，可见于前胃弛缓、瘤胃积食、瓣胃阻塞、真胃疾病及继发前胃机能障碍的热性病及传染病。嗳气完全停止，可见于食管阻塞、严重的前胃机能障碍、继发瘤胃臌气和急性瘤胃臌气初期。

（4）呕吐　呕吐是一种重要的病理现象和保护性反应。呕吐时，一般都有不安、头颈伸直等表现，腹肌强烈收缩。见于脑病（脑膜炎、延脑的炎症过程等）、某些传染病及某些中毒、咽内异物、食道疾病、真胃的炎症或溃疡、腹膜炎、肝炎、子宫炎等。

2. 上消化道检查

（1）口腔检查　健康状态，上下口唇闭合良好。病理状态常可出现口唇下垂，口唇歪斜，口唇张开不能闭合，口唇紧闭以及流涎。口腔气味：健康状态，可有某种饲料的气味外，一般无特殊臭味。病理状态下，如出现干臭味，常见于口炎、肠炎、肠阻塞等；腐臭味常见于齿槽骨膜炎等；类似氯仿味的酮体气味常见于妊娠毒血症。口腔温度：生理状态下，口腔温暖。病理状态下，口温升高，可见于热性病、口腔黏膜的各种炎症（体温一般不高）；口温降低，可见于重度贫血、虚脱及动物的濒死期。

（2）咽部检查 当发现有吞咽困难，咽部肿胀，头颈伸直，运动不灵活等变化时，多提示为咽炎。如出现明显肿胀、温度升高、敏感性增强（疼痛反应）或咳嗽时，多为急性炎症过程；如为邻近淋巴结的弥漫性肿胀，则可见于耳下腺炎、腮腺炎等。

（3）食管检查 颈沟部（颈部食管）出现界限明显的局限性膨隆，可见于食管阻塞或食管扩张。当颈部食管被块根饲料（甜菜、马铃薯、萝卜等）阻塞时，食管膨隆部触诊坚硬，可并发瘤胃臌气等。食道炎时，触及患部，会有疼痛反应；当阻塞物上部继发食管扩张且积聚大量液状物时，触诊局部有波动感；食道痉挛时，可感知呈索状的食管。

3. 腹部检查

（1）腹围增大 可能的原因有：积食，特征是腹围轻度或中度增大，见于瘤胃积食、瓣胃阻塞等；积气，特征为腹围明显增大，腹肋部胀满，腹部上方明显膨大，见于胃肠臌气等；积液，当胃肠内积聚大量液体时，腹部下方明显增大，见于瘤胃酸中毒、瘤胃积液等，当腹腔内积聚大量渗出液或漏出液时，腹围对称性下垂并向两侧增大，见于腹膜炎、腹水、膀胱破裂等。腹围缩小，表示胃肠内容物显著减少或腹肌紧张，可见于顽固性腹泻或呕吐、慢性消化机能紊乱、慢性消耗性疾病、慢性传染病、破伤风或腹膜炎。

（2）胃肠检查

①瘤胃检查：正常时，左肷部稍凹陷，饱食后接近平坦，用力压也不能感到胃中坚实的内容物。瘤胃积食时，内容物硬固，触压呈生面团状或有坚实感，左肷部填平，有膨胀感；前胃弛缓时，内容物通常稀软，上部、中部都较柔软。正常情况下，瘤胃蠕动音似远方雷鸣音，夹杂沙沙音，随每次蠕动而出现，先逐渐增强，达到高峰，而后又逐渐减弱至消失，山羊每 2min 出现 2～4次，绵羊每 2min 出现 3～6 次，每次持续时间为 15～30s。瘤胃蠕动音减弱，次数减少，持续时间缩短，则标志瘤胃机能衰弱，可见于前胃弛缓、瘤胃积食以及其他引起前胃机能障碍的慢性前胃病、热性病、全身性疾病与传染病；瘤胃蠕动音完全消失，为前胃机能高度紊乱的表现，见于瘤胃臌气和积食的末期及其他严重的全身性疾病；瘤胃蠕动音明显增强，次数增多，持续时间延长，并伴有嗳气频繁，则为瘤胃兴奋性增高，见于瘤胃臌气初期、某些中毒或给予瘤胃兴奋药时。正常状态下，叩诊左肷上部为鼓音，由肷窝向下则为半浊音，下部为浊音。

②网胃检查：网胃位于腹腔的左前下方剑状软骨突起的后方，相当于第

6～7肋间，前缘紧张，膈肌面靠近心脏。网胃检查以触诊最为重要，压迫网胃区，如表现为疼痛不安、呻吟、挣扎、躲闪、后肢前踏等行为，为网胃敏感反应的标志。

③瓣胃检查：瓣胃检查通常在右侧第7～10肋间，肩端水平线上下附近的范围内进行。正常状态下，在瓣胃区进行间接听诊，可听到微弱的瓣胃蠕动音，其性质类似细小的捻发音（沙沙音），瓣胃蠕动音减弱或消失，可见于瓣胃阻塞、严重的前胃病及热性病。在瓣胃区用拳轻击，或用手指重压触诊，如出现疼痛反应、呻吟、张口伸舌、可提示瓣胃阻塞。

④真胃检查：真胃位于右腹部9～11肋骨之间，沿肋弓下部区域直接与腹壁接触。如见到右腹侧真胃区向外突出，左右腹壁显得很不对称，则提示真胃严重阻塞或扩张。将手指插入真胃区肋弓下进行强压触诊，除正常的保护性反应外，如表现为回顾、躲闪、呻吟、后肢踢腹，表示真胃区敏感，可见于真胃炎、真胃溃疡或真胃扭转等；如感到内容物坚实或硬固，呈长圆形面袋状，有疼痛反应，则提示真胃阻塞；在真胃区冲击触诊，如有波动感，并能听到击水音，可见于真胃扭转或幽门阻塞、十二指肠阻塞。真胃蠕动音类似肠蠕动音，呈流水声或含漱声。蠕动音增强，可见于真胃炎、真胃溃疡；蠕动音减弱或消失，表示真胃内容物干涸或机能减弱，可见于真胃阻塞、真胃变位。在正常状态时，真胃叩诊为浊音，如呈鼓音，见于真胃扩张。

⑤肠管检查：羊的肠管位于腹腔右侧后半部，中间是结肠襻，盲肠位于右髂部，小肠蜷曲于结肠盘周围。健康状态下，肠蠕动音呈混合性肠音，短而稀少，呈流水音或含漱音。如肠音明显增强，频繁似流水状，表明肠蠕动亢进，见于肠痉挛及各类型肠炎；肠音微弱，可见于热性病及消化机能障碍；肠音消失，可见于肠阻塞性疾病等。正常时右腹部为软而不实之感。如触诊有充实感，多为肠便秘；如在右䏚部触之有胀满感，或同时有击水音，叩诊呈鼓音，可疑为小肠或盲肠变位，应结合直肠检查进行鉴别，若发现某段小肠变硬，触压时敏感疼痛，见于肠套叠。

4. 排粪动作及粪便检查

（1）排粪动作检查　正常状态下，排粪时，背部微拱起，后肢稍开张并略前伸。羊一般每天6～8次，粪呈球粒状。排粪动作障碍主要表现为排粪减少、腹泻、排粪失禁、排粪带痛、里急后重等，如患热性病、慢性胃肠卡他或胃肠弛缓（如前胃弛缓、瘤胃积食、瓣胃阻塞、真胃阻塞、肠便秘），表现为排粪减少。如患原发性、继发性或某些侵害胃肠道的疾病、肠道寄生虫病及中毒等表现为腹泻。如为顽固性腹泻的后期、腹荐部脊髓损伤及脑病后期，则排粪失禁。如患腹膜炎、直肠炎及直肠嵌入异物等，则排粪带痛。如为顽固性腹泻后期，炎症波及直肠黏膜，表现为里急后重。

（2）粪便检查 应观察粪便的数量、形状和硬度。羊粪呈球形，含水量为55%，放牧吃青草时呈圆柱状或条状。一般在腹泻时（尤其是初期），粪便量多而稀薄，且不呈固有的形状；便秘时，粪便少而干硬，病程经过较长的便秘，粪便可呈算珠状。便秘时粪色较深，前部肠管或胃部出血时，粪便呈褐色或黑色；后部肠管出血时，粪便表面附有鲜红色血液；阻塞性黄疸时，粪便呈灰白色；下痢时，粪便呈一般白色或黄白色。

（3）粪便的混杂物检查 粪便中混有多量未消化的饲料颗粒和粗纤维，可见于消化不良；粪便黏液量增多，见于胃肠卡他、肠阻塞、肠套叠等。当发现粪便中有纤维蛋白和脱落的上皮细胞等组成的伪膜时，见于纤维素性坏死性肠炎，另外，粪便中有时混有寄生虫，也应予注意。

（四）泌尿生殖系统检查

1. 排尿动作检查 正常状态下，公羊排尿时，尿液呈股状一排一停地流出，在行走或采食时均可进行；母羊排尿时，后肢张开下蹲，拱背举尾，尿液呈急流状排出。排尿次数与尿量的多少有关，一般情况下，羊每昼夜排尿2～5次，尿量0.5～2L。在病理状态下，如为膀胱炎、尿道炎等，则表现频尿。如为慢性肾功能不全（如慢性肾小球肾炎、慢性肾盂肾炎）、糖尿病时，表现多尿。如羊脱水、休克、严重瘤胃酸中毒、心力衰竭、组织内水分滞留、急性肾小球肾炎、膀胱、肾盂或尿道结石，炎性水肿，或被血块、脓块阻塞，肾功能衰竭等时，表现少尿或无尿。如表现尿滞留，多由于尿道完全阻塞、膀胱麻痹等，见于结石、炎性渗出物或血块等导致的尿路阻塞或狭窄。如表现排尿失禁，多见于脊髓炎、膀胱括约肌麻痹、脑病昏迷和濒死的病羊。如表现尿淋漓，多见于急性膀胱炎，尿道和包皮的炎症，尿道炎引起尿道肿胀、狭窄，或尿道结石引起的不完全阻塞等。如表现排尿困难和疼痛，多见于膀胱炎、膀胱结石、膀胱过度充满、尿道炎、尿道结石、生殖道炎症及腹膜炎等。

2. 肾、膀胱及尿道检查

（1）肾脏检查 某些肾脏疾病时，病畜常表现出腰背僵硬、拱起，运步小心，后肢向前移动迟缓。用双手在腰椎横突下按压或叩击，肾脏的敏感性增高，则可能表现出不安、拱背、摇尾或躲避压迫等，多为急性肾炎或肾损害的可能。

（2）膀胱检查 由腹壁外进行触诊，如触压敏感，多提示膀胱炎、尿潴留和膀胱结石；如膀胱体积过大，多提示膀胱积尿；膀胱空虚，除肾源性无尿外，常见于膀胱破裂。

（3）尿道检查　如为母羊，将手指伸入阴道，在其下壁可触摸到尿道外口，亦可用开腔器对尿道口进行检查，还可用导尿管进行探诊，主要注意其炎症变化。公羊的尿道，可进行外部触诊，因有S形弯曲，用导尿管探诊较为困难。如触诊或探诊尿道，羊表现剧痛不安，多提示尿道炎；触诊尿道某部有坚硬的固体物存在，探诊时导管不能通过，疼痛明显，可提示尿道结石。

3. 生殖器官及乳房检查

（1）公羊外生殖器官检查　临床上常可见到阴囊水肿、阴囊显著增大及睾丸肿大、疼痛、增温。阴囊水肿，表现为阴囊呈椭圆形肿大，表面光滑，局部无压痛，压后留有指痕，见于阴囊炎、睾丸炎。去势后阴囊积血。阴囊显著增大，具有明显的疝痛症状，触诊内容物柔软，见于阴囊疝。睾丸明显肿大，阴囊肿大，疼痛及增温，见于急性睾丸炎。

（2）母羊外生殖器官检查　健康母羊的阴道黏膜呈淡粉红色，光滑而湿润。阴道黏膜潮红、肿胀、溃疡，见于阴道炎。阴道黏膜黄染，可见于各型黄疸。阴道分泌物增多，从阴门流出黏液性或脓性污秽腥臭的液体，甚至附着于阴门、尾根部变为干痂，见于阴道炎及子宫炎。阴道或子宫脱时，可见阴门外有脱垂的阴道或子宫。

（3）乳房检查　主要用视诊和触诊，并注意乳汁的性状。乳房肿胀，有热痛反应，见于急性乳房炎。乳房呈现硬结，无热痛反应，见于慢性乳房炎。乳汁浓稠，内含絮状物或纤维蛋白性凝块、脓汁或混有血液，为乳房炎的重要指征。乳房淋巴结肿胀，质地坚硬，无热痛反应，见于乳腺结核。乳房皮肤上呈现疹疱及结痂，见于痘病、口蹄疫等。

（五）神经系统检查

1. 中枢神经机能检查　健康状态下表现精神正常，对外界刺激（往往以眼、耳、尾及四肢的动作）可迅速做出反应，行为敏捷，姿态自然，动作协调。当中枢神经机能发生改变时，可出现精神状态异常，表现为精神兴奋或精神抑制。

（1）精神兴奋　轻者表现骚动不安、惊恐、害怕；重者受轻微刺激即产生强烈反应，不顾障碍地前冲、后退，甚至挣扎脱缰，狂奔乱跑，攀登或跳入沟渠，暴眼凝视，有时攻击人畜。精神兴奋见于脑部疾患（如脑膜充血、炎症及颅内压升高等）、代谢障碍（酮病等）、中毒（如微生物毒素、化学药品或植物中毒等）、日射病和热射病、传染病（如传染性脑脊髓膜炎、狂犬病）。

（2）精神抑制

①沉郁：为最轻度的抑制现象。表现为对周围事物反应迟钝，离群呆立，

头低耳耷，眼睛半闭，不听呼唤，行动无力，盲目游走，不避障碍。多见于一定程度的缺氧和血糖降低、毒素对脑的作用或各种发热性疾病、脑炎、脑水肿初期。

②昏睡：为中度抑制现象。病羊处于不自然的熟睡状态，对外界事物、轻度刺激毫无反应，意识活动很弱，给以强刺激才能产生短暂反应，但很快又陷入沉睡状态。见于脑炎、颅内压升高等疾病。

③昏迷：为高度抑制现象。表现为意识完全丧失，对外界的刺激没有反应，仅保留节律不齐的呼吸和心脏搏动，卧地不起，呼唤不应，全身肌肉松弛，反射消失，甚至瞳孔散大，粪尿失禁。对强烈刺激也无反应，常为预后不良的征兆。见于颅内病变（如脑炎、脑肿瘤、脑创伤）及代谢性脑病和由于感染、中毒引起的脑缺氧、缺血、低血糖，辅酶缺乏，脱水，代谢产物的滞留等。

2. 运动机能检查

（1）**强迫运动** 不受意识支配和外界环境因素的影响而出现的不随意运动，常见的强迫运动有以下几种：

①盲目运动：无目的地游走，不注意周围事物，不顾外界刺激而不断前进，遇障碍时则头顶于障碍物而不动，见于脑部炎症。

②圆圈运动：按一定的方向作圆圈运动，左转或右转。见于脑炎、脑脓肿、脑肿瘤、一侧性脑室积水、羊脑包虫病等。圆圈运动的直径随虫体包囊等体积的增大而缩小。

③暴进及暴退：将头高举或低下，以常步或速步不顾障碍向前狂进（暴进），或连续后退，以至倒地（暴退）。

④滚转运动：病畜不自主地向一侧倾倒或强制卧于一侧，或以躯体的长轴为中心向患侧滚转。见于延脑、小脑脚、前庭神经、内耳迷路受损的疾病。

（2）**共济失调** 运动不协调，分为静止性失调和运动性失调，见于大脑皮层、小脑、脊髓及前庭神经或前庭核、迷路的损害。

（3）**痉挛**

①阵发性痉挛：见于病毒或细菌感染性脑炎、化学物质（如士的宁、有机磷、食盐等）或植物中毒、代谢障碍（如低钙血症）及循环障碍等。特别是脑循环障碍和脑贫血以及在难产和新陈代谢障碍时多见。

②强直性痉挛：全身性强直痉挛见于破伤风、中毒（如有机磷、士的宁）、脑炎、脑脊髓炎、酮病、妊娠毒血症等。

③癫痫性痉挛：突然发生，时间短暂，反复发作，表现为强直性痉挛，瞳孔扩大，流涎，大小便失禁，意识丧失。见于脑部感染、脑肿瘤、中毒和代谢

性疾病等。

（4）瘫痪　见于由于机械性损伤或病毒、细菌性侵害而导致的全瘫、半瘫等。

3. 感觉机能检查

（1）一般感觉

①浅感觉：检查时应在羊安静的状态下或由饲养人员保定，为避免视觉的干扰，可用布将其眼睛遮住。健康羊针刺时，出现相应部位的被毛颤动，皮肤或肌肉收缩，竖耳、回头、或四肢踢蹬动作。皮肤感觉性增高：病羊对抚摸、轻拉被毛、轻刺、轻踏蹄冠等轻微刺激产生强烈的反应，见于脊髓膜炎、脊髓背根损伤、视丘损伤、末梢神经发炎或受压、局部组织的炎症等；皮肤感觉性减弱或消失：皮肤感觉迟钝或完全消失，对各种刺激的反应减弱或感觉消失，甚至在意识清醒下感觉能力完全消失，体侧对称性的减弱或消失，多见于脊髓横断性损伤，如炎症、挫伤和压迫等。身体不同部位的多发性感觉减弱，见于多发性神经炎和某些传染病，全身性皮肤感染减退或缺失，见于精神抑制和昏迷；感觉异常，指没有外界刺激而自发产生的感觉，如发痒、蚁走感、烧灼感等，病羊不断舌舔、啃咬、搔抓、摩擦，使部分皮肤严重损伤，见于狂犬病、伪狂犬病、羊的痒病、神经性皮炎、荨麻疹等。

②深感觉：也称本体感觉，检查时应人为地将羊肢体改变自然姿势（如使两前肢交叉站立等）而观察其反应。健康状态下在除去外力后，立即恢复到原状。如深部感觉障碍时，则较长时间保持人为姿势而不变，提示大脑或脊髓受损害，如脑炎、脑室积水及中毒等。

（2）特殊感觉　包括视觉、听觉、嗅觉的检查等。

①视觉：当羊前进通过障碍物时，冲撞于物体上，或用手在羊眼前晃动时，不表现躲闪，也无闭眼反应，则表明视力障碍。当视网膜、视神经纤维、丘脑、大脑皮层的枕叶受损害，伴有昏迷状态及眼病时，可导致目盲或失明。瞳孔扩大，是由于交感神经兴奋（与剧痛性疾病、高度兴奋、使用抗胆碱药有关）或动眼神经麻痹（与颅内压增高的脑病有关）使瞳孔辐射肌收缩的结果。瞳孔缩小，是由于动眼神经兴奋或交感神经麻痹使瞳孔括约肌收缩的结果，见于脑病（如脑炎、脑积水）、使用拟胆碱药及虹膜炎等。

②听觉：听觉增强是指有轻微声音即把耳转向声音的来源一方，或两耳前后来回移动，同时惊恐不安，乃至肌肉痉挛，见于脑和脑膜疾病。听觉减弱或消失，与延脑受损有关。

③嗅觉：当组成嗅觉的神经或鼻黏膜患病时则引起嗅觉迟钝甚至嗅觉丧失。

（3）反射种类及检查方法

①浅部反射：耳反射：检查时用纸卷、毛束轻触耳内侧被毛，正常时表现摇耳或转头。腹壁反射：用针轻刺腹部皮肤，正常时相应部位的腹肌收缩、抖动，即为腹壁反射。提睾反射：刺激大腿内侧皮肤时，睾丸上提，即为提睾反射。会阴反射：轻刺激会阴部或尾根下方皮肤时，引起向会阴部缩尾的动作。肛门反射：刺激肛门周围皮肤时，正常时肛门括约肌迅速收缩。角膜反射：用手指、纸片或羽毛轻触角膜时，会立即闭眼。瞳孔反射：正常时，通过光线照射，可引起瞳孔缩小，进入暗处，则瞳孔扩大。眼睑反射：将手指或其他物体突然伸到动物眼前，可引起急速闭眼。

②深部反射：膝反射：检查时使羊侧卧，让被检测后肢保持松弛，用叩诊锤背面叩击膝韧带直下方，正常时，下肢呈伸展动作。跟腱反射：又称飞节反射，检查方法与膝反射检查相同，叩击跟腱，正常时跗关节伸展而球关节屈曲。

（4）反射机能的病理变化

①反射减弱：提示有关传入神经、传出神经、脊髓背根、髓腹根，或脑、脊髓灰白质受损伤。此外，处于意识丧失、麻醉或昏迷状态下的病羊，由于高级神经中枢的兴奋性降低，也会引起反射减弱或消失。

②反射增强或亢进：提示脊髓背根、髓腹根、外周神经的炎症，受压和脊髓膜炎等。在破伤风、士的宁中毒、有机磷中毒、狂犬病时常见全身反射亢进。

五、影像诊断及特殊检查技术

（一）X 线检查

1. X 线的检查方法、原则和程序

（1）检查方法　根据检查部位的目的要求，X 线检查方法有透视检查、摄影检查和造影检查。

（2）检查原则　X 线诊断前，应了解病羊的病史、临床症状和其他临床检查结果，再决定是否需要作 X 线检查，然后确定检查的部位和方法，检查后，细致观察，准确分辨正常影像和病理影像，综合分析，恰当解释影像所反映的病理变化。

（3）检查程序　首先全面浏览、系统观察、寻找并发现病变，接着深入分析病变、鉴别其病理性质，最后结合临床资料做出诊断。

2. 骨与关节病变的 X 线表现

（1）骨骼的异常　X 线表现为骨的密度降低，骨小梁数目明显减少、变细、小梁间隙增宽时，提示骨质疏松，见于老龄羊、营养不良、代谢障碍、炎症、感染或肿瘤等。X线表现为骨的密度均匀降低，骨小梁模糊变细，负重骨骼发生变形弯曲，提示骨质软化，见于佝偻病、氟中毒、骨软病等。X线表现为骨质发生密度降低的透明区，密质骨缺损，提示骨质破坏，见于骨髓炎、骨囊肿、骨肿瘤等。X线表现为骨质密度升高，骨密质增厚，骨髓腔变窄或消失，骨小梁增生、增粗变为致密骨质，提示骨质增生硬化，见于骨质石化症等。

（2）关节的异常　X线表现为软组织层阴影肿大增厚，密度变大，组织层次模糊不清，提示为关节肿胀，见于急性关节炎、化脓性关节炎等。X线表现为关节面骨质变薄、模糊和粗糙甚至出现大小不等的不规则缺损，提示关节破坏，见于关节腔内积脓等。X线表现为关节间隙明显狭窄或完全消失，且可见骨小梁通过关节间隙将两骨端连接融合，提示为关节强直，多见于化脓性关节炎等。

3. 胸部疾病的 X 线表现

（1）渗出性病变　X线表现为雨雾状密度增加的阴影，密度均匀或不一致，大小不定，边缘模糊，界限不清。

（2）纤维素性病变　X线表现为局限性条索状、星芒状或网状密度较高的阴影，界限清楚。

（3）增生性病变　X线表现为密度较高，边缘较清楚，呈粒状、腺泡结节状或梅花瓣的阴影，缺乏融合现象。

（4）钙化和肿块　X线表现为密度增高，边缘锐利的斑点状、斑块状或不规则的球形致密阴影，提示为钙化；X线表现为圆形或类圆形中等密度的致密阴影，边缘锐利清晰，提示为肿块。

4. 腹部疾病的 X 线表现

（1）腹水　X线显示腹部膨胀，呈烟雾朦胧阴影，清晰度下降，正常腹内组织器官结构被遮蔽而不能清晰显示，仅可见肠内气体阴影。

（2）妊娠与死胎　难产时X线可显示胎位、胎势和胎向，明确难产原因，判断是否死胎。如出现木乃伊胎儿，则X线显示胎儿骨骼集拢、骨骼浓密细小和胎儿体积缩小。

（3）尿结石　临床上以膀胱结石和公羊的尿道结石多见，多数的尿结石为X线不透性结石，如磷酸盐、碳酸盐和草酸钙等，X线仅可显示其高密度阴影，尿酸盐结石密度低，X线检查不可显示。膀胱结石多为X线不透性结石。

（二）超声检查

超声检查是一种无组织损伤，无放射危害的临床诊断方法，是兽医影像诊断学的主要内容之一，可应用于心脏、血管、肝脏、脾脏和肾脏等组织器官以及妊娠、胃肠和腹腔内其他病变的诊断。兽医超声诊断分为 A 型、B 型、D 型和 M 型。

心脏及血管声像图可判断心肌肥大、主动脉脉窦壁缺损、室间相同、栓塞和血管的侧旁再通。肝脏及胆囊的声像图可判断脂肪肝、胆结石、胆囊炎等。肾脏的常见病变如肾炎、肾出血、肾结石等也可通过声像图判别出来。腹膜炎、腹腔肿瘤、软组织脓肿、胃肠溃疡或穿孔等也可用超声技术进行检查。

(三) 心电图检查

心电图检查为兽医临床上一项非常重要的肺创伤性辅助诊断方法，尤其对心率失常、心脏肥大、血液电解质紊乱、心肌疾病等具有重要的诊断价值。如羔羊发生白肌病时，心电图显示窦性心动过速、窦性节律失常、S-T 段上移、T 波高耸，有的出现室性期前收缩和房室阻滞。

第二节　病理剖检技术

病理剖检是羊病现场诊断的一种重要诊断方法。羊发生了传染病、寄生虫病或中毒性疾病时，器官和组织常呈现出特征性病理变化，通过剖检可以直接观察到各器官的病理变化，并迅速做出诊断。在实践中，有条件应尽可能剖检病羊尸体，必要时可剖检典型病羊。除肉眼观察外，必要时采取病料，进一步作病理组织学检查。

一、剖检注意事项

剖检前要对病羊或病变部位仔细检查。如怀疑炭疽病时，严禁剖检，先于耳尖采血，涂片镜检，当排除炭疽病后方可剖检。剖检时间愈早愈好，最好不超过 24h，尤其在夏季，尸体腐败后，不利于观察和诊断。剖检时应保持清洁，做好个人防护，并尽量减少对周围环境和衣物的污染。剖检后应将动物尸体和污染物作深埋处理，并在尸体上撒生石灰或喷洒 10%石灰乳、4%氢氧化钠或 5%～20%漂白粉溶液等。铲除污染的表层土壤并投入坑内，埋好后对埋尸地面要再次进行消毒。

二、剖检方法和程序

尸体剖检必须按照一定的方法和程序进行。尸检程序通常为：首先为外部检查，然后是皮下检查，接着进行腹腔检查、骨盆腔器官的检查，再进行胸腔的检查、脑与脊髓的检查，然后是鼻腔检查，最后是骨、关节与骨髓的检查。

（一）外部检查

外部检查主要包括羊的一般体质状况（品种、年龄、性别、毛色、特征、营养状况、皮肤等）、死后变化、可视黏膜与天然孔（口、眼、鼻、耳、肛门和外生殖器官）。

（二）皮下检查

1. 剥皮方法 将尸体仰卧固定，由下颌间隙经过颈、胸、腹下，并绕开阴茎、乳房、阴户，至肛门作一纵切口，再由四肢系部经其内侧至上述切线分别作四条横切口，然后剥离全部皮肤。

2. 皮下检查 主要检查皮下脂肪、肌肉、血管、血液、外生殖器官、乳房、舌、咽、扁桃体、食管、喉、气管、唾液腺、甲状腺、淋巴结等的变化。

（三）腹腔检查

1. 腹腔剖开与腹腔脏器采出 剥皮后，让尸体左侧卧位，从右侧肷窝部沿肋骨弓至剑状软骨切开腹壁，再从髋结节至耻骨联合切开腹壁。将此三角形的腹壁向腹侧翻转，即可暴露腹腔。检查是否有肠变位、腹膜炎、腹水或腹腔积血等异常。在横膈膜之后切断食道，用左手插入食道断端并握住食道，向后拉牵，右手持刀将胃、肝脏和脾脏等连接背部的韧带、后腔静脉、肠系膜根部切断，即可取出腹腔脏器。

2. 胃检查 在沿皱胃小弯处的瓣皱孔、瓣胃大弯、网瓣孔、网胃大弯、瘤胃背囊、瘤胃腹囊、食管、右纵沟切开的同时，注意观察内容物的性质、数量、质地、颜色、组成及黏膜的变化，并闻其气味。特别应注意皱胃的黏膜炎症和寄生虫情况，瓣胃是否阻塞，网胃内的异物、刺伤或穿孔，瘤胃的内容物等。

3. 肠道检查 检查肠外膜后，沿肠系膜附着缘剪开肠管，要重点检查内容物和肠黏膜，注意内容物的质地、颜色、气味和黏膜的各种炎症变化。

4. 肝脏、胰脏、脾脏、肾脏与肾上腺检查 主要检查这些器官的形状、颜色、大小、质地、表面和切面等有无异常变化。

（四）骨盆腔器官检查

除输尿管、膀胱、尿道外，重点是检查公羊精索、输精管、腹股沟、精囊腺、前列腺及外生殖器官；母羊应检查卵巢、输卵管、子宫角、子宫体、子宫颈与阴道。注意观察上述器官的位置以及表面、内部的异常变化。

（五）胸腔检查

1. 胸腔剖开 可切割两侧肋骨与肋软骨交接处，去除胸骨；也可在肋骨与肋软骨的连接处，切断肋骨，再在肋骨上端锯断所有肋骨，并切断横膈，就可整片掀除一侧胸壁或用扭脱肋骨小头的办法，一根根地去除肋骨。

2. 胸腔器官检查 割断前后腔静脉、主动脉、纵隔和气管等与心脏、肺脏的联系后，将心脏、肺脏一同取出。心脏检查，应注意观察心包液的多少、颜色，心脏的大小、形状、软硬度，心室和心房充盈度，心内、外膜的变化。

（六）脑检查

先沿两眼的后缘用锯横行锯断，再沿两角外缘与第一锯相接锯开，并于两角的中间纵锯一正中线，然后两手握住左右角，用力向外分开，使颅顶骨分成左右两半，即可露出脑。应注意检查脑膜的变化、脑脊液的多少与性质、脑回和脑沟的变化。

（七）关节检查

尽量将关节弯曲，在弯曲的背面横切关节囊。注意囊壁的变化，确定关节液的量、性质及关节面的状态。

第三节 实验室诊断

一、血液检查

（一）红细胞检查

1. 血红蛋白测定 血红蛋白正常值：绵羊每 100mL 血液 $11\sim12$g，成年山羊每 100mL 血液 $6\sim10$g，羔羊每 100mL 血液 $6.0\sim11.5$g。测定血红蛋白有重要的临床意义，如血红蛋白相对增高，原因是脱水而血液浓缩，见于腹泻、呕吐、大出汗、便秘、腹腔的渗出性炎症、瓣胃阻塞及某些中毒病等。如血红蛋白绝对增高，多见于真性红细胞增多症和心肺性疾病等。如血红蛋白减少，见于造血物质不足、造血功能障碍、红细胞丢失或破坏过多所致的各种贫血和血孢子虫病，急性钩端螺旋体病，胃肠寄生虫病及毒物中毒等。

2. 红细胞压积测定　健康绵羊红细胞压积容量为 0.30～0.37，山羊 0.23～0.38，成年奶山羊平均为 0.35，羔羊平均为 0.36。红细胞压积测定可判断贫血与脱水程度。红细胞压积增高，见于各种原因引起的脱水，如急性肠炎、急性腹膜炎、急性胸膜炎、食管梗塞、咽炎、呕吐等；红细胞压积减少，见于各种原因引起的贫血。由于各种疾病时红细胞大小不一，故红细胞压积减少的程度与细胞数不完全一致，但多数情况下与血红蛋白含量相一致。

3. 红细胞计数　绵羊红细胞平均为每升 $8.8×10^{12}$～$11.2×10^{12}$ 个，成年山羊平均为每升 $15×10^{12}$ 个，乳山羊平均为每升 $16×10^{12}$～$17×10^{12}$ 个。如红细胞计数增多，见于各种原因引起的脱水及红细胞增多症，如急性胃肠炎、肠变位、肠便秘、渗出性胸膜炎与腹膜炎、日射病与热射病、某些传染病及发热性疾病；而红细胞数减少见于造血或生血因子缺乏以及红细胞生成不足、丢失或破坏过多，骨髓造血功能障碍等引起的各种贫血，如贫血、营养代谢病、血孢子虫病、白血病及恶性肿瘤等。

（二）白细胞检查

1. 白细胞计数　健康绵羊每升血液中的平均白细胞数为 $6.4×10^9$～$10.2×10^9$ 个，成年山羊为 $4.3×10^9$～$14.7×10^9$ 个。白细胞计数常用于诊断传染性疾病及血液病。白细胞增多，见于大多数细菌、真菌性传染病和炎性疾病，尤以球菌感染最为显著，如炭疽病、创伤性心包炎、乳房炎及注射疫苗或免疫血清之后，也见于羊白血病、肿瘤、急性出血性疾病、中毒等。白细胞减少见于某些病毒性传染病，各种疾病的濒死期和再生障碍性贫血，长期、过量使用某些抑制造血机能的药物，如磺胺药、氯霉素，以及某些血液原虫病、休克、营养衰竭症等。

2. 白细胞分类计数　健康羊各种白细胞的平均百分数如下：嗜酸性粒细胞，绵羊 5.0%、山羊 6.0%；嗜碱性粒细胞，绵羊 0.5%、山羊 0.1%；中性杆核细胞，绵羊 1.5%、7.4%；单核细胞，绵羊 2.0%、山羊 1.5%。白细胞分类计数具有具体的临床意义。中性粒细胞总数增多，见于某些急性传染病，如羊炭疽、出血性败血症，某些化脓性疾病，如化脓性胸膜炎、创伤性心包炎，某些急性炎症，如胃肠炎、肺炎，某些慢性传染病如结核等；中性粒细胞减少，见于病毒性疾病及各种疾病垂危期，也可见于造血器官机能的抑制与衰竭，羊妊娠中毒等。嗜酸性粒细胞增多，见于某些寄生虫病，（如肝吸虫、球虫、旋毛虫等）及过敏性疾病（如湿疹、疥癣等）；嗜酸性粒细胞减少，见于感染性疾病、毒血症、尿毒症、严重创伤、中毒、饥饿及过劳等。淋巴细胞增多，见于某些慢性传染病，如羊结核病、布鲁氏菌病，急性传染病的恢复期以及某些病毒性疾病；淋巴细胞减少，说明机体与病原处于激烈斗争阶段，常为预后良好的象征。单核细胞增多，见于慢性细菌性疾病，如结核病、布鲁氏菌病，某些原虫病和某些病毒性疾病；单核细胞减少，见于急性传染病初期及某些疾病的垂危期。

二、尿液检查

尿液的常规检查包括尿液的物理学检查、化学检查和显微镜检查。

（一）尿液物理学检查

健康羊每天的排尿量为 0.5~1kg，尿量增多见于肾充血、肾萎缩、饲料中毒等；尿量减少见于肾瘀血、急性肾炎、心脏机能不全、发热时渗出液和漏出液的贮存、下痢、发汗和呕吐等。羊尿为草黄色，尿色变淡，见于尿量增多；尿量减少，尿色加深；红尿见于血尿、血红蛋白尿、肌红蛋白尿、叶琳尿；乳糜尿呈乳白色；内服或注射某些药物时也可引起尿色的改变。健康山羊尿无异常气味，膀胱炎和尿液潴留时，有氨臭味；膀胱炎或尿道有坏死性化脓性炎症时，尿液呈腐败臭味。山羊新鲜尿液澄清透明，无沉淀物，尿液变浑浊，见于泌尿系统疾病。

（二）尿液化学检查

1. 尿液酸碱度的检查 健康山羊尿液 pH 为 8.0~8.5，羔羊为 6.4~6.8。pH 降低，见于高热性疾病、酮病、大出汗、营养不良、饥饿、酸中毒等；pH 增高，见于尿道阻塞和膀胱炎使尿液积聚于膀胱，也可见于代谢性碱中毒。

2. 尿蛋白的检查 取少许过滤的尿液于载玻片上，滴加 20% 磺柳酸液一至数滴，如有蛋白质存在，即产生白色混浊。健康羊的尿中含有极微量的蛋白，用此法无反应。当患肾病变、肾炎、尿道炎、膀胱炎时，尿中可出现多量的蛋白质。此外，某些急性中毒或慢性细菌性传染病以及血孢子虫病等，均可出现蛋白尿。

3. 尿中血液及血红蛋白的检查 尿中混有红细胞称为血尿，而不能用肉眼直接观察的红细胞或血红蛋白称为潜血。联苯胺法检查尿液时，呈绿色或蓝色时为潜血阳性。尿中出现大量血红蛋白称为血红蛋白尿。溶血性疾病和泌尿系统出血引起血红蛋白尿或血尿时，均可在尿中检出潜血，见于肾炎、肾破裂、肾盂结石、肾盂肾炎、膀胱炎及膀胱结石、尿道结石、尿道黏膜损伤和尿道炎等。

4. 尿中酮体的检查 正常尿中酮体含量很少，一般方法不能检出。测定时，取尿液 2mL 于试管内，加亚硝基铁氰化钠粉末少许，加冰醋酸 0.2mL，混匀后沿管壁缓缓加入 28% 浓氨水 0.5～1mL，观察两液面接触处颜色变化，10min 以上无紫红色环为阴性。尿酮中毒主要见于羊妊娠中毒病、酸中毒、长期饥饿等。

（三）尿液显微镜检查

将 10mL 尿液在 1 000r/min 的速度下离心 10min，吸取管底部的尿液置载玻片上，加盖玻片，低倍镜下观察有无管型上皮细胞。如果被检尿液中发现肾上皮细胞、尿路上皮细胞及膀胱上皮细胞，就表明该部位患有炎症；尿液中发现管型（尿圆柱），肾脏一定患有急性或慢性炎症，因管型是肾实质有病理变化后，蛋白质在肾小管内凝聚而成圆柱形物体。

三、粪便检查

（一）粪便的物理学检查

包括粪便的数量、形状、硬度、颜色、气味、混杂物等项目。羊粪呈小球状、较硬。阻塞性黄疸时，由于粪中不含粪胆素与尿胆素，粪呈黏土色或灰白色；出血性肠炎，粪呈红色；粪中有类似肠黏膜的白色管状物，见于黏液性肠炎；重症肠炎时，粪有恶臭味。

（二）粪便潜血的检查

取羊粪适量，放于大试管中加蒸馏水少量，加热煮沸，过滤取滤液，按尿液潜血检查法检查。正常粪便潜血试验为阴性，阳性结果提示胃肠出血、出血性肠炎、球虫病等。

（三）粪便寄生虫卵的检查

详见寄生虫检查。

四、瘤胃内容物检查

（一）瘤胃内容物的采集

当羊反刍时，观察某一个食团自食道逆蠕动送至口腔时，检查者迅速一手抓住舌头，另一手伸向舌根部，即可将食团采于手中，每次采集的数量较少。

在临床上，如果用量较多或动物反刍废绝时，常用胃管吸引法。把粗口径的胃导管从口腔插入瘤胃内，将羊头压低用唧筒抽吸，有时亦可自动流出。或用内径 1.5~2cm，长约 2m 的胃管，在一端多开侧孔（10~20 个小孔），按常法将胃管送入瘤胃，另一端与电动胃液吸引器相连，抽吸瘤胃内容物。也可在左肷部剪毛、消毒后，用长针头穿刺瘤胃，吸取瘤胃液。

瘤胃内容物的采集，每天应在相同的时间进行。采取后装在盛有少量中性液体石蜡的锥形瓶内，用四层纱布过滤后，及时送实验室检验。

（二）一般感官检查

气味：正常时具有芳香气味。瘤胃酸中毒时，由于乳酸增多，常呈酸臭。氨过多时，有腐败臭。颜色：正常为淡绿色或绿色，以青贮料为主时，呈黄褐色。瘤胃酸中毒时，常呈乳灰色。黏稠度：正常瘤胃液有一定的黏稠度。在瘤胃酸中毒和真胃移位时，常呈稀薄水样。

（三）酸碱度测定

用精密 pH 试纸或酸度计测定。正常瘤胃 pH 一般为 6.0~7.5。蛋白质在瘤胃中异常发酵时，可使 pH 升高；当瘤胃中酸性产物增加时，pH 降低。一般来说，pH 在 5.0 以下、8.0 以上，瘤胃中的纤毛虫的生存就会受到影响。此外，了解瘤胃内容物的 pH 对前胃疾病的诊治和药物的选用也有一定意义。如喂给大量碳水化合物饲料，pH 可降至 5.5 以下，过食谷物（如玉米等）发生瘤胃酸中毒时，pH 常在 4.0 左右。食蛋白质饲料过多，pH 可达 8.0 以上；前胃弛缓时，pH 也可升高。

（四）发酵强度测定

用 10mL 乳糖发酵管盛满瘤胃液滤液，以液体石蜡隔绝空气后置 38~40℃温箱中培养，在 24h 和 48h 各观察一次产气量。如 24h 的产气量为 3.0mL，可记录每 24h 为 3.0mL。发酵强度一般可反映瘤胃微生物区系（细菌、纤毛虫）的综合能力，发酵强度减小，表明微生物被抑制，瘤胃消化代谢障碍，气体产生就少，如前胃弛缓时发酵强度每 24h 为 0.5mL，pH 为 7.0。

（五）纤毛虫计数

健康羊的瘤胃液含有大量的纤毛虫。纤毛虫的种类繁多，大小差异甚大，如大虫体为 $60\mu m \times 80\mu m$，小虫体为 $22\mu m \times 40\mu m$。它们对反刍动物的代谢过程有重要作用，因此，计算纤毛虫的数目，对疾病的诊断和疗效的观察有一定的意义。

稀释液有甲基绿甲醛液或 0.3% 冰醋酸液，可使纤毛虫着色，并有固定作用。稀释后在血细胞计数板上计数。绵羊平均值每毫升为 $4\times10^5\sim7\times10^5$，差异很大，并随饲料种类、采样时间及季节的不同而有差异。纤毛虫数减少，提示前胃机能障碍，见于瘤胃积食、前胃弛缓、过食玉米、过食黄豆等。在前胃弛缓时，纤毛虫数可降至每毫升为 7.0×10^4，而在瘤胃积食及瘤胃酸中毒时，可下降至每毫升为 5.0×10^4 以下，甚至无纤毛虫。瘤胃内纤毛虫数逐渐恢复，提示病情好转。

五、毒物检查

（一）毒物检查程序

1. 现场调查　了解发病情况、临床症状、防治方法及效果，毒物的来源及进入机体的途径等。中毒性疾病的一般特点是：在一定的时间内，动物成批突然发病和死亡或陆续发病，主要症状一致且疾病的发生与饲料、饮水或接触某种毒物有关。

2. 临床检查　在现场抢救病羊的同时，进行详细的临床检查，包括一般症状、局部症状，神经系统、循环系统、泌尿系统等出现的症状。

3. 预试验　采用较简易而快速的方法进行探索性试验，以进一步确定检查的范围和方向。

4. 确证试验　通过现场调查、临床检查和预试验找出毒物的线索后，必须进行确证试验。必要时，还应进行定量检查，方可确定中毒的毒物。

（二）常见毒物检查

1. 氢氰酸中毒检查　剩饲料、呕吐物、胃及其内容物为较好的检材，其次是血液。氢氰酸属于挥发性毒物，最常用的分离方法为水蒸气蒸馏法。定性检查可用普鲁士蓝反应法、苦味酸试纸法等，普鲁士蓝反应的原理是氰离子在碱性溶液中与亚铁离子作用，生成亚铁氰复离子，在酸性溶液中，再遇高铁离子即生成普鲁士蓝。苦味酸试纸法的原理是氰化物于酸性条件下温热，生成氢氰酸，遇碳酸钠后生成氰化钠，再和苦味酸作用生成异性紫酸钠，呈玫瑰红色。

2. 棉籽饼粕中毒检查　将棉籽饼磨碎，取少许细粉末，加硫酸数滴，在显微镜下观察，若有棉酚存在即变为红色。若将该粉末在 97℃下蒸煮 $1\sim1.5h$ 后，则反应呈阴性。也可将棉籽饼按上法蒸煮后，再用乙醚浸泡，然后回收乙醚、浓缩，加硫酸数滴，如有棉酚，也变为红色。

3. 有机磷中毒检查　急性中毒，可取呕吐物、剩余饲料、胃肠内容物、血液、肝脏等；皮肤接触中毒，可取血液及接触毒物的皮肤。检验原理为：胆碱酯酶能分解乙酰胆碱为胆碱和乙酸，因而 pH 变低。当有机磷中毒时，抑制了乙酰胆碱酯酶的活性，水解乙酰胆碱产生胆碱和乙酸的能力降低，所以 pH 升高。根据 pH 的变化，以溴麝香草酚蓝（BTB）为指示剂，可以诊断有机磷的中毒。

4. 食盐中毒检查　如羊没死，可检查眼结膜囊液有无氯离子存在，测定剩余饲料中氯化物的含量，测定血清中钠离子的含量。如羊死后，可测定肝中氯化物的含量。

眼结膜囊内液氯化物检查的原理为：氯化钠中的氯离子在酸性条件下与硝酸银中的银离子结合，生成不溶性的氯化银白色沉淀。肝中氯化物含量测定的原理为：氯化物与硝酸银作用生成氯化银，当硝酸银稍过量即可与指示剂铬酸钾作用，生成铬酸银砖红色沉淀，以此来判定终点，从硝酸银的消耗量可换算出氯化物的含量。

六、微生物检查

（一）病料采集

理想的病料是无菌采取的含病原微生物量多的血液、器官组织和排泄物。而且要根据疾病的病性采取合适的病料。如无法估计是何种疾病时，应根据临床症状和病理变化采集病料，或全面采取病料。

1. 液体材料　用灭菌棉拭子采取破溃的脓汁、鼻液、阴道分泌物和排泄物。脓肿、胸水、腹水等在消毒皮肤后，用无菌注射器抽取。

2. 血液　无菌采取血液，用于病原培养、抗体检查和血液检查等。羊可采取颈静脉血液。

3. 内脏组织和淋巴结　将肺、肝、脾、肾、淋巴结等有病变的部位采取 $1\sim2cm^3$ 的小方块，置于灭菌容器。

（二）细菌学检查

1. 涂片镜检　将病料涂于清洁的载玻片上，干燥后在酒精灯火焰上固定，选用单染色法，如美蓝染色法、革兰氏染色法、抗酸染色法或其他特殊染色法染色镜检，根据所观察到的细菌形态特征，做出初步判断或确定进一步检验的步骤。

2. 分离培养　根据所怀疑传染病病原菌的特点，将病料接种于适宜的细菌培养基上，在一定温度下进行培养，获得纯培养基后，再用特殊的培养基培养，进行细菌的形态学、培养特征、生化特性、致病力和抗原特性鉴定。

3. 动物实验　用灭菌生理盐水将病料做成 1∶10 的悬液，或利用分离培养获得的细菌液感染实验动物，如小鼠、大鼠、豚鼠、家兔等。感染方法可用皮下、肌肉、腹腔、静脉或脑内注射。感染后按常规隔离饲养管理，注意观察，有时还需对某种实验动物测量体温；如有死亡，应立即进行剖检及细菌学检查。

（三）病毒学检查

以无菌手段取出病料组织，用磷酸缓冲液反复洗涤 3 次，然后将组织剪碎、研细，加磷酸缓冲液制成 1∶10 悬液（血液或渗出液可直接制成 1∶10 悬液），以 2 000～3 000r/min 的速度离心沉淀 15min，取出上清液，每毫升加入青霉素和链霉素各 100 单位，置冰箱中备用。

把样品接种到实验动物、鸡胚或细胞培养物上进行培养。对分离到的病毒，用电子显微镜检查，并用血清学或分子生物学试验进行鉴定，或将待检样品经分离培养得到的病毒液，接种易感动物，进行动物实验。

七、免疫学检查

在羊传染病检验中，经常使用免疫学检查法。常用的方法有凝集试验、沉淀试验、补体结合反应、中和试验等血清学检查方法，以及用于某些传染病生前诊断的变态反应等。近年又研究出许多新的方法，如免疫扩散、放射免疫技术、荧光抗体技术、酶标记技术、单克隆抗体技术和 PCR 技术等。

八、寄生虫检查

羊寄生虫病的种类很多，而且大多数临床症状缺乏特异性，寄生虫的诊断往往需要依赖于实验室的检查。

（一）粪便检查

粪便检查是寄生虫病生前诊断的一个重要手段。羊患了蠕虫病以后，其粪便中可排出蠕虫的卵、幼虫、虫体及其断片，与消化道相连的肝、胰等的寄生虫卵囊、包囊也可通过粪便排出。检查时，粪便应从羊的直肠挖取，或用刚刚排出的粪便。做虫卵检查时，常用以下方法：

1. 直接涂片法 滴 1～2 滴清水于洁净的载玻片上，用火柴棒蘸取少量粪便放入其中，涂匀，剔去粗渣，盖上盖玻片，置于显微镜下检查。此法快速简便，但检出率很低，最好多检查几个标本。

2. 漂浮法 取 10g 羊粪，加少量饱和盐水，用玻璃棒将粪球捣碎，再加 10 倍量的饱和盐水搅匀，以 0.25cm 孔径的铜筛过滤，静置 30min，用 5～10cm 直径的铁丝圈，与液面平行接触蘸取表面液膜，抖落于载玻片上并覆盖盖玻片，置于显微镜下检查。该法能查出多种线虫卵和一些绦虫卵，但对比重大于饱和盐水的吸虫卵和棘头虫卵，效果不明显。

3. 沉淀法 取 5～10g 羊粪，放在 200mL 容量的烧杯内，加入少量清水，用玻璃棒将粪球捣碎，再加 5 倍量的清水调制成糊状，用 0.25cm 孔径的铜筛过滤，静置 15min，弃去上清液，保留沉渣。再加满清水，静置 15min，弃去上清液，保留沉渣。如此反复 3～4 次，最后将沉渣涂于载玻片上，置于显微镜下检查。该法主要用于诊断虫卵比重较大寄生虫如羊的吸虫病。

（二）虫体检查法

1. 蠕虫虫体检查 将羊粪盛于盆内，加入约 10 倍量的生理盐水，均匀搅拌，静置沉淀 10～20min 后，弃去上清液，于沉淀物中再加入生理盐水，如此反复 2～3 次，最后取沉淀物于黑色背景上，用放大镜寻找虫体。直接用肉眼观察新排出的粪便，如粪中混有绦虫节片，就能见到似大米粒样的白色孕卵节片，有的还能蠕动。

2. 蠕虫幼虫检查 取羊的新鲜粪球 3～10 粒，放在平皿内，加入适量 40℃的温水，10～15min 后，取出粪球，将留下的液体放在低倍镜下检查。一般幼虫多附着在粪球的表面，所以幼虫很快就会移到温水中，而沉于水的底层。此方法常用于羊肺线虫病的检查。

3. 螨的检查方法 首先剪毛去掉干硬的痂皮，然后用锐利刀片在患病部位与健康部位的交界处刮取病料，刮的深度以局部微出血为宜，将病料放在烧杯内，加入适量 10％氢氧化钾溶液，置室温下过夜或直接放在酒精灯上煮数分钟，待皮屑溶解后取沉渣涂片镜检。也可直接取少许病料于载玻片上，然后滴加 2～3 滴 50％甘油水，盖好盖玻片镜检。后者的检虫率低，需多取几次样品检查。

第二章 羊场常用药物与治疗技术

第一节 羊场常用药物

一、抗微生物药

抗微生物药物，也称抗感染药物，即杀灭或者抑制微生物生长或繁殖的药物，包括抗菌药物，抗病毒药物，抗滴虫、原虫药物，抗支原体、衣原体、立克次氏体药物等。

（一）β-内酰胺类

β-内酰胺类抗生素是指其化学结构含有β-内酰胺环的一类抗生素。兽医临床常用的药物主要包括青霉素类和头孢菌素类。

1. 青霉素类 青霉素类分为天然青霉素和半合成青霉素。天然青霉素从青霉菌的培养液中提取制得，含多种有效成分，主要有青霉素 F、G、X、K 和双氢 F 5 种。青霉素 G，又称苄青霉素（俗称青霉素），较稳定，作用最强，产量较高，故在临床上使用最广。天然青霉素具有杀菌力强、毒性低、使用方便、价格低廉等优点，但不耐酸、不耐青霉素酶、抗菌谱窄、容易引起过敏反应。兽医临床常用的半合成青霉素有：氨苄西林、阿莫西林、海他西林、羧苄西林等。

青霉素属杀菌性抗生素，其杀菌机制是抑制细菌细胞壁的合成。青霉素杀菌作用的速率比氨基糖苷类和氟喹诺酮类慢，因此只有频繁给药以使血中药物浓度高于其对病原体的最小抑菌浓度，才能获得最佳的杀菌效果。

本类药物治疗羊的疾病以注射为主。

（1）青霉素

【性状】白色结晶性粉末，无臭或微有特异性臭，有吸湿性，遇酸、碱或氧化剂等迅速失效。青霉素的效价用单位（U）来表示，一单位等于 $0.6\mu g$ 的青霉素 G 钠盐。

【作用与用途】对大多数革兰氏阳性菌、革兰氏阴性球菌、放线菌和螺旋体等高度敏感，常作为首选药。对结核杆菌、病毒、立克次氏体及真菌则无效。对青霉素敏感的病原菌主要有链球菌、葡萄球菌、肺炎球菌、脑膜炎球菌、丹毒杆菌、化脓棒状杆菌、炭疽杆菌、破伤风梭菌、李氏杆菌、产气荚膜梭菌、牛放线杆菌和钩端螺旋体等。大多数革兰氏阴性杆菌对青霉素不敏感。主要用于各种敏感菌所致的呼吸系统感染、乳腺炎、子宫炎、化脓性腹膜炎、恶性水肿、气肿疽、气性坏疽、肾盂肾炎及创伤感染等，对泌尿系统感染及恶性水肿、放线菌病等也有良好效果。

【用法与用量】青霉素 G 钾（或钠）盐粉针剂：以灭菌生理盐水或注射用水溶解，供肌内注射；以生理盐水或 5％葡萄糖注射液稀释至每毫升 5 000U以下浓度，作静脉注射。每天 2～4 次，每次每千克体重 2 万～3 万 U。

【注意事项】青霉素水溶液极不稳定，必须现用现配，不宜与四环素、卡那霉素、维生素 C、碳酸钠、磺胺钠盐等混合使用。随着青霉素的广泛应用，耐药菌株逐渐增加，因而选用青霉素一定要给予足够的剂量和疗程，以免产生耐药性，目前临床应用中可适当加大剂量。青霉素过敏反应是其主要的不良反应，家畜的主要临床表现为流汗、兴奋、不安、肌肉震颤、呼吸困难、心率加快、站立不稳，有时见麻疹、眼肿、头面部水肿，阴门、直肠肿胀和无菌性蜂窝织炎等，严重时休克，抢救不及时，可导致迅速死亡。因此，在用药后应注意观察，若出现过敏反应，要立即进行对症治疗，严重者可静脉注射肾上腺素，必要时可加用糖皮质激素等，增强或稳定疗效。

（2）氨苄青霉素（氨苄西林）

【性状】白色或近白色粉末或结晶，有吸湿性，易溶于水。其钠盐易溶于水，水溶液极不稳定，耐酸不耐酶。

【作用与用途】广谱抗生素，对革兰氏阳性及阴性菌均有较强的抗菌作用，但对革兰氏阳性菌的抗菌活性稍弱于青霉素。主要用于敏感菌所致的肺部、尿道感染和革兰氏阴性杆菌如大肠杆菌、沙门氏菌、变形杆菌和巴氏杆菌引起的某些感染等，严重感染时，可与氨基糖苷类抗生素合用以增强疗效。

【用法与用量】氨苄西林混悬注射液：每千克体重 5～7mg，使用前将药液摇匀，每天 1 次，连用 2～3d；注射用氨苄西林钠：肌内、静脉注射，每次每千克体重 10～20mg，每天 2～3 次，连用 2～3d。

【注意事项】同青霉素。本品对肠道正常菌群有较强的干扰作用，成年反刍动物禁止服用。

（3）苯唑西林　苯唑西林为耐青霉素酶青霉素，其抗菌作用方式与青霉素相似。对产青霉素酶的葡萄球菌具有良好抗菌活性。

【性状】白色粉末或结晶性粉末，无臭或微臭。易溶于水，不溶于乙酸乙酯或石油醚。

【作用与用途】用于耐青霉素葡萄球菌感染，如乳腺炎、肺炎、败血症等。

【用法与用量】注射用苯唑西林钠：肌内注射，每次每千克体重 10～15mg，每天 2～3 次，连用 2～3d。

【注意事项】同青霉素。本品与庆大霉素合用可增强对肠球菌的抗菌活性。

（4）普鲁卡因青霉素

【性状】白色结晶性粉末，遇酸、碱和氧化剂迅速失效。易溶于甲醇、略溶于乙醇和三氯甲烷，微溶于水。

【作用与用途】用于对青霉素敏感菌引起的慢性感染，如乳腺炎、骨折、子宫蓄脓等。

【用法与用量】注射用普鲁卡因青霉素，临用前加灭菌注射用生理盐水适量，制成悬液。羊每次每千克体重 2 万～3 万 U，每天 1 次，肌内注射，连用 2～3d；普鲁卡因青霉素注射液：为灭菌微细颗粒的混悬油液，用量同注射用普鲁卡因青霉素。

（5）苄星青霉素

【性状】白色结晶性粉末。易溶于二甲基甲酰胺或甲酰胺，微溶于乙醇，水中极微溶。

【作用与用途】适用于对本品高度敏感的革兰氏阳性菌引起的慢性感染，如葡萄球菌、链球菌和厌氧性梭菌所引起的肾炎、乳腺炎、骨折、子宫蓄脓等。

【用法与用量】注射用苄星青霉素：肌内注射，一次 3 万～4 万 U，3～4d 重复一次。

【注意事项】同青霉素。本品为长效青霉素，只适用于对青霉素高度敏感的细菌所致的慢性感染。对急性中毒感染不宜单独使用，需注射青霉素钠（钾）见效后，再用本品维持药效。

（6）阿莫西林（羟氨苄青霉素）

【性状】为白色或类白色结晶性粉末，味微苦。在水中微溶，在乙醇中几乎不溶。

【作用与用途】广谱抗生素，对革兰氏阳性及阴性菌均有较强的抗菌作用，对肠球菌属和沙门氏菌的作用较氨苄青霉素强 2 倍。临床上多用于呼吸道、泌尿道、皮肤、软组织及肝胆系统等的感染。

【用法与用量】阿莫西林粉剂：内服，每次每千克体重 10～15mg，每天 2 次；肌内注射，每次每千克体重 4～7mg，每天 2 次。也可用于乳管内注射。

【注意事项】同青霉素。

2. 头孢菌素类 头孢菌素类为半合成广谱抗生素。其化学结构中含 β-内酰胺环，与青霉素类共称为β-内酰胺类抗生素。根据发现的时间先后、抗菌谱和对β-内酰胺酶的稳定性，可将头孢菌素类分为四代。第一代头孢菌素的抗菌谱与广谱青霉素相似，对青霉素酶稳定，但仍可被多数革兰氏阴性菌的β-内酰胺酶分解，因此主要用于革兰氏阳性菌感染。常用的有头孢氨苄（先锋霉素Ⅳ）、头孢羟氨苄等。第二代头孢菌素对革兰氏阳性菌的活性与第一代相近或稍弱，但抗菌谱较广，多数品种能耐受β-内酰胺酶，对革兰氏阴性菌的抗菌活性增强，如头孢西丁等。第三代头孢菌素的抗菌谱更广，对革兰氏阴性菌的作用比第二代进一步加强，但对金黄色葡萄球菌的活性不如第一代和第二代头孢菌素，如头孢噻呋、头孢喹诺等。头孢噻呋与头孢喹诺为动物专用。

本类抗生素的特点是抗菌谱广、杀菌力强，对胃酸和β-内酰胺酶较稳定，过敏反应少。抗菌作用机制与青霉素相似，也是与细菌细胞壁上的青霉素结合蛋白结合而抑制细菌细胞壁合成，导致细菌死亡。对多数耐青霉素的细菌仍然敏感，但与青霉素之间存在部分交叉耐药现象。头孢菌素与青霉素类、氨基糖苷类合用有协同作用。

（1）头孢噻呋

【性状】类白色至淡黄色粉末。不溶于水，微溶于丙酮，在乙醇中几乎不溶。

【作用与用途】抗菌谱广，对革兰氏阴性菌、阳性菌（包括β-内酰胺酶）均有效。敏感细菌主要有多杀性巴氏杆菌、溶血性巴氏杆菌、胸膜肺炎放射杆菌、沙门氏菌、大肠杆菌、链球菌、葡萄球菌等。本菌活性比氨苄西林强，对链球菌的活性比喹诺酮类强。兽医临床常用于治疗急性呼吸系统感染、乳腺炎等。

【用法与用量】注射用头孢噻呋：肌内注射，每次每千克体重 3mg，每天 1 次，连用 3d；盐酸头孢噻呋注射液：肌内注射，每次每千克体重 3～5mg，每天 1 次，连用 3d。

【注意事项】可能引起肠道菌群紊乱或二重感染，有一定的毒性，可能引起脱毛和瘙痒。

（2）头孢喹诺

【性状】其钠盐为白色或类白色结晶粉末，能溶于水，水溶液在低温时比较稳定。

【作用与用途】抗菌谱广、杀菌力强、毒性小、过敏反应较少，对酸和β-内酰胺酶比青霉素类稳定等优点。主要治疗耐药金黄色葡萄球菌及某些革兰氏阴性杆菌，如大肠杆菌、沙门氏菌、伤寒杆菌、痢疾杆菌、肺炎球菌、巴氏杆菌等引起的消化道、呼吸道、泌尿生殖道感染，乳腺炎和预防术后败血症等。

【用法与用量】粉针剂：每瓶 0.5g，有效期 1.5 年。肌内注射每次每千克体重 20mg，每天 3 次。

【注意事项】头孢菌素的毒性较小，对肝、肾脏无明显损害作用。过敏反应的发生率较低。与青霉素 G 偶尔有交叉过敏反应。肌内注射给药时，对局部有刺激作用，导致注射部位疼痛。

(3) 头孢氨苄（先锋霉素Ⅳ、头孢霉毒Ⅳ、头孢力新）

【性状】白色或乳黄色结晶粉末，有特异的微臭。溶于水，12％水溶液 pH 为 4.2～4.3。在 0～40℃时，其溶解度和生物活性不受影响。在酸性、碱性溶液及血清中易溶，在大多数有机溶剂中微溶。

【作用与用途】抗菌谱广，耐酸，口服吸收好。对大肠杆菌、肺炎杆菌、变形杆菌有较好的抗菌作用；对肺炎、支气管炎、肺脓肿、喉炎、泌尿系统、皮肤软组织感染有作用，对绿脓杆菌、产气杆菌、真菌、病毒和原虫无作用。耐青霉素的葡萄球菌、链球菌、肺炎球菌和革兰氏阳性菌中的双球菌对本品高度敏感。

【用法与用量】头孢氨苄乳剂：乳管内注射，每个乳室 20mg，每天 2 次，连用 2d。

【注意事项】肾功能损伤的动物，剂量酌减。

（二）氨基糖苷类

本类药物的化学结构含有氨基糖分子和非糖部分的糖原结合而成，故称为氨基糖苷类抗生素。临床上常用的有链霉素、卡那霉素、丁胺卡那霉素、庆大霉素、新霉素、阿米卡星、小诺霉素、大观霉素等。作用机理均为抑制细菌蛋白质的生物合成，在低浓度时抑菌，高浓度时杀菌，对静止期细菌的杀灭作用较强，为静止期杀菌剂。

本类药物有以下共同特征：①均为有机碱，能与酸形成盐，制剂常用硫酸盐，其水溶性好，性质稳定。②属杀菌性抗生素，对需氧革兰氏阴性杆菌作用强，对厌氧菌无效，对革兰氏阳性菌作用较弱，但金黄色葡萄球菌（包括耐药菌株）较敏感。③对革兰氏阴性杆菌和阳性球菌存在明显的抗生素后效应。④内服极少吸收，几乎完全从粪便排出，可作为肠道感染用药。注射给药吸收迅速而完全，主要分布于细胞外液，大部分以原形从尿中排出，在家畜的半衰期较短（1～2h）。

氨基糖苷类的主要作用是抑制细菌蛋白质的合成过程，可使细菌胞膜的通透性增强，使胞内物质外渗导致细菌死亡。细菌对本类药物耐药主要通过质粒介导产生的钝化酶引起。细菌可产生多种钝化酶，一种药物能被一种或多种酶所钝化，几种药物也能被同一种酶所钝化。因此氨基糖苷类的不同品种间存在着不完全的交叉耐药性。

氨基糖苷类药物有较强的毒副作用，主要有：①肾毒性。主要损害近曲小管上皮细胞，出现蛋白尿、血尿，严重时出现肾功能减退，庆大霉素的发生率较高。由于氨基糖苷类主要从尿中排出，为避免药物蓄积，损害肾小管，应给患畜足量饮水。②耳毒性。可表现为前庭功能失调及耳蜗神经损害。由于氨基糖苷类能透过胎盘进入胎儿体内，孕畜注射本类药物可能引起新生畜的听觉受损或产生肾毒性。③神经肌肉阻滞。本类药物可抑制乙酰胆碱的释放，并与钙离子络合加重神经肌肉传导的阻滞作用。症状为心肌抑制和呼吸衰竭，新霉素、链霉素和卡那霉素较常发生。可静脉注射新斯的明和钙剂对抗。④内服可能损害肠壁绒毛而影响肠道对脂肪、蛋白质、糖、铁等的吸收。也可引起肠道菌群失调，发生厌氧菌或真菌等二重感染。

1. 链霉素

【性状】是从灰链霉菌培养液中提取的碱性物质。常用其硫酸盐为白色或类白色粉末，有吸湿性，易溶于水。

【作用与用途】抗菌谱比青霉素广，链霉素主要是对革兰氏阴性菌有抑制作用，高浓度则有杀菌作用，主要用于敏感菌所致的急性感染，例如大肠杆菌、巴氏杆菌、布鲁氏菌、沙门氏菌等引起的肠炎、乳腺炎、子宫炎、肺炎、败血症等。

【用法与用量】注射用硫酸链霉素：每次每千克体重 $10 \sim 15mg$，每天 2 次，连用 $2 \sim 3d$。

【注意事项】易产生耐药性。对链霉素的不良反应不多见，但一旦发生，死亡率较高。过敏反应时可出现皮疹、发热、血管神经性水肿、嗜酸性粒细胞增多等。长时间应用可损害第八对脑神经，出现行走不稳、共济失调和耳聋等症状。用量过大可阻滞神经肌肉接头，出现呼吸抑制、肢体瘫痪和骨骼肌松弛等症状。若出现以上症状应立即停药，静脉注射 10% 葡萄糖酸钙等抢救。

2. 卡那霉素

【性状】是从卡那链霉菌的培养液中提取的。有 A、B、C 三种成分。临床应用以卡那霉素 A 为主，常用其硫酸盐为白色或类白色结晶性粉末，易溶于水。

【作用与用途】抗菌谱广，主要对多数革兰氏阴性杆菌如大肠杆菌、肺炎杆菌等有作用，对部分耐青霉素金黄色葡萄球菌、链球菌等有效。临床用于呼吸道炎症、坏死性肠炎、泌尿道感染、乳腺炎等。

【用法与用量】注射用卡那霉素：每次每千克体重 $10 \sim 15mg$，每天 2 次，连用 2～3d。

【注意事项】同链霉素。

3. 阿米卡星（丁胺卡那霉素）

【性状】是在卡那霉素的基团上引入较大的丁胺基团而生成的半合成衍生物。

【作用与用途】本品抗菌谱较卡那霉素广，对绿脓杆菌、金黄色葡萄球菌有效，并对耐庆大霉素、卡那霉素的绿脓杆菌、大肠杆菌、变形杆菌、肺炎杆菌亦有效。主要用于治疗敏感菌引起的菌血症、败血症，呼吸道、泌尿道、消化道感染，腹膜炎、关节炎及脑膜炎等。

【用法与用量】阿米卡星注射液：每千克体重 0.1mL，肌内注射，每天 2 次。

【注意事项】有不可逆耳毒性及肾毒性，使用时宜足量，疗程不宜过长；不宜作静脉推注或大剂量快速静滴，防止呼吸抑制；患畜应足量饮水，以减少对肾小管的损害。

4. 硫酸新霉素

【性状】本品为白色或近白色粉末。有吸湿性，极易溶于水。应密封保存于干燥处。

【作用与用途】抗菌谱广，对革兰氏阴性菌、阳性菌、放线菌、钩端螺旋体，阿米巴原虫等都有抑制作用；但对真菌、立克次氏体、病毒等无效。临床上可内服治疗各种幼畜的大肠杆菌病（幼畜白痢）；子宫或乳腺内注入，治疗子宫炎或乳腺炎；外用 0.5% 水溶液或软膏，治疗皮肤、创伤、眼、耳等各种感染。此外，也可以气雾吸入，用于防治呼吸道感染。内服后很少吸收，在肠道内呈现抗菌作用。肌内注射后吸收良好，但由于本品毒性大，一般不主张注射给药。

【用法与用量】可溶性粉：内服日量，羔羊每千克体重 10mg，分两次给药。粉针：肌内注射，每千克体重 4～8mg，分 2 次注射。软膏：每克含新霉素不少于 5mg，外用。眼药水：每毫升含新霉素 5mg，外用滴眼。

【注意事项】成年羊不宜口服。

5. 庆大霉素

【性状】庆大霉素系从小单孢子属培养液中提取获得的复合物。其硫酸盐为白色或类白色结晶性粉末，无臭，有吸湿性，易溶于水，不溶于酒精。

【作用与用途】本品抗菌谱广，抗菌活性较链霉素强。特别对绿脓杆菌及耐药金黄色葡萄球菌的作用最强。临床主要用于耐药金黄色葡萄球菌、绿脓杆菌、变形杆菌和大肠杆菌、泌尿道感染、乳腺炎、子宫内膜炎和败血症等，内服还可用于治疗肠炎和细菌性腹泻。

【用法与用量】硫酸庆大霉素注射液：肌内注射，每千克体重每次2～4mg，每天2次。

【注意事项】与链霉素相似。影响第八对脑神经，对肾脏有损害作用。硫酸庆大霉素可与羧苄西林联合治疗严重的肺部感染，但在体外存在配伍禁忌；本品与青霉素联合使用，对链球菌具有协同作用；有呼吸抑制作用，不易静脉推注。

（三）四环素类

四环素类可分为天然品和半合成品两类。前者由不同链霉菌的培养液中提取获得，有四环素、土霉素、金霉素和去甲金霉素。后者为半合成衍生物，有多西环素、甲烯土霉素等。兽医临床常用的有四环素、土霉素、金霉素和多西环素。

本类药物属快效抑菌剂。进入菌体后，可逆性地与细菌核糖体30s亚基上的受体结合，干扰tRNA与mRNA—核糖体复合体的受体结合，阻止肽链延长而抑制蛋白质合成，从而使细菌的生长繁殖迅速受到抑制。

细菌通过降低对药物的主动转运和增强主动外排而对本类药物耐药，还可通过一种胞浆蛋白（核糖体保护蛋白）在蛋白质合成过程中保护核糖体而耐药。天然的四环素类药物之间存在交叉耐药性，但与半合成的四环素类药物（如米诺环素）之间交叉耐药性不明显。

本类药物的抗菌活性强弱依次为：米诺环素＞多西环素＞金霉素＞四环素＞土霉素。

1. 土霉素

【性状】从土壤链霉菌中获得。为淡黄色的结晶性或无定形粉末；无臭，在日光下颜色变暗，在碱性溶液中易被破坏失效。在水中极微溶解，易溶于稀酸、稀碱。常用其盐酸盐，易溶于水，水溶液不稳定，宜现用现配。

【作用与用途】广谱抗生素。用于革兰氏阳性菌、阴性菌感染，对螺旋体、放线菌、支原体、衣原体、立克次氏体和某些原虫都有抑制作用。主要用于治疗敏感菌（包括对青霉素、链霉素耐药菌株）所致的各种感染如布鲁氏菌病等。此外对防治羊的支原体病、放线菌病、球虫病、钩端螺旋体病等也有一定疗效。作为饲料添加剂，对畜禽有促进生长的作用。

【用法与用量】土霉素片：内服，一次量，每千克体重10～25mg，每天2～3次；成年羊不宜内服。

眼膏：0.5%，每支4g，外用。

软膏：3％，每支 5g 或 10g，外用。

【注意事项】其盐酸盐水溶液属强酸性，刺激性大，不宜肌内注射，静脉注射时药液漏出血管外可导致静脉炎。因此，注射用土霉素已被淘汰。成年草食动物内服后，易引起肠道菌群紊乱，消化机能失调，造成肠炎和腹泻。长期应用还可导致肝脏脂肪变性，甚至坏死。为防止不良反应的产生，在大剂量或长期应用四环素类药物时，应注意检查肝功能和二重感染的临床迹象。

2. 四环素

【性状】由链霉菌所得。为淡黄色的结晶或无定形粉末，在日光下颜色变暗，易溶于稀酸、稀碱，常用其盐酸盐。

【作用与用途】广谱抗生素，作用与土霉素相似，但对革兰氏阴性杆菌的作用较好，对螺旋体、放线菌、支原体、衣原体、立克次氏体和某些原虫有抑制作用。对革兰氏阳性球菌，如葡萄球菌的效力则不如金霉素。

【用法与用量】片剂或胶囊：内服，每千克体重 10～20mg，每天 2～3 次。

【注意事项】注射不如口服效果好。

3. 盐酸金霉素（盐酸氯四环素）

【性状】为金黄色或黄色结晶，微溶于水，应避光、密封保存于干燥冷暗处。

【作用与用途】抗菌谱、不良反应及临床用途等，均与土霉素相同。二者比较，金霉素对革兰氏阳性菌、耐药性金黄色葡萄球菌感染疗效较强；对胃肠黏膜和注射局部刺激性也较强，不可肌内注射。主要用于羔羊肺炎、出血性败血症、钩端螺旋体病和急性细菌性肠炎，对反刍动物产后子宫内膜炎、乳腺炎可局部用药。

【用法与用量】片剂（或胶囊）：内服，剂量同土霉素。治疗子宫内膜炎可将金霉素塞入子宫，每次 0.5g。

眼膏：0.5％，每支 4g，外用。

软膏：1％，每支 10g，外用。

【注意事项】严禁注射用。

4. 盐酸多西霉素

【别名】盐酸脱氧土霉素，盐酸强力霉素。

【性状】其盐酸盐为淡黄色或黄色结晶性粉末，易溶于水，微溶于乙醇。内服后吸收迅速，生物利用率高，维持有效血药浓度时间长，对组织渗透力强，分布广泛，易进入细胞内。

【作用与用途】抗菌谱与其他四环素类相似，体内、外抗菌活性较土霉素、四环素强。本品对土霉素、四环素等有密切的交叉耐药性。临床上用于治疗畜禽的支原体病、大肠杆菌病、沙门氏菌病、巴氏杆菌病等。

【用法与用量】片剂：每片 0.05g 或 0.1g，内服一次量，羔羊每千克体重 3～5mg；粉针：每瓶 0.1g 或 0.2g，静脉注射，羊一次量为每千克体重 1～3mg，每天 1 次。

【注意事项】细菌对本品与土霉素、四环素等存在交叉耐药性。

（四）大环内酯类

大环内酯类是由链霉菌产生或半合成的 类弱碱性抗生素，自 1952 年发现红霉素以来，已有竹桃霉素、螺旋霉素、吉他霉素、麦迪霉素、交沙霉素以及它们的衍生物问世。动物专用品种有泰乐菌素、替米考星等。

大环内酯类抗生素的抗菌谱和抗菌活性基本相似，主要对多数革兰氏阳性菌、革兰氏阴性球菌、厌氧菌及军团菌、支原体、衣原体有良好作用。本类药物与细菌核糖体的 50S 亚单位可逆性结合，阻断转肽作用和 mRNA 位移而抑制细菌蛋白质合成。大环内酯类抗生素的这种作用基本上被限于快速分裂的细菌和支原体，属生长期速效抑菌剂。在高浓度下，红霉素具有杀菌作用。在较高的 pH 7.8～8.0 范围内，大环内酯类抗生素的活性可明显增强，在 pH＜4 时，红霉素几乎无作用。

一些细菌可合成甲基化酶，将位于核糖体 50S 亚单位上的 23SrRNA 上的腺嘌呤甲基化，导致大环内酯类抗生素不能与其结合，这是细菌对大环内酯类抗生素耐药的主要机制。本类药物和林可胺类抗生素的作用机制相同，故耐药菌对上述两种抗生素同时耐药。

1. 红霉素

【性状】是从红链霉菌的培养液中提取的，为白色或类白色的结晶或粉末，难溶于水，在酸性溶液中易破坏，可与有机酸结合成盐而溶于水。

【作用与用途】其抗菌谱和青霉素相似。对革兰氏阳性球菌和杆菌均有较强的抗菌作用，对部分革兰氏阴性杆菌，如布鲁氏菌、立克次氏体、钩端螺旋体等，也有抑制作用，但对肠道革兰氏阴性杆菌，如大肠杆菌、变形杆菌、沙门氏菌等，不敏感。兽医临床上主要用于耐青霉素金黄色葡萄球菌及化脓性链球菌、肺炎球菌、肠球菌等所引起的肺炎、子宫炎、乳腺炎等的治疗，亦可用于支原体病和传染性鼻炎。可与链霉素等合用，具有协同作用。

【用法与用量】片剂：羔羊日用量，每千克体重 6.6～8.8mg，分 3～4 次内服。

【注意事项】本品忌与酸性药物配伍。

2. 乳酸红霉素

【性状】白色或类白色结晶或粉末；无臭，苦味。在水或乙醇中易溶，在丙酮或三氯甲烷中微溶，在乙醚中不溶。

【作用与用途】同红霉素。

【用法与用量】粉针剂：静脉注射，一次剂量，每千克体重 3～5mg，每天 2 次，连用 2～3d。临用前先用灭菌注射用水溶解（不可用氯化钠注射液），然后用 5％葡萄糖注射液稀释成 0.5％浓度缓慢静脉注射。

【注意事项】本品局部刺激性较强，不宜肌内注射。静脉注射速度应缓慢。

3. 泰乐菌素

【性状】是从弗氏链霉菌的培养液中提取的无色晶体。微溶于水，与酸制成盐后则易溶于水。pH＜4 或 pH＞10 时失去活性。若水中含铁、铜、铝等金属离子时，则可与本品形成络合物而失效。兽医临床上常用其酒石酸盐和磷酸盐。

【作用与用途】可抗大多数革兰氏阳性菌、非典型性分支杆菌、支原体、衣原体和立克次氏体，防治羊的支原体感染、羊胸膜性肺炎。此外，亦可作为畜禽的饲料添加剂，以促进增重和提高饲料转化率。

【用法与用量】参照红霉素。

【注意事项】不能与聚醚类抗生素合用，否则导致后者的毒性加强，一般不用在酸性环境中。

4. 替米考星

【性状】白色粉末，在甲醇、丙酮中易溶，在乙醇、丙二醇中溶解，在水中不溶。

【作用与用途】用于治疗胸膜肺炎放线杆菌、巴氏杆菌、支原体感染等引起的肺炎和泌乳期的乳腺炎。

【用法与用量】替米考星注射液：皮下注射，每千克体重 0.5mg，仅注射一次。

【注意事项】本品禁止静脉注射，皮下注射可出现局部反应。

（五）多肽类

多肽类抗生素是一类具有多肽结构的化学物质。兽医及动物生产中常用的药物包括杆菌肽、多黏菌素、维吉尼霉素等。其抗菌机理是损伤细菌的细胞膜，增加其通透性，使菌体内氨基酸、嘌呤、钾等外漏，也能影响核质和核糖体功能，导致细菌死亡。

本类药物与磺胺药、甲氧苄定合用对大肠杆菌、肺炎杆菌、绿脓杆菌等有协同作用。

杆菌肽

【性状】杆菌肽是来自枯草杆菌培养液中的多肽类抗生素。内服不吸收，局部用药也很少吸收，主要经肾脏排泄，易损害肾脏。

【作用与用途】本品抗菌谱与青霉素相似，对各种革兰氏阳性菌、耐药金黄色葡萄球菌、肠球菌、非溶血性链球菌有较强的抗菌作用，对少数革兰氏阴性菌、螺旋体、放线菌也有效。临床上常与链霉素、新霉素、多黏菌素合用，治疗家畜的肠道疾病。

【用法与用量】粉针：每支5万单位，与多黏菌素E合用治疗乳腺炎，乳房内灌注剂量：杆菌肽500U加多黏菌素E3 500U，溶于适当溶剂5mL，于挤乳后一次注入，连用3d。

杆菌肽锌为杆菌肽的锌盐，羔羊用量为每千克混合料中添加10～20mg（42万～84万U），具有促进生长作用。

（六）喹诺酮类

喹诺酮类是指一类具有4-喹诺酮环结构的药物。临床常用有：诺氟沙星、氧氟沙星、环丙沙星、恩诺沙星、达氟沙星、二氟沙星、单诺沙星、沙拉沙星等。这类药物具有抗菌谱广、杀菌力强、吸收快和体内分布广泛、抗菌作用独特、与其他抗菌药无交叉耐药性、使用方便、不良反应小等特点。

氟喹诺酮类为广谱杀菌性抗菌药。对革兰氏阳性菌、阴性菌、支原体、某些厌氧菌均有效，对复方磺胺制剂耐药的细菌、庆大霉素耐药的绿脓杆菌、耐甲氧苄青霉素的金色葡萄球菌也有效。

本类药物的抗菌机理为能抑制细菌脱氧核糖核酸回旋酶，干扰脱氧核糖核酸复制而产生杀菌作用。

1. 诺氟沙星（氟哌酸）

【性状】为类白色至淡黄色结晶性粉末，无臭，味微苦，在水或乙醇中极微溶解，在醋酸、盐酸或氢氧化钠溶液中易溶。

【作用与用途】本品为广谱杀菌药。对革兰氏阴性菌，如大肠杆菌、沙门氏菌、巴氏杆菌及绿脓杆菌的作用较强；对革兰氏阳性菌有效；对庆大霉素、氨苄青霉素及复方磺胺制剂等耐药菌株仍有较好的抗菌作用，对支原体亦有一定的作用；对大多数厌氧菌分支杆菌、衣原体不敏感。主要用于敏感菌引起的消化系统、呼吸系统、泌尿道感染和支原体病等的治疗，如肾盂肾炎、肠炎、菌痢等。

【用法与用量】粉剂：以氟哌酸计，内服，羔羊，每千克体重10～15mg。针剂：2%，10mL/支，肌内注射，10～15mL/次，每天2次。

【注意事项】反刍羊禁止内服。

2. 环丙沙星

【性状】其盐酸盐和乳酸盐为淡黄色结晶性粉末，易溶于水。

【作用与用途】属广谱杀菌药。对所有的细菌抗菌活性均较诺氟沙星、乙基环丙沙星强 2～4 倍，对革兰氏阴性菌的抗菌活性是目前应用的氟喹诺酮类药物中较强的一种；对革兰氏阳性菌、厌氧菌、绿脓杆菌亦有较强的抗菌作用且不易产生耐药性。临床应用于全身各系统的感染，对消化道、呼吸道、泌尿生殖道、皮肤软组织感染及支原体感染等均有良好效果。

【用法与用量】乳酸环丙沙星可溶性粉：羔羊，以环丙沙星计，混饮，每千克水 30mg，连用 3～5d 为一疗程。乳酸环丙沙星注射液：肌内注射，一次剂量，每千克体重 2.5～5mg；静脉注射，一次剂量，每千克体重 2mg，每天 2 次。

3. 恩诺沙星（乙基环丙沙星）

【性状】为类白色结晶性粉末，无臭，味苦，在水或乙醇中极微溶解，在醋酸、盐酸或氢氧化钠溶液中易溶。

【作用与用途】本品为动物专用的广谱杀菌药，对支原体有特效。其抗支原体的效力比泰乐菌素和泰妙菌素强。对耐泰乐菌素、泰妙菌素的支原体，本品亦有效。对反刍动物主要应用于大肠杆菌性腹泻、败血症、溶血性巴氏杆菌、沙门氏菌及支原体、链球菌、葡萄球菌引起的呼吸道感染及泌尿生殖道感染、创面感染和隐性乳腺炎。

【用法与用量】恩诺沙星注射液：肌内注射，一次剂量，每千克体重 2.5mg，每天 2 次，连用 3～5d。

4. 单诺沙星（达氟沙星）

【作用与用途】抗菌谱广，对溶血性巴氏杆菌、多杀性巴氏杆菌、支原体等抗菌活性强，主要用于羊巴氏杆菌病、支原体肺炎、放线菌胸膜炎和大肠杆菌病等。

【用法与用量】甲磺酸达氟沙星注射液：一次剂量，每千克体重 1.5mg，每天 2 次。

（七）磺胺类药物与磺胺增效剂

磺胺类药物的基本化学结构是对氨基苯磺酰胺，简称磺胺。磺胺类药物根据内服后的吸收情况可分为肠道易吸收、肠道难吸收及外用等三类。

磺胺类药物抗菌谱较广，对大多数革兰氏阳性菌和部分革兰氏阴性菌有效，甚至对衣原体和某些原虫也有效。对磺胺药较敏感的病原菌有：链球菌、肺炎球菌、沙门氏菌、化脓棒状杆菌、大肠杆菌等；一般敏感菌有：葡萄球菌、变形杆菌、巴氏杆菌、产气荚膜杆菌、肺炎杆菌、炭疽杆菌、绿脓杆菌等。某些磺胺药还对球虫、卡氏白细胞原虫、疟原虫、弓形虫等有效，但对螺旋体、立克次氏体、结核杆菌等无效。

磺胺类药物抗菌作用主要通过干扰敏感菌的叶酸代谢而抑制其生长繁殖。对磺胺药敏感的细菌在生长繁殖过程中，不能直接从生长环境中利用外源叶酸，而是利用对氨基苯甲酸及二氢喋啶，在二氢叶酸合成酶的催化下合成二氢叶酸，再经二氢叶酸还原酶还原为四氢叶酸。四氢叶酸是一碳基团转移酶的辅酶，参与嘌呤、吡啶、氨基酸的合成。磺胺类的化学结构与对氨基苯甲酸的结构极为相似，能与对氨基苯甲酸竞争二氢叶酸合成酶，抑制二氢叶酸的合成，进而影响了核酸合成，结果细菌生长繁殖被阻止。根据上述作用机理，应用时须注意：①首次量应加倍（负荷量），使血药浓度迅速达到有效抑菌浓度。②在脓液和坏死组织中，含有大量的对氨基苯甲酸，可减弱磺胺类的局部作用，故局部应用时要清创排脓。③局部应用普鲁卡因时，普鲁卡因在体内可水解生成对氨基苯甲酸，亦可减弱磺胺类的疗效。④磺胺类药物与抗菌增效剂合用可使作用显著增强，甚至从抑菌剂变为杀菌剂，故应联合应用。

磺胺类药物在药量不足时，细菌对磺胺类易产生耐药性，尤以葡萄球菌最易产生，大肠杆菌、链球菌等次之。各磺胺药之间可产生程度不同的交叉耐药性，但与其他抗菌药之间无交叉耐药现象。使用足够的剂量与疗程，与甲氧苄氨嘧啶合用时，可减少或延缓抗药性的产生。

磺胺类药在临床应用时常出现以下不良反应：①急性中毒。多见于静脉注射，通常因注射速度过快，剂量过大引起，表现为神经症状，如共济失调、痉挛性麻痹、呕吐、昏迷、腹泻等；羊还可见目盲、散瞳。②慢性中毒。常见于用量过大，疗程过长（超过7d以上），主要表现为乙酰化物结晶损伤泌尿系统导致的血尿、蛋白尿。③二重感染。干扰了胃肠道正常菌群的平衡而致草食畜的多发性肠炎。④出现溶血性贫血，白细胞、红细胞数和血红蛋白浓度降低，使用时应予以注意。

1. 磺胺类药物

（1）磺胺嘧啶（SD）

【性状】白色结晶性粉末，几乎不溶于水，其钠盐易溶于水。

【作用与用途】抗菌力强，疗效较高，副作用小，吸收快，排泄慢，易进入组织和脑脊液，是治疗脑部感染的首选药物。对肺炎、上呼吸道感染具有良好作用。对球菌和大肠杆菌效力强。也用于防治混合感染。

【用法与用量】磺胺嘧啶片：内服首次用量，每千克体重 0.14～0.2g，维持量减半，每天 2 次；磺胺嘧啶钠注射液：静脉注射或深部肌内注射，每千克体重 50~100mg，每天 2 次，连用 2~3d；复方磺胺嘧啶钠注射液：以磺胺嘧啶计，肌内注射，一次剂量，每千克体重 20~30mg，每天 1~2 次，连用 2~3d。

【注意事项】针剂呈碱性，忌与酸性药物配伍，不能与维生素 C、氯化钙等药物混合使用，也不宜用 5% 葡萄糖稀释。

（2）磺胺二甲氧嘧啶（SM₂）

【性状】本品为白色或微黄色结晶或粉末。在水中几乎不溶，其钠盐溶于水。应遮光、密封保存。

【作用与用途】抗菌效力与磺胺嘧啶相似，吸收较迅速而完全，排泄较慢，在家畜体内有效浓度维持时间长，属中效磺胺。生产成本低，不良反应较少，易引起泌尿道损害。

【用法与用量】磺胺二甲氧嘧啶片：初次口服剂量为每千克体重 0.14~0.2g，维持量每次每千克体重 0.07~0.1g，每天 1~2 次，连用 3~5d。磺胺二甲氧嘧啶钠注射液：静脉注射，每次每千克体重 50~100mg，每天 2 次，连用 2~3d。

（3）磺胺二甲异噁唑（菌得清、净尿磺、磺胺异噁唑）

【性状】本品为白色或微黄色洁净粉末，几乎不溶于水。应避光密封保存。

【作用与用途】抗菌效力比磺胺嘧啶强，吸收、排泄快，属短效磺胺。在尿中溶解度高，因此是治疗泌尿道感染的首选药物，也可用于其他感染。

【用法与用量】片剂（或粉）：每片 0.5g，羊初次内服量为每千克体重 0.2g，维持量为每次每千克体重 0.1g，每天 3 次。注射液：5mL：2g。为本品二乙醇胺的灭菌水溶液。肌内注射，羊每次每千克体重 70mg，每天 3 次。

（4）磺胺甲噁唑（新诺明）

【性状】本品为白色结晶性粉末。几乎不溶于水。应遮光、密封保存。

【作用与用途】属中效磺胺，抗菌作用较其他磺胺药强，与磺胺间甲氧嘧啶相同，均可名列首位。如与抗菌增效剂甲氧苄啶合用，抗菌作用可增强数倍至数十倍，临床应用范围也相应扩大。缺点是尿中溶解度较低，因此，血尿等泌尿道不良反应较多，内服时应配合等量碳酸氢钠。

【用法与用量】磺胺甲噁唑片剂：羊内服首次量每千克体重 50~100mg，维持量为每次每千克体重 25~100mg，每天 2 次；复方磺胺甲噁唑片：内服，一次剂量，每千克体重 25~50mg，每天 2 次，连用 3~5d。

（5）磺胺间甲氧嘧啶（4-磺胺-6-甲氧嘧啶、制菌磺）

【性状】本品为白色至微黄色结晶，几乎不溶于水，其钠盐溶于水。应遮光、密封保存。

【作用与用途】属中效磺胺，抗菌作用强，与磺胺甲噁唑同，均可名列磺胺药的首位；较少引起泌尿道损害；内服吸收良好，血药浓度较高。

【用法与用量】片剂（或粉）：每片 0.5g，羊初次量每千克体重 0.2g，维持量每次每千克体重 0.1g，每天 2 次。注射液：一次剂量，每千克体重 50mg，每天 2 次，连用 3～5d。

（6）磺胺对甲氧嘧啶

【性状】本品为白色或微黄色结晶性粉末。几乎不溶于水，其钠盐溶于水。应遮光、密封保存。

【作用与用途】本品属中效磺胺，在尿中溶解度较高，与抗菌增效剂甲氧苄啶合用，增效较其他磺胺药显著。制造工艺简单，价格低廉，是一种较有前途的磺胺药。适用于泌尿道感染及呼吸道、皮肤和软组织等感染。

【用法与用量】磺胺对甲氧嘧啶片（粉）：羊初次量每千克体重 50～100mg，维持量每次每千克体重 25～50mg，每天 2 次。复方磺胺对甲氧嘧啶钠注射液：每支 10mL，内含本品 1g、甲氧苄啶 0.2g；每支 5mL，内含本品 0.5g、甲氧苄啶 0.1g。以磺胺对甲氧嘧啶钠计，肌内注射，羊每次每千克体重 15～20mg，每天 2 次。

（7）磺胺间二甲氧嘧啶（4-磺胺-2-二甲氧嘧啶）

【性状】本品为白色或乳白色结晶性粉末，微溶于水。应遮光、密封保存。

【作用与用途】抗菌作用及临床疗效与磺胺嘧啶相似。内服后吸收快而排泄慢，属长效磺胺。不易引起泌尿道损害，对某些原虫，如球虫、弓形虫、卡氏住白细胞原虫等，有明显抑制作用。

【用法与用量】片（粉）剂：内服，每千克体重 0.1g，每天 1 次。

（8）磺胺邻二甲氧嘧啶（4-磺胺-5，6-二甲氧嘧啶）

【性状】本品为白色或近白色结晶性粉末。几乎不溶于水。应遮光、密封保存。

【作用与用途】抗菌谱同磺胺嘧啶，但是效力稍弱。属长效磺胺，有效血药浓度维持时间：山羊 19.9h，绵羊（湖羊）17.1h。因此，对家畜无周效特点。

【用法与用量】片（粉）剂：内服，羊每次每千克体重 0.1g，每天 1 次。

（9）磺胺脒（磺胺胍）

【性状】白色针状结晶性粉末，微溶于水。遮光、密封保存。

【作用和用途】内服吸收少，在肠内可保持较高浓度，适用于肠炎、腹泻等肠道细菌性感染。

【用法与用量】片（粉）剂：内服，日用量，每千克体重 0.1～0.2g，分2～3 次内服，首次量加倍。

2. 抗菌增效剂

（1）甲氧苄啶

【性状】本品为白色或近白色结晶性粉末。不溶于水。应遮光、密封保存。

【作用与用途】抗菌谱与磺胺药基本相似，而作用较强，联合应用时抗菌作用可增强数倍至数十倍，甚至可以出现杀菌作用，并可减少耐药菌株的形成。由于药物剂量的减少，从而使不良反应的发生率降低。本品与磺胺类药配伍用，能增加其对耐磺胺药菌株的抗菌效力，对多种抗生素也都有增效作用。因此，本品与磺胺药的复方制剂，对家畜的呼吸道、消化道、泌尿道等多种感染和皮肤、创伤感染、急性乳腺炎等，都有良好的疗效。

【用法与用量】片剂：每片 0.1g，与其他抗菌药（如磺胺药）合用时的内服量是每千克体重 5～10mg，每天 2 次。本品极少单独使用，因细菌极易产生耐药性。在与各种磺胺药配合的复方（增效）制剂中，磺胺药与甲氧苄啶的比例都是 5：1。

【注意事项】动物妊娠初期不宜应用。复方注射液由于碱性甚强，能与多种药物的注射液发生配伍禁忌。

（2）二甲氧苄氨嘧啶（敌菌净）

【性状】本品为白色结晶性粉末。微溶于水。

【作用与用途】抗菌作用等与甲氧苄啶相同。内服吸收差，血中最高浓度仅为甲氧苄啶的 1/5，在胃肠内保持较高浓度。因此，用作肠道抗菌增效剂比甲氧苄啶优越。国内用于防治球虫病、羔羊痢疾等，均有良好疗效。

【用法与用量】复方二甲氧苄氨嘧啶片：由本品 1 份与磺胺对甲氧嘧啶或磺胺间甲氧嘧啶、磺胺脒、磺胺二甲氧嘧啶等组成。内服量：羔羊每千克体重 20～25mg，每天 2 次。

（八）抗真菌药

真菌种类很多，根据感染部位的不同，可分为两类：一类为浅表真菌感染，引起多种癣病；另一类为深部真菌感染，主要侵犯机体的深部组织及内脏器官，如念珠菌病。兽医临床常用的抗真菌药有两性霉素 B、灰黄霉素、酮康唑、制霉菌素及克霉唑。

1. 制霉菌素

【性状】是从链霉菌或放线菌的培养液中提取获得。为淡黄色粉末，有吸湿性，不溶于水，性质不稳定，可为热、光、氧等所迅速破坏。

【作用与用途】抗真菌作用与两性霉素 B 基本相同，内服不易吸收，注射给药毒副作用较大，故不宜用于全身感染。临床主要用其内服治疗胃肠道真菌感染，局部应用治疗皮肤、黏膜的真菌感染，如念珠菌病和曲霉菌所致的乳腺炎、子宫炎等。

【用法与用量】片剂：每片 10 万、20 万、50 万 U，内服，每次 50 万～100 万 U，每天 2 次。

2. 克霉唑

【性状】属咪唑类，是人工合成的广谱抗真菌药。为白色结晶性粉末，难溶于水。内服易吸收，单胃动物约 4h 可达血药峰浓度，广泛分布于体内各组织和体液中。

【作用与用途】主要在肝脏代谢失活，代谢物大部分由胆汁排出，很小部分经尿排泄。对浅表真菌的作用与灰黄霉素相似，对深部真菌作用较两性霉素 B 差。临床主要用于体表真菌病，若长时间应用可见肝功能不良反应，但停药后恢复。

【用法与用量】片剂：每片 0.25 g 或 0.5g。内服，羊每千克体重 1～1.5g，每天 2 次。软膏外用。

（九）其他类

1. 莫能菌素（摩能霉素）

【性状】莫能菌素钠盐为微白褐色及微橙黄色粉末。性质稳定，不溶于水。

【作用与用途】对金葡萄球菌、链球菌、枯草杆菌等革兰氏阳性菌，猪血痢密螺旋体等有较高的抗菌活性；对革兰氏阴性菌无效。本品是广谱抗球虫药，临床上可用于防治羔羊球虫病。

【用法与用量】粉剂：混饲给药，羔羊每千克饲料 10～30mg。

【注意事项】此药不可与二甲硝咪唑、泰乐菌素、竹桃霉素合用，否则有中毒危险；对饲喂富含硝酸盐饲料（如芜菁等）的羊不宜应用本品，以免发生中毒。

2. 盐霉素

【性状】盐霉素为白色无定形粉末。不溶于水，其钠盐溶于水。

【作用与用途】与莫能菌素相似，除具有杀球虫作用外，对革兰氏阳性菌有较强的抗菌作用，临床上主要用于防球虫病。

【用法与用量】粉剂：混饲给药，羔羊每千克饲料 10～25mg。

3. 拉沙里菌素（拉沙洛西）

【性状】本品为无色结晶。不溶于水，拉沙里菌素钠盐溶于水。

【作用与用途】作用与莫能菌素相似，主要用于防治畜禽球虫病。

【用法与用量】粉剂：混饲给药，羔羊每千克饲料 20～60mg；对羔羊也可将本品按 0.7% 量混入盐块中，连用 30d。

二、驱虫药

凡能驱除或杀灭畜禽体内、外寄生虫的药物均称为抗寄生虫药。使用此类药物时，要同时搞好畜舍的环境卫生（如粪便的无害处理、杀灭病媒昆虫等），使用清洁的饲料特别是青饲料，给予干净的饮水等，以免重复感染。抗寄生虫药大多对畜禽有一定的毒性作用，用量过大时，容易发生中毒。因此，要十分注意掌握药物的用量和中毒时的症状与解救办法。

（一）盐酸噻咪唑（驱虫净）

【性状】白色结晶粉末，无臭，味苦带涩，易溶于水。

【作用与用途】是一种广谱、低毒驱虫药，对畜禽近 70 多种寄生虫的成虫和幼虫都有很好驱虫效果，特别是对肺线虫病有特效。

【用法与用量】盐酸噻咪唑片（粉）剂：内服，每次每千克体重 10～15mg。盐酸噻咪唑注射液：肌内或皮下注射，每次每千克体重 10～12mg。

（二）丙硫咪唑

【性状】白色或浅黄色粉末，无臭，不溶于水。

【作用与用途】驱虫药，具有广谱、高效、低毒、低残留等特点，本品对羊常见的肠道线虫、肺线虫、绦虫和肝片吸虫均有显著驱杀作用；在一般剂量时，对成虫的效果优于幼虫。

【用法与用量】丙硫咪唑粉：内服，一次量，每千克体重 5～15mg。本品适口性差，若混饲给药，应少添多次喂服。

（三）盐酸左旋咪唑（左咪唑）

【性状】本品为噻咪唑左旋异构体，白色或带黄色结晶粉末，易溶于水。

【作用与用途】左旋咪唑能抑制虫体延胡索酸还原酶的活性，影响虫体的氧代谢，使能量产生减少，虫体肌肉麻痹而被排出。本品为广谱驱虫药，对胃肠道的 70 余种线虫及其幼虫有效，对肺线虫也有良好效果。主要用于各种动物的蛔虫病、绦虫病和肺线虫病等。左旋咪唑还能增强机体的免疫力，是一种非特异性免疫增强剂。

【用法与用量】盐酸左旋咪唑片（粉）剂：内服，每次每千克体重 7.5mg。饲喂前给药（一般指饲喂前 30min）。盐酸左咪唑注射液：肌内或皮下注射，每次每千克体重 7.5mg。

【注意事项】左旋咪唑对动物的毒性比较小，有时动物会出现流涎、腹痛、腹泻（或排粪次数增加）和呼吸困难等。一般经数小时可以缓解，必要时给予阿托品。

(四) 硫苯咪唑

【性状】无色粉末，不溶于水。

【作用与用途】驱虫药，对胃肠道线虫的成虫和幼虫有高效。对牛、羊矛形双腔吸虫、片形吸虫、绦虫也有较好药效，而且具有抑制产卵的作用。

【用法与用量】硫苯咪唑粉：内服，一次剂量，5～20mg（可直接投服或制成悬浮液灌服），可拌到饲料中给药。

(五) 甲苯咪唑（甲苯唑）

【性状】米色或米黄色非结晶性粉末，无臭，不溶于水。

【作用与用途】驱虫药。不仅对多种胃肠道线虫有效，对某些绦虫亦有良效，并且是治疗旋毛虫的有效药品之一。

【用法与用量】甲苯咪唑粉：用前应磨成极细粉末，可供内服或混到饲料中给药。一次量，每千克体重 10～15mg。

(六) 吡喹酮

【性状】无色结晶粉末，味微苦，无臭，微溶于水。能溶于乙醇，应遮光、密封贮存。

【作用与用途】本品为新型广谱、高效、低毒驱绦虫和抗血吸虫药。可使进入钉螺体的幼虫发育受阻，对绦虫成虫及未成熟虫体有效。对多头绦虫、细粒棘球虫有效。对羊多头蚴、猪囊尾蚴均有效。

【用法与用量】吡喹酮片：一次剂量，每千克体重 15～35mg，连服 5d。

【注意事项】吡喹酮的不良反应比较少。有时可出现肌肉震颤、步态不稳，多在停药后逐渐消失。

(七) 灭绦灵（氯硝柳胺）

【性状】为黄色或白色粉末或结晶性粉末，无味，几乎不溶于水，微溶于乙醇。露置空气中颜色变深，应遮光、密封贮存。

【作用与用途】驱虫药，对多种绦虫有高效，对移行在胃和小肠中前后盘吸虫的童虫、犬多头绦虫也有效。可治疗各种畜禽的绦虫病，也可治疗牛、羊的前后盘吸虫病和杀灭日本血吸虫的中间宿主钉螺。

【用法与用量】氯硝柳片：内服，一次剂量，每千克体重绵羊、山羊60～70mg。

（八）伊维菌素（害获灭注射液）

【性状】本品为无色透明液体。

【作用与用途】伊维菌素是从土壤微生物阿佛曼链霉菌发酵产生的半合成大环内酯类多组分抗生素。伊维菌素是广谱抗寄生虫药，对体内外寄生虫特别是某些线虫（圆虫）类和节肢动物类具有良好的驱杀作用，但对绦虫、吸虫及原生动物无效。本品主要在于增加虫体的抑制性递质γ氨基丁酸的释放，从而阻断神经信号的传递，使肌肉细胞失去收缩能力，而导致虫体死亡。哺乳动物的外周神经递质为乙酰胆碱，不会受到伊维菌素的影响，且伊维菌素不易透过血脑屏障。用于治疗家畜的胃肠道线虫病、牛皮蝇蛆、蚊皮蝇蛆、羊鼻蝇蛆、羊痒螨和猪疥螨病。

【用法与用量】针剂：皮下注射，一次剂量，羊每25千克体重0.5mL（相当于每千克体重0.2mg伊维菌素）。

【注意事项】有些羊在皮下注射本品后有时会出现剧痛，但通常是短暂的。产奶期禁用。本品不得用于肌内或静脉注射。

（九）硫双二氯酚（别丁）

【性状】白色或类白色粉末，无臭或微带酚臭，不溶于水。易溶于乙醇和稀碱溶液中。应遮光、密封贮存。

【作用与用途】驱虫药，主要用于反刍动物的肝片吸虫、前后盘吸虫、猪姜片吸虫、反刍动物绦虫、禽绦虫。对童虫无效。但对绦虫的幼虫效果较差，必须增加剂量才有作用。

【用法与用量】硫双二氯酚片：内服，一次剂量，羊每千克体重75～100mg。

【注意事项】治疗剂量时，一般无毒性反应，剂量增大则可出现厌食、沉郁、短暂性腹泻、羊产乳量下降。

（十）硝氯酚（拜耳9015）

【性状】为深黄色结晶性粉末，无臭，难溶于水，其钠盐则易溶于水。应遮光、密封贮存。

【作用与用途】驱虫药，影响虫体能量代谢，使其麻痹而死亡。对牛、羊肝片吸虫的成虫有很强的杀灭作用，但对幼虫的效果差。主要用于治疗牛、羊肝片吸虫病。具有疗效高、毒性小、用量少的特点。

【用法与用量】硝氯酚片：内服，一次剂量，羊每千克体重3～4mg。

【注意事项】用量过大时，动物出现体温升高、厌食、流涎、沉郁、步态不稳、心跳和呼吸加快等现象。可用安钠咖、10%葡萄糖注射液等进行对症治疗。

（十一）敌敌畏

【性状】纯品为白色结晶粉末，稍有芳香味，有挥发性，易溶于水。市售为80%乳剂。

【作用与用途】驱虫药和杀虫药。本品作用机理与敌百虫相似，但杀虫力比敌百虫高8～10倍，因而使用剂量小，较为安全。

【用法与用量】配成0.2%～0.4%乳剂，进行局部涂擦或喷洒。

（十二）二氯苯醚菊醋（除虫精）

【性状】为淡黄色油状液体。有除虫菊醋的芳香气味，不溶于水，能溶于丙酮、乙醇等有机溶剂。性质稳定，但在碱性环境下易水解失效。

【作用与用途】除虫精为速效、高效、长效、不污染环境的广谱杀虫药，对人、畜安全无毒。能杀灭农作物的多种害虫和人、畜体外寄生虫，蜘蛛，昆虫，如蚊、蝇、虱、蜱、蛹、虻等。

【用法与用量】二氯苯醚菊醋乳剂：杀蜱、虻等，用0.025%乳剂喷雾体表。灭虱、螨等可用0.02%乳剂药浴。羊药浴一次，可保持效力数周。杀蚊、蝇等，可用0.1%乳剂喷雾体表，用于室内灭蝇、蚊、蟑螂等，按每平方米25～125mg喷雾，效力可维持4～12周。

【注意事项】这类药物有的对人、畜均有毒性，用时宜慎重。

三、作用于消化系统的药物

（一）健胃药、促反刍药及止酵药

1. 马钱了酊（番木制酊）

【性状】为棕色液体，味极苦。

【作用与用途】属于苦味健胃药。用于消化不良、胃肠弛缓、瘤胃积食、食欲不振等。但其毒性较大，且有蓄积作用，应注意控制剂量。

【用法与用量】酊剂：每天或每隔 1d 1 次，一次剂量 1～5mL。

【注意事项】连续用药不能超过 7d，以免中毒。中毒表现为骨骼肌痉挛。

2. 稀盐酸

【性状】无色透明液体。

【作用与用途】内服有健胃、止酵作用，可治疗前胃弛缓，与胃蛋白酶配伍能治疗羔羊消化不良。

【制剂与用法】溶液（含盐酸 9.5％～10.5％），内服，一次剂量 2～5mL，稀释成 0.5％～1％灌服。

3. 胃蛋白酶

【性状】由家畜的胃黏膜提取而成。为淡黄色粉末，能溶于水。

【作用与用途】助消化药，在酸性环境中能水解蛋白质，多与稀盐酸配伍，治疗胃肠卡他及羔羊消化不良。

【用法与用量】粉剂：内服，一次剂量 1～2g。

4. 鱼石脂

【性状】糖浆状液体，能溶于水。

【作用与用途】外用有消炎作用；内服能促进胃肠蠕动，并能防腐止酵。可用于治疗瘤胃弛缓和胃肠臌胀。外用可治疗烧伤、湿疹、皮肤及软组织炎症。

【用法与用量】内服时先用酒精（热水）溶解，加水稀释后灌服，一次剂量 2～5g。20％～25％的软膏可外用，患部涂擦。

5. 人工盐（人工矿泉盐）

【性状】白色粉末，易溶于水，是由硫酸钠、硫酸氢钠、氯化钠、硫酸钾混合而成。

【作用与用途】内服，小剂量能增强胃肠蠕动，增加消化液分泌，促进消化吸收。大剂量具缓泻作用。用于治疗消化不良、慢性胃肠炎、胃肠弛缓及便秘。

【用法与用量】粉剂：内服，用于健胃，一次量 10～30g，缓泻，一次量 50～100g，加水适量灌服。

6. 龙胆酊

【性状】棕色液体，味苦。

【作用与用途】健胃药，经口服能刺激味觉感受器，反射性地兴奋采食中枢，使胃液分泌增加，食欲增强，故有健胃作用。可用于治疗食欲减退，消化不良。

【用法与用量】内服，一次剂量 5～15mL。

7. 高渗氯化钠注射液

【作用与用途】静脉注射，能促进胃肠蠕动及腺体分泌，主要用于反刍动物前胃弛缓。

【用法与用量】针剂：每瓶 500、250mL，静脉注射，一次剂量，每千克体重 0.1g。

【注意事项】静脉注射速度不能太快，同时不能漏于血管外。

8. 干酵母（食母生）

【性状】黄色干粉末。

【作用与用途】含有酵母及多种 B 族维生素，可用于一般消化不良及 B 族维生素缺乏。

【用法与用量】片剂：每片 0.3g、0.5g，内服，一次剂量每次 5～10g。

（二）泻药、止泻药及解痉药

1. 硫酸钠（芒硝）

【性状】无色，透明柱状结晶，无臭，味清凉而苦咸，易溶于水（1∶15）。

【作用与用途】内服，可使消化道内保持大量水分，使肠道内容积增大，产生机械刺激作用，促使胃肠蠕动增加，同时能软化粪便，故而有良好的泻下作用。可用于治疗便秘及排除肠道内毒物。

【用法与用量】内服时配成 5%～10% 溶液灌服，一次剂量 40～100g。

【注意事项】应用硫酸钠时应使羊大量饮水。

2. 硫酸镁（硫苦）

【性状】无色结晶，能溶于水。

【作用与用途】大量内服与硫酸钠作用相同，具有下泻作用，但静脉注射有镇静作用。

【用法与用量】内服同硫酸钠。针剂：25% 20mL/支，10～20mL/次，静脉注射。

3. 液体石蜡

【性状】无色，透明稠性油状液体，无臭，无味，中性。

【作用与用途】液体石蜡是一种矿物油，在肠道内不被吸收和消化，能润滑肠壁，阻止水分吸收，软化粪便，具有缓泻作用。可用于治疗便秘及排除肠道内有害物质，多用于小肠便秘。

【用法与用量】每瓶 500mL。内服，一次剂量 50～200mL。

4. 鞣酸蛋白

【性状】淡棕色或淡黄色粉末，不溶于水。

【作用与用途】在胃内不发生变化，在小肠内遇碱液分解成鞣酸及蛋白，呈现收敛、消炎、止泻作用，可治疗非细菌性腹泻。

【用法与用量】片剂：每片有 0.25g、0.5g。内服，一次剂量 2～5g。

5. 次硝酸铋

【性状】白色结晶性粉末，不溶于水，溶于弱酸。

【作用与用途】内服，大部分覆盖于肠黏膜表面，呈机械保护作用，减少肠内容物对黏膜的刺激，使肠蠕动变慢而出现止泻作用。在酸性环境，有少量铋离子游离出，可产生收敛和抑菌作用。主要用于治疗肠炎和腹泻。

【用法与用量】片剂：每片 0.3、0.5g。内服，一次剂量 4～8g。

6. 硅碳银

【性状】由白陶土 480 份、药用炭 120 份和氯化银 3 份混合组成。

【作用与用途】有吸附、收敛和防腐作用。用于急性肠炎、腹胀、腹泻等。

【用法与用量】片剂：0.3g/片，内服，一次剂量 5～10g。

7. 活性炭

【性状】黑色，颗粒性粉末。

【作用与用途】内服能减轻肠内容物对肠壁的刺激，使肠蠕动减弱，呈现止泻作用。用于腹泻、肠炎、毒物中毒等。

【用法与用量】片剂：每片有 0.3g、0.5g。内服，一次剂量 10～25g。

8. 颠茄酊

【性状】为棕红色或棕绿色液体，主要成分有阿托品、莨菪碱和东莨菪碱等。

【作用与用途】有抑制胃肠蠕动、解除平滑肌痉挛、减少腺体分泌等作用，但作用弱于阿托品。主要用于腹泻和肠痉挛等症。

【用法与用量】内服，一次剂量 2～5mL，加水适量内服。

四、作用于呼吸系统的药物

（一）氨茶碱

【性状】白色或淡黄色的颗粒或粉末。微有氨味，易溶于水。

【作用与用途】对支气管平滑肌有松弛作用，解痉、平喘疗效较稳定。主要用于治疗痉挛性支气管炎、支气管喘息等。

【用法与用量】注射液：每支 5mL（1.2g），静脉注射或肌内注射，一次量 0.25～0.5g。片剂：0.1g、0.2g。内服，一次量 0.2～0.4g。

（二）氯化铵

【性状】无色结晶或白色结晶性粉末，易溶于水。

【作用与用途】内服，使支气管腺体分泌增加，痰液变稀，故有祛痰作用。主要用于急性支气管炎。

【用法与用量】片剂：每片 0.3g。内服，一次量 2～4g。

【注意事项】对肝、肾功能异常的患羊慎用。本药不能与碱性药物、碘胺类药物配合使用。

（三）咳必清（维静宁）

【性状】枸橼酸维静宁为白色结晶粉末，无臭，味苦。

【作用与用途】镇咳药。一般认为有中枢性镇咳作用，但试验证据不足。本品还有阿托品样作用，可松弛支气管平滑肌，起到镇咳作用。可用于呼吸道炎症引起的干咳。

【用法与用量】片剂：每片 25mg。内服，一次量 50～100 mg。

五、作用于泌尿、生殖系统的药物

（一）利尿酸（依他尼酸）

【性状】白色粉末，易溶于水。

【作用与用途】能抑制肾小管对水分和某些盐类的再吸收，从而使尿量增加。主要用于心脏、肾脏性水肿。

【用法与用量】片剂：内服，一次量每千克体重 0.5～1mg，每天 2 次。

（二）双氢克尿噻

【性状】白色粉末，微溶于水。

【作用与用途】能抑制肾小管对钠离子的重吸收，使尿量显著增加，适用于心脏、肝脏及肾脏性水肿。

【用法与用量】片剂：10mg/片、25mg/片。内服，每次 50～200mg。

【注意事项】长期使用会引起低血钾症。

（三）乌洛托品

【性状】无色，细小结晶体，能溶于水。

【作用与用途】在酸性环境中能分解出甲醛和氨，产生抗菌作用，由尿道排出，发挥尿道防腐作用。主要用于肾炎、膀胱炎、尿道炎等。

【用法与用量】粉剂：内服，一次量 2～5g；针剂：40％，20mL；静脉注射，一次量 5～10mL（2～5g）。

（四）黄体酮

【性状】白色或几乎为白色的结晶粉末，不溶于水。

【作用与用途】激素类药物，能抑制子宫收缩，降低子宫对缩宫素的敏感性，有安胎作用。主要用于先兆性流产、习惯性流产等。

【用法与用量】注射液：每支 1mL（50、20、10mg）。肌内注射，10～25mg/次。

（五）催产素

【性状】白色粉末，能溶于水，水溶液呈酸性。

【作用与用途】激素类药，由动物脑垂体后叶中提取。能兴奋子宫平滑肌，使子宫收缩，并能收缩乳腺平滑肌，促进排乳、收缩毛细血管，起到止血作用。用于催产、子宫出血、胎衣不下等。

【用法与用量】注射液：1mL（10IU）、5mL（50IU），皮下或肌内注射，一次量 10～50IU。

（六）绒毛膜促性腺激素

【性状】白色或类白色粉末，溶于水。

【作用与用途】激素类药物，有促性腺的作用。主要用于性机能障碍、卵巢囊肿、习惯性流产、促进发情、排卵等，有时可提高母羊受精率。

【用法与用量】粉针：每支含 500IU、1 000IU，用生理盐水稀释，一次量 100～500IU，肌内注射。

（七）促滤泡素（促卵泡素，FSH）

【性状】本品为类白色或淡黄色的冻干粉末或块状物。

【作用与用途】激素类药。能促进母畜卵巢滤泡的生长发育，与黄体生成素协同可促进卵巢雌激素的分泌，引起正常发情。刺激公畜细精管上皮及次级精母细胞的发育，与黄体生成素协同促进精子形成。常用于：胚胎移植之超数排卵；治疗卵巢机能静止性不发情；治疗卵巢机能不全性多卵泡发育，两侧卵泡交替发育之久配不孕。

【用法与用量】粉针：100IU/支。

羊超数排卵：用孕激素预处理 12～14d，预处理结束前 2d 开始超排处理；或在母羊发情周期的第 12 或 13d，间隔 12h 连续 3d（绵羊）或 4d（山羊）肌内注射 FSH，总量为 200～250IU；

羊发情控制：在非繁殖季节，先用孕激素预处理 14d，预处理结束前一天与当天各肌内注射促滤泡素 50IU 一次，可诱发母羊发情，并获得较高的同期发情率。注射时，用注射水、生理盐水等灭菌水稀释即可。

六、作用于心血管系统的药物

（一）宪络血

【性状】橘红色结晶或结晶性粉末，难溶于水。

【作用与用途】能增强毛细血管壁对损伤的抵抗力，可作为止血药用于毛细血管损伤所致的出血性疾病。如肺出血、血尿、子宫出血等。

【用法与用量】注射液：2mL（10mg）、5mL（25mg）。肌内注射，一次量 2～4mL。

片剂：每片 2.5mg、5mg，每次 5～10mg，每天 2～3 次。

（二）止血敏注射液

【性状】无色，澄清透明液体。

【作用与用途】能增加血小板的数量和机能，增强毛细血管抵抗力，减少毛细血管壁的通透性，从而发挥止血作用。

【用法与用量】针剂：每支 2mL（0.25g）、10mL（1.25g）；肌内注射或静脉注射，一次量 2～4mL。

（三）硫酸亚铁（硫酸低铁）

【性状】为透明、淡蓝绿色结晶或颗粒，易溶于水。

【作用与用途】铁为血红蛋白、肌红蛋白及某些酶的组成成分。铁缺乏时，可引起贫血。本品可用于治疗或预防缺铁性贫血。缺铁性贫血见于以下情况：①哺乳或生长期幼畜、妊娠或泌乳期母畜，需铁量增加而摄入量不足；②胃酸缺乏、慢性腹泻、消化不良，使肠道吸收铁的功能减退；③慢性失血，体内贮存的铁消耗过大；④大失血后的恢复期，铁的需要量增加。

【用法与用量】片剂：每片 0.3g 或配成 0.2%～1% 溶液剂，或配成饲料添加剂。羊内服一次剂量为 0.5～4g。

（四）安钠咖（苯甲酸钠咖啡因）

【性状】白色粉末或颗粒，略溶于水。

【作用与用途】对中枢神经系统有兴奋作用。能使心脏收缩加快、加强，使皮肤、肾脏、脑及冠状血管扩张，内脏血管收缩。主要用于治疗严重传染病、麻醉药过量及各种毒物中毒引起的急性心脏衰弱和呼吸困难等。

【用法与用量】粉剂：内服，一次量 1～2g；注射液：10％10mL，每支含1g，一次量 0.5～2g，皮下、肌内、静脉注射。

七、镇静与麻醉药

（一）静松灵（二甲苯胺噻唑）

【性状】白色或类白色结晶性粉末，味微苦，微溶于水，溶于乙醇。

【作用与用途】具有镇静、镇痛和中枢性肌肉松弛作用。肌内注射后，10min 显效，1h 后恢复。

【用法与用量】注射液：2mL（0.2g）、10mL（0.2g、0.5g），肌内注射，每次每千克体重 1～3mg。

【注意事项】中毒时可注射肾上腺素、尼可刹米等对症治疗。

（二）盐酸普鲁卡因

【性状】无色、无臭结晶，能溶于水中。

【作用与用途】局部应用能阻断神经冲动的传导，产生局部麻醉作用。但其穿透力差，一般不作表面麻醉，主要用于浸润麻醉、传导麻醉。

【用法与用量】注射液：每支 10mL（0.3g）浸润麻醉，浓度 0.1％～0.5％溶液于皮下、黏膜下注射，传导麻醉浓度为 2％～5％，分点注射，每个注射点 2～5mL。

（三）冬眠灵

【性状】白色或微红色结晶粉末，易溶于水。

【作用与用途】为中枢神经抑制药，能镇静、催眠、镇吐、缓解胃肠平滑肌，并能增强麻醉药和镇痛药的作用。可用于狂躁症、脑炎、破伤风及麻醉前给药。

【用法与用量】注射液：每支 2mL（50mg），肌内注射，每次每千克体重 1～3mg。

（四）乙醇（酒精）

【性状】无色，透明液体。易挥发、易燃，乙醇含量不少于95％。无水乙醇含量为99％。

【作用与用途】75％的浓度，具有较好的杀菌作用，外用可作为消毒药使用，吸收后对中枢神经有抑制作用。小剂量可镇痛、镇静，大剂量可引起麻醉。由于其兴奋期长，安全范围小，一般较少单独用作麻醉剂。其优点是不引起大量流涎和臌气。反刍动物对其耐受性比其他动物高，因而适用于羊的浅麻醉。

【用法与用量】静脉注射：浅麻醉，一次量30～50mL；内服：浅麻醉，一次量50～100mL；健胃止酵：一次量15～30mL，用5％葡萄糖液稀释成10％浓度灌服；外用：5％浓度作消毒剂。

八、解热镇痛抗风湿药

安痛定

【性状】淡黄色灭菌水溶液。

【作用与用途】解热镇痛药。镇痛作用强，主要用于发热性疾病，关节、肌肉镇痛和风湿症等。

【用法与用量】针剂：10mL/支。皮下、肌内注射，一次量5～10mL。

九、液体补充剂

（一）葡萄糖酸钙

【性状】白色结晶或颗粒，能溶于水。

【作用与用途】能补充血钙，并有抗炎、抗过敏、解镁中毒和促进凝血的作用。但含钙量较低，对组织刺激性较小。因此，比氯化钙安全性高。

【用法与用量】注射液：每支20mL（2g），静脉注射，一次量5～15g。

（二）氯化钙

【性状】白色半透明的坚硬碎块或颗粒，味微苦，易溶于水和乙醇。

【作用与用途】同葡萄糖酸钙，可用于治疗钙缺乏症、软骨病、过敏性病等。3％、5％浓度的注射液，每支10mL，静脉注射，一次量1～5g。

【注意事项】对组织刺激较大，静脉注射时不可漏出血管外，速度不可太快。

（三）碳酸氢钙（小苏打）

【性状】白色结晶性粉末，能溶于水。

【作用与用途】内服或静脉注射，可直接增加机体碱贮量，主要用于防治代谢性酸中毒。

【用法与用量】5％注射液，每支 20mL，静脉注射，一次量 40～120mL。

（四）葡萄糖

【性状】无色或白色粉末，味甜，易溶于水。

【作用与用途】具有供能、强心、利尿、解毒等作用。5％等渗液可用于各种急性中毒，以促进毒液排泄。10％～50％的高渗液可用于低糖血症、营养不良、心力衰竭、脑水肿等症。

【用法与用量】5％、10％、25％、50％等浓度注射液，每瓶 500mL，静脉注射，一次量 10～50g。

（五）氯化钠

【性状】无色或白色结晶粉末，易溶于水。

【作用与用途】小量内服，有健胃作用，0.9％等渗液静脉注射可补充体液、维持血压。主要用于大失血和缺盐性脱水症。外用可冲洗外伤及眼、鼻、口等。也用于稀释其他注射剂。

【用法与用量】0.9％注射液（生理盐水），每瓶 500mL。静脉注射，一次量 250～500mL。

十、维生素和矿物质

（一）维生素 AD 油

【性状】淡黄色油状液体，或结晶与油的混合物，与三氯乙烷、乙醚、环己烷或石油醚能以任何比例混合，在乙醇中易溶，在水中不溶。

【作用与用途】用于维生素 A、维生素 D 缺乏症，局部应用能促进创伤、溃疡的愈合。

【用法与用量】每克含维生素 A5 000IU 与维生素 D500IU，内服：一次剂量 10～15mL。

（二）鱼肝油

【性状】黄色至橙黄色的澄明液体。微有鱼腥味，与乙醚、三氯甲烷能任意混溶，在乙醇中微溶。

【作用与用途】同维生素 AD 油。

【用法与用量】每毫升含维生素 A1 500IU 与维生素 D150IU，内服：一次量 10~15mL。

（三）维生素 D

【性状】无色针状结晶或白色结晶性粉末；无臭，无味；遇光或空气均易变质。在三氯甲烷中极易溶解，在乙醇、丙酮或乙醚中易溶，在植物油中略溶，在水中不溶。

【作用与用途】用于防治维生素 D 缺乏症所致的疾病，如佝偻病、软骨症等。

【用法与用量】维生素 D_2 胶性钙注射液：皮下、肌内注射，一次量 15~20mL。

（四）维生素 E

【性状】微黄色或黄色透明黏稠液体，无臭，在无水乙醇、乙醚和石油醚中易溶，在水中不溶。

【作用与用途】用于维生素 E 缺乏所致不孕症、白肌病等。

【用法与用量】维生素 E 注射液：皮下、肌内注射，羔羊一次量 0.1~0.5g。

（五）维生素 B_1

【性状】白色结晶或结晶性粉末，有微弱的特臭，味苦。在水中易溶，在乙醇中微溶，在水中不溶。

【作用与用途】用于维生素 B_1 缺乏症，如多发性神经炎、胃肠弛缓等。

【用法与用量】片剂：内服一次量 25~50mg，针剂：皮下或肌内注射，一次量 25~50mg。

（六）维生素 B_2

【性状】黄的结晶性粉末，微臭，味微苦，在碱性溶液中或遇光加速变质。在水、乙醇、三氯甲烷或乙醚中几乎不溶；在稀氢氧化钠溶液中溶解。

【作用与用途】用于防治维生素 B_2 缺乏症，如口炎、皮炎和角膜炎等。

【用法与用量】片剂：内服一次剂量 20~30mg；针剂：皮下或肌内注射，

一次剂量 20～30mg。

（七）维生素 B$_6$

【性状】白色或类白色结晶或结晶性粉末，无臭，微酸苦；遇光渐变质。在水中易溶，在乙醇中微溶，在三氯甲烷或乙醚中不溶。

【作用与用途】用于防治维生素 B$_6$ 缺乏症，如皮炎、周围神经炎等。

【用法与用量】片剂：一次剂量 0.5～1g；针剂：皮下、肌内或静脉注射，一次剂量 2～6mL。

（八）维生素 C

【性状】白色结晶或结晶性粉末；无臭，味酸；久置色渐变微黄；水溶液呈酸性反应。在水中易溶，在乙醇中略溶，在三氯甲烷或乙醚中不溶。

【作用与用途】用于维生素 C 缺乏症、发热、慢性消耗性疾病。

【用法与用量】针剂：肌内、静脉注射，一次剂量 0.2～0.5g。

（九）亚硒酸钠

【性状】白色结晶粉末；无臭；在空气中稳定。在水中易溶，在乙醇中不溶。

【作用与用途】用于防治幼畜白肌病等。

【用法与用量】亚硒酸钠注射液：肌内注射，一次量，1～2mg。亚硒酸钠维生素 E 注射液：肌内注射，一次量，1～2mL。

十一、解毒药

（一）阿托品

【性状】白色粉末，无臭，味苦，易溶于水。

【作用与用途】能阻断 M 胆碱受体的作用，用药后可减轻部分有机磷中毒症状。主要用于有机磷中毒的解毒，用药越早越好。剂量可酌情加大或重复用药。

【用法与用量】注射液：1mL（5mg）、5mL（25mg），肌内或皮下注射，一次量 10～30mg。

（二）碘解磷酊

【性状】黄色结晶性粉末，略溶于水。

【作用与用途】为胆碱酯酶复活剂。其具有强大的亲磷酸酯作用，能把结合在胆碱酯酶上的磷酰基夺过来，恢复酶的水解能力，并能使进入体内的有机磷酸酯失去毒性，因而常用于有机磷类中毒的解毒。

【用法与用量】注射液：每支 10mL（0.4g），静脉注射，每千克体重每次15～30mg。

（三）亚甲蓝（美蓝、次甲蓝、甲烯蓝）

【性状】为深绿色有铜光的结晶或结晶性粉末，易溶于水。

【作用与用途】治疗亚硝酸盐中毒所引起的高铁血红蛋白症和氰化物中毒。

【用法与用量】注射液：每支 2mL（20mg）；5mL（50mg）；10mL（100mg）。静脉注射 1 次量：解亚硝酸盐中毒，每千克体重 1～2mg；解氰化物中毒，每千克体重 10mg。

（四）硫代硫酸钠（次亚硫酸钠、大苏打、海波）

【性状】为无色透明结晶或结晶性细粒，在干燥空气中有风化性，在湿空气中易潮解。极易溶于水，水溶液显弱碱性反应。

【作用与用途】本品在体内转硫酶作用下释放出硫，硫与氰化物可形成稳定、无毒的硫氰酸盐由尿排出。因本品作用缓慢，所以必须首先使用亚硝酸钠或亚甲蓝，数分钟后再用本品，效果最好。本品在体内还可与多种金属、类金属形成无毒的硫化物由尿排出，可用于解砷、汞、铅、铋、碘等中毒，但效果不及二巯基丙醇。

【用法与用量】注射液：每支 10mL（0.5g）；20mL（1g）。粉针剂：每支0.32g、0.64g，临用时以注射用水溶解成 5％～20％溶液。静脉注射或肌内注射，羊 1 次量 1～3g。

十二、消毒药及外用药

（一）氧化钙（生石灰）

【性状】白色或灰白色硬块，无臭，易吸收水分，在空气中能吸收二氧化碳，渐渐变成碳酸钙而失效。氧化钙与水混合，生成氢氧化钙。

【用法与用量】对大多数繁殖型病菌有较强的消毒作用，但对炭疽芽孢无效。加水配成 10％～20％石灰乳，涂刷厩舍墙壁、畜栏和地面消毒。氧化钙1kg 加水 350mL，生成消石灰的粉末，可撒布在阴湿地面、粪池周围及污水沟等处消毒。

（二）碘伏（强力碘）

【性状】棕红色液体，具有亲水、亲脂两重性。溶解度大。无味、无刺激，毒性较低。本品是由表面活性剂与碘络合而成的不稳定络合物，杀菌作用持久，能杀死病毒、细菌、细菌芽孢、真菌及原虫等。

【用法及用量】可用于畜舍、饲槽、饮水、皮肤和器械等的消毒。用 5% 溶液喷洒消毒畜舍，每立方米用药 3～9mL；5%～10% 溶液刷洗或浸泡消毒室内用具、手术器械等。每升饮水中加原药液 15～20mL，饮用 3～5d，防治肠道传染病。

（三）过氧化氢溶液（双氧水）

【性状】本品为 3% 过氧化氢的无色澄明液体。

【作用与用途】过氧化氢与组织中触酶相遇，立即分解，放出初生态氧而呈现杀菌作用。但作用时间短，穿透力也很弱，且受有机物质的影响，故杀菌作用很弱，临床上主要用于清洗化脓创面或黏膜。过氧化氢在接触创面时，由于分解迅速，会产生大量气泡，将创腔中的脓块和坏死组织排除，有利于清洁创面。

【用法与用量】清洗化脓创面，用 1%～3% 溶液；冲洗口腔黏膜，用 0.3%～1% 溶液。3% 以上高浓度溶液对组织有刺激性和腐蚀性。

（四）鱼石脂

【性状】糖浆状液体，能溶于水。

【作用与用法】具有缓和刺激的作用，能消炎、消肿、促进肉芽生长。用于治疗慢性皮肤炎、蜂窝织炎、腱炎、腱鞘炎、溃疡及湿疹等，局部患处外用。

（五）氢氧化钠（苛性钠）

【性状】白色块状、棒状或片状结晶，易溶于水及酒精，极易潮解，在空气中易吸收二氧化碳，形成碳酸盐，应密封保存。能溶解蛋白质，破坏细菌的酶系统与菌体结构，对机体组织细胞有腐蚀作用。

【用法与用量】对细菌繁殖体、芽孢、病毒都有很强的杀灭作用，对寄生虫卵也有杀灭作用。2% 热溶液用于被病毒和细菌污染的厩舍、饲槽和运输车船等的消毒；3%～5% 溶液用于炭疽芽孢污染的场地消毒；5% 溶液用于腐蚀皮肤赘生物、新生角质等。

（六）高锰酸钾

【性状】深紫色结晶，能溶于水。

【作用与用法】为强氧化剂，与有机物相遇时放出新生态氧而将有机物氧化，其本身还原为二氧化锰。常用 0.1％水溶液冲洗创伤，0.2％水溶液冲洗子宫、膀胱等。

（七）甲紫（龙胆紫）

【性状】属碱性染料，为暗绿色带金属光泽的粉末，可溶于水及醇。

【作用与用途】对革兰氏阳性菌有选择性抑制作用，对霉菌也有作用，其毒性小，对组织无刺激性，有收敛作用。

【用法与用量】1％水溶液或酒精溶液、2％～10％软膏，治疗皮肤、黏膜创伤及溃疡；1％水溶液也用于治疗烧伤。

（八）碘酊（碘酒）

【性状】为碘、碘化钾的酒精溶液，棕红色透明液体。

【作用与用法】有较强的杀菌能力，可杀死细菌、芽孢、病毒和霉菌。2％浓度可用作注射、手术部位的消毒；5％～10％浓度可用作治疗慢性腱炎、关节炎；1％碘甘油可用于治疗各种黏膜炎症，如口腔炎、口疮等。

（九）二氯异氰尿酸钠（优氯净）

【性状】白色晶粉，有氯臭。易溶于水，水溶液显酸性，稳定性差。杀菌力较氯胺强，对细菌繁殖体、芽孢、病毒、真菌孢子均有较强的杀灭作用。

【用法与用量】用于水、加工器具及餐具、食品、车辆、厩舍、用具等的消毒。以有效氯含量计算消毒浓度，饮水浓度 0.5g/kg，厩舍、用具、车辆消毒浓度 50～100mg/kg。消毒灵为优氯净加稳定剂的专用制剂，0.25％～0.5％溶液（含有效氯 125～250mg/kg），用于消毒厩舍、车辆、用具等。

（十）漂白粉（氯石灰）

【性状】白色颗粒状粉末，有氯臭。微溶于水和醇，久露在空气中，能吸收水分潮解失效。新制漂白粉含有效氯 25％～30％。遇水产生次氯酸，可放出活性氯和初生态氧，呈现杀菌作用。能杀灭细菌、芽孢、病毒及真菌。其杀菌作用强，但不持久。在酸性环境中杀菌作用强，碱性环境中杀菌作用减弱。

【用法与用量】用于厩舍、畜栏、饲槽、车辆等的消毒。用 5％～20％混悬液喷洒，也可用干粉末撒布。每升水中加 0.3~1.5g，用于饮水消毒。不能用于金属制品及有色棉织物的消毒。用时现配，久贮易失效。保存于阴暗、干燥处，不可与易燃、易爆物品放在一起。

（十一）三氯异氰尿酸

【性状】白色结晶性粉末或粒状固体，具有强烈的氯气刺激味，含有效氯在 85％以上，水中的溶解度为 1.2％，遇酸或碱易分解。本品是一种极强的氧化剂和氯化剂，具有高效、广谱、较为安全的消毒作用，对细菌、病毒、真菌、芽孢等都有杀灭作用，对球虫卵囊也有一定杀灭作用。

【用法与用量】用于环境、饮水、饲槽等的消毒。用粉剂配制 4~6mg/kg 浓度的溶液进行饮水消毒，用 200~400mg/kg 浓度的溶液进行环境、用具消毒。

（十二）新洁尔灭

【性状】无色或淡黄色胶状液体，易溶于水。

【作用与用法】季铵盐类消毒药，具有较强的杀菌作用，对病毒效力差。对组织刺激性较小。0.1％溶液消毒手、皮肤、器械；0.01％~0.05％溶液消毒黏膜及伤口。

第二节 羊场兽医用药原则

一、联合用药

两种以上药物在同一时间合用可以不互相影响，但是在许多情况下两药合用总有一药或两药作用受到影响，其可能结果：比预期的作用更强（协同作用）；减弱一药或两药的作用（颉颃作用）；产生意外的毒性反应。药物的相互作用，可发生在药物吸收前、体内转运过程、生化转化过程及排泄过程中。当两药互相无影响时，其合用后的药物作用可以预知，不会有问题。若存在相互作用则应注意利用协同作用提高疗效（如磺胺与抗菌增效剂联合），尽量避免出现颉颃作用或产生毒性反应。但是颉颃作用有时可用来治疗药物中毒，如麻醉药中毒可用中枢兴奋药解救。

二、配伍禁忌

为了获得更好的疗效，常将两种以上药物配伍使用。但配合不当，则可能出现减弱疗效或增加毒性的变化。这种配伍变化属于禁忌，必须避免。药物的配伍禁忌可分为药理的（药理作用互相抵消或使毒性增加）、化学的（呈现沉淀、产气、变色、燃爆及肉眼不可见的水解等化学变化）和物理的（产生潮解、液化或从溶液中析出结晶等物理变化）配伍禁忌。例如，磺胺嘧啶钠与葡萄糖注射液混合，可产生细微的结晶，这是由于强碱性的磺胺嘧啶钠在 pH 较低的溶液中析出的结果。

三、羊场规范用药与药残控制

兽药和饲料药物添加剂对于防治动物疾病、促进生长、提高饲料转化率具有重要的作用，这已在实践中得到了证实。近年来，为促进区域经济的可持续发展，保护生态环境，羊由传统散养或放牧为主的饲养方式，走向舍饲养殖、集约化生产的模式。将羊舍饲养殖，改变了其生物学特性和行为方式，增加了动物之间的接触机会，易导致各种疾病的发生，因此，各类兽药和饲料药物添加剂的用量必然会增加，然而兽药和饲料药物添加剂的广泛应用，对于环境和公众健康构成的潜在危害已成为严重的问题，因此，舍饲羊场必须规范用药，严格控制兽药的残留，保障消费者的安全。

（一）严格执行国家兽药法规

近几年，有关部门陆续颁布了《中华人民共和国动物防疫法》、《兽药管理条例》、《饲料和饲料添加剂管理条例》、《兽药典》、《兽药规范》、《兽药质量标准》、《兽用生物制品质量标准》、《进口兽药质量标准》和《饲料药物添加剂使用规范》等法律法规。农业部也颁布了《无公害食品 肉羊饲养兽医防疫准则》、《无公害食品 肉羊饲养饲料使用准则》和《无公害食品 肉羊饲养兽药使用准则》，舍饲羊场必须严格执行国家兽药法规，规范用药。

（二）把好兽药质量关

严禁购买使用将近过期或已过期失效的药物，凡预防、诊断、治疗疾病所用兽药必须符合上述国家兽药质量的相关规定，所用兽药必须来自具有《兽药生产许可证》、产品批准文号的生产企业，或者具有《进口兽药许可证》的供应商。所用兽药的标签应符合《兽药管理条例》的规定，慎重使用经农业部批准的拟肾上腺素药、平喘药、抗（拟）胆碱药、肾上腺皮质激素类药和解热镇痛药。禁止使用麻醉药、镇痛药、镇静药、中枢兴奋药、化学保定药、骨骼肌松弛药，禁止使用未经国家畜牧兽医行政管理部门批准的用基因工程方法生产的兽药和未经农业部批准或已经淘汰的兽药。

（三）因畜制宜，合理用药

应根据羊的体重、年龄、强弱、公母之别，病情轻重缓急采用不同的用药方法，因此，在给羊群防治疾病时，必须坚持因畜制宜、合理用药的原则。应根据疾病的种类选择敏感有效的药物，一般而言，年老、幼龄、体弱羊或母羊对药物的敏感性比成年、强壮羊或公羊高些，用药量应有所减少。在用药过程中特别要注意不同给药途径的药物的剂量、间隔和次数，做到对症用药，有条件的应对病羊进行细菌诊断、药敏试验和寄生虫的鉴别，选择敏感、疗效好、毒副作用小和一药多用的药物。

（四）严格执行兽药的休药期和兽药允许残留量标准

严格规定和执行药物饲料添加剂的使用对象、使用期限、使用剂量以及休药期等，禁止使用禁用药物和未被批准的药物，限制或禁止使用人畜共用的抗菌药物或可能具有"三致"作用和过敏反应的药物，尤其禁止将其作为饲料添加剂使用，对允许使用的兽药和饲料药物添加剂要执行休药期的规定。

兽药和饲料药物添加剂的使用是造成羊肉中兽药残留的主要根源，因此，在使用药物添加剂时，应注意以下几点：①按照发布的药物添加剂使用规定用药；②药物添加剂应预先制成预混剂再加到饲料中，以免混合不均匀；③在加工饲料中，应将加药饲料和不加药饲料分开加工；④禁止同一种饲料中使用两种以上作用相同的药物添加剂；⑤养殖场应正确使用饲料，不得超标添加药物添加剂；⑥在休药期结束前不得将动物屠宰食用；⑦生产厂家必须注明所销售的药物添加剂的有效成分和使用方法。

四、正确使用兽医生物药品

兽医生物药品是根据兽医免疫学原理，利用微生物、动物血液、组织制成的一种特殊药品。包括供预防传染病发生的疫苗、菌苗、类毒素；供治疗或紧急预防用的抗菌血清、抗毒素、噬菌体、干扰素和供诊断传染病用的各种抗原、抗体诊断液等。使用上述药品时应注意以下几个问题：①药瓶上必须有完整的瓶签，并有厂名、批准文号、生产日期、失效日期、使用方法、剂量、稀释倍数。已稀释的药品当天必须用完，未用完的应当废弃。用过的空瓶不得乱扔，消毒后另用。注苗后3～5d，要勤观察，发现异常情况及时处理。②死菌苗、血清、诊断液要在2～15℃下保存和运输，避免冻结。活菌苗和弱毒疫苗在保存和运输时不能超过 10℃，夏季应冷藏保存，避免日光照射。③羊场应用生物药品时，应按厂家的说明书使用，不得擅自增加或减少剂量。临用前要检查药瓶是否完整，药瓶破损或药液变质均不得使用。④羊场发生传染病时，应在兽医人员的指导下进行治疗或紧急预防注射，其他羊只不得注射同病疫（菌）苗，以免引起大批发病。⑤提高防疫密度和质量。

第三节　羊病的治疗技术

一、保定方法

保定方法分物理（人力、器械）保定法和化学保定法。保定时要做到安全、迅速、简便确实。

（一）机械保定法

1. 羊的接近　接近个体较大的羊只（特别是种公羊）前，应向饲养员了解其性情，以防有顶撞等恶癖，接近时要胆大、心细、温和、沉着，同时应提高警觉，注意安全。检查者应先向其发出欲要接近的信号，然后再从其侧前方徐徐接近。接近后，可用手轻轻抚摸其颈侧或臀部，使其保持安静和温顺状态，以便进行检查。接近时，一般要有饲养人员在旁进行协助。

2. 羊的保定　在了解其习性的基础上，视个体情况，应尽可能在其自然状态进行检查。但必要时，可采取一定的保定措施。保定的目的在于防止骚动，便于检查和处理，保障人、畜安全。

（1）握角骑跨夹持保定法　保定者两手握住羊的两角或头部，骑跨羊身，以大腿内侧夹持羊两侧胸壁即可保定。适用于临床检查或治疗时的保定（图 2-1）。

（2）两手围抱保定法　保定者从羊胸侧用两手（臂）分别围抱其前胸或股后部加以保定。羔羊保定时，保定者坐着抱住羔羊，羊背向保定者，头朝上，臀部向下，两手分别握住前后肢。适用于一般检查或治疗时的保定（图 2-2）。

（3）倒卧保定法　保定大羊时，保定者俯身从对侧一手抓住两前肢系部或抓住一前肢臂部，另手抓住腹肋部膝襞处扳倒羊体，另一只手改为抓住两后肢的系部，前后一起按住即可。为了保定牢靠，可用绳将四肢捆绑在一起。适用于治疗或简单手术时的保定（图 2-3）。

（4）倒立式保定法　保定者骑跨在羊颈部，面向后，两腿夹紧羊体，弯腰将两后肢提起。适用于阉割、后躯检查等（图2-4）。

图2-1　握角骑跨夹持保定法

图2-2　两手围抱保定法

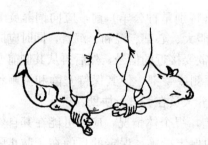

图2-3　倒卧保定法

图2-4　倒立式保定法

3. 注意事项　向饲养员了解羊平时的性情，熟悉其习性，以便选择适宜的接近与保定方法。接近时，一般宜从侧前方进行。根据习性及诊疗需要，选择保定方法，确保人、畜安全。保定时不宜太复杂。大羊倒卧保定时应特别小心，最好在松软或铺有垫草的地面上进行。

（二）化学保定法

化学保定法又叫化学药物麻醉保定法。指应用化学试剂，使动物暂时失去运动能力，以便于人们对其接近、捕捉、运输和诊疗的一种保定方法。化学保定剂的种类较多，不同的药物所用剂量也不同。对羊常用的药物和剂量为：静松灵（二甲苯胺噻唑）为每千克体重1.3～3.0mg，氯胺酮为每千克体重20.0～40.0mg，司可林（氯化琥珀胆碱）为每千克体重2.00mg。化学保定剂一般作肌内注射，可用金属注射器或玻璃注射器吸取药剂后按常规进行注射。化学保定一定注意保定剂量，量少起不到保定作用，量多则容易出现中毒、休克、死亡。

二、常用治疗技术

(一) 经口给药方法

口服给药方法简便，适合大多数药物，可发挥药物在胃肠道的作用，如肠道抗菌药、驱虫药、制酵药、泻药等常常采用口服。有的生物制品口服后，反应轻微，亦在临床上应用。常用的口服方法有灌服、饮水、混到饲料中喂服、舔服等。应在饲喂前服用的药物有苦味健胃药、收敛止泻药、胃肠解痉药、肠道抗感染药、利胆药；应空腹或半空腹服用的药物有驱虫药、盐类泻药；刺激性强的药物应在饲喂后服用。

1. 自由采食法 多用于大群羊的预防性治疗或驱虫。将药物按一定比例拌入饲料或饮水中，任羊自行采食或饮用。大群羊用药前，最好先做小批羊用药后的毒性及药效试验。

(1) 混饲给药 是一种常用的给药方法，适用于病羊尚有食欲，或大批群养羊发病和进行药物防病。此法简便易行，适用于长期投药，不溶于水的药物用此法更为适宜。用于混饲的药物一般为粉剂或散剂，无异味或刺激性，不影响羊食欲。首先根据羊的数量、采食量、用药剂量，算出药物和饲料的用量，准确称取后将所用药物先混入少量饲料中，反复拌和，然后再加入部分饲料拌和，这样多次逐步递增饲料，直至将饲料混完，充分混匀后将混药饲料喂给羊，让其自由采食。有些药物适口性差，混饲给药时要少添多喂。混饲给药时应特别注意将药物与饲料混合均匀，以免发生中毒和达不到防治目的。如为片剂药物则应将其研成细粉状再用，混药的饲料也应是粉末状的，才能将药物混匀。一般情况下要求混药饲料现混现用，每次食净。为防止羊争食、暴食，应将其按大小、体质不同分群喂给药料。在给药料前可进行适当停食，以保证药料迅速食净。

(2) 混水给药 也是一种常用的给药方法，适用于因病不能吃食但尚有饮欲的病羊，以及大批羊进行药物防病、应用疫苗和经口补液。根据羊的数量、饮水量及药物特性和剂量等准确算出药物和水的用量，所用药物应易溶于水。一般在水中不易破坏的药物，可以在一天内饮完，有些药物在水中时间长了易破坏变质，宜在规定时间内饮完，以防止药物失效。饮水应清洁，不含有害物质和其他异物，不宜采用含漂白粉的自来水来溶解药物。在给药前，一般应停止饮水半天，然后再饮用药水。药物应充分溶解于水，并搅拌均匀。冬季应将药水加温到25℃左右，再给羊饮用。

2. 灌服投药法　是一种强迫经口投药法，适用于给因病不能吃食和饮水的羊投药。

（1）经口灌药　经口灌药主要用于少量的无强刺激性或特殊异味的水剂药物或将粉剂、研碎的片剂加适量的水而制成的溶液、混悬液、糊剂、中药及其煎剂、片剂、丸剂、舔剂等剂型药物的投服，所有动物均可经口灌服药物。羊经口灌药通常用药匙（汤匙）、竹筒、橡皮瓶或长颈玻璃瓶、盛药盆等。灌药前应注意将其保定确实，操作须谨慎细心，每次灌入的药量不应太多，不宜过急，不能连续灌服，以防药物误入羊气管和肺中。灌药时，将药液装入长颈的橡皮瓶、塑料瓶或酒瓶内，抬高羊的头部，使口角与眼呈水平状态；操作者右手持药瓶，左手用食、中二指自羊右口角伸入口中，轻轻按压舌面，羊口即张开；然后右手将药瓶口从右口角插入羊口中，并将左手抽出，待瓶口伸到舌面中部，即可抬高瓶底将药物灌入，如橡皮瓶则可轻压使药液流出，吞咽后继续灌服直至灌完。

（2）胃管投药　有两种方法，一是经鼻腔插入；二是经口腔插入。适用于灌服大量水剂或可溶于水的流质药液。羊常采用经口插入胃管的方法投药。用具为软硬适宜的橡皮管或塑料管，依羊的种类和个体大小，选用相应的口径及长度。胃管于用前应先清洁干净，将其前端涂以滑润油类或以水润湿。

具体操作：一人抓住羊的两耳（角），将前躯夹于两腿之间即固定头部并稍抬高，而后装上横木开口器，系在两角根后部；胃管从开口器中间孔插入，沿上腭直插入咽部，前端抵达咽部时，轻轻抽动，刺激引起吞咽，随咽下动作将胃管插入食道；准确判定胃管确实在食道后，再将胃管前端推送至颈部下1/3处。连接漏斗，先投入少量清水，证明无误后，即可投药；药液灌完后，再灌少量清水，然后取掉漏斗，用嘴吹气或用橡皮球打气，使胃管内残留的液体完全入胃，用拇指堵住胃管管口，或折叠胃管，慢慢抽出。用完的胃管及其他器具应洗净，放在2%煤酚皂溶液中浸泡消毒，再以清水冲净后备用。该法适用于灌服大量水剂及有刺激性的药液。患咽炎、咽喉炎或咳嗽严重的病羊，不可用胃管灌药。

（二）注射给药方法

注射给药是将各种注射剂型的药液使用注射器直接注入羊体内的给药方法。注射前应将注射器和针头等用清水冲洗干净，按规定煮沸消毒或高压灭菌后再用。根据羊的种类、病情、药物的品种及特性等，注射给药包括皮内注射、皮下注射、肌内注射、静脉注射、气管内注射、瓣胃内注射、乳房内注射等。注射给药具有用药量小、见效快，避免经口给药麻烦和防止药效降低等优点。

注射前先将药液抽入注射器内或注入输液瓶内，如果使用粉针剂，应事先按规定用适宜的溶剂在原安瓿内进行溶解。抽吸药液时，先将安瓿封口端用酒精棉球消毒，同时检查药品名称、批号及质量，注意有无变质、浑浊、沉淀。敲破玻璃安瓿吸药时，应注意防止安瓿破碎及刺伤手指，同时防止玻璃碎屑掉入药中，禁止敲破安瓿底部抽吸药物。如果混注两种以上药液，应注意检查有无药物配伍禁忌。抽吸完药液后，排净注射器内的气泡。注射时按常规进行注射部位剪毛、消毒，严格无菌操作，注射完毕后用碘酒棉球消毒注射部位，并将注射器及针头清洗消毒后备用。

1. 皮内注射 皮内注射是指将药液注入动物表皮和真皮层之间的一种方法。用于动物过敏试验及炭疽Ⅱ号苗、绵羊痘苗等的预防接种。常在羊的颈部两侧部位，局部剪毛，碘酊消毒后，使用小型针头，以左手大拇指、食指和中指固定（绷紧）皮肤，右手持注射器，使针头几乎与注射部位的皮面呈平行方向刺入，至针头斜面完全进入皮内后，放松左手，以针头与针筒交接处压迫固定针头，右手注入药液，至皮肤表面形成一个小圆形丘疹，并感到推药时有一定的阻力，如误入皮下则无此感觉。皮内注射的部位、方法及观察一定要准确无误，否则会影响诊断和预防接种的效果。

2. 皮下注射 皮下注射是将药液注射于皮下结缔组织内，经毛细血管、淋巴管吸收进入血液循环，而达到防治疾病的目的。注射部位，在羊的颈侧或股内侧的皮肤松软处。常用于易溶、无刺激性的药物及某些疫苗等注射，如阿托品、肾上腺素、阿维菌素、炭疽芽孢苗等。注射时，将羊实行必要的保定，注射前局部剪毛消毒，以左手的食指和大拇指捏起注射部位的皮肤，右手持注射器，使皮肤和针头成45°角，迅速刺入捏起的皮肤皱褶的皮下。如针头能左右自由活动，即可注入药液。注射完毕后，在注射部用碘酊棉球消毒。必要时，可对局部进行轻度按摩或进行温敷，以促进药物吸收。皮下注射时，每一注射点不宜注入过多的药液，如需注射大量药液则应分点注射。刺激性较强的药品不能做皮下注射，以防引起局部炎症、肿胀和疼痛，甚至造成组织坏死。因皮下有脂肪层，吸收较慢，皮下注射一般需5～10min才能产生药效。但皮下注射给药比经口给药和直肠给药发挥药效要快而且效果确定。

3. 肌内注射 肌内注射是兽医临床上最常用的给药方法。肌内注射的部位，多在颈侧肌肉丰满部位及臀部。但应注意避开大血管及神经的径路。适用于刺激性较大吸收缓慢的药液，如青霉素、链霉素和各种油剂以及一些疫苗的注射。肌内注射时，将羊保定，局部常规消毒后，使注射器针头与皮肤呈垂直的角度，迅速刺入肌肉内2～4cm（视羊品种、大小而定），然后抽动针筒活塞，确认无回血时，即可注入药液。注射完毕，用酒精棉球压迫针孔部，迅速拔出针头。

4. 静脉注射　静脉注射是将药液注入静脉血管内的一种注射给药方法，适用于大量的输液、输血及治疗为目的急需速效的药物（如急救、强心等）。一般刺激性较强的药物或皮下、肌内不能注射的药物等可用静脉注射的方法，但也有些药物不宜进行静脉注射。静脉注射的方法有推注和滴注两种，静脉注射的部位，羊在颈静脉的上 1/3 与中 1/3 交界处。静脉注射前将羊站立保定，使头稍向前伸，并稍偏向对侧，小羊可进行侧卧保定。静脉注射前必须将注射用具进行灭菌处理，注射部位按常规严格进行剪毛、消毒，注射操作应遵守无菌规程。

首先认清颈静脉径路，然后用左手拇指横压注射部位稍下方（近心端）的颈静脉沟上，使脉管充盈；右手持针头，针头斜面向皮肤外，沿颈静脉并朝头部方向，使针头与皮肤呈 45°角左右，准确迅速地刺入颈静脉内；见有回血后，再沿脉管向前推送一段针体，使针体较稳固地插在静脉管内（若一次不能直接刺入静脉，可先刺入皮下，然后再刺入静脉）；此时松开左手，接上装满药液的注射器或连接输液瓶的乳胶管，药液即可由注射器徐徐推入，或由输液瓶慢慢滴入，并可用胶管夹控制滴定的速度，同时用钳子将靠近针头的胶管固定在颈部皮肤上，适当提高输液瓶。注射完毕，左手持酒精棉球压紧针孔，右手迅速拔出针头，而后涂 5%碘酊消毒。

5. 气管注射　气管注射是指将药液直接注入气管内的给药方法，此法羊多用。常用于碘液的注射，以治疗羊的肺线虫病等。注射时将羊行仰卧或侧卧（可使病侧肺部向下的方式侧卧）保定，并使后躯低于前部。注射部分在喉头的下方，气管上 1/3 处，以左手食指摸清气管软骨环之间，局部剪毛消毒后，以大拇指和中指固定皮肤，右手持注射器刺入气管内，抽动活塞，见有气泡时即可注入药液。如欲使药液注入两侧肺中，需隔天，将羊翻转，卧于另一侧，以同样方法注射药液。

6. 瘤胃穿刺注药　当羊发生瘤胃臌气时可采用本方法，穿刺部位在左肷窝中央或臌气的最高处。方法是局部剪毛，碘酊消毒，将皮肤稍向上移，将套管针头向下、向右侧肘的方向刺透皮肤及瘤胃胃壁，左手固定套管针，右手拔出套管针芯，使气体缓缓放出。如无专用套管针，也可使用较粗的盐水针头代替套管针。放气完毕，可从套管针孔注入止酵防腐药。最后用左手指压紧皮肤，右手迅速拔出针管或针头，穿孔处再用碘酊涂擦消毒。

7. 腔内注射　将药液直接注射于腹膜腔内。腹膜吸收力很强，故当心脏衰竭，或静脉注射困难时可通过腹腔注射进行补液。羊在腹下部耻骨前缘前方

3～5cm 处，腹白线侧方。

方法：大的成年羊多采取站立保定，羔羊或小羊多采取倒提保定。剪毛消毒后，垂直皮肤将针头刺入腹腔，针头刺入腹腔时有落空感，回抽内塞如无气体和液体时为刺入正确。注药完毕拔针并涂碘酊。

注意事项：药量大时要加温；保定要确实；使药液确实注入腹膜腔之内。

8. 乳池内注射　将药液直接注射于乳池内，用于治疗乳房疾病，奶山羊多用。

方法：站立保定，挤净乳汁，消毒乳头。左手握住乳头并轻轻向下牵拉，右手持消毒过的乳导管自乳头口徐徐插入。连接注射端，缓慢注入药液。注药完毕、拔出乳导管，轻捏乳头口片刻，以防药液流出，同时进行乳房按摩，使药液散开。

（三）灌肠方法

灌肠是指向直肠内注入大量的药液、营养物质或温水，直接作用于直肠黏膜，使药液、营养物质得到吸收，或促进粪便排出以及除去肠内代谢产物与炎性渗出物，达到治疗疾病目的的一种治疗方法。

1. 操作方法　羊一般采取站立保定，配好的灌肠液应与体温相一致，盛于盆内。选用小型胃管或一端磨圆的橡皮管，前端涂上凡士林或植物油插入直肠内，另一端接上漏斗，加入灌肠液后，举高漏斗以增大灌肠液的压力，使其压入直肠内。灌肠完毕后一手压住肛门和尾根，另一只手的手指掐压羊的腰荐部，以防药液的流出。停留一段时间后，再松手拔出橡皮管。

2. 注意事项

（1）直肠内存有宿粪时，按直肠检查要取出宿粪，再进行灌肠。

（2）避免粗暴操作，以免损伤肠黏膜或造成肠穿孔。

（3）溶液注入后由于排泄反射，溶液易被排出。为了防止排出，可用手压迫尾根，或在注入溶液的同时以手指刺激肛门周围，或按摩腹部。最有效办法是用塞肠器固定肛门。

（四）穿刺法

1. 瘤胃穿刺　是指用于瘤胃急性膨气时急救排气和向瘤胃内注入药液的一种治疗技术。

（1）操作方法

①确定穿刺部位。选在左侧肷窝部，由髋骨外角向最后肋骨所引水平线的中点，距腰椎横突 10～12cm 处。也可选在瘤胃隆起最高点穿刺。

②以左手将皮肤切口移向穿刺点，右手持套管将针尖置于皮肤切口内，向对侧肘头方向迅速刺入 10～12cm。

③左手固定套管，拔出内针，用手指堵住管口，间断放出瘤胃内的气体。如果套管堵塞，可插入内针疏通。气体排出后，可经套管向瘤胃内注入制酵药，防止复发。

④注完药液，插入内针，同时用力压住皮肤切口，拔出管针，消毒创口行一针结节缝合。

⑤在紧急情况下，无套管针时，可就地取材，如竹管、鹅羽或静脉注射针头等进行穿刺，挽救生命，然后再采取抗感染措施。

（2）注意事项

①放气速度不宜过快，以防止发生急性脑贫血，造成休克，同时注意观察病畜的表现。

②根据病情，为了防止臌气继续发展，需重复穿刺，可将套管针固定，留置一定时间后再拔出。

③穿刺和放气时，应注意防止针孔局部感染。放气后期，往往伴有泡沫样内容物流出，污染套管口周围，甚至会流进腹腔继发腹膜炎，应予以高度重视。

④经套管注入药液时，注药前一定要确切判定套管仍在瘤胃内后，方可注入。

2. 胸腔穿刺　是指用于排出胸腔内的积液、血液，或洗涤胸腔，或注入药液，或用于检查胸腔有无积液并采取胸腔积液，鉴别其性质，有助于诊断的一种诊疗技术。

（1）操作方法

①确定穿刺部位。右侧第六肋间（左侧第七肋间），胸外静脉上方约 2cm处刺针。

②左手将术部皮肤稍向前方移动，右手持套管针（或针头），靠肋骨前缘垂直刺入 3～5cm。

③当套管针刺入胸腔后，左手把持套管，右手拔出内针，即可流出积液或血液。

④放液时不宜过急，用拇指堵住套管口，间断地放出积液，防止胸腔减压过急而影响心肺功能。

⑤如果针孔堵塞不流时，可用内针疏通，直至放完为止。

⑥有时放完积液之后，需要洗涤胸腔时，可将装有消毒药的输液瓶的乳胶管或注射器连接在套针管口上（或注射针），高举输液瓶药液即可流入胸腔。

反复冲洗 2～3 次，最后注入治疗性药物。

⑦操作完毕，插入内针，拔出套管针（或针头），使局部皮肤复位，术部涂碘酒。

（2）注意事项

①穿刺或排液过程中，要注意防止空气进入腹腔内。

②排出积液和注入洗涤液时应缓慢进行，并注意观察病畜有无异常表现。

③穿刺时，要以手指控制套管针的刺入深度，以防止刺入过深。

④穿刺过程中，如遇有出血时，应充分地止血，并改变位置再进行穿刺。

3. 腹腔穿刺 是指用于排出腹腔积液、洗涤腹腔以及注入药液的一种治疗技术，也可用于采取腹腔液体，鉴别其性质，有助于胃肠破裂、肠变位、内脏出血及腹膜炎等疾病的诊断。

（1）操作方法

①确定穿刺部位。羊在脐与膝关节连线的中点穿刺。

②术者蹲下，左手稍移动皮肤，右手控制套管针（或针头）的深度。由下向上垂直刺入 3～4cm。

③当套管针刺入腹腔后，左手把持套管，右手拔出内针，即可流出积液或血液。

④放液时不宜过急，用拇指堵住套管口，间断地放出积液，防止腹腔减压过急而影响心肺功能。

⑤如果针孔堵塞不流时，可用内针疏通，直至放完为止。

⑥有时放完积液之后，需要洗涤腹腔时，可将装有消毒药的输液瓶的乳胶管或注射器连接在套针管口上（或注射针），高举输液瓶药液即可流入腹腔。反复冲洗 2～3 次，最后注入治疗性药物。

⑦操作完毕，插入内针，拔出套管针（或针头），使局部皮肤复位，术部涂碘酊。

（2）注意事项

①穿刺或排液过程中，要注意防止空气进入腹腔内。

②排出积液和注入洗涤液时应缓慢进行，并注意观察病畜有无异常表现。

③穿刺时，要以手指控制套管针刺入的深度，以防止刺入过深刺伤腹腔内脏器官。

④穿刺过程中，如遇有出血时，应充分地止血，并改变位置再进行穿刺。

（五）阴道与子宫清洗方法

阴道与子宫冲洗是指用于母羊阴道炎和子宫内膜炎治疗的一种治疗技术，

主要为了排出阴道或子宫内的炎性分泌物，注入治疗药液，促进黏膜修复，尽快恢复生殖机能。根据羊种类、病情，选择不同类型的冲洗器具，用前洗净严格消毒处理。

1. 操作方法

（1）羊站立保定，充分洗净外阴部，术者手臂常规消毒，手握输液瓶或漏斗所连接的长胶管，徐徐插入子宫颈口，再缓慢导入子宫内，提高冲洗器或输液瓶或漏斗，冲洗液即可流入子宫内，待输液瓶或漏斗中的冲洗液快流完时，迅速把输液瓶或漏斗放低，借虹吸作用使子宫内液体自行排出。

（2）如此反复冲洗2～3次，直至流出的液体与注入的液体颜色基本一致时为止，必要时可用开腔器开张阴道，用颈管钳和颈管扩张棒固定宫颈外口，扩张颈管后进行子宫冲洗。

（3）阴道冲洗时，可将导管的一端插入阴道内，提高漏斗，冲洗液即可流入。借病畜努责冲洗液可自行排出。如此反复至冲洗液透明为止。阴道或子宫冲洗后，可放入抗生素或其他抗菌消炎药物。

2. 注意事项

（1）认真操作，避免粗暴，特别是插入导管时更须谨慎，以防子宫壁穿孔。

（2）操作时严格遵守消毒规则。

（3）在子宫积脓或子宫积水时，应先将子宫内积液排出之后，再进行冲洗。

（4）不得使用强刺激性或腐蚀性的药液冲洗。

（5）注入子宫内的冲洗药液，应尽量充分排出，必要时，可通过直肠按摩子宫促使排出。

（六）导尿方法

导尿是指用于尿道炎及膀胱炎治疗和采取尿液供化验诊断的一种治疗技术。

1. 操作方法

（1）羊保定后，助手将尾巴拉向一侧或吊起。

（2）术者将导尿管握于掌心，前端与食指同长，呈圆锥形伸入阴道10～15cm。先用手指触摸尿道口，轻轻刺激或扩张尿道口，视机插入导尿管，徐徐推进。当进入膀胱后，则无阻力尿液自然流出。

（3）排完尿后，导尿管另一端连接洗涤器或注射器，注入冲洗药液，反复冲洗，直至排出药液透明为止。

（4）导尿或冲洗完之后，还可注入治疗药液。注入完毕，慢慢抽去导尿管。

2. 注意事项

（1）注意正确识别母畜尿道口。可用开腔器开张阴道，即可看到尿道口。

（2）插入导尿管时，避免粗暴操作，以免损伤尿道黏膜或引起膀胱壁穿孔。

（七）洗胃方法

洗胃是指用于羊胃扩张、瘤胃积食或瘤胃酸中毒时排除胃内容物，以及排除胃内毒物，或用于胃炎的治疗和吸取胃液供实验室检查等的一种治疗技术。

1. 操作方法

（1）先用胃管测量到胃内的长度，并做好标记。羊是从唇至倒数第二肋骨。

（2）装上横木开口器，固定好头部。

（3）从口腔徐徐插入胃管，到胸腔入口及贲门处时阻力较大，应缓慢小心插入，以免损伤食管黏膜。必要时，可灌入少量温水，待贲门弛缓后，阻力突然消失。此时可有酸臭味气体或食糜排出。如果不能顺利排出胃内容物时，可装上漏斗灌入温水，将头低下，采用虹吸原理或用吸引器抽出胃内容物。如此反复操作，逐渐排出胃内大部分内容物，直至病情好转为止。

（4）治疗胃炎时，导出胃内容物后，还要灌入防腐消毒药。

（5）冲洗完之后，缓慢抽出胃管，解除保定。

2. 注意事项

（1）操作过程中要注意安全。根据病羊的大小，选择不同的胃管，胃管长度和粗细要适宜。

（2）瘤胃积食时宜反复灌入大量温水，方能洗出胃内容物。

（八）乳房注射送风方法

乳房注射送风指通过导乳管送入空气，治疗奶山羊的乳房炎和产后瘫痪的一种方法。

1. 操作方法

（1）羊站立保定，挤净乳汁，清洗乳房并拭干，用70%酒精消毒乳头。

（2）用左手将乳头握于掌内，轻轻向下拉，右手持消毒的导乳管，自乳头口徐徐插入。

（3）再以左手把握乳头及导乳管，右手持注射器与导乳管连接（或将输液瓶的乳胶导管与导乳管连接），然后徐徐注入药液。

（4）注射完毕，拔出导乳管，以左手拇指与食指捏闭乳头开口，防止药液外流。右手按摩乳房，促进药液充分扩散。

（5）如治疗产后瘫痪需要送风时，可使用乳房送风器或 100mL 注射器，送风之前，在金属滤过筒内，放置灭菌纱布，滤过空气，防止感染。先将乳房送风器与导乳管连接（或 100mL 注射器接合端垫 2 层灭菌纱布与导乳管连接），2 个乳头分别充满空气，充气量以乳房的皮肤紧张、乳腺基部的边缘清楚变厚，轻敲乳房发鼓音为标准。充气后，可用手轻轻捻转乳头肌，并结系一条纱布，防止空气溢出，经 1h 后解除。

2. 注意事项

（1）乳导管的前端在使用前必须涂布消毒的润滑油。如使用针头，尖端一定要磨光滑，防止损坏乳头管黏膜。

（2）送风时要遵守无菌操作规程，以防感染，特别使用注射器送风时更应注意。

（3）注入药液一般以抗生素溶液为主，洗涤药液多用 0.1％雷弗奴尔溶液、生理盐水及低浓度青霉素溶液等。

（九）常用手术技术

1. 麻醉技术　分局部麻醉、全身麻醉两种。

（1）局部麻醉

①表面麻醉：麻醉角膜和结膜可用 0.5％～1％丁卡因或 2％～5％可卡因、利多卡因。点入结膜囊内 5～6 滴；麻醉口腔、鼻腔、直肠或阴道黏膜可用 1％～2％丁卡因或 5％～10％可卡因涂布或浸渍、填塞、喷雾；膀胱黏膜麻醉可用 0.5％～1％普鲁卡因注入膀胱内；麻醉关节、腱鞘及黏液囊中的滑膜可用 4％～6％普鲁卡因注入；体腔手术时常用 3％～5％普鲁卡因喷洒，以麻醉浆膜。

②浸润麻醉：将局麻药注射到手术区局部的各层组织中，以麻醉神经末梢。常用 0.25％～1％普鲁卡因，为增强麻醉效果，可加入微量的 0.1％肾上腺素液。根据需要，操作方法有直线浸润、分层浸润、菱形浸润、扇形浸润、基底部浸润等多种，四肢及尾部手术时，可用环形浸润。在操作中，均应注意使麻醉药液能浸润到手术区的各层组织内。

③传导麻醉：将局麻药注射于支配手术区的神经干或神经丛周围。常用 3％～5％普鲁卡因或 2％利多卡因。实施额部及上眼睑手术可作眶上神经传导麻醉；上臼齿拔出术可作上颌神经传导麻醉；下颌臼齿、下唇及颏部手术可作下颌齿槽神经传导麻醉；舌手术可麻醉舌神经和舌下神经；髂区剖腹手术可作腰旁神经干传导麻醉。

④椎管内麻醉：临床多用的是将局麻药注入椎管的硬膜外腔内，使某些脊髓神经被阻滞。穿刺部位可选在腰椎与荐椎间隙或第一、二尾椎间隙或荐骨与第一尾椎间隙。注射剂量：3% 普鲁卡因 2~5mL 或 1%~2% 利多卡因 1~5mL。

（2）全身麻醉

①吸入麻醉：常用吸入麻醉剂有乙醚、氧化亚氮、环丙烷等，需使用相应的吸入麻醉机进行麻醉。对小羊也可实施开放式点滴法进行麻醉。先用凡士林涂于羊口、鼻周围，再用 4~6 层纱布的口罩将口、鼻罩住，周围用纱布或毛巾塞紧，最后在口罩上点滴乙醚或氟烷等进行麻醉。

②非吸入麻醉：常用药物有二甲苯胺噻唑（静松灵）类麻醉剂、水合氯醛、乙醇（酒精）、氯胺酮等。临床上常将几种麻醉药及镇痛（如吗啡、静松灵）。镇静、肌肉松弛（如司可林）、抗胆碱药（如阿托品）混合应用，以提高麻醉效果减少麻醉药量，减轻麻醉药的副作用。

③羊的全身麻醉：异戊巴比妥钠按每千克体重 5~10mg，静脉或肌内注射。硫喷妥钠按每千克体重 15~20min，静脉注射，麻醉持续时间 10~20min。

2. 组织切开与分离

（1）选择切口的要求

①切口应尽可能靠近病变部位，最好能直接到达手术区。

②切口应与局部重要血管、神经走向接近平行，以免损伤这些组织。

③确保创液及分泌物的引流通畅。

④二次手术时，应避免在疤痕上切开。

（2）注意事项

①切口大小要适当。

②皮肤切开时，刀片与皮肤垂直，力度适当，力求一刀完成皮肤切口。对移动性较大的松弛皮肤，可将皮肤拎成皱褶，行皱襞法切开。

③按解剖层次分层进行切开，从外至内切口大小相同。

④切开肌肉时，一般尽量沿肌纤维方向钝性分离，这样易于缝合和愈合。在必要时为显露手术区也可斜切或横切肌肉。

⑤切开腹膜时，应先用镊子夹起腹膜作一小切口，然后插入有沟探针或食指与中指，引导手术刀外向式切开腹膜或用钝头剪剪开腹膜，防止损伤内脏。

⑥切开肠管时，事先做好隔离，严防污染。

（3）软组织分离

①锐性分离：用手术刀切开或用手术剪剪开组织。

②钝性分离：用刀柄、止血钳、手指等插入组织间隙内，用适当力量推开周围组织。

3. 手术止血技术

（1）全身预防性止血

①输血，以提高动物血液的凝固性，可在术前 30～60min 输入相合血。

②注射提高动物血液凝固性和使血管收缩的药物，如 0.3％凝血质、维生素 K_3、安络血、止血敏、抗血纤溶芳酸等。

（2）局部预防性止血

①肾上腺素止血：常与局部麻醉配合进行，可在 1 000mL 普鲁卡因液中加入 0.1％肾上腺素 2mL。也可加入生理盐水中，与压迫止血配合进行或直接喷洒于手术切口内。

②止血带止血：适用于细长部位的止血。在手术切口部位上方加衬垫物后，用绷带、乳胶管、绳索等扎紧，以止血带远侧端脉搏将消失为度。止血带保留时间不超过 2～3h，期间可松解数次。最后去除止血带时，按"松、紧、松、紧"的方法逐次松开，严禁一次松开。

（3）手术过程中的止血

①纱布块压迫止血法：适用于清除术部血液，辨清组织和神经、血管通路，以及毛细血管出血的止血。这种止血法只能是按压，不可来回的用纱布拭擦血液，以免损伤组织。

②钳夹止血法：先用纱布块压迫，看清出血点或血管后，用止血钳的尖端垂直对准出血点进行迅速准确的钳夹，或钳夹后捻转，使血管闭塞而止血。一般小的出血点经持续钳夹，松开止血钳后不再出血。

③结扎止血法：常用且可靠的基本止血法，一切动脉出血或较大的血管出血都采用结扎止血法。首先用止血钳钳夹血管断端，如果失败，用纱布先压迫止血，清理创面，取掉纱布，在刚冒血的部位立即垂直钳夹，切勿钳夹过多周围组织，然后用缝线绕过止血钳所夹持的血管及少量组织而结扎；对较大血管或重要部位的出血，可采用贯穿结扎止血，将结扎线用缝针穿过所夹持的组织后进行结扎（不可穿透血管）。对于暴露完整的血管，可相距 1cm 左右作两道结扎，然后从中间切断。

④创内留钳止血：将止血钳留在创伤内 24～48h，主要用于大动物去势后防止精索内动脉的出血。

⑤填塞止血：适用于一时找不到出血的血管断端以及钳夹或结扎止血困难时，用灭菌纱布紧塞于出血的创腔或解剖腔内。如创伤处理，可同时加入消

炎、防腐药物，填塞1～3d后取出；如为手术创腔，则应在手术结束时，采取彻底的止血措施。

⑥局部化学及生物学止血：麻黄碱、肾上腺素止血，用1%～2%麻黄碱液或0.1%肾上腺素液浸湿的纱布进行压迫止血，也可用上述药品浸湿系有棉线绳的棉包作鼻出血、拔牙齿槽出血的填塞止血，待止血后拉出棉包。

止血明胶海绵止血，用于一般方法难以止血的创面出血，实质器官、骨松质及海绵质出血。常用的止血海绵有纤维蛋白海绵、氧化纤维素、白明胶海绵及淀粉海绵等。使用时将其铺在出血面上或填塞在出血的伤口内，即能达到止血的目的，如再加以组织缝合，更能发挥优良的止血效果。

活组织填塞止血，用自体组织如网膜，或用取自腹部切口的带蒂腹膜、筋膜和肌肉瓣等填塞于出血部位。通常用于实质器官的止血。

骨蜡止血，用市售骨蜡制止骨质渗血，用于骨的手术和断角术。

4. 组织缝合技术

（1）结节缝合 基本特点是缝一针打一结。用于皮肤、皮下组织的缝合（图2-5）。

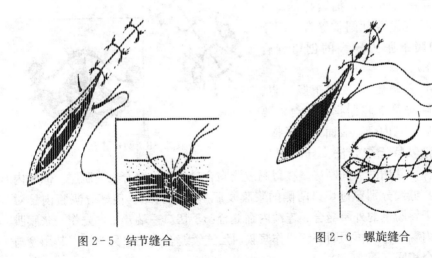

图2-5 结节缝合　　　　图2-6 螺旋缝合

（2）螺旋缝合 螺旋缝合用于肌肉、腹膜及肠、胃吻合口内层黏膜等的缝合（图2-6）。

（3）纽扣状缝合 可分为水平、垂直、重叠三种纽扣状缝合法，前两者主要用于张力较大的肌肉和筋膜的缝合以及子宫阴道突出复合的固定，后一种常用于疝孔的修补。水平纽扣状缝合可形成外翻，又用于闭合疝孔（图2-7）。

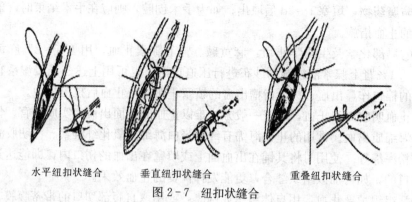

水平纽扣状缝合　　　垂直纽扣状缝合　　　重叠纽扣状缝合

图 2-7　纽扣状缝合

（4）圆枕缝合　是一种减张缝合。在结节缝合完毕后，用一条较粗的双线套一个小纱布卷，在距离创缘两侧较远的部位（约3cm），较深地刺入组织，于对侧相应部位穿出，再系一纱布卷，抽紧打结。可视切口长度做数针圆枕缝合，用于腹侧和腹下张力较大的创口缝合（图2-8）。

（5）内翻缝合　用于肠、胃、子宫、膀胱等空腔器官的缝合。要求缝合后组织内翻，表面光滑平整。

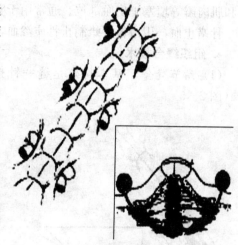

图 2-8　圆枕缝合

①伦勃特氏缝合法：分间断与连续两种，常用的为间断法。在胃肠或肠吻合时，用以缝合浆膜肌层。间断内翻缝合：缝线分别穿过切口两侧的浆膜及肌层即行打结，使部分浆膜内翻对合，用于胃肠道的外层缝合。连续内翻缝合：于切口一端开始，先作一浆膜肌层间断内翻缝合，再用同一缝线作浆膜肌层连续缝合至切口另一端。其用途与间断缝合相同（图2-9）。

②库兴氏缝合法：这种缝合法是从伦勃特氏连续缝合演变来的，缝合方法是于切口一端开始先作一浆膜肌层间断内翻缝合，再用同一缝线平行于切口作浆膜肌层连续缝合至切口另一端。适用于胃、肠、子宫浆膜肌层缝合。

③康乃尔氏缝合法：这种缝合法大致与连续内翻缝合相同，仅在缝合时要贯穿全层组织，当将缝线拉紧时，则肠管切面即翻向肠腔。多用于胃、肠、子宫壁缝合。

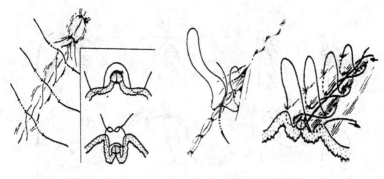

间断内翻缝合　　　　　　连续内翻缝合

图 2-9　伦勃特氏缝合法

④荷包缝合：即作环状的浆膜肌层连续缝合。主要用于胃肠壁上小范围的内翻，如缝合小的胃肠穿孔。此外，还用于胃肠、膀胱造瘘等引流管的固定或埋存蒂的残端等。

5. 打结

（1）外科结的种类　外科结共有 3 种：方结、外科结和三重结，错误的结有假结和滑结（图 2-10）。

（2）打结的方法　单手打结、双手打结和器械打结（图 2-11）。

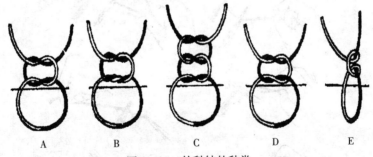

A　　　　B　　　　C　　　　D　　　　E

图 2-10　外科结的种类

A. 方结　B. 外科结　C. 三重结　D. 假结　E. 滑结

6. 缝合操作的注意事项

（1）应根据组织的解剖层次分层进行缝合，不要遗留残腔。

（2）缝合时，应使缝针垂直刺入和穿出，拔针要按针的弧度方向拔出。缝合线在切口两侧所包含组织的多少要相等。

（3）针距应整齐、相等。在能使切口密接的前提下，尽量减少针数。

（4）结扎线的松紧度，也应以切口边缘紧密相接为准，不要过紧或过松。皮肤缝合后，应将皮下积液挤出，以免引起感染。

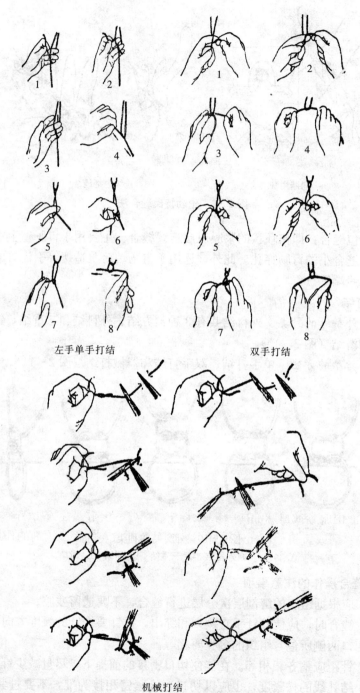

左手单手打结　　　　　　　　双手打结

机械打结

图 2-11　打结的方法

（5）较长的切口缝合，可在切口的中点先缝合 1 针，将切口分成相等的两段，按照此法，顺次进行，这样可使切缘对合整齐，减少吻合口的皱褶。

三、兽医临床常用疗法及应用时机

（一）泻下与止泻疗法

泻下可排除胃肠内积滞的各种有毒物质，从而减轻这些有毒物对胃肠黏膜的刺激，减少胃肠对有毒物质的吸收。但是，长期腹泻或重度腹泻，会使机体脱水、失盐、丢碱，导致电解质平衡失调。因此，适时泻下和止泻，对治疗胃肠病，调整胃肠机能，是相辅相成的两种常用的治疗措施。如果胃内有积滞、有炎症，该泻的不泻，或积滞未泻尽，炎症未消除，不该止泻的过早止泻，均可引起或加重自体中毒。如果积滞已基本泻尽，炎症消除，而仍剧泻不止，该止泻的不适时止泻，则可能引起高度脱水。故掌握好用药时机，是决定治疗效果的重要条件。

1. 泻下 泻下分为缓泻和剧泻。

（1）缓泻 也称润下法。适用于消化不良、热性病经过中，胃肠内有积滞而排粪迟滞，或粪球表面黏液多、臭味较大，或脓血等物较多而排粪不太通畅时，尤其在以胃和小肠炎症为主的胃肠炎经过中，根本不腹泻的，均应给予缓泻剂。如可用人工盐、食盐、硫酸钠（镁）25～40g，加水配成 5% 溶液，一次内服，或液状石蜡、植物油类 50mL，一次内服。对老弱羊和妊娠母羊，经常出现粪便干燥、排粪迟滞、粪球表面黏液较多时，可内服润滑性泻剂、植物油或双醋酚汀等。

（2）剧泻 用于便秘经过中疏通结粪。小肠便秘，一般以油类泻剂为宜。大肠便秘，一般可根据个体大小，病情轻重，用容积性泻剂硫酸钠（镁），配成 5% 溶液内服，或蓖麻油加等量温水内服。对不全阻塞性大肠便秘，应用碳酸盐缓冲合剂或猪胰子，疗效很好，一般 1 次即愈。为提高泻剂的作用，加速粪便排除，可在用泻剂后 1～2h，肠音增强时，注射拟胆碱药氨甲酰胆碱或毛果芸香碱或新斯的明等。由于胃肠内积滞的内容物，经常伴有不同程度的腐败发酵过程，所以使用泻剂的同时，可酌情配伍使用制酵剂，如鱼石脂、来苏儿、松节油或克辽林等。

2. 止泻 对一般非传染性腹泻，当泻粪臭味已不太大，黏液、脓血等异常混合物已不太多，病羊的脱水症状比较明显，而仍水泻不止时，则须止泻。传染性疾病的腹泻，一般不可轻易用止泻药。轻症的可内服被覆吸收剂，如 5% 淀粉浆或木炭末。中等程度的可内服收敛剂，如鞣酸蛋白或次硝酸铋。重症的用涩肠止泻剂，可内服阿片制剂，如阿片配加淀粉浆。同时可选用抗菌止泻剂，如磺胺脒、链霉素、黄连素等，内服。

（二）健胃整肠疗法

健胃整肠，临床上应用非常广泛，适用于消化障碍性疾病，如消化不良、胃肠炎等。在清理胃肠和炎症消除后，恢复胃肠机能时，伴有消化障碍的疾病，如热性病和重病羊的恢复期，为了改善胃肠机能和促进食欲，或便秘的结粪泻下后、驱虫后或瘦弱病羊的复壮期，为了恢复胃肠机能，以及纤维性骨营养不良、慢性贫血的辅助治疗等。实施健胃整肠疗法，必须除去病因，根据发病部位和病性辨证施治，效果才能好。

当出现口症重，黄疸明显，而腹泻较轻，甚至粪球干小等以胃机能紊乱为主的消化障碍症状时，应根据口症的特点选药。病羊口腔干燥时，应用促进胃液分泌的苦味健胃剂或酸类健胃剂比较适宜，如龙胆酊、苦味酊、大蒜酊或稀盐酸，内服，每天 1～2 次。病羊口腔湿润时，可用碱性健胃剂，如人工盐、碳酸氢钠等，作舔剂内服，每天 1～2 次。

当出现腹泻重，粪便变化大，而口症较轻等以肠机能变化为主的消化障碍症状时，应根据粪便的变化选药。粪便松散、泡沫多、色较淡、放酸臭味的或呈酸性反应的，用碱性健胃药，粪便干、色较暗、放腐败臭味或呈碱性反应的，用酸性健胃药。

当出现粪便干稀交替，食欲时好时坏，病羊逐渐消瘦等慢性消化障碍症状时，可用胃蛋白酶、胰蛋白酶或乳酶生、大蒜酊内服。

（三）保肝利胆疗法

保肝利胆疗法，适用于肝功能障碍和胆汁瘀滞时，如肝炎、毒血症及毒物中毒等。保肝，常用葡萄糖和维生素，如 25％葡萄糖静脉注射，每天 1～2 次，维生素制剂常用维生素 C、维生素 B 等。利胆，常用人工盐、硫酸镁或硫酸钠配成水剂内服。

（四）抗菌消炎疗法

抗菌消炎疗法，是指应用具有杀菌或抑菌作用的药物，使致病菌被消灭或抑制，从而使炎症得以控制和消除的治疗方法，是一种治本的病因疗法。适用于一切炎症过程，如胃肠炎、支气管肺炎、肾炎、膀胱炎、蜂窝织炎等。治疗时，必须根据具体情况，恰当选药及使用方法，发挥最佳的效果。如消化道炎症时，应选用对胃肠作用强，内服消炎效果好的药物。如使用 0.1％高锰酸钾液，每天 1～2 次内服，磺胺脒、黄连素等都具有较强的抗消化道细菌作用。其他器官炎症的消炎疗法，可根据发病器官和病情，适当选用消炎药。吡哌酸、乌洛托品等对尿路、膀胱急慢性感染有较好的疗效。全身性感染和实质脏器发炎，一般选择容易吸收，在尿中溶解度大的磺胺类药物，如磺胺噻唑、磺胺异恶唑内服，每 6h 一次，中效磺胺甲基异恶唑，每天 2 次内服，或肌内、静脉注射，每天 1 次。薄荷脑液状石蜡疗法，用于呼吸道炎症。即用 5％薄荷脑石蜡油（配制法：先将液状石蜡煮沸，放凉至 40℃左右，加入薄荷脑，溶化后密封，备用），气管内注射，再配合磺胺疗法，对呼吸道炎症效果较好。抗生素一般来说，比磺胺抗菌效果更好。常用的抗生素有：青霉素、土霉素、四环素、金霉素、红霉素、链霉素、庆大霉素、卡那霉素、先锋霉素等。在应用磺胺、抗生素等消炎剂时，首次应用倍量，以后用维持量。如多种抗菌药联合应用，则疗效更好。青霉素与链霉素联合应用，可产生协同作用，从而防止细菌产生抗药性。按时正规用药，至体温降到正常，白细胞总数和白细胞像恢复正常，尚须再继续用药 1～2d。持续应用磺胺类药物，如尿量减少，易引起磺胺在体内蓄积，或见病羊排红尿时，表示已发生中毒，应停止用药。持续内服合霉素，如出现白细胞减少，则应停止用药，以防中毒。

（五）解热疗法

发热是机体的一种保护性反应，一般不用解热药，只有病羊高热或持续发热时，可根据病情，适当解热。解热药，一般都同时兼有镇痛作用，其中大多数尚有抗风湿作用和消炎作用。常用的解热药有复方奎宁液（巴苦能）、30％安乃近液、复方氨基比林液（安痛定）、10％水杨酸钠液、撒乌安注射液以及扑热息痛等。

（六）祛痰镇咳疗法

呼吸道炎症过程中，呼吸道内有黏稠分泌物妨碍呼吸，听诊有啰音，必须应用促进呼吸道内积痰排出的药物，常用溶解性祛痰剂（内服），如氯化铵、人工盐、碘化钾等。对于因支气管平滑肌痉挛、支气管肿胀而发生喘息的羊，可应用扩张支气管的药物以平喘。常用的药物有盐酸异丙肾上腺素（喘息定）、氨茶碱、麻黄素等。也可用异丙肾上腺素气雾剂，每瓶 20mL，含异丙肾上腺素 0.1g，气喘发作时，行喷雾吸入，使用甚方便。

（七）利尿脱水疗法

利尿疗法，是使排尿量增多，其作用原理主要是增加肾小球的滤过作用，抑制肾小管吸收，增加肾小管液体的渗透压。主要用于治疗心性、肾性、肝性水肿及脑、肺水肿，有时也用其促进体内毒物和代谢产物的排出。常用的利尿剂为醋酸钾。速效利尿剂有克尿塞、双氢克尿塞、速尿等。另外，10%～25%葡萄糖液及咖啡因制剂，具有强心兼利尿的作用，临床常用于心、肝和肾病引起的水肿。脱水疗法，适用于脑室积液、颅内压增高的疾病，常用的脱水剂有甘露醇和山梨醇。25%～50%葡萄糖液也具有脱水作用，如无上述药品，可以代用。

（八）抗过敏疗法

抗过敏疗法，适用于过敏性疾病，如麻疹、药物过敏、血斑病等，兽医临床常用盐酸苯海拉明、非那根等内服。氯化钙及维生素 C 也具有抗过敏作用。

（九）输血疗法

输血疗法是救治家畜的一种有效措施，目前已广泛用于兽医临床。输血能补偿患畜体内丧失的血液，同时能激发体内的凝血过程，具有止血作用。此外，血液的输入能使血压升高，新陈代谢旺盛，内分泌活动增强，血液内激素含量增高，血液内的毒素被红细胞吸附而变为无毒，从而使机体全身抵抗力增强。

1. 输血疗法的适应证　输血疗法适用于大失血、外伤性休克、非传染性贫血、严重中毒、败血症、体质极度衰弱、幼畜溶血病等。但在心脏病、并发心脏血管机能不全的肺脏疾病及肾脏疾病时禁用。

2. 血型与输血的关系　各种家畜的血型不同。羊有 7 个类型血型因子。在理论上，输血时应输以同型血液或相合血液。但实践证明，各种动物首次输血都可以选用任何一个同种动物作供血者，而不必考虑其与受血者血型是否相符，通常都不会发生严重危险。而无论何种动物，受血后都能在 3～10d 内产生免疫抗体，如果此时又以同一供血动物再次输血，就容易产生输血反应。因此，临床上常常对需多次输血的动物，准备多个供血动物，并把重复输血的时间缩短在 3d 以内。异型血液的血清和红细胞相混合，会迅速凝集成团，随后发生溶血，从而出现输血反应，所以在输血前进行血液相合检验就更为安全。

3. 血液的相合检验　血液的相合检验有交叉配血凝集试验和生理学试验两种方法。

（1）交叉配血试验（玻片凝集反应）

①预选供血动物 3～5 只，各静脉采血 1～2mL，用全血时以生理盐水稀释 5 倍，用红细胞时则稀释 10 倍。

②采受血动物（病畜）的血液 5～10mL 于试管内，室温下静置或离心分离血清（也可加 4％枸橼酸钠液 1mL，采血 9mL，分离血浆）。

③用吸管吸取受血动物血清（或血浆），于每一玻片（供血动物几只，就用几张玻片）上各滴两滴，立即用另一吸管吸取供血动物血液稀释液，分别加一滴于血清（或血浆）内。

④用手轻轻摇晃玻片，使血清与血液稀释液充分混合后，在约 20℃的室温内，经 10～15min，观察红细胞凝集反应结果。

⑤红细胞呈沙粒状凝集块，液体透明，显微镜下红细胞彼此堆积在一起，界限不清者为阳性反应，不能用于输血。玻片上的液体呈均匀红色，无红细胞凝集现象，显微镜下观察，每个红细胞界限清楚，均匀分布，无凝集现象者为阴性反应，可用于输血。

⑥凝集反应须在 18～20℃的室温下进行，观察时间不能超过 30min，以免液体蒸发而发生假凝集。必须用新鲜而无溶血现象的血液，所用玻片、吸管等器材必须清洁。

（2）生物学试验 生物学试验，能客观地代表体内反应，是检查血液是否相合的可靠依据，在输入全血之前，或情况紧急来不及做凝集试验时，可采用此法。具体方法是在输血前检查病畜的体温、呼吸、脉搏、黏膜色泽等。抽取供血羊血液 100～200mL（按病畜大小决定需用量），1 次静脉输入，10min 后若病羊无异常反应，则可进行输血。倘若注射后病羊不安，呼吸、脉搏增数，黏膜发绀，肌肉震颤，胃肠蠕动亢进，频频排尿、排粪，则说明血液不相合，应更换供血动物。出现的反应一般经 20min 即可自行消失，通常不必进行处理。

4. 输血方法 兽医临床上最常采用的是间接输血法。其操作步骤是将抗凝剂置于灭菌的贮血瓶内，随后从供血羊静脉采血（二者比例为 1∶9），边采血边轻轻晃动贮血瓶，使血液与抗凝剂充分混合，以防血液凝固。采出需要血量后，即可给病羊输入，输入速度要尽量缓慢。在输血过程中，要不断轻轻晃动贮血瓶，避免红细胞与血浆分离，给输入带来困难。贮血瓶可用 500mL 生理盐水瓶代替，瓶塞上插入长、短针头各 1 个，分别连接 1 根 1m 左右长的胶管，采、输血时，各用 1 个。临床上常用的抗凝剂有：3.8％～4％枸橼酸钠液，抗凝时间为数天，10％氯化钙液，抗凝时间为 2h，二者与血液的比例都是 1∶9；10％水杨酸钠液，抗凝时间为 2d，与血液比例为 1∶5。

5. 输血不良反应及其防治

（1）溶血反应 当输入大量不相合的血液，特别是 7d 后第二次输入时，可引起溶血性休克。病羊在输血过程中突然出现不安，呼吸、脉搏频数，肌肉震颤，不时排尿、排粪，高热，尿中出现血红蛋白，可视黏膜发绀，出现休克。溶血反应是一种比较严重的输血反应。因此，应立即停止输血，改用葡萄糖或右旋糖酐等，并加入安钠咖输入，随后再注入5％碳酸氢钠液，皮下注射0.1％盐酸肾上腺素。出现血红蛋白尿时，可用0.25％普鲁卡因液作双侧肾区封闭。肝功能差时，尚需注射维生素B、维生素C、维生素K等。

（2）发热反应　主要由于抗凝剂不纯，用具有致热原所致。有时也可由于在多次输血后病羊血液中产生血小板凝集素或白细胞凝集素所引起。发热反应轻者仅发生短时间体温升高，多在输血后12h内消失。重者，恶寒战栗，食欲废绝，体温升高持续2～3d。此时要严格执行消毒技术与无致热原技术。在每100mL血液中加入2％普鲁卡因液5mL，或氢化可的松50mg输入。反应严重者，停止输血，并肌内注射度冷丁或异丙嗪，或两者合用，静脉输液，肌内注射0.1％肾上腺素液3～5mL。

（3）过敏反应　可能因输入的血液中含有致敏物质，或因多次输血后，体内产生过敏性抗体所致。少数情况可能是一种对蛋白过敏反应现象。主要表现为：呼吸促迫、痉挛，皮肤上出现麻疹等症状，甚至发生过敏性休克。此时应停止输血，肌内注射苯海拉明、扑尔敏等抗组胺的药物，并用钙剂等解救。

6. 输血过程中的注意事项

（1）在输血过程中的一切操作均应严格无菌操作。

（2）采血时，须注意抗凝剂的应用量，血采入瓶中后，应充分混匀，以防出现凝块；摇晃时要轻，以免破坏血球和产生气泡。在输血过程中，严防空气注入血管。

（3）输血时，密切注意病畜表现，出现异常反应，应即停止输血。

（4）在输血前要做生物学试验，输血时血液不需加温，否则容易造成血浆中的蛋白质凝固或变性及红细胞破坏。

（5）用枸橼酸钠抗凝血进行输血后，应立即补充钙剂。

（6）严重溶血的血液，不宜应用，应废弃。

（十）冷疗法

冷疗主要应用于一切急性无菌性炎症的早期，其作用是减少炎性渗出、制止溢血、消除或减轻疼痛。临床上常用于创伤、扭伤、腱鞘炎、蹄叶炎的初期，手术后出血及组织溢血的止血等。对一切化脓性炎和慢性炎症，禁用冷疗法，有外伤的部位也不能用湿的冷疗。

1. 冷敷法　将毛巾或脱脂棉卷入5～10℃的冷水或冷药液中，取后贴于患部，并以绷带固定。不断交换冷的敷料或浇注冷敷液。每天数次，每次

30min，也可采用干冷法，即将装有冷水、冰块或雪的胶袋用毛巾包裹后以绷带固定于患部，干冷法可避免患部遭受浸渍，可用于有外伤的部位。

2. 冷蹄浴疗法 多用于蹄、指、趾部或屈腱部的急性炎症。先将冷水注入蹄浴桶内，然后将彻底洗净的患肢蹄置于桶内冷浴，每次 0.5～1h，每天 2～3 次，应经常换水或不断注入冷水；也可将患畜牵到砂石底的小河沟内，使其站在冷的流水中。

3. 冷黏土疗法 用冷水将无砂石的黏土调制成黏糊状，涂于患部。每升水中添加两匙食醋，效果好。

（十一）热疗法

热疗适用于急性炎症的后期及亚急性炎症和慢性炎症。此外，风湿症也可应用热疗。急性无菌性炎症的初期、组织内有出血倾向、炎性肿胀剧烈、急性化脓坏死及恶性肿瘤等禁用热疗。另外，有创伤时也不能用湿的热疗。

1. 热敷法 一般由四层组成。一层为湿润层，常用二层毛巾、四层布片或脱脂棉等制成，较患部稍大些。第二层为隔离层，一般用油纸、油布、塑料布制成，稍大于第一层。第三层为保温层，用棉垫或毡垫，与第二层同大。第四层为固定层，即用绷带固定前三层。热敷时，先将患部用肥皂水洗净擦干，然后将湿润层用热水（40～50℃）浸渍，适当拧挤后覆于患部，再包扎外三层。用复方醋酸铅液（醋酸铅 5.0g、明矾 1.0g、水 1 000mL）、10％硫酸镁溶液或食醋等效果更好。把热麸皮、砂子装到布袋里，置于患部；或把热水装胶皮袋中，置于患部；或将热水通入盘成一定形状的胶管内，置于患部，外用绷带固定，即所谓的干热疗法，有创伤的部位也可应用。应保持温热层的温度，每天 3 次，每次 30～60min。

2. 热蹄浴疗法 先将 42℃热水倒入蹄浴桶内，然后将已洗净的患肢蹄放入桶中热浴，不断更换热水，每次 0.5～1h，每天 2～3 次。可向热水内加入适量的高锰酸钾、来苏儿、碘酊或食盐等。

3. 石蜡疗法 患部彻底剪毛，用毛刷或排笔蘸取 65℃的融化石蜡，反复涂于患部，使局部形成 0.5cm 厚的防烫层。然后根据不同部位，选用以下方法。

（1）**石蜡棉纱热敷法** 适用于各种部位，用 4～8 层纱布，按患部大小叠好，浸于石蜡中（第一次温度为 65℃，以后逐渐提高温度，但最高不超过85℃），取出挤去多余蜡液，敷于患部，外用棉垫保温并固定。也可把融化的石蜡灌于各种规格的塑料袋中，密封备用。使用时，用 70～80℃水浴加热，敷于患部，绷带固定，可反复应用，方便经济，效果很好。

（2）**石蜡热浴法**　适用于四肢游离部。做好防烫层后，从肢端套上一个胶皮套，用绷带把胶皮套下口绑在腿上固定，从上口灌入65℃石蜡，用绷带绑紧上口。外面包上保温棉花并固定。石蜡热容量大、导热性低、保温性高、可塑性好，对局部尚有一定的压敷作用。但在加热融化过程中要除尽水分，以免应用时发生烫伤。

（十二）刺激疗法

刺激疗法是由一种或几种对组织有刺激作用的药品按不同浓度或不同的比例配合制成的，直接涂擦于患部皮肤以治疗某些疾病，特别是治疗跛行的最常用的方法。适用于非开放性亚急性和慢性炎症，强刺激剂只能用于慢性炎症，其他刺激剂也应按刺激性强弱分等，强者用在慢性、弱者用在亚急性炎症。当急性炎症或有创面时禁用刺激剂。有时因长期反复应用具有收敛消炎、制止渗出的刺激剂，可造成皮肤肥厚、硬结、赘生等现象。所以要注意刺激剂的浓度及使用时间。强刺激剂也称发疱剂，应用时须将患处周围健康的部位用凡士林保护起来。患处剪毛后，涂擦刺激剂，最后包扎绷带保护，防止羊撕咬、摩擦。常用的强刺激剂有20％红色碘化汞软膏、斑蝥软膏、碘汞软膏（水银软膏30，纯碘4）、巴豆擦剂等。比较温和的刺激剂，可连续使用，其刺激作用随使用次数增加而增强，轻者能使皮肤充血，多次使用能使皮肤结痂脱皮，产生发疱剂的作用。常用药剂有氨擦剂、四三一擦剂、10％碘酊、1：1：7酚甘油碘酊等。

（十三）普鲁卡因封闭疗法

这种疗法是将一定浓度的盐酸普鲁卡因溶液，注射于一定部位的机体组织或血管内，以改变神经的反射兴奋性，促进中枢神经系统机能恢复正常的一种治疗疾病的疗法，在兽医临床上已得到广泛应用。它是一种辅助疗法，在治疗过程中，应与其他疗法配合应用。

1. 病灶局部周围封闭法　用0.25％～0.5％盐酸普鲁卡因溶液，分数点注射于患部周围健康的组织内皮下、肌肉或病灶基底部，使盐酸普鲁卡因溶液包围整个病灶。一般用50～100mL，每天或隔天1次。为了提高疗效，可于药液内加入50万～100万单位青霉素进行封闭，则效果更好，称为盐酸普鲁卡因青霉素封闭疗法。本法常用于治疗创伤、烧伤蜂窝织炎、乳房炎、溃疡、各种急性与亚急性炎症等。

2. 静脉内封闭疗法　将普鲁卡因溶液注射于静脉内，使药液作用于血管壁的感受器以达到封闭的目的。方法是用0.25％～0.5％的盐酸普鲁卡因生理盐水按每千克体重 1mL 的剂量，缓慢静脉注射，每天 1 次，连用 3～4 次。常用于治疗挫伤、烧伤、去势后水肿、久不愈合的创伤、湿疹、皮肤炎、风湿病、乳房炎等病。

3. 四肢环状封闭法 一般应于病灶上方 3～5cm 处的健康组织内注射 0.25％～0.5％的盐酸普鲁卡因溶液，可分成 3～4 点注射，用量应根据部位的粗细而定。本法常用于治疗四肢蜂窝织炎初期，愈合迟缓的创伤及蹄部疾病。

4. 穴位封闭法 是指应用某些药物注射于传统的针灸穴位内，以治疗疾病的一种疗法。临床上常用 0.25％～0.5％盐酸普鲁卡因溶液注入㞋风穴或白会穴，分别治疗前后肢的疾病，每天 1 次，连用 3～5 次。适用于风湿病、四肢带痛性疾病的治疗。

5. 交感神经干胸膜上封闭法 是把普鲁卡因溶液注至胸膜外、胸椎下的蜂窝组织里，这样可使所有通向腹腔和盆腔脏器的交感神经通路发生阻断，因此，可用这种方法控制腹腔及盆腔器官手术后炎症的发展，以及治疗这些器官的炎症。

（十四）生物学疗法

常用自家血液疗法，这是一种用自身血液治疗疾病的方法，是一种蛋白刺激疗法，有人认为它兼有自体血清和自体疫苗的作用，可促进机体的免疫功能，兼有治疗和预防疾病的作用。外科临床上广泛用以治疗皮肤病、传染性疾病、某些眼病、淋巴结炎、睾丸炎、精索炎、肌肉风湿等疾病。方法：在严密消毒下，行静脉采血。为防止凝血，可先在注射器内吸入少量抗凝剂。采血量应根据羊的大小及病灶大小而定。采血后立即注射到已消毒好的部位，常常在颈部皮下，也可于病灶附近健康组织部位皮下注射。第二次注射应等前次注射完全吸收后再进行，可连用 4～5 次。此疗法没有严格的禁忌证，但对高热病畜，网状内皮系统有明显抑制时不要应用。

四、常用器械消毒灭菌法

（一）高压蒸汽灭菌法

用高压灭菌锅进行灭菌。当压力为 102.97kP（1.05kg/cm²）时，温度可达 121℃，在这种条件下，一般经 30min 就能达到可靠的灭菌效果，但压力不能过高。本法适用于各种布类、敷料、金属器械、搪瓷用品、玻璃制品、缝合丝线的灭菌。灭菌前，应将物品冲洗干净，晾干，然后用白平纹布包好，以防灭菌后污染。物品排列不可太紧，橡胶制品应防止叠压和缠绕，玻璃制品防止压力过高破裂。

（二）干热灭菌法

用电热干燥灭菌箱的高热空气进行灭菌。适用于玻璃注射器、针头、培养皿、试管等玻璃器具的灭菌。灭菌物品应冲洗干净，晾干，包装或密封，加热至160℃，保持2h可以达到灭菌的目的，待冷却后取出。

（三）煮沸灭菌法

将物品洗净（易损坏的物品用白平纹布包好），放入水中，水面应浸过物品，加盖，自水沸开始计时，保持水沸15～30min。煮沸时如在水中加入1%～2%碳酸氢钠或碳酸钠，可增强杀菌作用，还可防止金属器械生锈。本法适用于金属器械、玻璃器具、缝合丝线、橡胶制品、搪瓷器具等的灭菌。

（四）紫外线消毒法

通过紫外线照射进行灭菌消毒的方法。主要适用于手术室空气和手术器械表面消毒。紫外灯管应悬在距地面2.5m处，一般每平方米的面积可装30W紫外灯管1支，每天照射3～4次，每次40～120min。

（五）化学消毒法

通过化学试剂进行灭菌消毒的方法。常用的化学试剂有酒精、新洁尔灭、碘酊。75%酒精常用于皮肤、手臂、体温计消毒；0.1%～0.5%新洁尔灭（或洗必泰、度米芬）常用于手术区及手臂消毒，也可用于器械、胶制品、缝线的消毒，一般须浸泡30min；3%～5%碘酊常用于手术区皮肤、手指、体温计及一般医疗用品消毒。

第三章 羊场环境卫生与生物安全

第一节 羊场设计与生物安全

一、羊场规模

羊场规模应根据所选地理位置、资金状况、机械化程度以及当地和周围饲草料的资源等条件来规划，尤其是要有足够饲草料，满足不同阶段羊只的营养要求，以促进羊只健康生长，并提高机体的抗病能力。

二、羊场选址

从羊只生活习性考虑，应选择干燥、通风、凉爽的环境，忌潮湿及通风不良。因此，在北方地区，尽可能选在地势较高、向阳、干燥、通风良好、排水容易的地方；在南方地区，应选在干燥通风、凉爽、易于排水的地方，避开洪水、泥石流易发区。从生物安全考虑，应选择在未被疫病污染的地方；羊场周围 3 000m 以内无大型化工厂、采矿场、皮革厂、肉品加工厂、屠宰场或畜牧场等污染源；羊场距离干线公路、铁路、城镇、居民区和公共场所 1 000m 以上，远离高压电线和水源地；羊场周围有围墙或防疫沟，并建立绿化隔离带。从饲养管理考虑，羊场周围必须有充足的饲草、饲料基地或饲草、饲料资源；羊场附近水源充足，水质清洁，并且使用方便。

三、羊场整体布局

根据羊场的饲养管理和生物安全要求，羊场应设生活管理区、生产区、生产辅助区、畜粪堆贮区、病羊隔离区和无害化处理区，各区应相互隔离。羊场生产区要布置在管理区主风向的下风或侧风向，饲料、饲草，羊舍依次应布置在生产区的上风向，隔离羊舍、粪便、污水处理设施、病羊和死羊处理区设在生产区主风向的下风或侧风向。运输饲草料的净道与运输污物的污道应分设，并尽可能减少交叉点。

四、羊舍类型

羊舍建筑类型依据当地的气候条件、饲养和防疫要求、建筑场地、建材选用、传统习惯和经济实力的不同而不同。在我国南方由于气候热、潮湿多雨，故多选用楼式羊舍，楼板用木条或竹片敷设，间隙 1～1.5cm，离地高度 2～2.5m；而北方寒冷地区则以保暖为目的，设计各种不同的圈舍。根据不同结构划分标准，可将羊舍划分为若干类型。

（一）根据羊舍四周墙壁封闭的严密程度分类

可划分封闭舍、开放与半开放舍和棚舍 3 种类型。

1. 封闭舍　四周墙壁完整，保湿性能良好，适合较寒冷的地区。

2. 开放与半开放舍　三面有墙，开放舍一面无长墙，半开放舍一面有半截长，保温性能较差，通风采光好，适合于温暖地区，是我国较为普遍采用的类型。

3. 棚舍　只有屋顶面没有墙壁，防太阳辐射及雨淋，适合于炎热地区。

将来的发展趋势是将羊舍建成组装式类型。即墙、门窗可根据一年内气候的变化，进行拆卸和组装，成为不同类型的羊舍。

（二）根据羊舍屋顶的形式分类

可分为单坡式、双坡式、拱式、钟楼式、双折式等类型。单坡式羊舍跨度大，自然采光好，适用于小规模羊群和简易羊舍选用。双坡式羊舍跨度大，保暖力强，但自然采光、通风差，适合于寒冷地区采用，是最常用的一种类型。在寒冷地区，还可以选用拱式、双折式、平屋顶式等类型，在炎热地区可选用钟楼羊舍。

（三）根据羊舍长墙与端墙的排列形式分类

可分为"一"字形、"冂"字形等。其中，"一"形羊舍采光好、均匀，温差不大，经济适用，是较常用的一种类型。

此外，根据我国南方炎热、潮湿的气候特点，可修建楼式羊舍，在山区可利用山坡修建地下式羊舍和土窑洞羊舍等。

五、饲草料加工与运送通道

饲草堆放、饲草料加工等场所，应远离羊舍，防止羊粪尿等污物污染饲草料，造成疫病传播和流行；避免饲草料加工时产生的粉尘影响羊舍内的空气质量，对呼吸道黏膜造成机械性刺激。饲草料应有专车运送，运送通道要与运送粪尿等污物道路分开，避免交叉污染。

六、废弃物的无害化处理设施

羊场废弃物主要包括羊粪尿、尸体及相关组织、过期兽药、残余疫苗、疫苗瓶、一次性使用的畜牧兽医器械及包装物和污水。场区内应丁生产区的下风处设废弃物处理场，粪便及其他污物应有序管理。每天应及时除去羊舍内及运动场褥草、污物和粪便，并将粪便及污物运送到废弃物处理场，分别进行处理。无害化处理设施包括贮粪场（池）、污水池、病死羊深埋或焚烧或化制场所、其他污物处理设施。

第二节　羊舍结构与疾病预防

一、羊舍通风

羊舍通风对舍饲羊的生长和舍内空气质量具有一定影响。在炎热的夏季，应适当加大通风量，必要时可辅助机械通风。在寒冷的季节，在保暖的同时，也应保持适当的通风，有利于将污浊气体排出舍外，减少羊呼吸道疾病的发生。

二、羊舍光照

羊舍要求光照充足，采光系数（指窗户有效采光面积与舍内地面面积之比），成年羊舍为 $1:15\sim25$，羔羊舍为 $1:15\sim20$。一般羊舍采用自然光照，无窗则全部要用人工光照。羊只昼夜需要的光照时间：公母羊舍 $8\sim10h$，妊娠母羊舍 $16\sim18h$。一般来说，适当降低光照强度，可使增重提高 $3\%\sim5\%$，饲料转化率提高 4%。光照的连续时间也影响羊的生长与肥育。

三、羊舍温度

适宜羊生长发育的温度一般为 $8\sim22℃$，最适宜气温 $14\sim22℃$。冬季产羔舍内最低应保持在 $8℃$ 以上，一般羊舍在 $0℃$ 以上；夏季羊舍温度不要超过

30℃。因此，羊舍在夏季应注意降温、防暑，根据需要可分别采用隔热、遮阳、通风、冷水喷淋屋顶等措施；冬季应保暖，北方可采用塑料膜大棚式羊舍，羊舍内设置取暖设备，南方可采用塑料编织布、草帘封遮办法。

四、其他

羊舍应保持干燥，地面不能太潮湿，空气相对湿度以 50%～70% 为宜。尽量减少羊舍空气中的灰尘量，避免粉尘飞扬，预防呼吸道疾病发生。及时清除粪尿，消除有害气体。

第四章　生产管理与疾病控制

第一节　饲养管理

一、饲料营养

羊是反刍动物，羔羊出生后在 20 日龄左右开始出现反刍活动，在 7～10d 就能补饲容易被消化的精料和优质干草。羊可消化饲料中含 50%～80% 的粗纤维。羊要维持正常的生命活动和产毛、产肉性能，就需要从饲料中获取必需的营养物质，包括蛋白质、碳水化合物、脂肪、矿物质、维生素和水。所需营养物质的多少因年龄、性别、体质大小和生产目的等不同而有所差别。如果所需营养物质在种类和数量上达不到需要，羊就不能正常生长发育和发挥其生产能力，严重者造成营养缺乏症；如果超过了需要量，也并不能进一步提高生产水平，反而形成浪费，加大饲养成本，甚至降低羊的生产性能，严重者造成营养代谢病。因此，需要根据羊的品种、年龄、性别、体质大小和生产目的等不同合理搭配各种饲料的比例，使各种营养物质含量正好与羊对其需要量相等，即能使羊正常生长和发挥最佳生产性能，又不浪费饲料，实现最低饲料成本养羊。

二、饲料加工

根据羊的生理和消化特点，以及各种饲料营养特点和利用饲喂特点，在饲喂之前对饲料进行适当的加工，可以改变饲料原来的理化性状，提高饲料的适口性、采食量及利用率，改善了饲料的可消化性，更好地保存了养分，提高了饲料的营养价值，从而获得最大的生产效益。此外，饲料加工后，便于饲料的长久保存、运输和饲料的配合使用。

饲料加工的一般方法包括：

1. 物理加工法　利用机械、水、热力等作用进行加工，使饲料变碎、柔软，以便于咀嚼、消化；同时还可以消除饲料中混杂的泥土、沙石及有毒有害物质。具体方法有切短、粉碎、加热处理（蒸煮、干湿热处理）、热喷处理、碾青、压扁等。

2. 化学加工法　利用酸、碱等药品处理秸秆等粗饲料，分解饲料中难以被消化的部分，以提高粗饲料的营养价值。具体方法有碱化处理、氨化处理等。

3. 微生物加工法　利用乳酸菌、酵母菌等一些有益微生物和酶，在适宜的条件下，使其生长繁殖，分解饲料中难以被消化利用的部分，并可增加一些菌体蛋白、维生素和某些对动物有益的物质。

三、饲料保存

由于饲料种类不同，其保存方法也不同。精饲料经加工处理后干燥保存；青饲料要现割现喂，不宜放置过久，以防发热霉烂或变味；牧草饲料和秸秆饲料干燥后保存；化学处理饲料、微生物处理饲料和青贮饲料按要求保存。

四、分群

舍饲羊应根据其用途、性别、年龄、生长阶段、体重大小和体质状况等进行分群管理、饲养，避免因强弱争食造成较大的个体差异，及疫病的互相传染。

五、饲喂

舍饲羊的合理饲喂，不仅可以减少饲料浪费，而且减少疾病发生。

1. 定时、定量饲喂　定时、定量饲喂可以使羊形成固定的条件反射，对消化道内环境稳定和正常消化机能发挥具有重要作用。饲喂过迟过早，均会扰乱羊的消化腺分泌活动，影响消化功能，只有定时饲喂，才能保证羊消化机能的正常和饲料营养物质消化率的提高。

2. 稳定日粮　羊瘤胃内微生物区系的形成需要 30d 左右的时间，一旦打乱，恢复很慢。因此，必须保持饲料种类的相对稳定。在必须更换饲料种类时，一定要逐渐进行，以便使瘤胃内微生物区系能够逐渐适应。尤其在精粗饲料的更换时，应有 7～10d 的过渡时间，这样才能使羊适应，不至于产生消化紊乱。

3. 饲喂有序　在饲喂顺序上，应根据精粗饲料的品质、适口性，安排饲喂顺序。当羊建立起饲喂顺序的条件反射后，不得随意改动，否则会打乱羊采食饲料的正常生理反应，有序采食量。一般的饲喂顺序为：先粗后精、先干后湿、先喂后饮。最好的方法是精粗料混喂，采用完全混合日粮。

4. 保障充足清洁的饮水 羊的饮水量一般为干物质进食量的 1～2 倍，饮水可用水槽或自动饮水器，让羊自由饮水，冬季饮水的水温不低于 10℃。饮水的方法有多种形式，最好在运动场安装自动饮水器，或在运动场设置水槽，经常放足清洁饮水，让羊自由饮用。

第二节 生物安全处理与消毒

一、粪尿清理与生物安全处理

每天将羊舍及运动场的粪便及时清理并运送到粪便处理场进行安全处理。

1. 病羊粪便处理 根据不同的疫病应采取不同的处理方法。

（1）掩埋法 将病羊粪便与漂白粉或新鲜的生石灰混合，深埋于地下，一般埋的深度在 2m 左右。

（2）焚烧法 此法只用于消毒患烈性传染病羊的粪便。具体做法是挖一个坑，深 75cm，宽 75～100cm，在距坑 40～50cm 处加一层铁炉底。如果粪便潮湿，可混合一些干草，以利于燃烧。

（3）化学消毒法 适用的化学消毒剂有漂白粉或 10%～20% 漂白粉溶液、0.5%～1% 过氧乙酸、5%～10% 硫酸苯酚合剂、20% 石灰乳等。使用时应注意搅拌，使消毒剂浸透混匀。由于粪便中有机物含量较高，不宜使用凝固蛋白质性能强的消毒剂，以免影响消毒效果。

2. 正常羊粪便处理 采用生物消毒法，是粪便消毒最常用的方法。即将羊粪堆积进行生物热发酵，在距人、羊的房舍、水池和水井 100～200m，且无斜坡通向任何水池的地方进行。挖一宽 1.5～2.5m、两侧深度各 20cm 的坑，由坑底到中央有大小不等倾斜度，长度视粪便量的多少而定。先将非传染性的粪便或干草堆至 25cm 高，其上堆积欲消毒的粪便、垫草等，高达 1～1.5m。在粪堆外再堆上 10cm 厚的非传染性粪便或谷草，并抹上 10cm 厚的泥土。密封发酵 2～4 个月，可用作肥料。

二、病死羊处理

对患传染病死亡的羊只，其尸体应做无害化处理，处理方法有以下几种。

1. 深埋法 即挖一深坑将病羊尸体掩埋。坑的深度为从尸体表面至坑沿不少于 1.5~2.0m，放入尸体前，坑底铺垫 2~5cm 生石灰，尸体投入后，将污染的土壤也一起放入坑内，然后再撒一层生石灰，最后覆盖土层与周围持平，填土不要太实，避免尸腐产生的气体冒出和液体渗漏。掩埋的地方应选择在远离生活区、养殖场、水源、牧草地及道路，地势高，地下水位低，并能避开水源、山洪冲刷的僻静地方。

2. 焚烧法 对于烈性传染病，如患有炭疽等芽孢杆菌类疫病，以及羊海绵状脑病羊及产品、组织等进行焚毁处理。焚烧的地方应选择在远离养殖场的下风处，将尸体置于坑中后浇油焚烧。有条件的也可送火化场焚烧。该法既能销毁尸体，又能彻底消灭病原体，但焚烧尸体要注意防火。

3. 化制法 将病死羊尸体放入特制的容器中，进行烧煮炼制，以达到消灭病原体和处理尸体的目的。

三、消毒

1. 消毒的目的和意义

（1）目的 消灭传染源散播于外界环境中的病原微生物，切断传播途径，阻止疫病继续蔓延。

（2）意义 ①有效防止羊传染病的发生和传播。②控制羊病原体的感染和发病。③保护养羊业的健康发展。④保障人民身体健康。

2. 消毒的方法

（1）物理消消毒法 用物理因素杀灭或消除病原微生物及其他有害微生物的方法。常用的方法有：自然净化、机械除菌、热力灭菌和紫外线辐射等。其中有良好灭菌作用的方法是热力消毒灭菌。

（2）化学消毒法 是用化学药物进行消毒的方法。常用的消毒剂有甲醛、戊二醛、环氧乙烷、碘制剂、酚、乙醇、新洁尔灭等。

（3）生物消毒法 是利用生物消灭致病微生物的方法。常用的方法是生物热消毒技术和生物消毒技术。

3. 羊舍消毒 一般分两个步骤进行：

（1）物理性消毒 即清扫或刷洗。机械清扫是搞好羊舍环境最基本的一种方法，研究表明，采用清扫方法，可使舍内的细菌数减少 20% 左右，再用清水刷洗，则舍内细菌数可减少 50% 以上。为了避免尘土及微生物飞扬，清扫时应先用水或消毒液喷洒。扫除的污物集中进行烧毁或生物热发酵。污物清除后，如是水泥地面，还应再用清水进行洗刷。

（2）化学消毒　即消毒药喷洒或熏蒸。消毒时应按一定的顺序进行，一般从远离门开始，以地面、墙壁、棚顶的顺序喷洒，最后再将地面喷洒一次。消毒液的用量，以羊舍内每平方米面积用 1L 药液计算。常用的消毒药有 10%～20% 石灰乳、10% 漂白粉溶液、0.5%～1.0% 菌毒敌、0.5%～1.0% 二氯异氰尿酸钠（以此药为主要成分的商品消毒剂有强力消毒灵、灭菌净、抗毒威等）、0.5% 过氧乙酸等。消毒方法是将消毒液盛于喷雾器内，喷洒地面、墙壁、棚顶，然后再开门窗通风，用清水刷洗饲槽、用具，将消毒药味除去。如羊舍有密闭条件，可关闭门窗，用福尔马林熏蒸消毒 12～24h，然后开窗通风 24h。福尔马林的用量为每平方米空间 12.5～50mL，加等量水一起加热蒸发，无热源时，可加入高锰酸钾（每平方米 7～25g），即可产生高热蒸发。在一般情况下，羊舍消毒每年进行两次（春秋各一次）。产房的消毒，在产羔前应进行一次，产羔高峰时进行多次，产羔结束后再进行一次。在病羊舍、隔离舍的出入口处应放置浸有消毒液的麻袋片或草垫；消毒液可用 2%～4% 氢氧化钠、1% 菌毒敌、或用 10% 克辽林溶液。

4. 地面土壤消毒

（1）生物和物理消毒　羊场或放牧区被某种病原体污染，可疏松土壤，增强微生物间的颉颃作用，使其充分接受阳光中紫外线的照射。另外，种植冬小麦、黑麦、葱蒜、三叶草、大黄等植物，可杀灭土壤中的病原微生物，使土壤净化。

（2）化学消毒　土壤表面可用 10% 漂白粉溶液、4% 福尔马林溶液或 10% 氢氧化钠溶液。停放过芽孢杆菌所致传染病（如炭疽）病羊尸体的场所，应严格加以消毒，首先用上述漂白粉溶液喷洒地面，然后将表层土壤掘起 30cm 左右，撒上干燥漂白粉，并与土壤混合，将此表土妥善运出掩埋。其他传染病所污染的地面土壤，则可先将地面翻一下，深度约 30cm，在翻地的同时撒上干漂白粉（用量为每平方米 0.5kg），然后用水洇湿，压平。

5. 污水消毒　最常用的方法是将污水引入污水处理池，加入化学药品（如漂白粉或其他氯制剂）进行消毒，用量视污水量而定，一般 1L 污水用 2～5g 漂白粉。

6. 皮毛消毒　羊患炭疽病、口蹄疫、布鲁氏菌病、羊痘、坏死杆菌病等，其羊皮、羊毛均应消毒。应当注意，羊患炭疽病时，严禁从尸体上剥皮，在储存的原料皮中即使发现一张患炭疽病的羊皮，也应将整堆与其接触过的羊皮进行消毒。皮毛的消毒，目前广泛利用环氧乙烷气体消毒法。消毒时必须在密闭的专用消毒室或密闭良好的容器内进行。在室温 15℃ 时，每立方米密闭空间使用环氧乙烷 0.4～0.8kg，维持 12～48h，相对湿度在 30% 以上。此外对细菌、病毒、霉菌均有良好的消毒效果，对皮毛等产品中的炭疽芽孢也有较好的消毒作用。

7. 兽医诊疗室消毒　兽医诊疗室的地面、墙壁等，在每次诊疗前后应用3%～5%来苏儿溶液进行消毒。室内尤其是手术室内空气，可用紫外线在手术前或手术间歇期间进行照射，也可使用1%漂白粉澄清液或0.2%过氧乙酸作空气喷雾，有时也用乳酸、福尔马林等加热熏蒸，有条件时采用空气调节装置，以防空气中的微生物降落于创口或器械表面，引起创口感染。诊疗过程中的废弃物如棉球、棉拭污物、污水等，应集中进行焚烧或生物热发酵处理，不可到处乱倒乱抛。被病原体污染的诊疗场所，在诊疗结束后应进行彻底消毒，推车可用3%漂白粉澄清液、5%来苏儿或0.2%过氧乙酸擦洗或喷洒。室内空气用福尔马林熏蒸，同时打开紫外线灯照射，2h后打开门窗通风换气。

第三节　检疫与免疫接种

一、检疫

检疫就是根据国家和地方政府的规定，应用各种诊断方法（临床的、实验室的）对羊及其产品进行疫病检查，并采取相应的措施，以防疫病的发生和传播。

从羊只引进、生产到出售，必须做到层层检疫，环环扣紧，互相制约，从而杜绝疫病的传播、蔓延。检疫包括出入场检疫、收购检疫、运输检疫和屠宰检疫，涉及外贸还要进行进出口检疫。出入场检疫是所有检疫中最基本、最重要的检疫，只有经过检疫而未发现疫病时，才可让羊及其产品进场或出场。羊场引进羊时，必须从非疫区购入，并经当地兽医检疫部门检疫，签发检疫合格证明书；运抵目的地后，再经本场或当地兽医验证、检疫并隔离观察1个月以上，确认为健康者，经驱虫、消毒，没有注射过疫苗的还要补注疫苗，然后才可与原有羊混群饲养。羊场采用的饲料和用具，也要从安全地区购入，以防疫病传入。

二、免疫接种

免疫接种是一种主动保护措施，通过激活免疫系统，建立免疫应答，使机体产生足够的抵抗力，从而保证群体不受病原侵袭。免疫反应是一个生物学过程，不可能对群体提供绝对的保护。影响免疫效果的因素包括遗传和环境因素，因患病、应激反应导致的免疫反应受到抑制，疫苗使用不当。

（一）免疫接种效果

接种时间、剂量、注苗部位、疫苗质量等都会影响免疫效果，在规模化生产过程中，这些方面容易出现问题。接种疫苗后，建立免疫应答，产生免疫力，需要一定时间（2～3周）。如果希望某只羊在某时间内对某病具有抵抗力，就必须在此时间之前的某时间范围内进行免疫接种。规模化生产往往集中进行各项工作，集中使用疫苗，干是对各群体同时进行免疫接种。操作仓促或时间延误，就会造成某些免疫过早，某些免疫过迟。所以，免疫接种时间和数量要精心组织，严格按要求进行。注苗剂量同样影响免疫效果，用量不足，不足以激活免疫系统；用量过大，可能因毒力过大造成接种强毒，反而致病。有些疫苗对接种部位有特别要求，疫苗只有接种到要求的部位，机体才会建立快速的免疫应答；部位不准，则效价降低或无效。

怀疑羊群有某种疾病，接种疫苗后又没有效果，应对羊进行实验室诊断或送有关部门进行检测。有时可能是同一种疾病，但病原的血清型不同，也有可能属另一类疾病。遇到这种情况，建议到有关部门，用本羊场病料制作疫苗，然后用于羊群免疫，效果较好。

（二）免疫接种方法

1. 肌内注射法 适用于接种弱毒或灭活疫苗，注射部位在臀部及两侧颈部，一般使用16～20号针头。

2. 皮下注射法 适用于接种弱毒或灭活疫苗，注射部位在股内侧、肘后。用大拇指及食指捏住皮肤，注射时，确保针头插入皮下，进针后摆动针头，如感到针头摆动自如，推压注射器的推管，药液极易进入皮下，无阻力感；如插入皮内，摆动针头时带动皮肤，且推动药液时可感到有阻力。

3. 皮内注射法 注射部位为颈外侧和尾根皮肤皱襞，用蓝心玻璃注射器及24～16号针头。注射部位如有被毛应先将其剪去，必要时清洗注射部位的污垢。用酒精棉球消毒后，左手拇指与食指顺皮肤的皱纹，从两边平行捏起一个皮褶，右手持注射器使针头与注射面平行刺入，即可刺入皮肤的真皮层中。应注意刺时宜慢，以防刺出表皮或深入皮下。同时，注射药液后在注射部位有一豌豆大或蚕豆大小泡，且小泡会随皮肤移动，则证明切实注入皮内。然后用酒精棉球消毒皮肤针孔及周围。如在羊的尾根皮内注射，应将尾翻转，注射部位用酒精棉球消毒后，以左手拇指和食指将尾根皮肤绷紧，针头以与皮肤平行方向慢慢刺入，并缓缓推入药液，如注射处有一豌豆大小的小泡，即表示注射成功。目前此法仅适用于羊痘弱毒疫苗等少数疫苗。

4. 口服法 数量较多的羊逐只进行免疫接种费时费力，且不能于短时间内达到全群免疫。因此，可将疫苗均匀地混于饲料或饮水中经口服后而获得免疫。口服免疫时，应按羊只数和每只羊的平均饮水量及吃食量，准确计算疫苗用量。为了口服达到一定的效果，需注意以下问题：①免疫前应停饮或停喂半天，以保证饮喂疫苗时每只羊都能饮一定量的水或吃入一定量的饲料。②稀释疫苗的水应用纯净的冷水，不能用含有消毒药的水，在饮水中最好加入0.1%的脱脂奶粉。③混有疫苗的饲料或饮水的温度，以不超过室温为宜。④疫苗混入饲料或饮水后，必须迅速口服，不能超过2～3h，最好在清晨，还应注意避免疫苗暴露在阳光下。⑤用于口服的疫苗必须是高效价的。

（三）免疫接种注意事项

1. 要准备好预防接种的表格和给羊编号的器具，注射完毕后发给饲养人员。

2. 兽医人员接种时需穿工作服和胶鞋，必要时戴口罩，工作前后均需洗手消毒，工作中不能吸烟和吃食物。

3. 接种时应严格执行消毒及无菌操作，注射器、针头、镊子等用毕后浸泡于消毒液中，至少1h，洗净擦干后用白布分别包好煮沸15min。冷却后，再在无菌条件下装配注射器，包以消毒纱布，纳入消毒盒内待用。

4. 疫苗使用前必须充分振荡，使其均匀混合才能应用，免疫血清则不应振荡，沉淀不应吸取，并须随吸随注射。须经稀释后才能使用的疫苗，应按说明书的要求进行稀释。已经打开或稀释过的疫苗，必须当天用完，未用完的处理后弃去。

5. 每注射一只换一个针头，或者每注射一栏、一窝换一个针头，以防针头带菌。

（四）紧急免疫接种

发生和流行某种传染病时，为了迅速控制和扑灭疫病的流行，而对受威胁区和疫区内未发病羊进行的紧急性免疫接种。紧急免疫接种应注意以下几点：

1. 要考虑到该传染病的流行规律，地理环境，交通等具体情况和条件，划定疫区、疫点、受威胁区。

2. 紧急免疫接种应在确诊的条件下进行。

3. 接种的顺序应从受威胁区开始，逐只注射以形成一个免疫带；然后是疫区内假定的健康羊，再是可疑羊。

4. 紧急免疫接种时，每注射一只应换一个针头。

5. 紧急免疫接种应予以隔离、消毒，必要时与封锁等措施相结合。

（五）免疫接种后的反应

尽管生产疫苗的技术有了很大的改进和发展，但少数动物注射疫苗后，可出现以下反应：

1. 全身反应　有少数动物在注射疫苗后，会产生过敏性休克，如震颤、腹胀、肺水肿及流产等；有时还会出现皮下水肿、瘙痒皮肤出疹或渗出性湿疹、淋巴结肿大。另外，还有部分疫苗存在残余致病力。

2. 局部反应　在使用灭活苗时多见，以注射部位水肿为特征，但很快消失。在炎症反应的病例，根据所用油剂的性质以及疫苗成分对注射部位的刺激作用，病变不同程度表现出坏死和化脓。油佐剂可引起肌肉变性、肉芽肿、纤维化或脓肿。

（六）羊常用的疫苗和使用方法

见表 4-1 所示。

表 4-1　羊常用的疫苗和使用方法

名　称	预防的疾病	使用方法及用量说明	免疫期
无毒炭疽芽孢苗	绵羊炭疽病	绵羊颈部或后肢皮下注射 0.5mL，注射 14d 后产生免疫力	1 年
无毒炭疽芽孢苗（浓缩苗）	绵羊炭疽病	以 1 份浓苗加 9 份 20%氢氧化铝胶液稀释后，绵羊皮下注射 0.5mL	1 年
第 Ⅱ 号炭疽芽孢苗	绵羊、山羊炭疽病	绵羊、山羊均皮下注射 1mL，注射后 14d 产生免疫力	1 年
口蹄疫 O 型-亚洲 Ⅰ 型二价灭活疫苗	口蹄疫	羔羊 35 日龄首免，1 个月后加强免疫，皮下或肌内注射 1mL；4 月龄至 2 年的羊皮下或肌内注射 1mL；2 年以上的羊皮下或肌内注射 2mL	0.5 年
布鲁氏菌猪型 2 号苗	山羊、绵羊布鲁氏菌病	山羊、绵羊臀部肌内注射 0.5mL（含菌 50 亿），3 个月龄以内的羔羊和孕羊均不能注射；饮水免疫时每只羊内服 200 亿菌计算，2d 内分 2 次饮服	绵羊：1.5 年；山羊：1 年

（续）

名　称	预防的疾病	使用方法及用量说明	免疫期
布鲁氏菌羊型 5 号弱毒冻干苗	山羊、绵羊布鲁氏菌病	用适量灭菌蒸馏水稀释至所需的用量，皮下或肌内注射，羊为 10 亿活菌；室内气雾，羊每只剂量 50 亿活菌；羊可饮服或灌服，每只剂量 250 亿活菌	1.5 年
布鲁氏菌无凝集原（MⅢ）菌苗	山羊、绵羊布鲁氏菌病	无论羊只年龄大小（孕羊除外），每只羊皮下注射 1mL（含菌 250 亿）或每只山羊口服 2mL（含菌 500 亿）	1 年
破伤风明矾沉降类毒素	破伤风	绵羊、山羊颈部皮下注射 0.5mL，第 1 年再注射 1 次，免疫力可持续 4 年	1 年
破伤风抗毒素	紧急预防和治疗破伤风病	皮下或静脉注射，治疗时可重复注射一至数次。预防量：1 万～2 万 IU；治疗量：2 万～5 万 IU	2～3 周
羊快疫，羊猝狙，羊肠毒血症三联菌苗	羊快疫、羊猝狙、羊肠毒血症	临用前每头份干菌用 1mL 20% 的氢氧化铝胶盐水稀释，充分摇匀，无论羊的年龄大小，一律肌内或皮下注射 1mL	1 年
羊梭菌病四联氢氧化铝菌苗	羊快疫、羊猝狙、羊肠毒血症、羔羊痢疾	无论羊的年龄大小，一律肌内、皮下注射 5mL	0.5 年
羊黑疫菌苗	羊黑疫	皮下注射，大羊 3mL，小羊 1mL	1 年
羔羊痢疾菌苗	羔羊痢疾	妊娠母羊在分娩前 20～30d 皮下注射 2mL，第二次于分娩前 10～20d 皮下注射 3mL	母羊 5 个月，乳汁可使羔羊被动免疫
羊黑疫、快疫混合苗	黑疫、快疫	羊不论大小，一律皮下或肌内注射 3mL	1 年
羊厌氧菌氢氧化铝甲醛五联苗	羊快疫、羊猝狙、羔羊痢疾、羊肠毒血症、羊黑疫	羊无论年龄大小，一律皮下或肌内注射 3mL	0.5 年
羔羊大肠杆菌病菌苗	羔羊大肠杆菌病	3 月龄至 1 岁羊，皮下注射 2mL；3 月龄以内的羔羊皮下注射 0.5～1mL	0.5 年

（续）

名　称	预防的疾病	使用方法及用量说明	免疫期
C 型肉毒梭菌	羊 C 型肉毒梭菌中毒症	绵羊、山羊颈部皮下注射 4mL	1 年
C 型肉毒梭菌透析培养菌苗	羊 C 型肉毒梭菌中毒症	用生理盐水稀释，每毫升含原菌液 0.02mL，羊颈部皮下注射 1mL	1 年
山羊胸膜肺炎氢氧化铝苗	山羊传染性胸膜肺炎	山羊皮下或肌内注射：6 个月山羊 5mL；6 个月以内羔羊 3mL	1 年
羊传染性肺炎支原体氢氧化铝灭活苗	山羊、绵羊由绵羊肺炎支原体引起的传染性胸膜肺炎	颈侧皮下注射，成年羊 3mL，6 个月以内羊 2mL	0.5 年以上
羊流产衣原体油佐剂卵黄囊灭活苗	羊衣原体性流产	注射时间应在羊妊娠前或妊娠后 1 个月内进行，每只羊皮下注射 3mL	1 年
羊痘鸡胚化弱毒苗	绵羊、山羊痘病	用生理盐水 25 倍稀释，摇匀，不论羊大小，一律皮下注射 0.5mL，注射后 6d 产生免疫力	1 年
羊口疮弱毒细胞冻干苗	绵羊、山羊口疮病	按每瓶总头份计算，每头份加生理盐水 0.2mL，在阴暗处充分摇匀，采取口唇黏膜注射法，每只羊于口唇黏膜内注射 0.2mL，注射是否正确，以注射处呈透明发亮的水泡为准	5 个月
狂犬病疫苗	狂犬病	皮下注射，羊 10～25mL，如羊已被病畜咬伤，可立即用本苗注射 1～2 次，两次间隔 3～5d，以作紧急预防	1 年
牛、羊伪狂犬病疫苗	羊伪狂犬病	山羊颈部皮下注射 5mL，本苗冻结后不能使用	0.5 年
羊链球菌氢氧化铝菌苗	绵羊、山羊链球菌病	背部皮下注射，6 个月龄以上羊每只 5mL；6 个月龄以下羊 3mL；3 个月龄以下的羔羊，第 1 次注射后，最好到 6 个月以后再注射 1 次，以增强免疫力	0.5 年
羊链球菌弱毒菌苗	羊链球菌病	用生理盐水稀释，气雾菌苗用蒸馏水稀释，每只羊尾部皮下注射 1mL（含 50 万活菌），0.5～2 周岁的羊减半。露天气雾免疫，每只羊按 3 亿活菌，室内气雾免疫每只按 3 000 万活菌计算（每平方米 4 只羊计 1.2 亿菌）	1 年

第四节　药物预防

一、传染病药物预防

羊场可能发生的传染病种类很多，其中有些传染病目前已研制出有效的疫苗，还有不少病尚无疫苗可以利用，或虽有疫苗可用但实际应用中还存在问题。因此，用药物预防这些传染病也是一项重要措施。药物预防是指把安全低廉的药物加入饲料和饮水中进行群体服药以预防传染病。常用的药物有磺胺类药物、抗生素类。药物占饲料或饮水的比例一般是：磺胺类药，预防量 0.1%～0.2%，治疗量 0.2%～0.5%；四环素类抗生素，预防量 0.01%～0.03%，治疗量 0.05%。一般连用 7d，必要时可酌情延长。但长期使用化学药物预防，容易产生耐药性菌株，影响药物防治效果。因此，要经常进行药敏试验选择有高度敏感性的药物用于防治。此外，成年羊口服土霉素等抗生素时，常会引起肠炎等中毒反应，必须注意。

二、定期驱虫

定期驱虫是治疗和预防羊寄生虫病的一项重要措施，同时能避免羊在轻度感染后的进一步发展而造成严重危害。驱虫时机，要根据当地羊寄生虫的季节动态调查而定，一般可在每年的 3～4 月份及 12 月份至翌年 1 月份各安排一次。这样有利于羊的抓膘及安全越冬和度过春乏期。常用驱虫药的种类很多，如有驱除多种线虫的左旋咪唑，可驱除多种绦虫和吸虫的吡喹酮，可驱除羊体内蠕虫的阿苯达唑、芬苯达唑、甲苯咪唑，以及既可驱除体内线虫又可杀灭多种体表寄生虫的依维菌素等。绵羊驱虫前要绝食，驱虫绝食时间不能过长，只要夜间不放不喂，早晨空腹投药既可。

药浴是防治羊体外寄生虫病、特别是防治羊螨病的有效措施。一般可选择每年剪毛或抓绒后的 7～10d 进行。常用的药物有：螨净、胺丙畏、溴氰菊酯等配成所需浓度的水乳剂。药浴可在浴池内或使用特制的药淋装置，也可以人工抓羊在大盆或大锅内进行。药液温度一般为 36～39℃，并随时补充新药液，以保证药液的有效浓度。

第五节 控制传播媒介

一、羊场其他动物管理

羊场不应饲养任何其他家畜家禽，并应防止周围其他畜禽进入场区。饲养区外1 000m内不应饲养偶蹄动物。

羊场尽量不养狗、猫；如果饲养狗、猫，应加强其管理，禁止狗、猫吃生肉并要定期驱虫，及时清理狗、猫的粪便并进行无害化处理，避免其粪便污染饲料、饮水。

二、灭鼠

应定期定点投放灭鼠药，及时收集死鼠和残余鼠药，深埋处理。

三、灭蚊蝇

搞好羊舍内外环境卫生，消除杂草和水坑等蚊蝇孳生地，夏秋季要定期喷洒杀虫药，或在羊场外围设诱杀点，用紫外诱杀器消灭蚊蝇。

四、人员管理

1. 羊场工作人员应每年进行一次健康检查，传染病患者不应从事饲养工作。

2. 场内兽医人员不应对外出诊，专职配种人员不应对外开展羊的配种工作。

3. 非生产人员一般不允许进入生产区。特殊情况下，非生产人员需更衣、换鞋、消毒后方可入场，并遵守场内的一切防疫制度。

五、车辆管理

外来车辆禁止进入羊场，内部车辆禁止外出。如必须进出，车辆必须进行严格消毒，即通过消毒池和用2%烧碱喷雾消毒。

第六节　发生疫病时的扑灭措施

一、疫情报告

当发生重要羊传染病时，应将疫情，主要包括发病时间、地点、发病及死亡头数、临床症状、剖检变化、初诊病名及防治情况等，迅速报告上级有关部门，上级接到报告后及时派人赴现场。

二、疫情处置

羊群发生传染病时，应立即采取一系列紧急措施，就地扑灭，以防疫情扩大。

1. 立即将病羊和健康羊隔离，不让它们有任何接触，以防健康羊受到感染。

2. 对于发病前与病羊有过接触而无临床症状的羊（称为可疑感染羊），不能同其他健康羊在一起饲养，必须单独圈养，经过20d以上观察不发病，才能与健康羊合群；如果出现病状，则按病羊处理。

3. 对已隔离的病羊，要及时进行药物治疗。

4. 隔离场所禁止人、畜出入和接近，工作人员出入应遵守消毒制度。

5. 对病羊或可疑感染羊使用过的垫草、残余草料及其污染的用具、畜舍、运动场等进行严格的消毒。隔离区的用具、饲料、粪便等，未经彻底消毒不得运出。

6. 没有治疗价值的病羊，由兽医按照国家规定进行严格处理；病羊尸体要焚烧或深埋，不得随意抛弃。

7. 对健康羊和可疑感染羊，要进行疫苗紧急接种或药物进行预防性治疗。

8. 发生口蹄疫、羊痘等急性烈性传染病时，应立即报告有关部门，划定疫区，采取严格的隔离封锁措施，并组织力量尽快扑灭。

第五章　传　染　病

第一节　病毒性传染病

一、口蹄疫

口蹄疫俗称"口疮"、"蹄癀"，是由口蹄疫病毒引起偶蹄兽的一种急性、热性、高度接触性传染病。以口腔黏膜、蹄部和乳房皮肤发生水疱、溃烂为特征。口蹄疫广泛流行于世界各地，尤其非洲、亚洲和南美洲流行较严重。口蹄疫传染性极强，对养殖业危害严重，不仅可引起巨大经济损失，而且影响经济贸易活动，被世界动物卫生组织（OIE）列为必须报告的动物疫病。

[病原]　口蹄疫病毒属于小核糖核酸病毒科口蹄疫病毒属。口蹄疫病毒具有多型性和易变性，目前所知有 7 个血清型，即 O 型、A 型、C 型、SAT（南非）Ⅰ型、SAT（南非）Ⅱ型、SAT（南非）Ⅲ型及 Asia（亚洲）Ⅰ型，其中 O 型较常见，各血清型之间几乎没有交叉免疫性；同一血清型内又有若干个不同的亚型，同一血清型内各亚型之间仅有部分交叉免疫性，目前口蹄疫亚型已增加到 80 个以上。病毒主要存在于患病动物的水疱皮内以及淋巴液中。发热期，病畜的血液中病毒含量高；退热后，在乳汁、口涎、泪液、粪便、尿液等分泌物、排泄物中都含有一定量的病毒。口蹄疫病毒对外界环境抵抗力强，自然情况下病毒在含毒组织和污染的饲料、牧草、皮毛及土壤等可保持传染性达数日、数周甚至数月之久。口蹄疫病毒对酚类、酒精、氯仿等不敏感，但对日光、热、酸、碱均很敏感，常用的消毒剂有 $1\%\sim2\%$ 氢氧化钠溶液、$20\%\sim30\%$ 草木灰水、$1\%\sim2\%$ 福尔马林溶液、$0.2\%\sim0.5\%$ 过氧乙酸、4% 碳酸氢钠溶液等。

[流行特点]　主要侵害偶蹄兽，其中以猪、牛最为易感；其次是绵羊、山羊和骆驼等，人也可感染此病。病畜和带毒动物是该病的主要传染源，尤其是患病初期的家畜，病愈家畜的带毒期长短不一（可带毒 $4\sim12$ 个月），部分病羊症状较轻，仅表现短期跛行，易被忽略，在羊群中成为长期带毒的传染源。病毒以直接或间接接触方式传播，主要经消化道感染，也可经黏膜和皮肤感

染。空气传播对本病的快速大面积流行起着十分重要的作用，常可随风散播到50～100km外发病，故有顺风传播之说。该病毒传染性很强，一旦发生往往呈现流行性，其传播既有蔓延式，也有跳跃式。本病的流行常呈现一定的季节性，如在牧区多为秋末开始，冬季加剧，春季减轻，夏季平息。新疫区发病率可达100%，老疫区发病率在50%以上。

[临床症状] 羊感染后一般经过1～7d的潜伏期出现症状。病羊体温升高，初期体温可达40～41℃，精神沉郁，食欲减退或拒食，脉搏和呼吸加快。常于口腔黏膜、蹄部皮肤上形成水疱、溃疡和糜烂，有时病害也见于乳房部位。口腔损害常在唇内面、齿龈、舌面及颊部黏膜发生水疱和糜烂、疼痛、流涎，涎水呈泡沫状；蹄部受损时出现跛行。山羊症状多见于口腔，蹄部病变较轻；绵羊蹄部症状明显，口腔黏膜变化较轻。病羊水疱破溃后，体温即明显下降，症状逐渐好转。妊娠羊可发生流产。一般呈良性经过，死亡率仅1%～2%。如单纯于口腔发病，一般1～2周可望痊愈；而当累及蹄部或乳房时，则2～3周方能痊愈。羔羊发病则常表现为恶性口蹄疫，发生心肌炎，有时呈出血性胃肠炎而死亡，死亡率可达20%～50%。

[病理变化] 病死羊除口腔、蹄部和乳房部等处出现水疱、烂斑外，严重病例咽喉、气管、支气管和前胃黏膜有时也有烂斑和溃疡形成。前胃和肠道黏膜可见出血性炎症。心包膜有散在性出血点，心肌松软，似煮熟状；心肌切面呈现灰白色或淡黄色的斑点或条纹，似老虎身上的斑纹，称为"虎斑心"。

[诊断]

1. 现场诊断 根据急性经过、主要侵害偶蹄兽、一般取良性经过、特征性临床症状和病理变化可作出现场诊断。

2. 实验室诊断 诊断口蹄疫时，要考虑到口蹄疫病毒具有多型性的特点。为了了解当地流行的口蹄疫病毒为何型，可采取新鲜的水疱皮或水疱液，迅速送有关单位进行病毒分离鉴定；或送检病羊恢复期血清，做乳鼠中和试验、病毒中和试验、琼脂扩散试验或放射免疫、免疫荧光抗体法、被动血凝试验等来鉴定毒型。

3. 类症鉴别 羊口蹄疫应与羊传染性脓疱、蓝舌病等类似疾病进行区别。

（1）口蹄疫与羊传染性脓疱的鉴别 羊传染性脓疱主要发生于幼龄羊，病羊的特征是在口唇部发生水疱、脓疱以及疣状厚痂，病变是增生性的，一般无体温反应。电镜观察病料可发现呈编织线团样构造的羊口疮病毒。

（2）口蹄疫与蓝舌病的鉴别 口蹄疫是一种高度接触性传染病，而蓝舌病则主要通过库螨叮咬传播。口蹄疫牛、猪易感性高，均可感染发病；而蓝舌病在牛发病较少，猪一般不感染。口蹄疫的糜烂病灶是因水疱破溃而发生，而蓝舌病的溃疡不是由于水疱破溃后所形成，且缺乏水疱破裂后那样的不规则的边缘。通过血清学试验或者病毒的分离鉴定可区分口蹄疫和蓝舌病。

[防治]

1. 严禁从有此病的国家或地区引进动物及动物产品、饲料、生物制品等。来自无病地区的动物及其产品，也应进行检疫。

2. 认真作好定期免疫接种，免疫时应选用当地或邻近地区流行毒株的同型口蹄疫灭活疫苗。

3. 发生疫情时，应严格按照《中华人民共和国动物防疫法》对疫区进行封锁和扑杀。

对疫区或疫场实施隔离封锁措施，禁止人畜往来；对疫区和受威胁区的未发病动物进行紧急免疫接种；封锁区最后一只病羊死亡或痊愈后14d，经过全面彻底消毒，方可解除封锁。消毒时可用2％氢氧化钠溶液、2％福尔马林或20％～30％热草木灰溶液。

二、羊传染性脓疱病

羊传染性脓疱病俗称"羊口疮"，是由羊口疮病毒引起的绵羊和山羊的一种传染性疾病。以患羊口唇等部位皮肤、黏膜形成丘疹、水疱、脓疱、溃疡以及疣状厚痂为特征。世界各地均有本病的发生。

[病原] 羊口疮病毒属于痘病毒科副痘病毒属。病毒粒子呈砖形或呈椭圆形的线团样（彩图5-1），一般排列较为规则。核酸类型为双脱氧核糖核酸（DNA）。羊口疮病毒对外界环境抵抗力强，干燥痂皮内的病毒于夏季日光下经30～60d开始丧失其传染性；散落于地面的病毒可以越冬，至来年春季仍具有感染性。病料在低温冷冻条件下保存，可保持毒力达数年之久。本病毒对高温较为敏感，60℃，30min即可被灭活。常用的消毒药为2％氢氧化钠溶液、10％石灰乳、20％热草木灰溶液。

[流行特点] 本病仅危害绵羊和山羊，以3～6月龄的羔羊发病为多，常呈群发性流行；成年羊也可感染发病，但呈散发性流行。人也可感染羊口疮病毒。病羊和带毒羊为传染源，自然感染是由于引入病羊或带毒羊，或者利用被病羊污染的厩舍或牧场而引起。主要通过损伤的皮肤、黏膜感染。本病多发生于气候干燥的秋季，无性别和品种差异。由于病毒的抵抗力较强，本病在羊群内可连续危害多年。

[临床症状和病理变化] 潜伏期4～8d。本病在临床上一般分为唇型、蹄

型和外阴型三种类型，也见混合型感染病例。

1. 唇型 是一种最常见的临床型。首先在口角、上唇或鼻镜上出现散在的小红斑，逐渐变为丘疹和小结节，继而成为水疱或脓疱，破溃后结成黄色或棕色的疣状硬痂。如为良性经过，则经1～2周痂皮干燥、脱落而康复。严重病例患部继续发生丘疹、水疱、脓疱、痂垢，并互相融合，波及整个口唇周围及眼睑和耳廓等部位，形成大面积龟裂、易出血的污秽痂垢。痂垢下伴以肉芽组织增生，痂垢不断增厚，整个嘴唇肿大外翻呈桑葚状隆起（彩图5-2、彩图5-3），影响采食，病羊日趋衰弱。部分病例常伴有坏死杆菌、化脓性病原菌的继发感染，引起深部组织化脓和坏死，致使病情恶化。有些病例口腔黏膜也发生水疱、脓疱和糜烂，使病羊采食、咀嚼和吞咽困难。个别病羊可因继发肺炎而死亡。病毒感染的细胞内可形成嗜酸性胞浆包涵体（彩图5-4）。

2. 蹄型 主要侵害绵羊，病羊多见一肢患病，但也可能同时或相继侵害多数甚至全部蹄端。通常于蹄叉、蹄冠或系部皮肤上形成水疱、脓疱，破裂后则成为由脓液覆盖的溃疡。如继发感染则发生化脓、坏死，常波及基部、蹄骨，甚至肌腱或关节。病羊跛行，长期卧地，病情缠绵。也可能在肺脏、肝脏以及乳房中发生转移性病灶，严重者衰竭而死亡或因败血症死亡。

3. 外阴型 此型病例较为少见。病羊阴道分泌物呈黏液性或脓性，在肿胀的阴唇及附近皮肤上发生溃疡；乳房和乳头皮肤（多系病羔吸吮时传染）上发生脓疱、烂斑和痂垢；公羊则表现为阴囊鞘肿胀，阴鞘口和阴茎上出现脓疱和溃疡。

[诊断]

1. 现场诊断 根据流行病学、临床症状进行综合诊断。流行特点主要是在秋季散发，羔羊易感。临床症状主要是在口唇、阴部和皮肤、黏膜形成丘疹、脓疱、溃疡和疣状厚痂。

2. 实验室诊断 现场诊断有困难或进行确诊时，可分离培养病毒或对病料进行负染色直接进行电镜观察。此外，还可用血清学方法诊断，如补体结合试验、琼脂扩散试验、反向间接血凝试验、酶联免疫吸附试验、免疫荧光技术等方法。

3. 类症鉴别 本病应与羊痘、坏死杆菌病等类似疾病相鉴别。

（1）羊传染性脓疱与羊痘的鉴别 羊痘的痘疹多为全身性，而且病羊体温升高，全身反应严重。痘疹结节呈圆形突出于皮肤表面，界限明显，似脐状。

（2）羊传染性脓疱与坏死杆菌病的鉴别 坏死杆菌病主要表现为组织坏死，一般无水疱、脓疱病变，也无疣状增生物。进行细菌学检查和动物试验即可区别。

［防治］

1. 预防

（1）勿从疫区引进羊或购入饲料、畜产品。引进羊须隔离观察 2～3 周，严格检疫，同时应将蹄部多次清洗、消毒，证明无病后方可混入大群饲养。

（2）避免羊的皮肤、黏膜受损，捡出饲料和垫草中的芒刺。加喂适量食盐，以减少羊只啃土、啃墙，防止发生外伤。

（3）流行区用羊口疮弱毒疫苗进行免疫接种，使用疫苗毒株型应与当地流行毒株相同。也可在严格隔离的条件下，采集当地自然发病羊的痂皮回归易感羊制成活毒疫苗，对未发病羊的尾根无毛部进行划痕接种，10d 后即可产生免疫力，保护期可达 1 年左右。

2. 治疗　对唇型和外阴型病羊，先用水杨酸软膏将痂垢软化，除去痂垢后再用 0.1%～0.2% 高锰酸钾溶液冲洗创面，然后涂 2% 龙胆紫、5% 碘甘油溶液或 5% 土霉素软膏，每天 2～3 次，至痊愈。蹄型病羊则将蹄部置 3%～10% 福尔马林溶液中浸泡 1min，连续浸泡 3 次；也可隔日用 3% 龙胆紫溶液、1% 苦味酸溶液或土霉素软膏涂拭患部。

［公共卫生］人在接触病羊时，应注意个人防护，以防经损伤的皮肤发生感染。发生本病时可采取对症治疗。

三、羊痘

羊痘是由痘病毒引起羊的一种急性、热性、接触性传染病，以无毛或少毛部位皮肤、黏膜发生特异的痘疹为特征。具有典型的病程，一般初为红斑、丘疹，后变为水疱、脓疱，最后干结成痂，脱落而痊愈。绵羊痘病毒只感染绵羊，山羊痘病毒只感染山羊。羊痘中，以绵羊痘较常见，山羊痘很少发生。

［病原］绵羊痘病毒和山羊痘病毒属于痘病毒科山羊痘病毒属。病毒主要存在于病羊皮肤、黏膜的丘疹、脓疱以及痂皮内，病羊鼻分泌物内也含有病毒，发热期血液内也有病毒存在。本病毒对直射阳光、高热较为敏感，碱性消毒液及常用的消毒剂均有效，3% 石炭酸、2% 甲醛都有良好的消毒效果，干燥的痂皮中病毒可存活 6～8 周。

［流行特点］在自然情况下，绵羊痘只能使绵羊感染，山羊痘只能使山羊感染，绵羊和山羊不能相互传染。最初是个别羊发病，以后逐渐发展蔓延全群。山羊痘通常侵害个别羊群，病势及损失比绵羊痘轻些。病羊和带毒羊为主要传染源，主要通过呼吸道传播，也可经损伤的皮肤、黏膜感染。饲养人员、饲管用具、皮毛产品、饲草、垫料以及外寄生虫均可成为传播媒介。羔羊发

病、死亡率高，妊娠母羊可发生流产，故产羔季节流行，可导致很大损失。本病一般于冬末春初多发。气候寒冷、雨雪、霜冻、饲料缺乏、饲养管理不良、营养不足等因素均可促发本病。

[临床症状] 潜伏期平均 6～8d。流行初期只有个别羊发病，以后逐渐蔓延至全群。病羊体温升高达 41～42℃，精神不振，食欲减退，并伴有可视黏膜卡他性、脓性炎症。经 1～4d 后开始发痘。痘疹多发生于皮肤、黏膜无毛或少毛部位，如眼周围、唇、鼻、颊、四肢内侧、尾内面、阴唇、乳房、阴囊以及包皮上。开始为红斑，1～2d 后形成丘疹，突出于皮肤表面，坚实而苍白。随后，丘疹逐渐扩大，变为灰白色或淡红色半球状隆起的结节。结节在 2～3d 内变为水疱，水疱内容物逐渐增多，中央凹陷呈脐状。在此期内，体温稍有下降。由于白细胞的渗入，水疱变为脓性，不透明，成为脓疱。化脓期间体温再度升高。如无继发感染，则几天内脓疱干缩成为褐色痂块，脱落后遗留微红色或苍白色的瘢痕，经 3～4 周痊愈。

非典型病例不呈现上述典型症状或经过。有些病例，病程发展到丘疹期而终止，即所谓"顿挫型"经过。少数病例，因发生继发感染，痘病出现化脓和坏疽，形成较深的溃疡，发出恶臭，常为恶性经过；病死率可达 25%～50%。

[病理变化] 除上述临诊所见病变外，尸检前胃和第四胃黏膜往往有大小不等的圆形或半球形坚实结节，单个或融合存在，严重者形成糜烂或溃疡。咽喉部、支气管黏膜也常有痘疹，肺部则见干酪样结节以及卡他性肺炎区。

[诊断] 典型病例可根据临床症状、病理变化和流行情况作出诊断。对非典型病例，可结合羊群为不同个体发病情况作出诊断。本病在临床上应与羊传染性脓疱、羊螨病等类似疾病进行区别。

1. 绵羊痘与羊传染性脓疱的鉴别 羊传染性脓疱全身症状不明显，病羊一般无体温反应，病变多发生于唇部及口腔（蹄型和外阴型病例少见），很少波及躯体部皮肤，痂垢下肉芽组织增生明显。

2. 绵羊痘与螨病的鉴别 螨病的痂皮多为黄色麸皮样，而痘疹的痂皮则呈黑褐色，且坚实硬固。此外，从疥癣皮肤患处以及痂皮内可检出螨。

[防治]

1. 预防 平时做好羊的饲养管理，羊圈要经常打扫，保持干燥清洁，抓好秋膘。冬、春季节要适当补饲，做好防寒过冬工作。在羊痘常发地区，每年定期预防注射。羊痘鸡胚化弱毒疫苗，大、小羊一律尾内或股内皮下注射 0.5mL，山羊皮下注射 2mL。

2. 治疗 当羊发生羊痘时，立即将病羊隔离，将羊圈及管理用具等进行消毒。对尚未发病的羊群，用羊痘鸡胚化弱毒苗进行紧急注射。

对病羊的皮肤病变酌情进行对症治疗，如用 0.1％高锰酸钾清洗患处后，涂碘甘油、紫药水。对细毛羊、羔羊，为防止继发感染，可以肌内注射青霉素80 万～160 万 U，每天 1～2 次；或用 10％磺胺嘧啶 10～20mL，肌内注射 1～3 次。用痊愈血清治疗，大羊为 10～20mL，小羊为 5～10mL，皮下注射，预防量减半。用免疫血清效果更好。

四、羊狂犬病

狂犬病俗称"疯狗病"，又名"恐水病"，是由狂犬病病毒引起的人和多种动物共患的急性接触性传染病。以神经调节障碍、反射兴奋性增高、发病动物表现狂躁不安、意识紊乱为特征，最终发生麻痹而死亡。

[病原] 狂犬病病毒属弹状病毒科狂犬病病毒属。狂犬病病毒在动物体内主要存在于中枢神经特别是海马角、大脑皮层、小脑等细胞和唾液腺细胞内，并于胞浆内形成特异的包涵体，称为内基氏小体，呈圆形或卵圆形，染色后呈嗜酸性反应。狂犬病病毒对过氧化氢、高锰酸钾、新洁尔灭、来苏儿等消毒药敏感，1％～2％肥皂水、70％酒精、0.01％碘液、丙酮、乙醚等能使之灭活。

[流行特点] 犬类易感性最高，羊和多种家畜及野生动物均可感染发病，人也可感染。传染源主要是患病动物以及潜伏期带毒动物，野生的犬科动物（如野犬、狼、狐等）常成为人、畜狂犬病的传染源和自然贮存宿主。患病动物主要经唾液腺排出病毒，以咬伤为主要传播途径，也可经损伤的皮肤、黏膜感染，经呼吸道和口腔途径感染也已得到证实。本病一般呈散发性流行，一年四季都有发生，但以春末夏初多见。

[临床症状] 潜伏期的长短与感染部位有关，最短 8d，长的达 1 年以上。本病在临床上分为狂暴型和沉郁型两种。

1. 狂暴型 病畜初期精神沉郁，反刍减少，食欲降低，不久表现起卧不安，出现兴奋性和攻击性动作，冲撞墙壁，磨牙流涎，性欲亢进，攻击人畜等。患病动物常舔咬伤口，使之经久不愈，后期发生麻痹，卧地不起，衰竭而死亡。

2. 沉郁型 病例多无兴奋期或兴奋期短，很快转入麻痹期，出现喉头、下颌、后躯麻痹，流涎、张口、吞咽困难，最终卧地不起而死亡。

[病理变化] 尸体常无特异性变化，病尸消瘦，一般有咬伤、裂伤，口腔黏膜、咽喉黏膜充血、糜烂。组织学检查有非化脓性脑炎，可在神经细胞的胞浆内检出嗜酸性包涵体。

[诊断]

1. 现场诊断 现场诊断较困难，若患病羊出现典型的病程，则结合病史可作出初步诊断。

2. 实验室诊断 为了确诊，须进行以下实验室诊断。

（1）病理组织学检查 将出现脑炎症状的患病动物捕杀，取大脑海马角或小脑作触片，用含碱性复红作美蓝的 Seller 氏染液染色、镜检，内基氏小体呈淡紫色。

（2）荧光抗体法 是一种迅速而特异性强的诊断方法。取可疑病羊脑组织或唾液腺制成冰冻切片或触片，用荧光抗体法染色；在荧光显微镜下观察，胞浆内出现黄绿色荧光颗粒者即为阳性。

（3）小鼠接种法 是准确可靠的方法，但耗时较长，需观察 3 周才能作出诊断结果，方法是取脑病料制成乳剂，用 30 日龄的小鼠（3 日龄以内的乳鼠更敏感）经脑内接种，如有狂犬病病毒，则在接种后 1～2 周内小鼠出现麻痹症状与脑膜脑炎变化，或者于接种后 3d 捕杀小鼠，取脑制触片，用荧光抗体法检查，如此可以缩短诊断时间。

3. 类症鉴别 狂犬病临床诊断常易与日本乙型脑炎、伪狂犬病等相混淆。应依靠实验室检查进行鉴别诊断。

［防治］

1. 预防 捕杀野狗和没有免疫的狗。养狗必须登记注册，进行免疫接种。疫区与受威胁区的羊和易感动物接种弱毒疫苗或灭活苗。

2. 治疗 羊和家畜被患有狂犬病或可疑的动物咬伤时，应及时用清水或肥皂水冲洗伤口，再用碘酒或硝酸银等处理伤口，并立即接种狂犬病疫苗；有条件时也可用免疫血清进行治疗。对被狂犬咬伤的羊和家畜一般应予捕杀，以免危害于人。

五、蓝舌病

蓝舌病是由蓝舌病病毒引起的主发于绵羊的一种以库蠓为传播媒介的传染病。以发热、消瘦，口腔黏膜、鼻黏膜以及消化道黏膜等发生严重的卡他性炎症为特征，病羊蹄部也常发生病理损害，因蹄真皮层遭受侵害而发生跛行。由于病羊特别是羔羊长期发育不良以及死亡、胎儿畸形、皮毛损坏等，可造成巨大的经济损失。

［病原］蓝舌病病毒属于呼肠孤病毒科环状病毒属。病毒核酸类型为双股 RNA。就目前所知，蓝舌病病毒有 24 个血清型，各血清型之间缺乏交叉免疫性。病毒主要存在于病畜的血液以及各脏器之中，病毒可在康复动物的体内存在达 4～5 个月之久。蓝舌病病毒抵抗力强，50% 甘油中可存活多年，对

2%～3%氢氧化钠溶液敏感。

[流行特点] 蓝舌病病毒主要感染绵羊，所有品种的绵羊均可感染，而以纯种的美利奴羊更为敏感。牛、山羊和其他反刍动物包括鹿、麋、羚羊、沙漠大角羊等野生反刍动物也可患本病，但临床症状轻缓或无明显症状，而以隐性感染为主。仓鼠、小鼠等实验动物可感染蓝舌病病毒。病羊和病后带毒羊为传染源，隐性感染的其他反刍动物也是危险的传染源。本病主要通过媒介昆虫库蠓和伊蚊叮咬传播，也可经胎盘垂直感染。在新疫区羊群中的发病率为50%～70%，病死率为20%～50%。本病的发生和分布多与库蠓的分布、习性及生活史密切相关。一般发生于5～10月，多发生于湿热的晚春、夏季、秋季和池塘、河流分布广的潮湿低洼地区，即媒介昆虫库蠓大量孳生、活动的季节和地区。

[临床症状] 潜伏期3～10d。病羊体温升高达40℃以上，稽留5～6d。发病羊精神委顿，厌食流涎，掉群，双唇发生水肿，常蔓延至面颊、耳部，甚至颈部、胸部、腹部。舌及口腔黏膜充血、发绀，出现青紫色瘀斑。严重病例唇面、齿龈、颊部黏膜、舌黏膜发生溃疡、糜烂，致使吞咽困难。随着病情的发展，在溃疡损伤部位渗出血液，唾液呈红色，如有继发感染，则出现口臭。鼻分泌物初为浆液性，后变为黏脓性，常带血，结痂于鼻孔周围，引起呼吸困难。鼻黏膜和鼻镜糜烂出血。有些病例，蹄冠、蹄叶发生炎症，触之敏感，疼痛而跛行。病羊消瘦、衰弱，个别发生便秘或腹泻，常便中带血，最终死亡。妊娠母羊感染，则分娩出的胎儿可能畸形，如脑积水、小脑发育不足、沟回过多等。某些病羊痊愈后出现被毛脱落现象。病程6～14d，发病率一般为30%～40%，死亡率达2%～30%或者更高。山羊的症状与绵羊相似，但表现更为轻缓。

[病理变化] 病死羊各脏器和淋巴结充血、水肿和出血；颌下、颈部皮下胶样浸润。口腔黏膜糜烂并有深红色区，口唇、舌、齿龈、硬腭和颊部黏膜水肿、出血；呼吸道、消化道、泌尿系统黏膜以及心肌、心内外膜可见有出血点。严重病例，消化道黏膜常发生坏死和溃疡。蹄冠等部位上皮脱落但不发生水疱。蹄叶发炎并形成溃烂。

[诊断]

1. 现场诊断 根据典型症状和病变，可以作出现场诊断，如发热、口唇肿胀、糜烂、跛行、行动强直、蹄部炎症及流行季节等。

2. 实验室诊断 对可疑病羊做实验室检查加以确诊。方法是采集可疑患病羊发热期的血液或病尸肠系膜淋巴结、脾脏，接种于易感绵羊、乳鼠或鸡胚，分离病毒。用特异性阳性血清做补体结合试验、琼脂扩散试验，以鉴定病毒。进一步以分型血清做中和试验，以确定病毒型别。也常用荧光抗体技术、免疫琼扩和补体结合试验检测特异性抗体，常常取病初和病后期的双份血清比较血清阳性的变化，其中以免疫琼扩试验最为方便实用，感染后 4d 即可检测到抗体。荧光抗体可以用来检测感染组织内的病毒抗原。由于蓝舌病亚临床感染普遍存在，检出抗体后必须结合临床症状才能进行判断，最好作病毒的分离鉴定和定型。

3. 类症鉴别　羊蓝舌病通常应与口蹄疫、羊传染性脓疱等疾病进行区别。

（1）蓝舌病与口蹄疫的鉴别　口蹄疫为高度接触传染性疾病，牛、猪易感性强，临床症状典型而明显。蓝舌病则主要通过库蠓叮咬传播，且蓝舌病病毒不感染猪，人工接种不能使豚鼠感染。口蹄疫的糜烂性病理损害是由于水疱破溃而发生，蓝舌病虽有上皮脱落和糜烂，但不形成水疱。

（2）蓝舌病与羊传染性脓疱的鉴别　羊传染性脓疱在羊群中以幼龄羊发病率较高，患病羊口唇、鼻端出现丘疹和水疱，破溃以后形成疣状厚痂，痂皮下为增生的肉芽组织。病羊特别是年龄较大的羊，一般不显严重的全身症状，无体温反应。采集局部病变组织进行电镜负染检查，可发现呈线团样编织构造的典型羊口疮病毒。

[防治]

1. 预防　加强对畜产品的检疫工作，严禁从有此病的地区和国家购买牛、羊和冷冻精液。非疫区一旦传入本病，应立即采取果断措施，捕杀发病羊和与其接触过的所有易感动物，并彻底进行消毒处理。在疫区每年接种疫苗是防止本病的可靠方法。目前国外有鸡胚化弱毒疫苗和牛胎肾细胞致弱的组织苗，对绵羊有较好的免疫力。

2. 治疗　药物对本病毒无杀灭作用，但采取对症与加强护理相结合疗法，对加速病羊的康复、防止继发感染具有重要意义。先用食醋或 0.1% 的高锰酸钾溶液冲洗口腔，然后再使用 1%～3% 硫酸铜或 1%～2% 明矾及碘甘油涂拭糜烂面。也可使用中药冰硼散外敷患部治疗。蹄部病患可先使用 3% 来苏儿冲洗，再用碘甘油或土霉素软膏涂拭后以绷带包扎。对严重病例结合强心、补液。也可试用磺胺或抗生素类药物注射，以防止继发感染。

六、梅迪-维斯纳病

梅迪-维斯纳病是由梅迪-维斯纳病毒引起的成年绵羊的一种慢性、接触性传染病。本病的特征是潜伏期长，病程缓慢。临床表现为间质性肺炎或脑膜炎。病羊衰弱、消瘦，终归死亡。梅迪和维斯纳为冰岛语，原来是用来描述绵羊的两种临床不同表现的词汇，其含义分别是呼吸困难和消瘦，目前已知这两种病症是由同一种病毒所引起的慢性增生性传染病。

[病原] 梅迪-维斯纳病病毒属于逆转录病毒科慢病毒属。病毒的核酸类型为单股 RNA。病毒可在绵羊脉络丝、肺脏、睾丸、肾脏和唾液腺细胞内增殖，引起特征性的细胞病变。病毒主要存在于受感染宿主的肺脏、纵隔淋巴结、脾脏等组织。本病毒对乙醚、氯仿、乙醇和胰酶敏感。病毒可被 0.1％福尔马林、4％苯酚和 50％酒精灭活。

[流行特点] 主要发生于绵羊，山羊也可感染。本病发生于所有品种的绵羊，无性别区别，发病者多为 2～4 岁的成年绵羊。病羊和潜伏期感染羊为主要传染源。自然感染往往是由于吸入了病羊排出的含有病毒的飞沫或病羊与健康羊直接接触传染，本病也可经胎盘或乳汁垂直传播，吸血昆虫也可能成为传播者。易感绵羊经肺内注射病羊肺细胞的分泌物或血液可发生感染，也可通过污染的饲料、饮水以及牧草经消化道感染。本病多呈散发。发病率，因地域而异。饲养密度过大，有助于本病的传播流行。

[临床症状] 潜伏期 2 年以上。临床症状可分为梅迪病（呼吸道型）和维斯纳病（神经型）两型。

1. 梅迪（呼吸道型） 梅迪病患羊首先表现为放牧时掉群，出现干咳，随之呼吸困难日渐加重。病羊鼻孔扩张，头高仰，呼吸频数，听诊或叩诊可闻啰音或实音区。病羊体温一般正常，呈现慢性、进行性间质性肺炎，体重下降，逐渐消瘦、衰弱，最终死亡。病程一般为 2～5 个月甚至数年，病死率高。

2. 维斯纳病（神经型） 维斯纳病病羊最初表现为步样异常，运动失调或轻瘫，特别是后肢，易失足和发软。轻瘫逐渐加重，最后发生全瘫。有些病例头部也有异常表现，口唇和眼睑震颤，头偏向一侧。病情缓慢进展并恶化，四肢陷入对称性麻痹而死亡。病程数月甚至数年，感染绵羊可终身带毒，但大多数羊并不出现临床症状。

[病理变化]

1. 梅迪病 梅迪病的病理变化主要见于肺脏及周围淋巴结。病肺体积和重量均增大 2～4 倍，呈淡灰黄色或暗红色，触之有橡皮样感觉。肺脏组织致密，质地如肌肉，以膈叶的变化最为严重，心叶、尖叶次之。仔细观察，在胸膜下散在许多针尖大小、半透明、暗灰白色的小点。肺小叶间质明显增宽，呈暗灰色细网状花纹，在网眼中显出针尖大小的暗灰色小点。病肺切面干燥，如滴加 50％～98％醋酸，很快会出现针尖大小的小结节。支气管淋巴结肿大，平均重量可达 40g（正常为 10～15g），切面均质发白。病理组织学变化主要为慢性间质性肺炎。肺泡间隔增厚，淋巴样组织增生。在细支气管、血管和肺泡周围出现弥漫性淋巴细胞、单核细胞以及巨噬细胞的浸润。微小的细支气管上皮、肺泡间隔平滑肌、血管平滑肌上皮增生。

2. 维斯纳病　维斯纳病眼观病变不显著。病理组织学变化主要表现为弥漫性脑膜脑炎，脑膜及血管周围淋巴细胞和小胶质细胞增生、浸润并出现血管套现象。大脑、小脑、脑桥、延脑和脊髓白质内出现弥漫性脱髓鞘现象，在脑膜附近形成脱髓鞘腔。

　[诊断]

1. 现场诊断　2岁以上的绵羊无体温反应，呼吸困难逐渐增重，可怀疑为本病。肺的前腹区坚实，仔细观察，肺胸膜下散在无数针尖大小的青灰色小点，这是重要的肉眼变化。在这种小点看不清楚的时候，可以用50%～98%的醋酸涂擦于肺表面，经2min后，于灰黄色背景上出现十分明显的乳白色小点，可作为一种简易的辅助诊断方法。

2. 实验室诊断　为了确诊，应进行实验室检查，如病理组织学检查、病毒分离、病毒颗粒的电镜观察以及中和试验、补体结合试验、被动血凝试验、琼脂扩散试验、免疫荧光法及酶联免疫吸附法等血清学方法和聚合酶链反应（PCR）检测。目前广泛应用琼脂扩散试验对羊群进行检测。

3. 类症鉴别　鉴别诊断需考虑肺腺瘤病、蠕虫性肺炎、肺脓肿和其他的肺部疾病。肺腺瘤病的组织切片中，可发现大单核细胞聚集以及细支气管和肺泡管内上皮细胞增生，肺泡中膈上带有乳头状上皮突起，以致部分阻塞肺泡腔。蠕虫性肺炎则在细支气管内可发现寄生虫。肺脓肿和其他肺部疾病都有其特定的病变。

　[防治]

1. 应从未发生本病的国家或地区引进绵羊和山羊。动物在进口前30d进行梅迪-维斯纳病琼脂扩散检测，结果阴性羊方可启运。口岸检疫中，如发现梅迪-维斯纳病阳性动物，则作退回或捕杀销毁处理，同群动物严格隔离观察。

2. 本病迄今尚无特异性疫苗供免疫接种，也无有效的治疗方法。应防止健康羊群与病羊接触，发病羊及时隔离、淘汰。病尸或污染物应销毁或作无害化处理。圈舍、饲养用具应用2%氢氧化钠或4%石炭酸消毒。定期用血清学试验检测羊群，淘汰有临床症状的羊以及血清学反应呈阳性的羊及其后代，以清除本病，净化畜群。

七、绵羊肺腺瘤病

绵羊肺腺瘤病又名"绵羊肺癌"或"驱赶病"，是由绵羊肺腺瘤病病毒引起的一种慢性、接触传染性肺脏肿瘤病。其特征为潜伏期长，肺泡和支气管上皮进行性肿瘤性增生，病羊消瘦、咳嗽，呼吸困难，终归死亡。

[病原] 绵羊肺腺瘤病病毒是一种逆转录病毒，在绵羊肺腺瘤病的肿瘤匀浆和肺组织中发现有 RNA 及依赖 RNA 的 DNA 逆转录酶。该病毒抵抗力不强，56℃，30min 可灭活，对氯仿和酸性环境敏感。—20℃条件下病肺细胞里的病毒可存活数年。病毒组织培养较为困难，可于易感绵羊的支气管上皮细胞内增殖；气管内接种易感羔羊，10～22 个月后，在其肺内可产生病变。

[流行特点] 各种品种和年龄的绵羊均能发病，以美利奴绵羊的易感性最高。临床发病多为 3～5 岁的绵羊，2 岁以内的羊较少出现症状。除绵羊外，山羊也可发生。病羊是主要传染来源，病羊通过咳嗽、喘气将病毒排出，经呼吸道使附近的易感羊感染。羊群拥挤，尤其在密闭的圈舍中，有利于本病的传播。气候寒冷，可使病情加重，也容易引起感染羊继发细菌性肺炎，致使病程缩短，死亡增多。

[临床症状] 潜伏期很长，半年至 2 年不等。人工感染的潜伏期长达 3～7 个月。只有成年绵羊和较大的羊才见到临床表现，病羊逐渐出现虚弱、消瘦、呼吸困难的症状。病初，病羊因剧烈运动而呼吸加快，随着病情的发展，呼吸快而浅表，吸气时常见头颈伸直、鼻孔扩张，病羊常有湿性咳嗽。当支气管分泌物积聚于鼻腔时，则出现鼻塞音，低头时，分泌物自鼻孔流出。分泌物检查，可见增生的上皮细胞。肺部听诊、叩诊，有湿啰音和肺实变区。疾病后期，病羊衰竭、消瘦、贫血，但仍可站立，病羊体温一般正常。病羊常继发细菌性感染，引起化脓性肺炎，导致急性发作，有时可能呈发热性病程。病羊最终因虚脱而死亡，病死率高，可达 100%。

[病理变化] 主要局限于肺部及胸部。早期病羊肺尖叶、心叶、膈叶前缘等部位出现弥散性小结节，质地硬，稍突出于肺表面，切面可见颗粒状突起物，反光性强。随病程的进展，肺脏出现大量肿瘤组织构成的结节，粟粒至枣子大小。有时一个肺叶的结节增生、融合而形成较大的肿块。继发感染时则形成大小不一的脓肿。患区胸膜增厚，常与胸壁、心包膜粘连。支气管淋巴结、纵隔淋巴结增大，也形成肿块，体腔内常积聚少量的渗出液。病理组织学检查，肿瘤是由支气管上皮细胞所组成，除见有简单的腺瘤状构造外，还可见到乳头状腺瘤构造。新增生的细胞呈立方形，胞浆丰富、淡染，核丰富，呈圆形或卵圆形，有的无绒毛结构。排列紧密的上皮细胞由于异常增生而向肺泡腔和细支气管内延伸，形如乳头状或手指状，逐渐取代正常的肺泡腔。在肺腺瘤病灶之间的肺泡内有大量的巨噬细胞浸润。这些细胞常被腺瘤上皮分泌的黏液连在一起，形成细胞团块。支气管淋巴结、纵隔淋巴结失去正常结构，代之以类似

肺内的腺瘤状构造。

[诊断] 在本病的流行区，如发现逐渐地、持续性的呼吸困难，可作出疑似诊断；病死或淘汰羊，如肺上发现灰白色结节，是进一步支持临床诊断的证据。必要时，采肺脏病料进行病理学检查，采血清作琼脂扩散试验和补体结合试验。此外，还可利用血清中和试验、直接荧光抗体法以及酶联免疫吸附法等进行检验。

[防治] 尚无有效疗法，也无特异性预防的免疫制剂。平时预防工作极为重要，坚决不从疫区引进羊；进羊时严格检疫。羊群一经发现该病，很难清除，故须全群淘汰，以清除病原。

八、痒病

痒病又称慢性传染性脑炎，又名"驴跑病"、"瘙痒病"、"震颤病"、"摩擦病"或"摇摆病"，是由痒病朊病毒引起成年绵羊和山羊的一种缓慢发展的中枢神经系统性疾病。临床上以潜伏期特别长、皮肤剧痒、共济失调和高致死率为特征。痒病是历史最久的传染性海绵状脑病，可谓传染性海绵状脑病的原型。羊群遭受本病感染后，很难清除，几乎每年都有不少羊因患该病死亡或淘汰。痒病的危害不仅是羊群死亡淘汰损失，更重要的是影响了活羊、羊精液、羊胚胎以及有关产品的市场，对养羊业危害极大。

[病原] 朊病毒或称蛋白浸染因子。痒病朊病毒可人工感染多种实验动物。动物机体感染后不发热，不产生炎症，无特异性免疫应答反应。痒病朊病毒对各种理化因素抵抗力强，紫外线照射、离子辐射以及热处理均不能使朊病毒完全灭活，37℃经 20％福尔马林处理 18h、0.35％福尔马林处理 3 个月均不能完全灭活，在 10％～20％福尔马林溶液中可存活 28 个月。感染脑组织在 4℃条件下经 12.5％戊二醛或 19％过氧乙酸作用 16h 也不能完全灭活，在 20℃条件下置于 100％乙醇内 2 周仍具有感染性。痒病动物的脑悬液可耐受 pH2.1～10.5 环境达 24h 以上。90％苯酚、5％次氯酸钠、碘酊、1％十二烷基磺酸钠对痒病病原体有很强的灭活作用。

[流行特点] 不同性别、品种的羊均可发生痒病，但品种间存在着明显的易感性差异，如英国萨福克种绵羊更为敏感。痒病具有明显的家族史，在品种内某些受感染的谱系发病率高。一般发生于 2～5 岁的绵羊，5 岁以上和 1.5 岁以下的羊通常不发病。患病羊是本病的传染源。痒病可在无关联的绵羊间经口腔或黏膜感染进行水平传播，也可在子宫内以垂直方式直接感染胎儿。通常呈散发性流行，感染羊群内只有少数羊发病，传播缓慢。小鼠、仓鼠、大鼠和

水貂等实验动物均可人工感染痒病。羊群一旦感染痒病，很难根除，几乎每年都有少数患羊死于本病。

[临床症状] 自然感染潜伏期1～5年或更长，故1岁以下的羊极少出现临床症状。起病大多是不知不觉，早期，病羊敏感、易惊、癫痫等。有些病羊表现有攻击性或离群呆立，不愿采食。有些病羊则容易兴奋，头颈抬起，眼凝视或目光呆滞，以一种特征的高抬腿姿势跑步，似驴跑步样姿态或雄鸡步样姿态，驱赶时常反复跌倒。随着病情的发展，共济失调逐渐严重，随意肌特别是头颈部以及腹肋部肌肉发生频繁而细微的震颤，兴奋时加重，休息时减轻。发展期，病羊出现瘙痒，瘙痒部位多在臀部、腹部、尾根部、头顶部和颈背侧，常常是两侧对称性的。瘙痒轻微时不易观察到，用手抓搔患羊腰部，常发生伸颈、摆头、咬唇或舔舌等反射性动作。瘙痒严重时病羊常啃咬腹肋部、股部或尾部，或在墙壁、栅栏、树干等物体上摩擦这些部位，致使被毛大量脱落，皮肤红肿、发炎，甚至破溃出血。疾病后期，机体衰弱，出现昏睡或昏迷，卧地不起。整个患病期间，病羊体温正常，可照常采食，但日渐消瘦，体重明显下降，常不能跳跃，遇沟坡、土堆、门槛等障碍时，反复跌倒或卧地不起。病程数周或数月，甚至一年以上，少数病例也取急性经过，患病数日即突然死亡，病死率高，几乎达100％。

[病理变化] 病死羊尸体剖检，除见尸体消瘦、被毛脱落以及皮肤损伤外，内脏器官常无肉眼可见的病理变化。病理组织学检查，突出的变化是中枢神经系统的海绵样变性。自然感染的病羊，以中枢神经系统神经元的空泡变性和星状胶质细胞肥大增生为特征，病变通常是非炎症性的，且两侧对称。大量的神经元发生空泡化，胞质内出现一个或多个空泡，呈圆形或卵圆形，界限明显，胞核常被挤压于一侧甚至消失。神经元空泡化主要见于延脑、脑桥、中脑和脊髓。星状细胞肥大增生呈弥漫性或局灶性，多见于脑干的灰质和小脑皮质内。大脑皮层常无明显的变化。

[诊断] 本病的临床症状具有特征性，结合流行病学分析（如由疫区购进种羊或患病动物父母代有痒病病史等），一般可作出诊断。确诊通常进行病理组织学检查、异常朊病毒蛋白的免疫学检测、痒病相关纤维（SAF）检查等实验室检验。必要时可做动物接种试验。

本病通常应与梅迪-维斯纳病、羊螨病和虱病等疾病相区别。

[防治]

1. 严禁从有痒病的国家和地区引进种羊、羊肉、羊的精液以及羊胚胎等。引进动物时，严格口岸检疫。引入羊在检疫隔离期间发现痒病应全部捕杀、销毁，并进行彻底消毒，以除后患。不得从有病国家和地区购入含反刍动物的饲料。

2. 无病地区发生痒病，应立即上报，同时采取捕杀、隔离、封锁、消毒等措施，并进行疫情监测。

3. 目前尚无有效的预防和治疗措施。常用的消毒方法有：焚烧；5%～10%氢氧化钠溶液作用 1h；0.5%～1.0%次氯酸钠溶液作用 2h；浸入 3%十二烷基磺酸钠溶液煮沸 10min。

九、边界病

边界病是由边界病病毒引起新生绵羊羔的一种传染病，以新生羔羊发生震颤和被毛异常为特征。该病最初发现于苏格兰和威尔士的边界地区，故称"边界病"。目前呈世界性分布，我国尚未发现本病。

[病原] 边界病病毒属黄病毒科瘟病毒属。该病毒的抵抗力不强，对氯仿和乙醚敏感，pH 为 3 的酸性环境和 50℃加热均可使其迅速灭活。

[流行特点] 绵羊是其主要的自然宿主，山羊也可以感染，持续感染的绵羊和羔羊是最主要的传染源。先天性感染动物表现为终身病毒血症，病毒持续通过呼吸道、消化道和泌尿生殖道排出体外。可经胎盘垂直传播和羊之间水平传播。

[临床症状] 发病率低。通常在产羔期出现病情，流产可发生于妊娠的任何时期。母羊感染后发生急性局灶性坏死性胎盘炎，部分新生羔羊个体小，体重轻，被毛粗乱，生长过多过长，毛色异常。有的病羔出现头颈不自主性的肌肉震颤，有时后肢或全身颤抖。由于被毛粗乱，走路时表现摇摆，故也称"粗毛摇摆病"。病羔多在断乳前死亡，少数存活羔羊的神经症状于 3～4 个月内逐渐减轻或消失。

[病理变化] 母畜出现局灶性坏死性胎盘炎，有的死胎出现脑畸形、脑积水、小脑发育不全。组织学检查脑和脊髓，可见不同程度的髓鞘质缺乏，白质细胞增多，许多胶质细胞的形态异常。

[诊断] 可依据临床表现和剖检变化作出初步诊断。用病羔脑、脾组织乳剂人工感染孕羊，常可在 3 周内使胎儿发生特征性病变或导致死胎。用胎羊肾细胞培养，较易由病羔脑和脊髓等病料中分离到病毒。

用感染细胞培养物作为抗原，做中和试验、补体结合试验、琼脂扩散试验和间接免疫荧光等试验，可以检出血清抗体。如作流产期和流产后 3～4 周采集的双份血清抗体滴度增长试验，更有诊断价值。应用特异性荧光抗体，可以直接在流产胎儿和病羔的各组织脏器内发现病毒抗原。

边界病应与衣原体性地方性流产、布鲁氏菌病和赤羽病等相区别。

[**防治**] 目前尚无特异的防治方法。捕杀病羔及其母羊，是国外防治边界病的主要措施。虽然试用疫苗，但免疫效果尚不确实。我国尚无此病发生，应注意防止从国外传入本病。

十、山羊病毒性关节炎-脑炎

山羊病毒性关节炎-脑炎是由山羊关节炎-脑炎病毒引起山羊的一种慢性病毒性传染病。其特征是成年羊为慢性多发性关节炎，间或伴发间质性肺炎或间质性乳腺炎；羔羊常呈现脑脊髓炎症状。

本病分布于世界很多养羊的国家。1985 年以来，我国先后在甘肃、贵州、四川、陕西、山东和新疆等省（自治区）发现本病。

[**病原**] 山羊关节炎-脑炎病毒属于逆转病毒科慢病毒属。病毒的形态结构和生物学特性与梅迪-维斯纳病毒相似，病毒粒子呈球形，直径 80～100nm，基因组有 20％同源性，在血清学上有交叉反应。

鸡胚、小鼠、豚鼠、地鼠和家兔等实验动物感染不发病。无菌采取病羊关节滑膜组织制备单细胞进行体外培养，经 2～4 周细胞出现合胞体。山羊胎儿滑膜细胞常用于病毒的分离鉴定。接种材料包括滑液、乳汁和血液白细胞，其中以前二者的病毒分离率最高。用驯化病毒接种山羊胎儿滑膜细胞经 15～20h，病毒开始增殖，96h 达高峰，接种 24h 细胞开始融合，5～6d 细胞层上布满大小不一的多核巨细胞。试验证明，合胞体的形成是病毒复制的象征。因此，可用于感染性的滴定。

[**流行特点**] 山羊是本病的易感动物。在自然条件下，只在山羊间互相传染发病，绵羊不感染。患病山羊和隐性带毒羊为主要传染源，本病的主要传播方式为水平传播，子宫内感染偶尔发生。感染途径以消化道为主。病毒经乳汁感染羔羊，被污染的饲草、饲料、饮水等可成为传播媒介。无年龄、性别、品系间的差异，但以成年羊感染居多。感染率为 1.5％～81％，感染母羊所产的羔羊当年发病率为 16％～19％，病死率高达 100％。水平传播至少同居放牧 12 个月以上；带毒公羊和健康母羊接触 1～5d 不引起感染。呼吸道感染和医疗器械接种传播本病的可能性不能排除。感染本病的羊只，在良好的饲养管理条件下，常不出现症状或症状不明显。只有通过血清学检查，才能发现。一旦饲养管理不良、长途运输或遭受环境应激因素的刺激，则会出现临床症状。

[**临床症状**] 依据临床表现分为三型：脑脊髓炎型、关节型和间质性肺炎型。多为独立发生，少数有所交叉。但在剖检时，多数病例具有其中两型或三

型的病理变化。

1. 脑脊髓炎型 潜伏期53～131d。主要发生于2～4月龄羔羊。有明显的季节性，80％以上的病例发生于3～8月份，显然与晚冬和春季产羔有关。病初病羊精神沉郁、跛行，进而四肢强直或共济失调。一肢或数肢麻痹、横卧不起、四肢划动，有的病例眼球震颤、惊恐、角弓反张，头颈歪斜或作圆圈运动。有时面神经麻痹，吞咽困难或双目失明。病程半月至1年，个别耐过病例留有后遗症，少数病例兼有肺炎或关节炎症状。

2. 关节炎型 发生于1岁以上的成年山羊。典型症状是腕关节肿大和跛行，膝关节和跗关节也有罹患。病情逐渐加重或突然发生。开始，关节周围的软组织水肿、湿热、波动、疼痛，有轻重不一的跛行，进而关节肿大如拳，活动不便，常见前膝跪地膝行；有时病羊颈浅淋巴结肿大。透视检查，轻型病例关节周围软组织水肿；重症病例软组织坏死，纤维化或钙化，关节液呈黄色或粉红色。发病羊多因长期卧地、衰竭或继发感染而死亡。病程较长，1～3年。

3. 肺炎型 较少见。患羊进行性消瘦，咳嗽，呼吸困难，胸部叩诊有浊音，听诊有湿啰音。无年龄限制，病程3～6个月。

除上述三种病型外，哺乳母羊有时发生间质性乳房炎。

[病理变化] 主要病变见于中枢神经系统，四肢关节及肺脏，其次是乳腺。

1. 中枢神经 主要发生于小脑和脊髓的灰质，在前庭核部位将小脑与延髓横断，可见一侧脑白质有一棕色区。镜检见血管周围有淋巴样细胞、单核细胞和网状纤维增生，形成套管，套管周围有星状胶质细胞和少突胶质细胞增生包围，神经纤维有不同程度的脱髓鞘变化。

2. 肺脏 轻度肿大，质地硬，呈灰色，表面散在灰白色小点，切面有大叶性或斑块状实变区。支气管淋巴结和纵隔淋巴结肿大，支气管空虚或充满浆液和黏液，镜检见细支气管和血管周围淋巴细胞、单核细胞或巨噬细胞浸润，甚至形成淋巴小结，肺泡上皮增生，肺泡膈肥厚，小叶间结缔组织增生，临近细胞萎缩或纤维化。

3. 关节 关节周围软组织肿胀波动，皮下浆液渗出。关节囊肥厚，滑膜常与关节软骨粘连。关节腔扩张，充满黄色粉红色液体，其中悬浮纤维蛋白条索或血凝块。滑膜表面光滑，或有结节状增生物，透过滑膜可见到组织中的钙化斑。镜检见滑膜绒毛增生折叠，淋巴细胞、浆细胞及单核细胞灶状聚集，严重者发生纤维蛋白性坏死。

4. 乳腺 发生乳腺炎的病例，镜检见血管、乳导管周围及腺叶间有大量淋巴细胞、单核细胞和巨细胞渗出，继而出现大量浆细胞，间质常发生灶状坏死。

5. 肾脏 少数病例肾表面有 1～2mm 的灰白小点。镜检见广泛性的肾小球肾炎。

[诊断] 依据病史、病状和病理变化可作出现场诊断。病原学的诊断可采取病畜发热期或濒死期和新鲜畜尸的肝脏制备乳悬液进行病毒的分离试验，也可选用小鼠或仓鼠进行动物实验。血清学诊断主要应用琼脂扩散试验或酶联免疫吸附试验确定隐性感染动物。免疫荧光抗体技术检测血清中的 IgM 抗体可以作为新发疾病的判定指标。

[防治] 尚无有效疗法和疫苗。主要以加强饲养管理和防疫卫生工作为上，执行定期检疫，及时淘汰血清学反应阳性羊。引入羊只实行严格检疫，特别是引进国外品种，除执行严格的检疫制度外，入境后还要单独隔离观察，定期复查，确认健康后，才能转入正常饲养繁殖或投入使用。在无病地区还应提倡自繁自养，严防本病由外地带入。

十一、羊传染性脑脊炎

羊传染性脑脊炎又称羊脑脊炎、羊跳跃病、苏格兰脑炎，是由苏格兰脑炎病毒经蜱传播主要引起绵羊的一种急性病毒性传染病。以双相热、精神沉郁、共济失调、震颤、后肢麻痹、昏迷和死亡为特征。

[病原] 羊跳跃病病毒属黄病毒科黄病毒属，直径 40～50nm。在 HeLa 细胞培养中有细胞致病作用。本病毒不耐热，60℃水浴 10min 及乙醚、去氧胆酸钠可灭活。在干燥状态下可存活数年，在 50%甘油中可存活 6 个月。

[流行特点] 主要发生于绵羊，偶尔可引起山羊患病，也可感染牛、马、狗、鹿和野生动物。传染媒介为蜱，感染该病毒的蜱通过叮咬传播该病。偶尔可以传染给人，表现为流感样疾病、双相热脑炎、脊髓灰质炎样疾病或出血热，但不至于引起死亡。该病仅发生于多蜱的山区。

[症状]

1. 绵羊 潜伏期为 1～3 周。发病初期表现高热、体温达 40～42℃，精神委顿，食欲消失，数日后温度下降，情况好转。但 1 周之后，体温再度升高，出现典型的神经症状，病羊出现震颤，因而又称为震颤病，以头、颈部震颤最为明显；共济失调；感觉过敏。随着疾病的发展，出现跳跃，时而像小跑的马，时而向前冲跳，并躺倒踢腿，终至痉挛和麻痹、角弓反张、昏迷，病程一般为 7～12d。

2. 山羊 虽无临床病例报告，但对苏格兰野山羊的调查证明，很多羊都具有本病的抗体，说明山羊有可能发生过本病。

[**病理变化**] 脑膜血管充血，其他器官无特异性肉眼可见病变。

[**诊断**] 在有蜱存在的流行地区，根据临床症状即可怀疑为此病。但确诊主要依赖于病毒分离鉴定、RT-PCR检测或双份血清的抗体效价增高。应注意与无菌性脑膜炎、其他病毒性脑炎相鉴别。

[**防治**]

1. 预防 重在控制羊蜱的危害，进行有规律的药浴或喷雾，并对蜱活动严重的草场进行焚烧和彻底割除，预防作用明显。对流行地区的羊注射跳跃病疫苗，早先使用灭活疫苗，使羊群产生保护性抗体；近来使用减毒活疫苗保护羊群，注射1次即可保护绵羊及羊羔1年，从而控制传播。

2. 治疗 无特效治疗方法。接触病毒后的48h内，注射抗血清可望得到保护，一旦出现体温升高，使用抗血清无效。如果未发生后肢麻痹，给予大量镇静剂可望治愈，但有可能成为带毒者。

十二、绵羊溃疡性皮炎

绵羊溃疡性皮炎又称为唇和小腿溃疡或龟头包皮炎、外阴炎，为绵羊的一种病毒性传染病。其特征是表皮发生溃疡，侵害部位包括唇和鼻、小腿和外生殖器官（包皮、阴茎及阴户）。

[**流行特点**] 单独接触不能传播本病，但人工感染于划破的皮肤时，容易成功。在自然感染情况下，病毒是经过破伤而进入皮肤。生殖器官（包皮、阴茎及阴户）的发病乃是通过交配传染的。

[**临床症状**] 症状根据发病部位而定。

发病在唇及小腿者，最初症状为跛行，这是由于局部病灶所引起。病灶表现为溃疡，其大小与深浅不一，初期阶段即形成痂皮，将溃疡面遮盖起来。除去痂皮时，可见一无皮而出血的浅伤口，一般只有数毫米深。在痂皮与溃疡底部之间存在有乳酪样而无臭的脓汁。与口疮病灶的主要区别是，此种溃疡是由组织受到破坏所形成，而口疮病灶则是组织增生的结果。

面部病灶最常限于上唇缘与鼻孔之间的区域，以及眼内角下方，但也可能发生于颊部。除了最严重的病例可使唇部穿孔以外，均不涉及颊黏膜。

足部病灶可发生在蹄冠与腕部（或跗部）之间的任何部分。

生殖器官病变部分或完全位于包皮口，严重者形成包茎；少数情况下，溃疡蔓延至阴茎导致公羊不能自然配种。在母羊，外阴唇的水肿、溃疡和结疤很少带来严重的后果。

初期没有明显的全身反应。发病率一般为15%～20%，高时可达60%。

[诊断] 诊断主要根据病灶特征。必须注意与口疮病灶相区别，其不同之处有以下几点：

1. 溃疡性皮肤炎发生于各种年龄的绵羊，而口疮却多限于小羊，成年羊很少发生。

2. 溃疡性皮肤炎是溃疡性的，而口疮则为增生性质。

此外，口疮疫苗不能使溃疡性皮肤炎得到免疫，因此，也可以对口疮免疫过的羔羊进行接种来进行诊断。

[防治] 目前尚无疫苗和特效疗法，在发现本病的地区，配种季节开始以前，必须对公羊严格检查，发现有任何包皮炎的症状时，立即进行淘汰。

十三、内罗毕羊病

内罗毕羊病又名内罗毕地区羊急性出血性胃肠炎，是绵羊和山羊的一种急性传染病，其特点是发高热或出血性胃肠炎。此病最早发现于1910年东非的内罗毕与肯尼亚山之间的吉库犹地区，由蜱传播。

[病原] 内罗毕羊病病毒属于布尼病毒科内罗病毒属，是一种虫媒病毒。对次氯酸盐、酚类化合物、2%戊二醛和其他消毒剂敏感

[流行特点] 只有绵羊和山羊易感，并且是重要的贮存宿主。具尾扇头蜱是内罗毕羊病病毒的传染媒介，幼虫、若虫和成虫叮咬病毒血症绵羊，并将病毒转移到下一个生活期，通过叮咬敏感绵羊传播内罗毕绵羊病病毒，不能通过直接接触传播。主要发生于绵羊，偶尔可发生于牛，为一种急性发热性疾病。

[临床症状] 潜伏期一般为1～15d，大多数为2～6d。初期体温升高、白细胞减少、呼吸急促、食欲缺乏、高度沉郁，随后有恶臭的腹泻和体温下降。开始为大量稀薄的水样粪便，其后出现血样、黏液粪便。病羊表现相当痛苦，有的表现血性、黏性、脓性鼻漏，结膜炎。妊娠母羊流产。大多数动物在疾病发热早期死亡，有些在发热开始12h死亡，后期死亡是由于出血性腹泻和脱水造成的。死亡率一般为30%～95%。山羊的临床症状没有绵羊严重。

[病理变化] 体表和肠系膜淋巴结增大、水肿。大多数器官充血，心脏、消化道、脾、肝、肺和肾浆膜有斑状或点状出血。存活时间长者有明显的卡他性黏液性或出血性胃肠炎，肠内容物为液体和血样，皱胃、结肠、盲肠、远端回肠和回盲瓣周围有广泛的溃疡和/或出血。胆囊肿胀和出血。流产羊生殖道发炎、充血和出血。流产胎儿全身器官出血，胎膜水肿和出血。

[诊断] 在流行地区或附近，根据临床症状和死后剖检即可怀疑为此病。但确诊需要用细胞进行病毒分离或接种乳鼠（乳鼠出现脑炎死亡），并应用小

鼠或培养的细胞作血清中和试验、免疫荧光检测，或进行血凝试验和酶联免疫吸附试验。

[防治] 康复动物具有强的长时期免疫力，适应小鼠的弱毒疫苗可以试用于预防接种。在流行地区对羊进行有规律的药浴或喷雾，以杀灭传播媒介——蜱。抗菌药物治疗无效。

十四、韦塞尔斯布朗病

韦塞尔斯布朗病又名韦塞尔斯布朗热，是由韦塞尔斯布朗病毒引起绵羊的一种虫媒性急性热性病。以妊娠羊流产、新生羔羊大批死亡为特征。1954 年本病最先发现于南非韦塞尔斯布朗地区，故名。人和绵羊、牛等动物均可自然感染发病。

[病原] 韦塞尔斯布朗病毒属于虫媒病毒 B 组，直径约 30nm。能被环境因素和多种化学试剂快速灭活，但在 pH 3～9 稳定。能凝集 1 日龄雏鸡的红细胞。韦塞尔斯布朗病毒易在鸡胚卵黄囊内增殖，病毒主要存在于胚体内，但鸡胚的死亡不规律。也可在羊肾组织培养细胞内生长，形成胞浆内包涵体。

[流行特点] 韦塞尔斯布朗病毒感染许多种类的动物，但除绵羊外，马、牛和猪等动物大多呈不显型感染。患病及带毒的人和动物是本病的传染源。主要经伊蚊，特别是神秘伊蚊和黄环伊蚊传播，但人也可以因实验室接触病毒而感染。

[临床症状] 潜伏期为 1～4d。成年绵羊发病时体温升高，持续 2～3d，可引起妊娠母羊流产与死亡，流产可以在发热后几天出现。新生羔羊发病时呈现衰弱症状，食欲丧失，并发生脑炎及昏睡，于 3～4d 内死亡。羔羊和妊娠母羊的死亡率可达 20%～30%。黄疸也是常见的典型症状。

[病理变化] 最典型的死后病变是肝脏的弥漫性坏死和脂肪浸润。胆囊肿大，呈黑色，并有线状出血。流产胎儿出血和黄疸，并有脑膜脑炎病变。

[诊断] 根据流行病学、临床症状和病理变化可做出初步诊断，确诊需要进行实验室诊断。分离和鉴定病毒时，可用病羊高热期血清、流产胎儿的肝脏和脑或死亡动物的肝脏作为病毒分离材料，接种羊肾组织培养细胞或脑内接种未离乳的小鼠。分离获得病毒以后，即可应用标准免疫血清进行补体结合试验、血凝抑制试验或中和试验进行鉴定。对于现症病畜的诊断，必须进行双份血清测定。

由于韦塞尔斯布朗病在临床上极像裂谷热，而且也发生于相同的一些地区，鉴别诊断比较困难。但因韦塞尔斯布朗病毒和裂谷热病毒的抗原迥然不同，故可应用补体结合试验、中和试验鉴别。

[防治] 本病无特效疗法。防治方法主要是防蚊、灭蚊。给羊只注射疫苗。当处理感染动物的器官时，必须穿上防护服。

十五、小反刍兽疫

小反刍兽疫是小反刍兽疫病毒引起小反刍动物的一种急性接触性传染性疾病。主要感染小反刍兽，特别是山羊和绵羊，野生动物偶尔感染。其特征是发病急剧、高热稽留、眼鼻分泌物增加、口腔糜烂、腹泻和肺炎。OIE 将其列为必须报告的动物疫病，我国将其规定为一类动物疫病。

本病 1942 年首次发生于西非之象牙海岸，1972 年正式确认病原为反刍兽疫病毒，PPRV 有 4 个群，但只有 1 个血清型。该病于 1942 年首次在非洲的科特迪瓦发生，近几年该病在我国的周边国家频频发生，特别是在我国西藏也发现该病，严重威胁到我国小反刍动物的健康。

[病原] 小反刍兽疫病毒属于副黏病毒科麻疹病毒属。该病毒与麻疹病毒、犬瘟热病毒、牛瘟病毒等有相似的理化及免疫学特性。病毒粒子呈多形性，通常为粗糙的球形，有囊膜。病毒可在胎绵羊肾、胎羊及新生羊的睾丸细胞、Vero 细胞上增殖，并产生细胞病变（CPE），形成合胞体。病毒在体外存活时间不长，56℃，病毒于血、脾、淋巴腺内的半衰期为 5min。70℃以上，迅速灭活。4℃下，pH 7.2~7.9，病毒稳定，半衰期 3.7d，但如 pH 高于 9.6 或低于 5.6，病毒迅速灭活。

[流行特点] 自然发病主要见于绵羊、山羊、羚羊、美国白尾鹿等小反刍动物，但山羊发病比较严重。牛、猪等可以感染，但通常为亚临床经过。该病的传染源主要为患病动物和隐性感染动物，处于亚临床型的羊尤为危险，其分泌物和排泄物可经直接和间接接触传染或呼吸道飞沫传染。

[临床症状] 潜伏期为 4~6d，一般为 3~21d。自然发病仅见于山羊和绵羊，患病动物发病急剧，高热可达 41℃以上，持续 3~5d，初期精神沉郁，食欲减退，体重下降，鼻镜干燥，口鼻腔流黏脓性分泌物，呼出恶臭气体；口腔黏膜和齿龈微充血，进一步发展为颊黏膜进行性广泛性损害，导致涎液大量分泌排出；随后出现坏死性病灶，开始口腔黏膜出现小的粗糙的红色浅表坏死病灶，以后变成粉红色，感染部位包括下唇、下齿龈等处。严重病例可见坏死病灶波及齿垫、腭、颊部及其乳头、舌头等处。后期出现带血水样腹泻，严重脱水，消瘦，妊娠羊可能流产；并常有咳嗽、胸部啰音及腹式呼吸；死前体温下降。发病率高达 100%，在严重暴发时，死亡率为 100%；在轻度发生时，死

亡率不超过 50％。幼年动物发病严重，发病率和死亡率都很高。

[病理变化] 尸体病变与牛瘟相似，可见结膜炎、坏死性口炎等肉眼病变，严重病例可蔓延到硬腭及咽喉部。皱胃常出现病变，病变部常出现有规则、有轮廓的糜烂，创面红色、出血；而瘤胃、网胃、瓣胃很少出现病变。肠可见糜烂或出血，特别在结肠和直肠结合处出现特征性线状出血或斑马样条纹。淋巴结肿大，脾脏出现坏死灶病变。在鼻甲、喉、气管等处有出血斑。

[诊断] 根据流行病学、临床症状和病理变化可做出初步诊断，确诊需要进行实验室诊断。该病的实验室检查通常包括病毒分离鉴定和血清学试验。应注意与牛瘟、蓝舌病、口蹄疫、急性消化道感染症、羊痘做鉴别诊断。

[防治] 严禁从存在本病的国家或地区引进相关动物。加强国境检疫，防止传入本病。受威胁地区可通过接种牛瘟弱毒疫苗建立免疫带，防止该病传入。一旦发生本病，应按《中华人民共和国动物防疫法》规定，采取紧急、强制性的控制和扑灭措施，扑杀患病和同群动物。疫区及受威胁区的动物进行紧急预防接种。

第二节　细菌性传染病

一、羊炭疽

炭疽是一种急性、热性、败血性的人兽共患传染病。羊多呈最急性经过，突然发病，眩晕，可视黏膜发绀，天然孔出血。

[病原] 病原为炭疽杆菌。炭疽杆菌是一种粗而长的革兰氏阳性大杆菌，不运动。分类属芽孢杆菌科芽孢杆菌属。本菌在形态上具有明显的双重性：在病料内，常单个散在，或几个菌体相连，呈短链条排列，菌体周围绕以肥厚的荚膜，整个菌体宛如竹节状，但不形成芽孢；在人工培养物内或自然界中，菌体呈长链状排列，两菌接触端如刀切状，在适宜条件下可形成芽孢，位于菌体中央；芽孢具有很强的抵抗力，在干燥环境中能存活 10 年之久，煮沸需 15～25min 才能杀死，临床上常用 20％漂白粉、2％～4％的甲醛、0.5％过氯乙酸和 1％氢氧化钠作为消毒剂。

[流行特点] 各种家畜及人对该病都有易感性，羊的易感性高。病羊是主要传染源，濒死病羊体内及其排泄物中常有大量菌体，若尸体处理不当，炭疽杆菌形成芽孢并污染土壤、水、牧地，则成为长久的疫源地。健康羊吃了污染的饲料或饮水而感染，也可经呼吸道和吸血昆虫叮咬而感染。本病多发于夏季，呈散发或地方性流行。

[临床症状] 多为最急性或急性经过，突然发病，体温升高到 40～42℃。患羊昏迷、眩晕、摇摆、倒地，呼吸困难，结膜发绀，全身抽搐，磨牙，口、鼻流出血色泡沫，肛门、阴门流出暗红色或黑色血液，且不易凝固，数分钟即可死亡。在病情缓和时，羊兴奋不安，行走摇摆，呼吸加快，心跳加速，黏膜发绀，后期全身痉挛，天然孔出血，数小时内即可死亡。

[病理变化] 死后外观尸体迅速腐败而极度膨胀，从眼、鼻、口腔及肛门等天然孔流出带气泡的暗红色或黑色血液，呈煤焦油样，凝固不良，可视黏膜发绀或有点状出血，尸僵不全。脾脏明显肿大，皮下和浆膜下结缔组织呈现出血性胶样浸润。

[诊断]

1. 现场诊断 依据临床症状和病理变化可作出初步诊断。

2. 实验室诊断 可疑炭疽的病羊禁止剖检，病羊生前采取静脉血液（耳静脉），死羊可从末梢血管采血涂片。必要时可做局部解剖，采取小块脾脏，然后将切口用 5％石炭酸浸透的棉花或纱布塞好。涂片用瑞氏染液或美蓝染液染色，置于显微镜下观察，若发现带有荚膜的单个、成双或短链的粗大杆菌，并结合临床症状即可确诊。有条件时可进行细菌分离和阿斯科利氏环状沉淀试验。

3. 鉴别诊断 羊炭疽和羊快疫、羊肠毒血症、羊猝狙、羊黑疫在临床症状上相似，都是突然发病，病程短促，很快死亡，应注意鉴别诊断。其中羊快疫用病羊肝被膜触片，美蓝染色，镜检可发现无关节长链状的腐败梭菌。羊肠毒血症在病羊肾脏等实质器官内可见 D 型产气荚膜梭菌，在肠内容物中能检出产气荚膜梭菌 ε 毒素。羊猝狙用病羊体腔渗出液和脾脏抹片，可见 C 型产气荚膜梭菌，从小肠内容物中能检出产气荚膜梭菌 β 毒素。羊黑疫用病羊肝坏死灶涂片，可见两端钝圆、粗大的 B 型诺维氏梭菌。

[防治]

1. 预防 对经常发生炭疽及受威胁的地区，羊只应每年用无毒炭疽芽孢苗（仅用于绵羊，皮下接种 0.15mL）或第二号炭疽芽孢苗（绵羊山羊均可，皮下接种 1mL）作预防注射。当有炭疽病发生时，要及时隔离病羊，对污染的羊舍、地面及用具要立即用 10％热火碱水或 20％漂白粉溶液喷洒消毒，每隔 1h 1 次，连续 3 次。对同群的未发病羊，使用青霉素连续注射 3d，有预防作用。

2. 扑灭 立即封锁疫点，对同群和疫点内所有牛、羊等易感动物进行临床检查，隔离同群和可疑病牛羊。对同群和可疑病牛羊用青霉素进行预防性治疗，连续用药 5d。对发病牛羊的圈舍、运动场等环境和饲槽、用具等用 250g/L

漂白粉溶液消毒；对病羊躺过的地面挖土 0.2m，用 250g/L 漂白粉溶液混合后深埋。将被污染的饲料、粪便焚烧，在死尸体面撒上漂白粉后深埋。对疫点及周围受威胁区的牛羊及时用炭疽疫苗进行免疫接种。

3. 治疗　由于病羊呈最急性经过，往往来不及治疗。病程稍缓的羊只，必须在严格的隔离条件下进行治疗。初期可使用抗炭疽血清，羊每次 40～80mL，静脉或皮下注射。第一次注射剂量应适当加大，必要时经 12h 后再注射一次。炭疽杆菌对青霉素、土霉素敏感，其中青霉素最常用，第一次 160 万 U，以后每隔 4～6h 用 80 万 U 肌内注射一次。实践证明，抗炭疽血清与青霉素合用效果更好。

二、破伤风

破伤风又称"锁口风"、"强直症"。是由破伤风梭菌引起的一种人畜共患的急性、创伤性、中毒性传染病。其特征为患畜骨骼肌持续性痉挛和对外界刺激反射兴奋性增高。

[**病原**] 病原为破伤风梭菌。破伤风梭菌又称强直梭菌，分类上属芽孢杆菌属，为细长的杆菌，多单个存在，能形成芽孢，位于菌体的一端，似鼓槌状，周身鞭毛，能运动，无荚膜。幼龄培养物革兰氏染色阳性，培养 48h 后常呈阴性反应。

破伤风梭菌产生破伤风痉挛毒素。溶血毒素及非痉挛性毒素，其中破伤风痉挛毒素能引起该病特征性症状和刺激保护性抗体的产生。溶血毒素引起局部组织坏死，为该菌生长繁殖创造条件、非痉挛毒素对神经末梢有麻痹作用。

破伤风梭菌繁殖体的抵抗力与一般非芽孢菌相似，但芽孢抵抗力甚强，耐热，在土壤中可存活几十年；10% 碘酊、10% 漂白粉及 30% 的双氧水能很快将其杀死。本菌对青霉素敏感，磺胺药次之，链霉素无效。

[**流行特点**] 该病的病原破伤风梭菌在自然界中广泛存在，羊经创伤感染破伤风梭菌后，如果创口内具备缺氧条件，病原在创口内生长繁殖，产生毒素，作用于中枢神经系统而发病。常见于皮肤创伤、阉割、母羊分娩和脐部感染。在临床上有不少病例往往找不出创伤，这种情况可能是在破伤风潜伏期中创伤已经愈合，也可能是经胃肠黏膜的损伤而感染。该病以散发形式出现，没有季节性，必须经创伤才能感染，特别是创面损伤复杂、创道深的伤口更易感染发病。

[**临床症状**] 潜伏期一般为 5～15d。病初症状不明显，只表现起卧困难，精神不振，全身呆滞。随着病情的发展，四肢逐渐强直，运步困难，头颈伸

直，角弓反张（尤以躺卧时更明显），肋骨突出，饮食困难，牙关紧闭、流涎、尾直，常有轻度腹胀，先腹泻后便秘。突然的响声可使肌肉发生痉挛，致使病羊倒地。体温一般正常，仅在临死前体温上升至 42℃ 以上，死亡率很高，尤以羔羊最为严重。

[诊断]

1. 现场诊断　根据病羊的创伤史和典型的全身强直症状，不难确诊。

2. 实验室诊断　必要时，可从创伤感染部位取材，进行细菌分离和鉴定，结合动物试验进行诊断。

[防治]

1. 预防　在该病多发区，每年定期接种精制破伤风类毒素，皮下注射，幼畜减半。羔羊的预防，则以母羊妊娠后期注射破伤风类毒素较为适宜。在发生外伤、阉割或处理羔羊脐带时，对感染创伤进行有效的防腐消毒处理，彻底排出脓汁、异物、坏死组织及痂皮等，并及时严格消毒，结合青霉素、链霉素，在创伤周围注射，以清除产生破伤风毒素的来源。

2. 治疗　将病羊置于僻静、较暗的厩舍内，避免惊动。给予易消化的饲料和充分的饮水。对伤口要及时清创和扩创，彻底清除伤口内的坏死组织，可用 3% 的过氧化氢（双氧水）、1% 高锰酸钾或 5%～10% 的碘酊进行消毒处理。病初可先静脉注射 4% 乌洛托品 5～10mL，再用破伤风抗毒素 5 万～10 万 IU 静脉或肌内注射，以中和毒素。为了缓解肌肉痉挛，可使用 25% 硫酸镁注射液 10～20mL 肌内注射。并配合 5% 碳酸氢钠 100mL 静脉注射。当牙关紧闭，开口困难时，可用 2% 普鲁卡因 5mL 和 0.1% 肾上腺素 0.1～1mL 混合注入两侧咬肌。如不能采食，可进行补液、补糖。当发生便秘时，可用温水灌肠或投服盐类泻剂。配合中药治疗能缓解症状，缩短病程。可应用"防风散"，即防风 8g，天麻 5g，羌活 8g，天南星 7g，炒僵蚕 7g，清半夏 4g，川芎 4g，炒蝉蜕 7g，水煎 2 次，将药液混在一起，待温加黄酒 50g 胃管投服，连服 3 剂，隔天 1 次。上述方剂可适当加减，当伤在头部，重用白芷；伤在四肢加独活 5g；瞬膜外露严重者，重用防风、蝉蜕；流涎量多者，重用僵蚕、半夏；牙关紧闭者，加蜈蚣 1～2 条、乌蛇 3～6g、细辛 1～2g。当发生继发感染时可选用抗生素或磺胺类药物进行治疗。

三、羊布鲁氏菌病

布鲁氏菌病是由布鲁氏菌引起的人兽共患的地方性慢性传染病，主要侵害生殖系统。羊感染后，以母羊发生流产和公羊发生睾丸炎为特征。本病分布很广，不仅感染各种家畜，而且易传染给人。由于畜牧业的不断发展和舍饲养殖的迅速转变，流通渠道拓宽，羊布病有死灰复燃之势。

[病原] 布鲁氏菌是革兰氏阴性需氧杆菌，分类上为布鲁氏菌属。布鲁氏菌属有6种，即牛种、羊种、猪种、绵羊种、犬种和沙林鼠种，前5种感染家畜。我国流行的主要是羊、牛、猪3种布鲁氏菌，其中以羊布鲁氏菌病最为多见。本属细菌的致病力不同，分别引起其相应动物发病；但均为非抗酸性，无芽孢、无荚膜、无鞭毛，呈球杆状，不能运动，在某些条件不利时形成荚膜。本属细菌在组织涂片或渗出液中常集结成团，且可见于细胞内，培养物中多单个排列。布鲁氏菌对自然环境的抵抗力较强，在土壤、水中和皮毛上能存活几个月，但对高热、腐败、发酵的抵抗力弱，在阳光下 0.5～4h 死亡，100℃数分钟死亡，一般消毒药 15min 左右能很快将其杀死。

[流行特点] 母羊较公羊易感性高，性成熟后对本病极为易感。幼畜对本病具有抵抗力，随年龄的增长，这种抵抗力逐渐下降，性成熟后对本病最为敏感。布病常呈地方性流行，无季节性，但产仔季节发生较多，畜群流产高潮后，流产率逐渐降低，甚至完全停止。病畜和带菌者为本病的主要传染源，胎衣、羊水、阴道分泌物、乳汁、精液都可散布病原微生物，并且污染饮水饲料、用具等。消化道是主要感染途径，其次是生殖道和皮肤、黏膜，也可经配种感染。羊群一旦感染此病，主要表现孕羊流产，开始仅为少数，以后逐渐增多，严重时可达半数以上，多数病羊流产一次。饲料不良，畜舍拥挤，光线不足，通风不良，寒冷潮湿，饲料不足等降低机体抵抗力的因素，可促进本病的发生和流行。

[临床症状] 多数病例为隐性感染。潜伏期不定，短的2周，长的半年。妊娠羊发生流产是本病的主要症状，但不是必有的症状。流产多发生在妊娠后的3～4个月。有时患病羊发生关节炎和滑液囊炎而致跛行，公羊发生睾丸炎，少部分病羊发生角膜炎和支气管炎。

[病理变化] 剖检常见的病变是胎衣部分或全部呈黄色胶样浸润，其中有部分覆有纤维蛋白和脓液，胎衣水肿增厚并有出血点。流产胎儿主要为败血症病变，浆膜和黏膜有出血点、出血斑，皮下和肌肉间发生浆液性浸润，胸腔腹腔积液微红色，脐带浆液性浸润肥厚，脾脏和淋巴结肿大，肝脏中出现坏死灶。公羊可发生化脓性坏死性睾丸炎和附睾炎，睾丸肿大，后期睾丸萎缩。

[诊断]

1. 现场诊断 流行病学资料，流产胎儿、胎衣的病理损害，胎衣滞留以及不育等都有助于布鲁氏菌病的诊断，但确诊只有通过实验室诊断才能得出结果。

2. 实验室诊断 布鲁氏菌的实验室检查方法很多，除流产材料的细菌学检查外，以平板凝集试验简便易行。绵羊和山羊的大群检疫也可用血清平板凝集试验和变态反应检查。近年来，血凝抑制试验、酶联免疫吸附试验、荧光抗体法等也在布鲁氏菌病的诊断中得到广泛的应用。

3. 鉴别诊断 须与其他有流产症状的疫病，如弯杆菌病、沙门氏菌病、胎毛滴虫病、钩端螺旋体病、乙型脑炎、衣原体病、弓形虫病等相区别。鉴别的关键是病原微生物和特异性抗体的检出。

「防制」

1. 预防 应当着重体现"预防为主"的原则。在未感染羊群中，控制本病传入的最好办法是自繁自养；必须引进种羊或补充羊群时，要严格执行检疫，即将羊隔离饲养 2 个月，同时进行布鲁氏菌病的检疫，全群两次免疫学检查阴性者，才可以与原有羊合群。洁净的羊群，还应定期检疫（至少 1 年 1 次），一经发现，即应淘汰。

2. 控制措施 本病无治疗价值，一般不予治疗，发病后的防制措施是：用试管凝集或平板凝集试验进行羊群检疫，发现呈阳性和可疑反应的羊均应及时隔离，以淘汰屠宰为宜，严禁与假定健康羊接触。必须对污染的用具和场所进行彻底消毒，流产胎儿、胎衣、羊水和产道分泌物应深埋。凝集试验阴性羊用布鲁氏菌猪型 2 号弱毒苗或羊型 5 号弱毒苗进行免疫接种。

四、羊李氏杆菌病

李氏杆菌病又称转圈病，是畜禽、啮齿动物和人共患的传染病，临床特征是病羊神经系统紊乱、表现转圈运动、面部麻痹和败血症，妊娠母羊可发生流产。

[病原] 病原为单核细胞增多症李氏杆菌。分类上属李氏杆菌属，是一种规整革兰氏阳性小杆菌。在抹片中或单个存在，或 2 个排成 V 形，或互相并行，无荚膜，无芽孢，周身有鞭毛，能运动。可生长的温度范围广，4℃中也能缓慢生长，pH 5.0～9.6 均能生长。对食盐耐受性强，对热的耐受性比大多数无芽孢杆菌强，65℃经 30～40min 才能被杀死，一般消毒剂均可灭活。本菌对青霉素有抵抗力，对链霉素、四环素族抗生素和磺胺类药物敏感。家兔、豚鼠、小鼠对本病都易感，注射、滴眼均易引起发病。

[流行特点] 易感动物范围很广，几乎各种家畜、家禽和野生动物均可通过消化道、呼吸道及损伤的皮肤而感染。通常呈散发性，绵羊多发，山羊次之，以早春和冬季发病较多，发病率低、病死率很高。

[临床症状] 潜伏期3～4周。病羊短期发热，体温升高到41～42℃，精神抑郁，食欲减退、多数病例表现脑炎症状，如转圈、倒地、四肢作游泳姿势、颈项强直，角弓反张，卧地不起，颜面神经麻痹，嚼肌麻痹，咽麻痹，昏迷，眼球突出，视力障碍等。孕羊可出现流产。羔羊多以急性败血症而迅速死亡，病死率甚高。

[病理变化] 剖检一般没有特殊的肉眼可见病变。有神经症状的病羊，脑及脑膜充血、水肿，脑脊液增多，稍浑浊，脑部有化脓坏死灶。流产母羊都有胎盘炎，表现子叶水肿坏死，血液和组织中单核细胞增多。

[诊断] 根据病羊的临床症状，可以作出初步诊断。进一步诊断，可以通过实验室检查，采取肝脏、脾脏、脊髓液等病料涂片，经革兰氏染色后，置于显微镜下检查，如见有散在的或Ⅴ形排列或并列的革兰氏阳性小杆菌，结合有神经症状或流产可以做出诊断。有条件时应进一步分离培养细菌。该病应与具有神经症状的疾病相区别，如羊的脑包虫病，病羊仅有转圈或斜着走等症状，病的发展缓慢，不传染给其他羊。另外，应与有流产症状的其他疾病进行鉴别，这主要靠实验室检查。

[防治]

1. 预防 加强饲养管理，坚持自繁自养，不从疫区引进羊只，必须从外地引进的羊只，要调查其来源，引进后先隔离观察1周以上，确认无病后方可混群饲养，从而减少病原体的侵入。注意环境卫生，定期消毒，粪便进行无害化处理。定期对畜舍、饲养用具、场地等用百毒杀、5%的漂白粉等溶液进行消毒，驱除和扑杀羊圈附近的鼠类等啮齿类动物，定期消灭羊的体外寄生虫。粪便用发酵法处理1～3周，可杀灭病原体及寄生虫卵。对发病羊群，应立即检疫，病羊隔离治疗，其他羊使用药物预防；病羊尸体要深埋处理，对污染的环境和用具等使用5%来苏儿进行消毒。

2. 治疗 早期大剂量应用磺胺类药物或与抗生素并用疗效较好，如磺胺嘧啶钠、氨苄青霉素、链霉素、庆大霉素等。但本菌容易产生抗药性，使用时应注意。隔离治疗的同时，对畜舍用具用2%的火碱、3%来苏儿彻底消毒。

五、羊副结核病

副结核病又称副结核性肠炎，是牛、绵羊、山羊的一种慢性接触性传染病，其特征为间歇性或顽固性腹泻、进行性消瘦、肠黏膜增厚并形成皱襞。本病分布广泛，在青黄不接、草料供应不上、羊只体质不良时，发病率上升；转入青草期，病羊症状减轻，病情好转。

［病原］病原为副结核分支杆菌。副结核分支杆菌为一种短杆菌，无运动性，不形成荚膜和芽孢，在病料或培养基上常成丛排列。初次分离极为困难，革兰氏染色阳性，具有抗酸染色性。对外界环境及酸碱有较强的抵抗力，在污染的牧场、圈舍中可存活数月，对热及紫外线敏感，75％酒精和10％漂白粉能很快将其杀死。

［流行特点］副结核分支杆菌主要存在于病畜的肠黏膜和肠系膜淋巴结，通过粪便排出，污染饲料、饮水等，经消化道感染，也可通过子宫垂直传播。幼龄羊的易感性较大，大多在幼龄时感染，经过很长的潜伏期，到成年时才出现临床症状，特别是由于机体的抵抗力减弱，饲料中缺乏无机盐和维生素时，容易发病。呈散发或地方性流行。

［临床症状］潜伏期数月至数年。病羊体重逐渐减轻，间断性或持续性腹泻，粪便呈稀粥状，体温正常或略有升高；发病数月后，病羊消瘦、衰弱、脱毛、卧地，患病末期可并发肺炎，多数以死亡而告终。

［病理变化］尸体消瘦，皮下脂肪消失，肌肉颜色变淡。腹腔有清澈的渗出液，剖检时可见空肠、回肠、盲肠和结肠前段，尤其是回肠后段，黏膜高度肿胀，增厚的约为正常的4倍多，并形成似脑回或花样的皱褶，黏膜呈黄白或灰白色，皱襞突起充血，覆有混浊黏液，相应的肠系膜淋巴结高度肿胀，坚硬，呈灰白色并呈索状相连。肠系膜和肾囊脂肪呈胶冻样，胃肠浆膜瘀血。有的真胃和直肠系膜淋巴结也高度肿胀，真胃和直肠也出现明显的水肿变化。有的心肌发软、色淡，心内膜有条状出血斑。肺脏有出血点，局部气肿。肝脏微肿，变脆，有黄土色分区。

［诊断］

1. 现场诊断 根据流行情况、临床症状和病理变化，一般可作出初步诊断。但顽固性腹泻和消瘦现象也可见于其他疾病，如大肠杆菌病和沙门氏菌病等。因此，要密切配合实验室诊断以进行区别。

2. 实验室诊断 实验室诊断是在无菌条件下，刮取回肠和回盲瓣附近的肠黏膜，制成涂片，经用姜尔—纳尔逊氏抗酸菌染色法染色后镜检，发现被染成红色的细小杆菌，多数成堆聚集或呈丛状排列，更多见的是在巨噬细胞胞浆内充满了这样的细菌。根据它们的形态（细、小）、数量（大）和分布（成堆或丛）的这些可见的特点，将其与肠道中的其他腐生性抗酸菌相区别，没有必要再进行分离培养，即可确认为副结核分支杆菌。对于没有临床症状或症状不明显的病羊，可用副结核菌素或禽型结核菌素0.1mL，注射于尾根皱皮内或颈中部皮内，经48～72h，观察注射部的反应，局部发红肿胀的可判为阳性。也可应用补体结合试验进行血清学诊断。

3. 类症鉴别 本病应与肠道寄生虫、营养不良、沙门氏菌病等进行鉴别。寄生虫病在粪检中可发现大量虫卵，剖检胃肠道内有大量寄生虫，肠黏膜缺乏副结核病的皱褶变化；营养不良多见于冬春枯草季节，在早春抢青阶段，也会发生腹泻，但肠道缺乏副结核的病理变化；沙门氏菌病多呈急性或亚急性经过，粪便内可分离出致病性沙门氏菌。

[防制]本病一般无治疗价值。为了预防本病的蔓延，唯一的办法就是定期检疫。严禁牛、羊混养，发病后，对发病羊群每年用变态反应检疫4次，对出现症状或变态反应阳性羊及时淘汰；感染严重，经济价值低的一般生产羊群应全部淘汰。对病羊的圈栏、用具可用20％漂白粉或20％石灰乳彻底消毒，并空闲一年以后再引入健康羊。也可用中药进行治疗，处方如下：大枫子、苍耳、滑石各12g，木别子3g，金毛狗脊9g，赤石脂15g，肉桂、升麻、葛根、枸杞各6g，煎水，另加硫黄6g，一次灌服，连用5d。

六、羔羊大肠杆菌病

羔羊大肠杆菌病是由致病性大肠杆菌引起的羔羊急性传染病，其特征是呈现剧烈的胃肠炎和败血症。病羊常排出白色稀粪，所以又称"羔羊白痢"。

[病原]大肠杆菌是中等大小、两端钝圆的杆菌，无芽孢，有鞭毛，能运动，革兰氏染色阴性。在普通培养基上表现为圆形、隆起、光滑、湿润的乳白色菌落，在麦康凯培养基上为红色菌落。本菌血清型很多，根据菌体抗原（O）、鞭毛抗原（H）及荚膜抗原（K）的不同，构成不同的血清型。大肠杆菌分布广泛，在水和土壤中可存活数月，对外界不利因素的抵抗力不强，将其加热至50℃，持续30min后即死亡，一般常用消毒药均易将其杀死。

[流行特点]多发生于数日龄至6周龄以内的羔羊，有些地方6～8月龄的羔羊也可发生，呈地方性流行或散发。病羊和带菌羊是本病的主要传染源，通过粪便排出细菌污染环境和饲料、饮水、母羊乳头和皮肤等，当羔羊吮乳、舔舐或饮食时，通过消化道感染。本病一年四季均可发生，且与气候不良、营养不足、场圈潮湿、污秽密切有关。冬春舍饲期间多发，而放牧季节则很少发病。

[临床症状]潜伏期1～2d。分为败血型和肠型两型。

1. 败血型 多发生于2～6周龄羔羊。病羊体温41～42℃，精神沉郁，迅速虚脱，有轻微的腹泻或不腹泻，有的带有神经症状，四肢僵硬，运步失调、磨牙、视力障碍，也有的病例出现关节炎，严重者卧地，体躯发软，昏迷，继发肺炎后呼吸困难，很少或无腹泻。多于病后4～12h死亡。

2. 肠型 多发生于 2～8 日龄新生羔羊。病初体温略高，出现腹泻后体温下降，粪便呈半液状，带有气泡，具有恶臭，起初呈淡黄色，继之变为淡灰白色，含有乳凝块，严重时混有血液。羔羊表现腹痛，拱背，努责，虚弱，严重脱水，不能起立。如不及时治疗，可于 24～36h 死亡，病死率 15％～75％。也可见化脓性-纤维素性关节炎。

[病理变化] 败血型羊，剖检胸、腹腔和心包，见大量积液，内有纤维素样物；关节肿大，内含混浊液体或脓性絮片；脑膜充血，有许多小出血点。肠型羊，主要为急性胃肠炎变化，胃内乳凝块发酵，肠黏膜充血、水肿和出血，肠内混有血液和气泡，肠系膜淋巴结肿胀，切面多汁或充血。

[诊断]

1. 现场诊断 主要根据流行病学、临床症状和剖检变化进行诊断。在分析这些资料时，必须注意发病季节、年龄及较高的死亡率。

2. 实验室诊断 采取内脏组织、血液或肠内容物，用麦康凯或其他鉴别培养基划线分离，挑取可疑菌落接种三糖铁培养基培养后，反应符合大肠杆菌者，纯培养后进行生化鉴定和血清学鉴定，以确定血清型。有条件时可进行黏着素抗原检查和肠毒素检查。

3. 类症鉴别 本病应与 B 型产气荚膜梭菌引起的初生羔羊下痢（羔羊痢疾）和链球菌病相区别。本病能分离出纯致病性大肠杆菌，具有鉴别诊断意义。

[防治]

1. 预防 加强孕羊的饲养管理，对其进行配合日粮的饲喂，确保新产羔羊的健壮和较强的抗病力。改善羊舍的环境卫生，做到定期消毒，保证圈舍干燥、通风、阳光充足，尤其是分娩前后对羊舍应彻底消毒 1～2 次。注意幼羊的保暖，尽早让羔羊吃到足够的初乳，并注意奶具的清洁卫生，对污染的环境、用具，可用 3％～5％来苏儿液消毒。

2. 治疗 大肠杆菌对氟苯尼考、土霉素、新霉素、庆大霉素、卡那霉素、磺胺类均具敏感性，但实际中应根据药敏试验选取敏感抗生素，同时配合护理和对症治疗。氟苯尼考每千克体重 10～20mg 肌内注射，每天注射 2 次，连用 3～5d；土霉素粉，以每天每千克体重 30～50mg 剂量，分 2～3 次口服；磺胺脒，第一次 1g，以后每隔 6h 内服 0.5g；对新生羔羊可同时加胃蛋白酶 0.2～0.3g 内服。心脏衰弱者可注射强心剂；脱水严重者可适当补充生理盐水或葡萄糖盐水，必要时还可加入碳酸氢钠或乳酸钠，以防止全身酸中毒；对于有兴奋症状的病羊，可内服水合氯醛 0.1～0.2g（加水内服）。中药治疗用大蒜酊（大蒜 100g，95％酒精 100mL，浸泡 15d，过滤即成）2～3mL，加水一次灌服，每天 2 次，连用数天。白头翁、秦皮、黄连、炒神曲、炒山楂各 15g，当归、木香、杭芍各 20g，车前子、黄柏各 30g，加水 500mL，煎至 100mL。每次 3～5mL，灌服，每天 2 次，连用数天。病重并以腹泻为主时，可用附子、甘草各 2g，干姜 3g，煎水，另加磺胺脒 0.5g，每天 1 次，灌服，效果较好。如病情好转时，可用微生态制剂，如促菌生、调痢生、乳康生等，加速胃肠功能的恢复，但不能与抗生素同用。

七、坏死杆菌病

坏死杆菌病是畜禽共患的一种慢性传染病，在临床上表现为组织坏死，多发于皮肤、皮下组织和消化道黏膜，有时在其他脏器上形成转移性坏死灶。

[病原] 病原为坏死梭杆菌。坏死梭杆菌为革兰氏阴性，严格厌氧的细菌，分类上属拟杆菌科梭形杆菌属。具有明显的多形性，小者呈球杆状，大者为长丝状，且多见于病灶及幼龄培养物中，染色时因着色不匀，犹如串珠状。本菌无鞭毛、无芽孢，也不产生荚膜。该菌至少可产生两种毒素，其外毒素皮下注射（兔）可引起组织水肿，静脉注射则数小时内死亡；内毒素皮下或皮内注射可致组织坏死。

坏死梭杆菌对理化因素抵抗力不强，对热及常用消毒剂敏感，但在污染的土壤中能长时间存活，对 4% 的醋酸敏感。

[流行特点] 坏死杆菌广泛存在于自然界，动物的饲养场、被污染的土壤、沼泽池、池塘等处均可发现。此外，还常存在于健康动物的口腔、肠道和外生殖器官等处。羊主要通过损伤的皮肤、黏膜而感染，也可经血液侵入组织或器官中，形成继发性坏死病变。绵羊最易感染，常发生腐蹄病，羔羊经脐部感染而形成脐炎。草料锐硬，饲料中矿物质特别是钙、磷缺乏，维生素不足，营养不良均可促使该病的发生，本病多发生于低洼潮湿地区和多雨季节潮湿、拥挤圈舍内的羊只。本病呈散发和地方性流行。

[临床症状和病理变化] 坏死杆菌病多发生于绵羊，因患病部位的不同，表现不同的症状。当病原侵害蹄部时，可引起腐蹄病，多为一侧肢患病。患肢不能负重，喜卧地，严重者有全身症状。体温升高到 39.5～41℃，心率加快，呼吸次数增多。表现蹄间隙、蹄踵、蹄冠红肿热痛，然后溃烂，挤压肿烂部有腐臭脓样液体流出。重症病例可引起深部组织坏死，蹄匣脱落，坏死也可波及腱、韧带和关节，病羊卧地不起，全身症状恶化，进而发生脓毒败血症死亡。羔羊可发生坏死性口炎，又称"白喉"，齿龈、颊、硬腭、舌及咽喉发生肿胀，上面覆盖的坏死物形成伪膜，伪膜脱落后露出溃烂面。轻症病例能很快恢复，

重症病例若治疗不及时往往由于内脏形成转移病灶，俗称"羊烂肝、烂肺病"导致死亡，给养羊业造成很大损失。此时剖检可见肝脏质地较硬，均匀散布着蚕豆至胡桃大的坏死病灶，颜色灰白，周围有红晕，界限明显。肝脏表面的病变常与腹腔接触的器官发生纤维素性炎症；肺脏实变，有大小不等的白色坏死病灶，有的切面呈脓样或豆腐渣样，有的切面干燥，病变常和胸壁粘连，形成坏死性胸膜炎和心包炎；心脏肌肉散在着米粒大的圆形坏死灶，呈白色；瘤胃常有坏死病灶，分布在食道沟和前腹囊，其病变似豆腐渣，周围由高出的上皮包围着；坏死病灶还涉及胸骨、气管及喉头等处。

[诊断] 根据患病的部位、坏死组织的特殊变化、臭味以及因病变而引起的机能障碍等，进行综合分析，即可确诊。必要时，可从病羊的病灶与健康组织的交界处采取病料涂片，用稀释石炭酸复红或碱性美蓝加温染色，可发现着色不匀、细长丝状的坏死梭杆菌。

[防治]

1. 预防 加强饲养管理，精心护理羊只，经常保持圈舍的干燥卫生，防止过度拥挤，避免外伤发生。一旦发生外伤，应及时用5％碘酊涂擦伤口，以防感染。一旦发现本病应及时隔离、治疗并对全群进行检查，污染场所、用具等要彻底消毒。

2. 治疗 首先清除坏死组织，用1％高锰酸钾液冲洗或用6％福尔马林、5％～10％硫酸铜、或在20％食盐水中加1％高锰酸钾脚浴，然后用抗生素软膏或磺胺软膏涂抹。为了防止硬物刺激，可用绷带包扎患蹄。对坏死性口炎的治疗，先除去口腔内的伪膜，用1％高锰酸钾冲洗口腔，然后涂抹碘甘油或撒布冰硼散（冰片15g、朱砂18g、元明粉150g，研磨备用）。当发生转移性病灶时，应进行全身治疗，以注射磺胺嘧啶或土霉素、氟苯尼考的效果最好，连用5d，并配合强心解毒药物，可促进康复，提高治愈率。

八、绵羊巴氏杆菌病

巴氏杆菌病主要是由多杀性巴氏杆菌所引起的各种家畜、家禽和野生动物的一种传染病，绵羊被感染称为绵羊巴氏杆菌病，又名出血性败血症，临床表现为败血症和肺炎。

[病原] 多杀性巴氏杆菌是两端钝圆、中央微凸的短杆菌，革兰氏阴性，不形成芽孢，无运动性。分类上属巴氏杆菌科巴氏杆菌属。病羊组织涂片、血液涂片经瑞氏染色或美蓝染色，可见菌体两端浓染，呈两极着色。用培养物所作的涂片，两极着色则不那么明显。病菌一般存在于病羊的血液、内脏器官、

淋巴结及病变局部组织和一些外表健康动物的上呼吸道黏膜及扁桃体内。多杀性巴氏杆菌对物理和化学因素的抵抗力不强，对干燥、热和阳光敏感，一般消毒剂在数分钟内可将其杀死。本菌对链霉素、青霉素、四环素以及磺胺类药物敏感。除多杀性巴氏杆菌外，溶血性巴氏杆菌有时也可成为本病的病原。

[流行特点] 多种动物和人对多杀性巴氏杆菌都有易感性。在绵羊多发于幼龄羊和羔羊；山羊不易感染。本病无明显的季节性，呈地方性流行。病羊和健康带菌羊是传染源，羊群中发生巴氏杆菌病时，往往查不出传染源。病原随分泌物和排泄物排出体外，经呼吸道和消化道而感染，通过吸血昆虫叮咬和皮肤、黏膜的伤口也可发生传染。带菌羊在受寒、长途运输、饲养管理不当，抵抗力下降时，可发生自体内源性感染。

[临床症状] 按病程长短，分为最急性、急性和慢性三种。

1. 最急性 多见于哺乳羔羊，往往突然发病，出现寒战、虚弱、呼吸困难等症状，在数分钟至数小时内死亡。

2. 急性 精神沉郁，食欲废绝，体温升高到 41～42℃，咳嗽，呼吸急促，鼻孔常有出血，有时混于黏性分泌物中。眼结膜潮红，有黏性分泌物。初期便秘，后期腹泻，有时粪便全部变为血水。颈部、胸下部发生水肿。病羊常在 2～5d 内由于严重腹泻后虚脱而死亡。

3. 慢性 病程可达 3 周。病羊消瘦，不思饮食，流黏脓性鼻液，咳嗽，呼吸困难。有时颈部和胸下部发生水肿。有角膜炎，腹泻，粪便稀软，恶臭，临死前极度衰弱，体温下降。

[病理变化] 急性死亡的病羊，一般在皮下有液体浸润和小出血点。心包和胸腔内有淡黄色渗出液及纤维素凝块。肺脏瘀血，膨大、水肿，呈现紫红色，一般在前腹侧区有显著实变。病程长的绵羊，病理变化界限更为明显，呈暗红色，胸膜粘连。有的肺部还见有黄豆至胡桃大的化脓灶。胃肠道出血性炎症，其他脏器呈水肿和瘀血，间有小出血点。脾脏不肿大，肝脏有坏死灶。病期较长者尸体消瘦，皮下胶样浸润，常见纤维素性胸膜炎，肝有坏死灶。

[诊断]

1. 现场诊断 根据发病特点、症状表现和病理变化，可以作出初步诊断。进一步确诊，应做实验室检查。

2. 实验室诊断 采取病死羊的肺脏、肝脏、脾脏及胸腔液，制成涂片，用碱性美蓝染液或瑞特氏染液染色后镜检，从病料中看到两端明显着色的椭圆形小杆菌，结合临床症状和病理变化即可做出诊断。必要时可进行动物实验。

3. 类症鉴别 羔羊患巴氏杆菌病时，应注意与肺炎链球菌所引起的败血症相区别。后者剖检时可见脾脏肿大，而且在病料中镜检容易查到以成双排列为特征的肺炎链球菌。

[防治]

1. 预防 平时注意饲养管理，增强机体的抗病力，羊群应避免拥挤、受寒，长途运输时，防止过度劳累。圈舍，围栏等要定期消毒，发病后，可用5%漂白粉或10%石灰乳等彻底消毒。必要时羊群可用高免血清或菌苗作紧急免疫接种。由于多杀性巴氏杆菌有多种血清型，各血清型之间不能产生完全的交叉保护，因此，应针对当地常见的血清型选用合适的疫苗进行预防接种。

2. 治疗 对病羊和可疑病羊立即隔离治疗。每千克体重可分别选用氟苯尼考 20～30mg、土霉素 20mg、庆大霉素 1 000～1 500U、20%磺胺嘧啶钠 5～10mL 进行肌内注射，每天 2 次或每千克体重用复方新诺明片 10mg，内服，每天 2 次，直到体温下降、食欲恢复为止。也可每只羊一次注射青霉素 320 万 U、链霉素 200 万 U，地塞米松磷酸钠 15mg。对有神经症状的病羊同时应用维生素 B$_1$ 注射液进行注射，每天 1 次，连用 3d。

九、羊链球菌病

羊链球菌病俗称"嗓喉病"，是由兽疫链球菌引起的一种急性、热性、败血性传染病，主要发生于绵羊。本病以颌下淋巴结和咽喉部肿胀、大叶性肺炎、呼吸异常困难、各脏器出血、胆囊肿大为特征。

[病原] 兽疫链球菌属于链球菌属，C 群链球菌。本菌具有荚膜，革兰氏染色阳性，在血液、脏器等病料中多呈双球状排列，也可单个菌体存在，偶见 3～5 个菌体相连的短链。本菌需氧或兼性厌氧，无运动性，不形成芽孢。病菌通常存在于病羊的各个脏器以及各种分泌物、排泄物中，而以鼻液、气管分泌物和肺脏含量为高。病原体对外环境抵抗力较强，死羊胸水内的细菌在 0～4℃能存活 160d 以上，室温下可存活 100d 以上。对常用的消毒药抵抗力不强，在 2%石炭酸、2%来苏儿以及 0.5%漂白粉中在 2h 内被杀死。

[流行特点] 主要发生于绵羊，绵羊最为易感，山羊次之；实验动物以家兔最为敏感，小鼠和鸽也具有易感性。病羊和带菌羊是本病的主要传染源，通常经呼吸道排出病原体。自然感染主要通过呼吸道途径，也可通过损伤的皮肤、黏膜以及羊虱蝇等吸血昆虫叮咬传播。病死羊的肉、骨、皮、毛等可散播病原，在本病传播中具有重要作用。新发病区常呈流行性发生，老疫区则呈地方性流行或散发性流行。病程以急性发作为主，少数病羊呈慢性经过。本病有较明显的季节性，新疫区多在冬春季节流行，尤以 2～3 月份最甚。当天气严寒、变化剧烈或大风雪以后，发病和死亡数显著增加，在冬季天气干燥、饲草

不良、羊群拥挤以及寄生虫的侵袭时，机体抵抗力减弱，促进本病的发生和死亡。

[临床症状] 人工感染的潜伏期为3～10d。最急性病24h内死亡，病程一般2～3d，很少能延长到5d。病羊体温升高至41℃以上，呼吸困难，精神不振，食欲低下以至废绝，反刍停止。眼结膜充血、流泪，常见流出脓性分泌物；口流涎水，并混有泡沫；鼻孔流出浆液性、脓性分泌物。咽喉肿胀，颌下淋巴结肿大，部分病例舌体肿大，呼吸急促，每分钟50～60次，心跳每分钟110～160次。粪便松软，带有黏液或血液。有些病例可见眼睑、口唇、面颊以及乳房部位肿胀。妊娠羊可发生流产。病羊死前常有磨牙、呻吟和抽搐现象。

[病理变化] 病理变化主要以各脏器的败血性变化为主。尸僵不显著或者不明显。淋巴结出血、肿大。鼻、咽喉、气管黏膜出血。肺脏常与胸壁粘连、水肿、气肿，肺实质出血、肝变，呈大叶性肺炎，有时可见有坏死灶；腹膜腔和心包积液。心脏冠状沟及心内外膜有小出血点。肝脏肿大，呈泥土色，质地松脆，边缘钝圆，表面有少量出血点；胆囊肿大2～4倍，胆汁外渗。肾脏质地变脆、变软，肿胀、梗死，被膜不易剥离。脾脏有小点状出血。大网膜、肠系膜有出血点，各脏器浆膜面附有黏稠、丝状的纤维素渗出物。胃肠黏膜肿胀，有的部分脱落。瓣胃内容物干如石灰；皱胃出血及内容物变稀，幽门出血及充血。肠道充满气体，十二指肠内容物变为橙黄色。肝脏肿大，膀胱内膜出血。

[诊断]

1. 现场诊断 依据发病季节、临床症状和剖检变化，可以作出初步诊断，确诊还需要实验室诊断。

2. 实验室诊断 采取心血或脏器组织涂片、染色镜检，可发现带有荚膜，多呈双球状，偶见3～5个菌体相连成短链为特征的病原体存在。也可将肝脏、脾脏、淋巴结等病料组织做成生理盐水悬液，给家兔腹腔注射。若为链球菌病，则家兔常在24h内死亡。取材料涂片、染色镜检，可发现上述典型形态的细菌。同时也可进行病原的分离鉴定。血清学检查可采用凝集试验、沉淀试验定群和定型，也可用荧光抗体快速诊断本病。

3. 类症鉴别 应与羊炭疽、羊梭菌性痢疾、羊巴氏杆菌病相鉴别。羊炭疽，病羊缺少大叶性肺炎症状，病原形态不同；羊梭菌性痢疾，无高热和全身广泛出血变化，病原形态有差别；羊巴氏杆菌与羊链球菌病在临床症状和病理变化上很相似，但病原形态不同，前者为革兰氏阴性菌。

[防治]

1. 预防

（1）未发病地区禁止从疫区引入种羊、购进羊肉或皮毛产品，平时加强防疫检疫工作。

(2) 在本病的常发地区，坚持免疫接种，每年发病季节到来之前，用羊链球菌氢氧化铝甲醛菌苗进行预防接种。大小羊只一律皮下注射 3mL，6 月龄以上羊，5mL，3 月龄以下羔羊，2～3 周后重复接种一次，免疫期可维持半年以上。

(3) 改善羊场条件，加强饲养管理，做好夏秋抓膘，冬春保膘、防寒保温工作。经常保持圈舍、场地清洁卫生，本病发生时，严格封锁、隔离，认真做好消毒、检疫、药物防治及尸体处理，并用疫苗紧急免疫接种。粪便堆积发酵处理，羊圈可用含 1% 有效氯的漂白粉、10% 石灰乳、3% 来苏儿等消毒液消毒。在本病流行区，病羊群要固定草场、牧场放牧，避免与未发病羊群接触。对未发病羊提前注射青霉素或抗羊链球菌血清有良好的预防效果。

(4) 加强清洁工作，清除牧场或圈舍遗留的皮毛和尸骨，进行深埋或焚烧。待全群病羊痊愈或最后 1 只病羊死亡后 1 个月，经彻底消毒后，才可解除疫区封锁。

2. 治疗　早期应用青霉素或磺胺类药物治疗。青霉素每次 80 万～160 万 U，每天肌内注射 2 次，连用 2～3d；20% 磺胺嘧啶钠 5～10mL，每天肌内注射 2 次；磺胺嘧啶每次 5～6g（小羊减半），每天内服 1～3 次，连用 2～3d，口服健胃、助消化药物进行辅助治疗，疗效显著，但对患病后期的羊，治疗效果不明显。

十、羊沙门氏菌病

本病主要是由鼠伤寒沙门氏菌、都柏林沙门氏菌和羊流产沙门氏菌引起的一种急性传染病，主要表现为绵羊流产和羔羊副伤寒，临床以羔羊急性败血症和下痢，母羊妊娠后期流产为主要特征。

[病原] 绵羊流产的病原主要是羊流产沙门氏菌；羔羊副伤寒的病原以都柏林沙门氏菌和鼠伤寒沙门氏菌为主。沙门氏菌是肠杆菌科的一个属，是一种革兰氏阴性、较小的杆菌，一般无荚膜。除鸡白痢沙门氏菌和鸡伤寒沙门氏菌外，都具有鞭毛，能运动，多数有菌毛。在普通培养基上能生长，也可在麦康凯或 ss 琼脂基上长出与培养基颜色一致的菌落。本菌有 O 抗原（菌体抗原）、H 抗原（鞭毛抗原）、Vi 抗原（一种表面抗原，又称毒力抗原）3 种抗原，可用于菌型鉴定。沙门氏菌对外界的抵抗力较强，在水、土壤和粪便中能存活几个月，但不耐热，加热和一般消毒药均能迅速将其杀死。

[流行特点] 各种年龄的羊均可发生，其中以断乳或断乳不久的羊最易感。

病羊和带菌羊是主要的传染源。病原菌可通过羊的粪、尿、乳汁及流产胎儿、胎衣和羊水污染的饲料和饮水等，经消化道感染健康羊，通过交配或其他途径也可感染。一年四季均可发病，育成期羔羊常于夏季和早秋发病，孕羊则主要在晚冬、早春季节发病。各种不良因素均可促使本病的发生。

[临床症状] 该病的发生与羊的健康状态、年龄、应激因素和侵入途径有关，据临床表现，分为两型。

1. 下痢型 多见于羔羊，体温升高达 40～41℃。食欲减退，腹泻，粪便较稀，黏性带血，有恶臭。精神萎靡，虚弱，低头弓背，继而卧地。最后因衰竭而死亡，病程 1～5d。有的经 2 周后可恢复。发病率一般为 30%，病死率约为 25%。

2. 流产型 病羊体温升高到 40～41℃，拒食，精神沉郁，部分羊有腹泻症状。绵羊多在妊娠的最后 2 个月发生流产或死产。病羊产出的活羔多极度衰弱，并常有腹泻，不吮乳，一般 1～7d 死亡。发病母羊也可在流产后或无流产的情况下死亡。本病暴发一次，一般可持续 10～15d，流产率和病死率均很高。

[病理变化] 下痢型羊尸体后躯常被稀粪污染，组织脱水。真胃和小肠空虚，黏膜充血，胃内容物稀薄，常含有血块。肠黏膜充血，水肿，肠系膜淋巴结肿大，心内外膜有小出血点。流产、死产的胎儿或生后 1 周内死亡的羔羊，呈败血症病变。表现组织水肿、充血，肝脏、脾脏肿大，有灰色病灶，胎盘水肿、出血。死亡的母羊呈急性子宫炎症状，其子宫肿胀，内含有坏死组织、浆液性渗出物和滞留的胎盘。

[诊断]

1. 现场诊断 根据流行特点、临床症状和剖检变化，可作出初步诊断。

2. 实验室检查 对可疑为本病的羊，再进行细菌分离鉴定加以确诊。可采取下痢死亡羊的肠系膜淋巴结、胆囊、脾脏、心血、粪便或发病母羊的粪便、阴道分泌物、血液以及胎盘和胎儿的组织进行病原——沙门氏菌的分离培养。要与引起羔羊痢疾的 B 型产气荚膜梭菌和引起羔羊下痢的大肠杆菌相区别。

[防治]

1. 预防 主要措施是加强饲养管理，防止饲料和饮水被病原污染。羔羊在出生后应及早吃上初乳，并注意保暖；发现病羊应及时隔离、治疗；被污染的圈栏要彻底消毒，发病羊群进行药物预防。死羊应深埋，切不可食用。

对流产母羊及时隔离治疗，流产的胎儿、胎衣及污染物进行销毁，流产场地进行全面彻底消毒处理。对可能受传染威胁的羊群，注射相应菌苗预防。

2. 治疗 对患病羊应隔离治疗，病的初期应用抗血清有效，也可选用抗生素类药物治疗。首选药物为氟苯尼考，其次是新霉素和土霉素等。也可口服或注射恩诺沙星或环丙沙星。连续用药不得超过 2 周，并配合护理及时对症治疗。

十一、山羊伪结核病

山羊伪结核病是由伪结核棒状杆菌感染所引起的一种接触性、慢性传染病，又叫山羊的干酪性淋巴结炎。其特征为局部淋巴结肿大，发生干酪样坏死，有时在肺脏、肝脏、脾脏和子宫角等处发生大小不等的结节，内含淡黄绿色干酪样物质。本病在世界许多养羊地区均有发现，近年来在我国的检出率和发病率呈上升趋势，严重影响养羊业的发展。

[病原] 伪结核棒状杆菌为不规则、无芽孢革兰氏阳性杆菌，分类上属棒状杆菌属。具有多形性，呈球状、杆状，偶见丝状；在脓汁中多形性更明显，在新鲜脓汁中杆状占优势，而在陈旧脓汁中则以球状占优势。在培养物中则呈较一致的球杆状，排列多成丛状，无鞭毛和荚膜，美蓝染色着色不匀，非抗酸性。本菌对干燥有抵抗力，在自然环境中能存活很长时间，对热及多种消毒剂敏感。

[流行特点] 伪结核棒状杆菌存在于土壤、肥料、肠道内和皮肤上，经创伤感染。本病多为散发性，少数量地方流行性。绵羊和山羊均可发生本病，但在我国，本病多发生于山羊，主要侵害 2～4 岁的山羊，公母山羊均受侵害，但以母羊占大多数。

[临床症状] 羔羊中少见，随年龄增长，发病增多。感染初期，局部发生炎症，后波及邻近淋巴结，淋巴结慢慢增大和化脓，脓初稀，渐变为牙膏样或干酪样。病羊一般没有明显症状，屠宰时才被发现。如体内淋巴结和内脏受波及时，病羊逐渐消瘦，衰弱，呼吸加快，时有咳嗽，最后陷于恶病质而死亡。该病在头部和颈部淋巴结发生较多，颈浅、髂下和乳房等淋巴结次之。

[病理变化] 剖检，可见尸体消瘦，被毛粗乱、干燥，主要表现在淋巴结，特别是胸腔淋巴结和体表淋巴结，而肠系膜淋巴结则很少出现病变；受害的淋巴结肿大并变成干酪样团块，或为含有大小不等的无臭味的干酪化病灶。病灶的切面呈灰绿色，黏滞如油脂，切面常表现出同心轮层状纹理。在较陈旧的病灶中，由于钙质的沉积，使干酪块呈灰沙状。在肺脏、肝脏、脾脏、肾脏和子宫角等处有大小不一、数量不等的脓肿。

[诊断] 对动物特征性化脓病灶（无臭味、牙膏样脓汁）涂片染色镜检。如为革兰氏阳性，抗酸染色阴性，呈多形性形态学特征，可初步疑为伪结核棒

状杆菌。进一步用血琼脂平板分离培养，并加以鉴定。本菌菌落微溶血，易于推动；不液化凝固血清，石蕊牛乳无变化，接触酶阳性。据此，可与化脓棒状杆菌相区别。血清学试验，如抗溶血抑制试验、间接血凝试验、琼脂扩散试验，也可用来诊断本菌所致疾病。本病类症鉴别应注意与结核病的鉴别。

[防治]

1. 预防 平时应坚持做好环境卫生工作，定期应用强力消毒灵（或消毒王）、菌毒敌等消毒剂带畜喷雾，消毒圈舍、槽具等。皮肤破伤应及时处理，发现病羊立即隔离，并进行治疗。对有本病存在的羊群剪毛时，应先剪青年羊和健康成年羊，最后剪体表淋巴结肿大的羊，剪毛时不要损伤肿大的淋巴结，剪毛后应对剪刀消毒。

2. 治疗 病初，可应用青霉素 80 万 U，生理盐水 10mL，溶解，肿胀部周围肌内注射，每天 2 次，连用 3d。磺胺类药物效果较佳，可用 20％磺胺嘧啶钠注射液 10mL，肌内注射，每天 1 次，连用 5d。早期也可应用 0.5％黄色素 10mL，一次静脉注射，提高疗效。中药可选用蒲公英 30g、紫花地丁 25g、黄柏 6g、黄芩 6g、山枝 9g、黄药子 9g、白药子 9g，煎水灌服，每天一剂，连用 3d。脓肿较大时，切开脓包，挤出脓汁，用双氧水灌洗创口后撒上高效广谱抗生素粉，或用碘酒棉条填塞数日后取出并撒上高效广谱抗生素粉，同时肌内注射广谱抗生素。

十二、结核病

结核病是由结核分支杆菌所引起的人、畜和禽类的一种慢性传染病。其病理特点是在多种组织器官形成肉芽肿和干酪样坏死或钙化结节病变。

[病原] 结核分支杆菌主要有三型：即牛型、人型和禽型分支杆菌。本菌不产生芽孢和荚膜，也不能运动，为革兰氏染色阳性菌，用一般染色法较难着色，常用的方法为 Ziehl - Neelsen 氏抗酸染色法。

分支杆菌因含有丰富的脂类，故在外界环境中生存力较强。对干燥和湿冷的抵抗力强，对热抵抗力差，60℃，30min 即死亡。在水中可存活 5 个月，在土壤中存活 7 个月，常用消毒药约经 4h 方可杀死，而在 70％酒精或 10％漂白粉中很快死亡，碘化物消毒效果甚佳，但无机酸、有机酸、碱性物和季铵盐类等对分支杆菌的消毒是无效的。本菌对磺胺类药物、青霉素及其他广谱类抗生素均不敏感，但对链霉素、异烟肼、对氨基水杨酸和环丝氨酸等药物敏感。

[流行特点] 可侵害多种动物，在家畜中牛最易感，特别是奶牛，其次为

黄牛、牦牛、水牛，猪和家禽亦可患病，绵羊、山羊少发。单蹄动物罕见。结核病畜是主要的传染来源，人结核病可传染给羊。严重病羊或其他病畜的痰液、粪尿、奶、泌尿生殖道分泌物及体表溃疡分泌物中都含有分支杆菌。健康羊吃喝了被细菌污染的饲料和饮水，或者吸入了含有细菌的空气，即可通过消化道和呼吸道受到传染。乳腺结核可垂直传染给羔羊。饲养管理不善，羊舍过于拥挤，潮湿污秽，光照不好等有利于病菌扩散。

[临床症状] 品种不同，表现症状也不同。

1. 奶山羊结核 症状与牛相似。轻度病羊没有临床症状，病重时食欲减退，全身消瘦，皮毛干燥，精神不振。常排出黄色稠鼻涕，甚至含有血丝，呼吸带痰音（呼噜作响），发生湿性咳嗽，肺部听诊有显著啰音。有的病羊臂部或腕关节发生慢性浮肿。乳上淋巴结发硬、肿大，乳房有结节状溃疡。

每当饲养管理不良时，即见食欲减退，迅速消瘦，奶量亦随之下降。尤其是在天气炎热的时候，最容易引起体温波动，症状也就随之加剧。

病的后期表现贫血，呼吸带臭味，磨牙，喜吃土，常因痰咳不出而高声叫唤。体温上升达 40～41℃，死前 2d 左右下降。贫血严重时，乳房皮肤淡黄，粪球变为淡黄褐色，最后消瘦衰竭而死亡，死前高声惨叫。

2. 绵羊结核 可感染牛型菌和禽型菌，一般为慢性，无明显的临床症状。故生前只能发现病羊消瘦和衰弱，并无咳嗽症状。病羊消瘦，被毛粗乱或脱毛。体温在 39℃以上，精神不振，无食欲，呼吸急促，深而快。全身肌肉松弛，瘤胃听诊无蠕动音，用手触压，可感知瘤胃内有稀软的内容物。

[病理变化] 绵羊的结核病灶多见于肺和胸部的淋巴结。肺脏的表面有粟粒大、枣子大至胡桃大的淡黄色脓肿，周围呈紫红色，最大的直径达 3cm，深度达 4cm，压之柔软，切开时见充满豆腐渣样内容物。常见肺脏表面有小米、大米以及花生米大的黄色及白色结节聚集成片，切时发出磨牙声，内含稀稠不等的脓液或钙质。肺脏切面的深部亦有界限性脓肿。有的全肺脏表面密布粟粒样的硬结节。喉头和气管黏膜有溃疡。支气管及小支气管充有不同量的白色泡沫。纵隔淋巴结肿大而发硬，前后连成一长条，内含黏稠脓液。肋膜常有大片发炎，尤其与肺部严重病变区接触之处更为明显，发炎区域有胶样渗出物附着，发炎区之肋骨间有炎性结节，可见胸水呈淡红色，量增多。心包膜内夹有粟粒大到枣子大的结节，内含豆腐渣样内容物。心脏冠状沟上下处有明显的出血点，心肌质度变脆。

肝脏表面有大小不等的脓肿，或者聚集成片的小结节。这些小结节或含豆渣样内容物，或硬如砂粒（因钙化），切时发出沙沙声。乳上淋巴结肿胀，内含豆渣样内容物，比肺中的浓稠，稍带灰色。

[诊断]

1. 现场诊断　当羊发生不明原因的渐进性消瘦、咳嗽、肺部异常、慢性乳腺炎、顽固性下痢、体表淋巴结慢性肿胀等，可作为疑似本病的依据。但仅根据临床症状很难确诊。羊死后可根据特异性结核病变，不难作出诊断，必要时进行微生物学检验。

2. 实验室诊断　用结核菌素作变态反应，是诊断本病的主要方法。诊断绵羊、山羊结核病时，须用稀释的牛型和禽型两种结核菌素同时分别皮内接种0.1mL，72h判定反应，局部有明显炎症反应，皮厚差在4mm以上者为阳性。微生物学诊断，可采取病料（病灶、痰、粪便、尿、乳及其他分泌液）作抹片镜检，分离培养和实验动物接种。

[防治]

1. 预防

（1）严格隔离有阳性反应的羊，禁止与健康羊群发生任何直接或间接的接触，例如，放牧时应避免走同一牧道及利用同一牧场。

（2）病羊所产的羔羊，要立刻用3‰克辽林或1‰来苏儿溶液洗涤消毒，运往羔羊舍，用健康羊奶实行人工哺乳，禁止哺吮病羊奶。

（3）病羊奶必须经巴氏灭菌法消毒后（最好煮沸）方可出售；禁止将生奶出售或运往健康羊场进行消毒。最好将病奶全部制成炼乳。

（4）如果病羊数量不多，可以全部宰杀，以免增加管理上的麻烦及威胁健康羊群。

（5）增添新羊时，必须先作结核菌素试验，阴性反应的方可引进。

2. 治疗　对于有价值的奶羊和优良品种的绵羊，可以采用链霉素、异烟肼（雷米封）、对氨基水杨酸钠或盐酸黄连素治疗轻型病例。对于临床症状明显的病例，不必治疗，应该坚决捕杀，以防后患。

十三、羊土拉杆菌病

羊土拉杆菌病是牧场绵羊，特别是羔羊的一种急性、败血性疾病，也是人畜共患病，又称野兔热。特征为发热，肌肉僵硬，淋巴结肿大，肝脏和脾脏形成脓肿、坏死。

[病原]病原为土拉弗朗西斯氏菌，是弗朗西斯菌属的代表种，是一种多形态的细菌。在患病动物的血液内近似球状，在培养物中则有球状至丝状等形态。不能运动，不产生芽孢，强毒菌株能产生荚膜，革兰氏染色阴性，美蓝染色呈两极着色。本菌对热及常用消毒剂敏感，但在土壤、水、肉和皮毛中可存

活数十天，在尸体中可存活 100 余天。对链霉素和四环素族抗生素敏感。实验动物中，小鼠、豚鼠、家兔等都易感，任何途径接种都可感染，多于 8～15d 发生败血症死亡。

[流行特点] 易感动物较多，野兔和野生啮齿类动物是主要传染源，通过蜱等吸血昆虫传染给羊只。人也可被感染，呈地方性流行。所以蜱不仅是传播媒介，也是有效的贮存宿主。被发病动物污染的牧地、饲草、饮水等也是重要的传染源。本病一般多见于春末、夏初，但也有冬初发病的。这可能与各地野生啮齿动物以及吸血昆虫的繁殖有关。主要的家畜宿主是绵羊，尤其是羔羊发病较为严重，常引起死亡。

[临床症状] 发病后体温高达 40.5～41.0℃，精神委顿、步态僵硬、不稳，后肢软弱或瘫痪，步行摇晃，行动迟缓，心跳加快。体表淋巴结肿大，2～3d 后体温恢复正常，但之后又常回升。一般 8～15d 痊愈。妊娠母羊发生流产和死胎，羔羊发病较重，除上述症状外，也见有的腹泻、有的兴奋不安、有的呈昏睡状态，数小时死亡，死亡率很高。山羊较少患病，症状与绵羊相似。

[病理变化] 剖检尸体可见表面寄生着许多蜱，组织贫血明显，在皮下和浆膜下分布着许多出血点，在蜱侵袭部位及其附近尤为显著。颈部、咽、背部、肩胛前及腋下淋巴结肿大，有坏死和化脓灶。肝脏、脾脏可能肿大。在一些羔羊中，肺脏的尖叶与心叶可能有肺炎病变。山羊脾脏肿大，肝脏有坏死灶，心外膜和肾上腺有小出血点。

[诊断] 可疑病畜或尸体，可采血液、淋巴结、肝脏、脾脏、肾脏的病变组织，涂片、染色、镜检，发现革兰氏阴性、两极着色、在细胞内成堆排列的较小菌体，具有诊断意义。如做分离培养，事前须将污染病料接种实验动物，培养基可用含有胱氨酸血液的特殊培养基，有微生物生长时，应用荧光抗体染色或凝集试验进行鉴定。也可进行变态反应诊断，即用土拉杆菌素 0.2mL 注射于羊尾根皱褶处皮内，24h 后检查，如局部发红、肿胀、发硬、疼痛者为阳性，但有一部分病羊不发生反应。血清学试验，如间接血凝试验、中和试验、酶联免疫吸附试验等试验方法均已用于本病血清学诊断，而且比凝集反应更具灵敏、快速等优点。

[防治]

1. 预防 预防本病主要通过消除自然疫源地的传染性，扑杀啮齿动物和消灭体外寄生虫。牧场应经常做好杀虫、灭鼠和畜舍的消毒。药浴灭蜱，深埋或烧毁病死羊和其他啮齿类野生动物的尸体，以免污染牧场、饲料和饮水。染有本病牧场的牲畜应经检查，血清学阴性、体表寄生虫完全驱除后方可运出。

目前国外已有菌苗使用，为预防控制本病取得了显著效果。

2. 治疗 链霉素疗效最好。每千克体重 10mg，肌内注射，每天 2 次；磺胺类药物无效。

十四、肉毒梭菌中毒症

肉毒梭菌中毒症是由于食入肉毒梭菌毒素而引起的急性致死性疾病，其特征为运动神经麻痹和延脑麻痹。

[**病原**] 肉毒梭菌在分类上属梭菌属，是梭菌属中最大的杆菌之一，能形成卵圆形的芽孢，比菌体宽，位于菌体的次端。革兰氏阳性，但在陈旧培养物中，有的菌株趋向于阴性。肉毒梭菌的芽孢广泛分布于自然界，在动物尸体、肉类、饲料、罐头食品中发育繁殖时产生毒素。这种毒素毒力极强，并且在消化道内不能被破坏。液体中的毒素 100℃，15～20min 可被破坏，在固体食物中需 2h。肉毒毒素为一种蛋白质，通常以毒素分子和一种红细胞凝集素载体所构成的复合物形式存在。

[**流行特点**] 肉毒梭菌的芽孢广泛分布于自然界，土壤为其自然居留地，在腐败尸体和腐烂饲料中含有大量的肉毒梭菌毒素，所以该病在各个地区都可发生。各种畜、禽都有易感性，因缺乏磷等微量元素而引起病羊异嗜癖，乱啃食杂物可引起本病，食入霉烂饲料、腐败尸体和已有毒素污染的饲料、饮水为主要发病原因。

[**临床症状**] 患病初期呈现兴奋症状，行走时头弯于一侧或作点头运动，尾向一侧摆动，一般不被发现，随着病情发展，表现为共济失调，步态僵硬，放牧掉群，拒食，咀嚼和吞咽困难，流涎，有浆液性鼻涕。呼吸浅表，呈腹式呼吸。严重时卧地，终因呼吸麻痹而死亡。有的病例可能不表现任何症状而突然死亡。

[**病理变化**] 病尸剖检一般无特异变化，有时在胃内发现骨片、木、石等物，说明生前有异嗜癖。咽喉和会厌有灰黄色被覆物，其下面有出血点，胃肠黏膜可能有卡他性炎症和小点状出血，心内外膜也可能有小点状出血，脑膜可能充血，肺可能发生充血和水肿。

[**诊断**]

1. 现场诊断 经过调查发病原因和发病经过，并结合临床症状和病理剖检变化，可初步诊断，但确诊必须检查饲料和病死尸体内有无毒素存在。

2. 实验室检查 取可疑饲料或病羊胃内容物，加 2 倍以上无菌生理盐水，充分研磨，做成悬液，置室温下浸出 1～2h，离心取上清液，加抗生素处理后，分为 2 份。一份不加热，供毒素试验用；另一份经 100℃加热 30min，供对照用。用鸡做试验时，吸取上述液体注射于眼皮下，一侧供试验用，另一侧供对照用。注射量均为 0.1～0.2mL。如注射后 0.5～2h，注射未加热滤液的一侧眼睑逐渐闭合（麻痹），而对照眼仍正常。试验鸡于 10h 后死亡，则证明被检物内含有毒素。上述供试动物也可使用小鼠、豚鼠等。

[防治]

1. 预防 注意环境卫生，在牧场或羊舍内，如发现有动物尸体和残骸，应及时清除，特别注意不用腐败饲料、饲草喂羊。平时在饲料中添加适量的食盐、钙和磷等矿物质，以防止动物发生异嗜癖，乱舔食尸体和残骸等。发现该病应及时查明毒素的来源，予以清除。患病动物的粪便可能含有大量的肉毒梭菌，也应及时清除，在本病流行地区，可用同型类毒素或明矾菌苗进行预防接种。

2. 治疗 发病早期可使用肉毒梭菌多价血清，同时使用盐类泻剂和洗胃、灌肠，以促进消化道内的毒素排除。据报道，使用盐酸胍，以每千克体重 1mg 的剂量治疗，可解除毒素引起的某些麻痹症状。遇有体温升高时，可注射抗生素或磺胺类药物，以防止继发肺炎。

十五、羔羊链球菌病

羔羊链球菌病又称链球菌败血症，是由肺炎链球菌引起的一种急性传染病。

[病原] 为革兰氏阳性链球菌。当圈舍潮湿、气候骤变或营养缺乏（如奶量不足）时，即可使羊的抵抗力减弱，以致寄生于上呼吸道的链球菌毒力加强而引起发病。

[流行特点] 该菌存在于病畜的鼻液、粪尿、生殖道分泌物内。经过呼吸道和消化道以及脐带而传染。多发于 7～30 日龄的羔羊。潜伏期 3～15d。一般冬春季节多发，呈地方性流行。

[临床症状] 可分为最急性、急性及慢性三种类型。

1. 最急性 腕关节或跗关节表现跛行，其他症状不明显。病羊通常于一昼夜之内死亡。

2. 急性 吃奶突然减少或完全废绝。精神不振，流泪，咳嗽，食欲废绝，鼻孔流出稀薄而带有黏性的鼻涕。体温升高到 40～42℃。腕关节或跗关节显示跛行，触诊关节时感觉温度增高。病羊寒战、磨牙，有时下痢。听诊肺部，有湿性啰音，肺泡呼吸音极度微弱。肺部叩诊有浊音。个别病羊有明显的肋间压痛。病羔于 3～7d 内死亡。

3. 慢性 除肺部无明显的听诊及叩诊特征外，其他症状均与急性者相同。有的羔山羊还可见到胸壁显著塌陷。病后期，常可见到病羊头俯于地，喜卧于潮湿地面，回顾后腹部。粪便干结。病期可以延长到半月左右。慢性型多半是急性转为慢性型。病羔体温有时高有时低，呈关节炎、胸膜炎和肺炎症状，间歇性下痢，日渐消瘦，病情加重，多数死亡。

[病理变化] 全身被毛容易拔掉，尸僵不全。剖检羔羊，可见败血症变化，皮下组织充血、出血。胸腔有深黄色或微红色的胶性渗出物，肋膜和心包被纤维素性附着物所粘连，心外膜和心内膜均有点状出血，心房上亦有出血小点，心肌混浊。上呼吸道有卡他性炎症，支气管淋巴结肿大。肺脏气肿，有灰色肝变区及出血斑。脾脏肿大不到 1 倍，表面呈灰白色，切开后颜色浑暗。肝脏肿大 1 倍以上，胆囊更为膨大，十二指肠及一部分小肠被胆汁浸染成黄色。肠管黏膜脱落，呈污红色，且有弥漫性出血，浆膜层也有出血现象。肠系膜淋巴结及全身各淋巴结均有严重出血。肾脏微肿，肾被膜下出血。膀胱充满尿液。患肢的关节囊肥厚，滑液很多，滑液内混有黄色纤维素性絮状物，有的在关节腔内积聚多量脓汁。关节面上有不同程度的溃疡。

[诊断] 用病羊分泌物或死羊的病变脏器和心血涂片镜检，如果发现大量有荚膜的链球菌，结合流行情况及临床症状即可作出诊断。

[防治]

1. 预防 改善母羊及羔羊场的环境卫生，加强饲养管理，提高抗病能力。对患乳房炎及子宫内膜炎的哺乳母羊应及时治疗，控制传染源。羊舍地面、用具要彻底消毒，保证环境的清洁。

2. 治疗 发现病羔及时隔离，采取药物治疗。四环素按每千克体重 0.01～0.02g 肌内注射。口服磺胺甲基嘧啶，按每千克体重 0.2g，分两次服用。此外还应根据病情采取对症疗法，如退热、止咳、祛痰等。

十六、羊弯曲杆菌病

弯杆菌病原名"弧菌病"，是由弯杆菌属的细菌引起的多种动物共患的传染病。羊弯杆菌病在临床上主要表现为暂时性不育、流产等症状。

[病原] 引起动物和人类疾病的弯杆菌主要是胎儿弯杆菌和空肠弯杆菌。胎儿弯杆菌又分为两个亚种：胎儿弯杆菌胎儿亚种和胎儿弯杆菌性病亚种。两种弯杆菌分类上均属于弯杆菌属，为革兰氏阴性的细长弯曲杆菌。菌体呈 S 形、撇形或鸥形，但在老龄培养物中可呈球形或螺旋状长丝（由多个 S 形菌体形成的链）。本菌运动活泼，为微需氧菌，在 10％二氧化碳环境中生长良好，

鲜血或血清培养基有利于初代分离培养。

[**流行特点**] 胎儿弯杆菌对人和动物均有感染性，绵羊感染可引起流产，牛散发性流产和人的发热。病菌主要存在于流产胎儿以及胎儿胃内容物中。

感染的人、畜血液、肠内容物及胆汁中的空肠弯杆菌可引起人和动物的腹泻，也可引起绵羊的流产，病菌主要存在于流产绵羊的胎盘、胎儿胃内容物、血液和粪便中以及患肠炎人、畜的血液和粪便中。正常动物的肠道中也有空肠弯杆菌存在。患病羊和带菌动物是传染源，母羊在流产时或流产后，病原菌可进入肝脏、肝淋巴结和胆囊中成为带菌者。主要经消化道感染。绵羊流产常呈地方性流行，在一个地区或一个羊场流行 1～2 年或更长一段时间后，可停息 1～2 年，然后又重新发生流行。

[**临床症状**] 妊娠母羊多于后期（妊娠的第四五个月）发生流产，分娩出死胎、死羔或弱羔。流产母羊一般只有轻度先兆——流出少量阴道分泌物，易被忽视。流产后阴道排出黏性或脓性分泌物。大多数流产母羊很快痊愈，少数母羊由于死胎滞留而发生子宫炎、腹膜炎或子宫脓毒症，最后死亡。病死率不高，约为 5%。

[**病理变化**] 病理剖检，可见流产胎儿的腹部皮下组织呈红色水肿，胸腹腔内有多量深红色的液体，胃内有多量淡红色的胶状物，肝脏稍肿大，一般重 170～200g，可见肝脏表面有 1 分至 5 分硬币样圆形溃疡，少数病理可见瘀血斑，肾脏深红色，一般重 10～12.1g。淋巴结稍肿大，偶见心冠部斑状出血，肺脏稍肿大，有的可见斑状瘀血。病死羊呈现子宫炎、子宫积脓、腹膜炎。

[**诊断**]

1. 现场诊断 依据妊娠母羊流产以及产生弱胎或死胎、流产胎儿皮下水肿、肝脏坏死、子宫积脓等，可作出初步诊断。

2. 实验室诊断 取新鲜胎衣子叶和流产胎儿胃内容物做涂片，染色镜检，可见革兰氏阴性的胎儿弯杆菌。也可将病料接种于鲜血琼脂（每毫升含杆菌肽 2U、新生霉素 2mg、制霉菌素 300U），置于 5%氧、10%二氧化碳和 85%氮环境中（也可用烛缸法），37℃培养，进行病原分离鉴定，以便确诊。血清学诊断方法有试管凝集试验、补体结合试验、免疫荧光抗体技术、酶联免疫吸附试验等。

3. 类症鉴别 应与羊布鲁氏菌病、羊衣原体病及羊沙门氏菌病等类似疾病进行区别，主要通过实验诊断进行鉴别。

[**防治**]

1. 预防 严格执行兽医卫生防疫措施。产羔季节流产母羊应严格隔离并进行治疗。流产胎儿、胎衣以及污染物要彻底销毁；粪便、垫草等要及时清除并进行无害化处理；流产地点及时消毒除害。染病羊群中的羊不得出售，以免扩大传染。本病流行区可用当地分离的菌株制备弯杆菌多价灭活菌苗，对绵羊进行免疫接种，可有效预防流产。

2. 治疗 　发病羊用四环素内服治疗。四环素按每千克体重日服 20～50mg，分 2～3 次服完。氟苯尼考，每千克体重 20～30mg 肌内注射，每天注射 2 次，连用 3～5d。上述药物可连用 2～3d，早期治疗能减少流产损失。

流产母羊发生全身症状者，宜输液强心，解除自体中毒，可用 10％葡萄糖溶液 250mL、10％氯化钙溶液 10mL、10％樟脑磺酸钠 3mL，1 次静脉注射。

十七、羊快疫

羊快疫是由腐败梭菌经消化道感染引起的主要发生于绵羊的一种急性传染病。如果经伤口感染则会引起恶性水肿，临床以突然发病，病程短促，真胃发生出血性炎症为特征。

[**病原**] 腐败梭菌是厌氧大杆菌，革兰氏染色阳性，分类上属于梭菌属。本菌在体内外均能产生芽孢，不形成荚膜，有鞭毛，能运动，可产生多种外毒素。病羊血液或脏器涂片，可见单个或 2～5 个菌体相连的粗大杆菌，有时呈无关节的长丝状，其中一些可能断为数段。这种无关节的长丝状形态，在肝被膜触片中更易发现，在诊断上具有重要意义。

[**流行特点**] 发病羊多为 6～18 月龄、营养较好的绵羊，山羊较少发病。主要经消化道感染。腐败梭菌通常以芽孢体形式散布于自然界，特别是潮湿、低洼或沼泽地带。羊采食污染的饲草或饮水，芽孢体随之进入消化道，但并不一定引起发病。当存在诱发因素时，特别是秋冬或早春气候骤变、阴雨连绵之际，羊寒冷、饥饿或采食了冰冻带霜的草料，机体抵抗力下降，腐败梭菌即大量繁殖，产生外毒素，使消化道黏膜发炎、坏死并引起中毒性休克，使患羊迅速死亡。本病以散发性流行为主，发病率低而病死率高。

[**临床症状**] 患羊往往来不及表现临床症状即突然死亡，常见在放牧时死于牧场或早晨死于圈舍内。有的病羊死前表现疝痛，腹胀，结膜发绀，磨牙，最后痉挛而死。病程稍缓者，表现为不愿行走，食欲废绝，运动失调，腹痛、腹泻，磨牙，抽搐，体温表现不一，有的正常，有的升高到 41.5℃，病羊口流带血泡沫，排便困难，里急后重，粪便恶臭，粪中带有血丝和黏液，最后衰弱昏迷，多于数分钟或几小时内死亡，病程极为短促，少数可痊愈。

[**病理变化**] 病死羊尸体迅速腐败、膨胀。口、鼻流出白色泡沫，口内留

有食物。剖检可视黏膜充血，呈暗紫色。体腔多有积液。特征性表现为真胃出血性炎症，胃底部及幽门部黏膜可见大小不等的出血斑点及坏死区，黏膜下发生水肿。胸腔、腹腔心包积液，心内外膜和左心室有点状出血，胆囊多肿胀。有的病例在回肠及盲肠有块状出血，个别病例有坏死和溃疡，少数病例的肠系膜充血和淋巴结充血肿大。

[诊断] 生前诊断比较困难，死后应注意检查真胃变化。确诊需要进行微生物学检查。

1. 实验室诊断 病死羊肝脏被膜触片，用瑞特氏或美蓝染色液染片镜检，除见到两端钝圆、单个或短锋状的粗大菌体外，还可观察到无关节的长丝状菌体链。其他脏器组织中也可发现病原。还可应用葡萄糖鲜血琼脂或肉肝汤培养基进行细菌的分离培养；或做动物试验，将病料制成悬液，肌内注射豚鼠和小鼠，实验动物多于24h内死亡。死亡后立即采集脏器组织进行分离培养，极易获得纯培养。制片镜检也可发现腐败梭菌无关节长丝状的特征表现。荧光抗体技术可用于本病的快速诊断。

2. 类症鉴别 诊断要注意与类似病症羊肠毒血症、羊黑疫和羊炭疽的区别。

羊快疫发病季节常为秋、冬和早春，而羊肠毒血症多在春夏之交抢青时和秋季草籽成熟时发生。羊快疫有明显的真胃出血性炎性损害；而患羊肠毒血症仅见轻微病损，病羊体温一般正常，剖检见胆囊肿大1～3倍，肾脏软化，全身淋巴结肿大。肾等实质器官涂片可见D型产气荚膜梭菌。羊快疫肝脏被膜触片多见无关节长丝状的腐败梭菌；患羊肠毒血症的病羊的血液及脏器中可检出D型产气荚膜梭菌。羊黑疫的发生常与肝片吸虫病的流行有关，其真胃损害轻微。患羊黑疫时，肝脏多见坏死灶，涂片检查，可见到两端钝圆、粗大的诺维氏梭菌。羊快疫和羊炭疽，可用病料组织进行炭疽阿斯科利氏沉淀反应区别诊断。

[防治]

1. 预防 在该病的常发区，每年应定期注射有关预防羊快疫的单苗或混合苗。当本病发生严重时，应及时转移放牧地，立即将病羊隔离，并给发病羊群按每只0.5％高锰酸钾溶液250mL或1％硫酸铜溶液80～100mL灌服，同时进行紧急接种，可使用羊快疫、羊猝狙、羊肠毒血症三联苗，羊快疫、羊猝狙、羊肠毒血症、羔羊痢疾四联苗或羊快疫、羊猝狙、羊肠毒血症、羔羊痢疾、羊黑疫五联苗。对所有尚未发病羊加强饲养管理，防止受寒，避免羊采食冰冻饲料。病死羊尸体、粪便等要深埋处理，避免污染土壤和水源。圈舍用3％火碱彻底消毒。也可以用20％漂白粉消毒。

2. 治疗　由于病程短促，常常来不及治疗。对病程稍长的病羊，可选用青霉素肌内注射，剂量每次 80 万～160 万 U，每天 2 次；磺胺嘧啶内服，剂量每次 5～6g，每天 2 次，连服 3～4d；也可给病羊内服 10%～20%石灰乳，每次 50～100mL，连服 1～2 次。在使用上述抗生素药物的同时应及时配合强心、输液等对症治疗措施。

十八、羊肠毒血症

羊肠毒血症又称"软肾病"或"类快疫"，是由 D 型产气荚膜梭菌在羊肠道内大量繁殖产生毒素引起，主要发生于绵羊的一种急性毒血症。本病以发病急、死亡快、死后肾组织软化为特征。本病在临床症状上类似羊快疫，故又称"类快疫"。

[病原]　产气荚膜梭菌分类上属于梭菌属，为厌气性粗大杆菌，革兰氏染色阳性，无鞭毛，不能运动，在动物体内可形成荚膜，芽孢位于菌体中央。本菌可产生多种外毒素，依据毒素-抗毒素中和试验，可将产气荚膜梭菌分为 A、B、C、D、E 5 个毒素型。羊肠毒血症由其中 D 型产气荚膜梭菌所引起。

[流行特点]　发病以绵羊为多，山羊较少。通常以 2～12 月龄、膘情较好的羊为主，牛也可发生肠毒血症。产气荚膜梭菌常存在于土壤、污水、人畜粪便和饲料、饲草中。通常羊采食被病原菌芽孢污染的饲草或饮水，芽孢随之进入消化道，其中大部分在真胃中被酸杀死，一般情况并不引起发病。当饲料突然改变，特别是从吃干草改为采食大量谷类或青嫩多汁和富含蛋白质的草料之后，导致羊的抵抗力下降和消化功能紊乱，D 型产气荚膜梭菌在肠道迅速繁殖，产生大量毒素，毒素进入血液，引起全身毒血症，发生休克而死亡。本病的发生常表现一定的季节性，牧区以春夏之交抢青时和秋季牧草结籽后的一段时间发病为多；农区则多见于收割抢茬季节或采食大量富含蛋白质饲料时。一般呈散发性流行，在一个疫群内的流行时间，多为 30～50d 左右，开始时比较猛烈，连续死亡几天，停止几天，又连续发生，后期病情逐渐缓和，最后自然停止发生。

[临床症状]　潜伏期较短，发生突然，病羊呈腹痛、肚胀症状。患羊常离群呆立、独自奔跑或卧地不起。有的可见口含饲料或异物，嘴唇活动却不能咽下；有的在濒死期发生肠鸣或腹泻，排出黄褐色水样或带黏液的稀粪。病羊全身颤抖，眼球转动，磨牙，头颈后仰，四肢痉挛，口鼻流沫，口黏膜苍白，四肢和耳尖发冷，角膜反射消失，常于昏迷中死去。流行后期，有时可见病程缓慢的病例，病羊拉稀混有黏液和血液，委顿和昏迷，病程可延至 12h 或 2～3d

死亡。病羊体温一般不高，个别羊体温升高，病死率很高，血、尿常规检查有血糖、尿糖升高现象。

[病理变化] 尸体腹部膨大，口鼻流出泡沫性液体或黄绿色胃内容物，肛门周围有稀便或黏液。胸、腹腔和心包积液。心脏扩张，心肌松软，心内外膜有出血点。胃内充满食物和气体，皱胃有黏膜炎。肺呈紫红色，切面有血液流出。肝脏肿大，呈灰褐色半熟状，质地脆弱，被膜下有点状或带状溢血，胆囊肿大。特征变化是肠道，尤其是小肠和十二指肠黏膜充血、出血，重病者整个肠段壁呈血红色，或有溃疡，故对此有"血肠子病"一说。幼龄羊一侧或两侧肾脏软化，肾脏软化如稀泥样。皮下组织血管舒张充血，血液凝固不良并含有气泡。全身淋巴结肿大，呈急性淋巴结炎，切面湿润，髓质部分黑褐色。

[诊断]

1. 现场诊断 根据流行特点，如散发、突发、死亡快、多发生于雨季和青草生长旺季等，结合消化系统、呼吸系统、心血管系统的剖检病变及急性病例尿中含糖量明显增加，可作出现场诊断。

2. 实验室诊断 用2倍生理盐水稀释小肠粪便后，以4 000r/min的速率离心30min，取上清液给4只小鼠尾静脉注射，剂量分别为0.05mL（2只）和0.1mL（2只），结果小鼠在4min内全部死亡。

病羊的肝脏、脾脏、肾脏、心脏和肠淋巴进行组织触片，革兰氏及瑞氏染色，镜检，可见一致的革兰氏阳性，具有荚膜的粗大杆菌，呈单个或两两相连排列，菌体与常见产气荚膜杆菌一致。

病羊肝脏、脾脏、肾脏、心脏和肠淋巴组织接种在厌气肉肝汤中培养24h，长出丰茂、产气旺盛、肉汤浑浊一致的生长物，涂片镜检可见一致的革兰氏阳性大杆菌，两端钝圆，两侧平直或稍弯曲，呈单个或两两相连。

在兔血、牛血琼脂平板上，37℃，24h培养，呈β溶血，溶血环直径2mm，培养24h后可见光滑、隆起的圆形菌落，边缘整齐，淡灰色，培养72h后菌落边缘略不整齐，表面有辐射条纹，即所谓的"勋章样"。在牛乳培养基中培养18h后，牛奶凝固、产气，出现暴烈，发酵；能利用葡萄糖、乳糖、蔗糖、果糖、麦芽糖；对杨苷、甘露醇不定；产生硫化氢，靛基质和V-P试验为阴性，甲基红试验为阳性，尿素试验阴性。不得用枸橼酸盐。

也可将肝脏、脾脏、淋巴结等病料组织做成悬液，给家兔腹腔注射，则家兔于1d内死亡，取材料染色检查，可发现病原典型特征。

血清学诊断可用标准产气荚膜梭菌抗毒素与肠内容物滤液做中和试验。

3. 类症鉴别 诊断时注意与以下几种羊病的鉴别。炭疽可致各种年龄羊发病，临床诊断时体温明显升高，黏膜呈蓝紫色，死后天然孔流血，尸僵不全，脾脏高度肿大，细菌学检查，可发现具有荚膜的炭疽杆菌；巴氏杆菌病病程多在 1d 以上，临床表现可见体温升高，皮下组织出血性胶样浸润，后期呈现肺炎症状，病料涂片可见革兰氏阴性、两极浓染的巴氏杆菌；大肠杆菌病多见于 6 周龄以内的羔羊，肾脏表面多呈青紫色，但不软化；各脏器内可培养出大肠杆菌。

[防治]

1. 预防　农、牧区春夏之际，应尽量减少抢青，抢茬，秋季避免食用结籽饲草和蔬菜等多汁饲料。当羊群出现本病时要立即搬圈，转移到高燥的地区放牧。在常发地区应定期注射羊厌气菌病三联、四联或五联菌苗。

2. 治疗　由于此病病程较短，发病快，往往来不及救治，治疗效果不佳。对病程较缓慢的病羊，可使用青霉素肌内注射，每只羊 80 万～160 万 U，每天 2 次；内服磺胺脒 8～12g，第 1 天 1 次灌服，第 2 天分 2 次灌服；也可灌服10% 石灰水，大羊 200mL，小羊 50～80mL，连服 1～2 次。此外，应结合强心、补液、镇静等对症治疗，有时尚能治愈少数病羊。

十九、羊猝狙

羊猝狙是由 C 型产气荚膜梭菌引起的一种毒血症，临床上以急性死亡、腹膜炎和溃疡性肠炎为特征。

[病原]　C 型产气荚膜杆菌，分类上属于梭菌属，革兰氏染色阳性，两端略呈粗杆状，菌体单个或 2～3 个相连或成短链状。在动物体内可形成荚膜，芽孢位于菌体中央。本菌需求的厌氧条件并不严格，但在厌氧环境中生长迅速，可产生多种外毒素。

[流行特点]　不分年龄、品种、性别均可感染，但发生于成年绵羊，以1～2 岁的绵羊发病较多，常流行于低洼、潮湿地区，冬春季节多发，病原菌随污染的饲料和饮水进入羊消化道后，在小肠特别是十二指肠和空肠繁殖，产生毒素，引起发病，呈地方性流行。

[临床症状]　病程短促，一般为 3～6h，多数见不到症状即突然死亡。有时发现病羊掉群、无神、卧地，表现不安，衰弱或痉挛，于数小时内死亡。

[病理变化]　主要见于消化道和循环系统。剖检可见十二指肠和空肠黏膜严重充血、糜烂，个别区段可见大小不等的溃疡灶，浆膜上有出血点。体腔多有积液，暴露于空气易形成纤维素絮块。浆膜上有小点出血。病羊刚死时骨骼肌表现正常，死后 8h，骨骼肌肌间积聚有血样液体，肌肉出血，有气性裂孔，

这种变化与黑腿病的病变十分相似。

[诊断]

1. 现场诊断 根据发病特点、临床症状和病理变化，可作出初步诊断。

2. 实验室诊断 采集体腔渗出液、脾脏等病料进行细菌学检查；取小肠内容物进行毒素检查以确定菌型。

3. 类症鉴别 应与羊快疫等其他梭菌性疾病、炭疽、巴氏杆菌病等类似疾病相鉴别。主要通过病原学的检查和毒素检验进行区别。

[防治]预防和治疗同羊快疫和羊肠毒血症。

二十、羊黑疫

羊黑疫又称"传染性坏死性肝炎"，是由 B 型诺维氏梭菌引起的绵羊、山羊的一种急性高度致死性毒血症。本病以肝实质发生坏死性病灶和皮肤呈暗黑色为特征。

[病原]诺维氏梭菌又称水肿梭菌，也叫巨大梭菌，分类上属于梭菌属，为革兰氏阳性大杆菌。本菌严格厌氧，可形成芽孢，不产生荚膜，具有周身鞭毛，能运动。根据本菌产生的外毒素，通常分为 A、B、C 三型，引起本病的为 B 型诺维氏梭菌。

[流行特点]本菌能使 1 岁以上的绵羊发病，以 2～4 岁营养好的绵羊多发；山羊也可患病，牛和猪偶有感染。实验动物以豚鼠最为敏感，家兔、小鼠易感性较低。诺维氏梭菌广泛存在于自然界，特别是土壤之中，羊采食被芽孢体污染的饲草、饲料或饮水后，芽孢由胃肠壁经血液进入肝脏而引发。本病主要发生于低洼、潮湿地区，以春、夏季节多发，发病常与肝片吸虫的感染侵袭密切相关。肝片吸虫幼虫游走损害羊的肝脏，存在于该处的诺维氏梭菌芽孢获得了适宜的环境条件，迅速生长繁殖，产生毒素，进入血液循环，引起毒血症，导致急性休克而死亡。

[临床症状]本病临床表现与羊快疫、羊肠毒血症等疾病极为相似。病程短促，大多数发病羊表现为突然死亡，不易见到明显的症状。部分病例可拖延1～2d，病羊放牧时掉群，食欲废绝，精神沉郁，反刍停止，磨牙，呼吸急促，体温41～42℃，常昏睡，俯卧而死亡。病死率几乎100%。

[病理变化]病羊尸体皮下静脉显著瘀血，使羊皮呈暗黑色外观，黑疫之名由此而来。胸部皮下组织常水肿，皮下结缔组织中含清亮胶样液体。体腔多有积液，心内膜常见有出血点。真胃幽门部、小肠黏膜充血、出血，肠淋巴结水肿。肝脏表面和深层有数目不等的凝固性坏死灶，呈灰黑色不整圆形，周围

有一鲜红色充血带围绕，坏死灶直径达 2～3cm，切面呈半月形。羊黑疫肝脏的这种坏死变化，具有重要诊断意义（这种病变与未成熟肝片吸虫通过肝脏时所造成的病变不同，后者为黄绿色、弯曲似虫样的带状病痕）。

[诊断]

1. 现场诊断 根据病羊临床症状，皮呈黑色外观，病理变化可作出初步诊断。

2. 实验室诊断

（1）病料采集 采集肝脏坏死灶边缘与健康组织相邻接的肝组织作为病料，脾脏、心血等材料也可采集作为病料。用作分离培养的病料，应于死后及时采集，立即接种。

（2）染色镜检 病料组织染色镜检，可见粗大而两端钝圆的诺维氏梭菌，排列多为单在或成双存在，也见 3～4 个菌体相连的短链。

（3）分离培养 诺维氏梭菌严格厌氧，分离较为困难，特别是当病料污染时则更加不易。病料应于羊死后尽快采集，严格无菌操作，立即划线接种，在严格厌氧条件下分离培养。由于羊的肝脏、脾脏等组织在不发病时可能有本菌芽孢存在。因此，分离病原菌后尚要结合流行病学分析、临床症状和剖检变化综合判断才能确诊。

（4）动物接种试验 病料悬液肌内注射豚鼠，死后剖检，接种部位可见出血性水肿，腹部皮下组织呈胶样水肿，透明无色或呈玫瑰色，厚度有时可达1cm，这种变化极具特征性，具有诊断意义。

（5）毒素检查 一般用卵磷脂酶试验，此法检查病料组织中 B 型诺维氏梭菌产生的毒素，检出率和特异性均较高。

3. 类症鉴别 应与羊快疫、羊肠毒血症、羊炭疽等类似疾病进行区别诊断。

[防治]

1. 预防 在肝片吸虫病流行地区，羊群至少每年安排 2 次定期驱虫。一次在秋末冬初，由放牧转为舍饲之前；另一次在冬末春初，由舍饲改为放牧之前。药物可选用蛭得净（溴酚磷），羊每千克体重 16mg，一次内服；或使用丙硫咪唑，以每千克体重 15～20mg，一次内服；也可使用三氯苯唑，以每千克体重 8～12mg，一次内服。定期注射羊黑疫菌苗、黑疫快疫混合苗或羊厌气菌五联苗。发病时将羊圈搬至高燥处，也可使用抗诺维氏梭菌血清早期预防，皮下或肌内注射 10～15mL，必要时可重复 1 次。

2. 治疗 对病程稍缓的病羊，可肌内注射青霉素（用法同羊快疫），也可静脉或肌内注射抗诺维氏梭菌血清，一次量 10～80mL，连用 1～2 次。

二十一、羔羊痢疾

羔羊痢疾是初生羔羊的一种急性毒血症，特征为剧烈腹泻和小肠发生溃疡。本病常可使羔羊大批死亡，给养羊业造成重大损失。

[病原] 由 B 型产气荚膜梭菌所引起。

[流行特点] 主要发生于 7 日龄以内的羔羊，尤以 2～5 日龄羔羊发病为多。病羔羊为主要传染源，其肠道中含有大量的病原体，随粪便排出体外，污染周围环境。B 型产气荚膜梭菌的主要传染途径为消化道，可通过吮乳、接触羊粪或饲养人员手指感染羔羊，也可通过脐带或创伤感染。在不良因素的作用下，羔羊抵抗力减弱，病菌在小肠大量繁殖，产生毒素（主要为 β 霉素），引起发病。羔羊痢疾的促发因素主要有：母羊妊娠期营养不良，羔羊体质瘦弱；气候骤变，寒冷袭击，特别是大风雪后，羔羊受冻；哺乳不当，饥饱过甚。本病可使羔羊发生大批死亡，特别是草质差的年份或气候寒冷多变的月份，发病率和病死率均高。

[临床症状] 潜伏期 1～2d，多为急性型和亚急性型。病初羔羊精神委顿，低头拱背，不想吃奶；不久即下痢，粪便恶臭，有的稠如面糊，有的稀薄如水，颜色黄绿、黄白甚至灰白，部分病羔后期粪便带血，或为血便。病羔虚弱，卧地不起，常于 1～2d 内死亡。个别病羔腹胀而不下痢或只排少量稀粪（也可能粪便带血或成血便），主要表现为神经症状，四肢瘫软，卧地不起，呼吸急促，口流白沫，最终昏迷。体温降至常温以下，若不及时救治，多在数小时或十几小时内死亡。

[病理变化] 尸体严重脱水，肛门周围污染有稀粪。最显著的变化在消化道，皱胃黏膜出血和水肿，内有未消化的乳凝块；小肠尤其回肠黏膜充血发红，常可见直径 1～2mm 的溃疡病灶，溃疡灶周围有一充血、出血带环绕；肠系膜淋巴结肿胀充血，间或出血；心包积液，心内膜可见有出血点；肺脏常有充血区或出血斑。

[诊断]

1. 现场诊断 在常发地区，依据流行病学、临床症状和病理变化，一般可作出初步诊断。

2. 实验室诊断

（1）病料采集 生前采集粪便，死后一般采集肝脏、脾脏以及小肠内容物等作为病料。

（2）染色镜检 病料染色检查，可于肠道粪便发现大量有荚膜的革兰氏阳性大杆菌，同时在肝脏、脾脏等脏器也可检出产气荚膜梭菌。

（3）分离培养 本菌虽为专性厌氧菌，但厌氧条件不苛刻，较易培养。常用厌气肉肝汤和鲜血琼脂进行培养。纯分离物进行生化试验以便鉴定。

（4）毒素检查 利用小肠内容物滤液接种小鼠或豚鼠进行毒素检查和中和试验，以确定毒素的存在和菌型。

3. 类症鉴别 羔羊梭菌性痢疾应与大肠杆菌病、沙门氏菌病等类似疾病相区别。

（1）羔羊梭菌性痢疾与大肠杆菌病的鉴别 由大肠杆菌引起的羔羊下痢，用产气荚膜梭菌免疫血清预防无效，而用大肠杆菌免疫血清则有一定的预防作用。在羔羊濒死或刚死时采集病料进行细菌学检查，分离出纯培养的致病菌株具有诊断意义。

（2）羔羊梭菌性痢疾与沙门氏菌病的鉴别 由沙门氏菌引起的初生羔羊下痢，粪便也可夹杂有血液，剖检可见真胃和肠黏膜潮红并有出血点，从心血、肝脏、脾脏和脑可分离到沙门氏菌。

[防治]

1. 预防 加强母羊的饲养管理，要特别加强抓膘保胎工作，备足饲料，在妊娠后期补给优质饲草、青干草、胡萝卜及矿物质等。做好产前的准备工作，产羔房要铺上垫草，做好防寒保暖工作，室内保持干燥清洁。剪去母羊阴门附近污毛，用消毒液擦洗乳房和后躯。加强羔羊的护理工作，做好圈舍及用具的消毒工作。实行计划配种，避免在严寒季节产羔。合理哺乳，避免饥饱不均。一旦发病应随时隔离病羊。对未发病羊要及时转圈饲养。在常发疫点可采取药物预防。羔羊出生后12h内，灌服土霉素0.12～0.15g，每天1次，连服3d。每年秋季及时注射羊厌气菌病四联苗或五联苗，必要时可于产前2～3周再接种1次。

2. 治疗 可选用如下方法治疗：土霉素0.2～0.3g、胃蛋白酶0.2～0.3g，加水灌服，每天2次；磺胺脒0.5g、鞣酸蛋白0.2g、次硝酸铋0.2g、碳酸钠0.2g，加水灌服，每天3次；先灌服含0.5%福尔马林的6%硫酸镁溶液30～60mL，6～8h后再灌服1%高锰酸钾溶液10～20mL，每天2次；如并发肺炎，可用青霉素、链霉素各80万U混合肌内注射，每天2次。在使用上述药物的同时，要适当采取对症治疗措施，如强心、补液、镇静，食欲不好者可灌服人工胃液（胃蛋白酶10g，浓盐酸5mL，水1L）10mL或番木别酊0.5mL，每天1次。

可配合中药疗法，对已下痢的病羔，可服用加减乌梅汤：乌梅（去核）、炒黄连、黄芩、郁金、炙甘草、猪苓各10g，诃子肉、焦山楂、神曲各12g，泽泻 8g，干柿饼（切碎）1 个，以上药研碎，加水 400mL，煎至 150mL，加红糖 50g 为引，一次灌服。或服加味白头翁汤：白头翁 10g、黄连 10g、秦皮 12g、生山药 30g、山萸肉 12g、诃子肉 10g、茯苓 10g、白术 15g、白芍 10g、干姜 5g、甘草 6g，将上述药水煎 2 次，每次煎汤 300mL，混合后每只羔羊灌服 10mL，每天 2 次。

二十二、放线菌病

放线菌病是牛羊和其他家畜及人共患的一种非接触性慢性传染病。以局部组织增生与化脓，形成放线菌肿为特征。

[病原] 主要是牛放线菌和林氏放线杆菌，此外还有化脓放线菌（原名化脓棒状杆菌）和金色葡萄球菌。牛放线菌分类上属放线菌属，为不规则、无芽孢、革兰氏阳性杆菌，是一种不运动、不形成芽孢的杆菌，有长成菌丝的倾向。在动物组织中呈现带有辐射状菌丝的颗粒性聚集物，称为菌芝，又叫硫黄颗粒，其大小如帽针头，呈灰色、灰黄色或微棕色，质地柔软或坚硬。如将颗粒在玻片上压碎镜检可见到本菌。涂片经革兰氏染色后，其中心菌体为紫色，周围辐射状菌丝为红色。本菌抵抗力微弱，一般消毒剂均可将其杀死，对青霉素、链霉素、四环素等抗生素敏感。

林氏放线杆菌为兼性厌氧的杆菌，革兰氏阴性，分类上属巴氏杆菌科放线杆菌属，不运动、不形成芽孢和荚膜，呈多形态，在动物组织中也形成菌芝，无显著的辐射状菌丝。革兰氏染色，中心与周围均呈红色。本菌对外界环境条件抵抗力不强，对链霉素和四环素抗生素敏感。

[流行特点] 放线菌病的病原不仅存在于污染的土壤、饲料和饮水中，而且还寄生于动物口腔、咽部黏膜、扁桃体和皮肤等部位。因此，黏膜或皮肤上只要有破损，便可以感染。羊常在头部、面和口腔的创伤处发生放线菌感染。该病一般为散发。

[临床症状] 常在舌、唇、下颌骨、乳房出现损害。病羊下颌骨肿大，肿胀发展缓慢，最初的症状是下唇和面部的其他部位增厚，经过几个月才在增厚的皮下组织中形成直径达 5cm 左右、单个或多数的坚硬结节，有时皮肤化脓破溃，形成瘘管，从瘘管中排出脓液。病羊不能采食，消瘦，衰弱。舌和咽部感染时，组织肿胀变硬，流涎，咀嚼困难。乳房患病时，呈弥漫性肿大或有局灶性硬结。

[病理变化] 在受害器官的个别部分，有扁豆粒至豌豆粒大小的结节样生成物，这些小结节聚集而形成大结节，最后变为脓肿。脓肿中含有乳黄色脓

液，其中有放线菌芝。这种肿胀是由化脓性微生物增殖的结果。当细菌侵入骨骼（颌骨、鼻甲骨、腭骨等）后，骨骼逐渐增大，形似蜂窝。这是由于骨质稀疏和再生性增生的结果。切面常呈白色，光滑，其中镶有细小脓肿。也可发现有瘘管通过皮肤或引流至口腔。在口腔黏膜上有时可见溃烂，或呈蘑菇状生成物，圆形，质地柔软，呈褐黄色，病期长久的病例，肿块可能会钙化。

[诊断]

1. 现场诊断 放线菌病的临床症状和病变比较特殊，不易与其他传染病混淆，故诊断不难。

2. 实验室诊断 必要时可取脓汁少许，经水稀释后找出硫黄样颗粒，在水内洗净，置载玻片上加一滴 15％氢氧化钾溶液，覆以盖玻片用力挤压，置显微镜下检查，可见到明显带有辐射菌丝的颗粒状聚集物——菌芝。如欲辨认何种细菌，则可用革兰氏法染色后检查判定，若镜下见菊花状菌块，中心为革兰氏阳性的菌丝体，其周围呈棍棒体，定为牛型放线菌；菌块中心为革兰氏阴性短小杆菌，其周围的棍棒状呈革兰氏阴性，则为林氏放线杆菌。

[防治]

1. 预防 避免在低洼、潮湿地区放牧。舍饲的羊，最好将干草、谷糠等浸软，避免刺伤口腔黏膜。严格执行饲养管理及兽医卫生制度，特别是防止皮肤、黏膜发生损伤。有伤口时应及时处理。

2. 治疗 硬结可用外科手术切除，若有瘘管形成，要连同瘘管彻底切除。切除后的新创腔，要用碘酊纱布填塞，1～2d 更换一次；伤口周围注射 10％碘仿醚或 2％鲁戈氏液。内服碘化钾，每天 1～3g，可连用 2～4 周；在用药过程中如出现碘中毒现象（脱毛、消瘦和食欲缺乏等），应暂停用药 5～6d 或减少剂量。抗生素治疗也有效，可同时用青霉素和链霉素注射于患病部周围，青霉素每千克体重 1 万～1.5 万 U，链霉素每千克体重 10mg，每天 1 次，连用 5d 为一个疗程。

二十三、羊心水病

羊心水病可发生于绵羊、山羊和牛，是一种热性、败血性传染病。其特点是心包积水、胸水和腹水增量、体温升高、出现神经症状。

[病原] 本病病原是反刍兽考德里氏体，属于立克次氏体科考德里氏体属；为多形性的细胞内寄生物，有小球形、圆形或椭圆形，也有的呈杆状、环状或马蹄形。革兰氏染色阴性，用吉姆萨染色为蓝色，本病原不能在人工培养基、鸡胚或各种组织细胞上培养。在动物体外存活期有限，室温下很少能存活 36h

以上，除缩氨基酸、磺胺、四环素外，对其他多种抗生素有抗药性。

[流行特点] 病畜和带菌动物是传染源，一些非洲野生反刍兽如羚羊、林羚、跳羚等为自然贮主，对传播本病有一定的作用。蜱为传播媒介。当蜱在病畜体表吸血时，病原体进入蜱体，在其肠道上皮内繁殖，并保持终生有感染能力。当蜱叮咬易感动物时，会将病原体注入畜体而感染。心水病不能通过直接接触病畜而感染。绵羊和山羊最易感染，牛也易感。随着羊年龄的增长，对该病原的抵抗力会下降，羔羊的抵抗力较强。本病发生的高峰期见于蜱的繁殖季节，且多发生于湿热低洼地带。

[临床症状] 潜伏期 14～28d，该病一般因感冒高烧后引起。体温高达40℃以上，最急性型的突然发病，虚脱死亡。有的症状轻微，甚至不易察觉。急性型的表现为呼吸急促，脉搏短快，拒食，伴发磨牙，舌头外伸，行走不稳，转圈乱步，倒地抽搐，头向后仰等神经症状，最后全身强直性痉挛、颈项僵硬，口鼻流出泡沫，便秘或腹泻。有的病畜经过24h或更长时间，体温降至正常或以下之后死亡。当出现明显的神经症状时，治愈的可能性很小。亚急性和慢性病例的病程较长，大多数康复，很少出现神经症状，临床症状较轻微或不明显，但可发生剧烈腹泻。孕畜可发生流产。本病康复者少，多以死亡告终，病死率可达90%。

[病理变化] 病羊尸体消瘦，体表有蜱。典型病例最突出的特点是胸腔积水、心包积水和腹水，胸水和腹水量少至数毫升，多至数升。心肌外观暗淡，可能出现浑浊肿胀，脂肪变性，心内膜和外膜有小点出血。咽、喉和气管充满液体，黏膜充血。肝肿胀、充血，脂肪变性。胆囊胀满，胆汁潴留。肾充血，脾肿胀。胃黏膜增厚、充血，上皮脱落并有溃疡。肺小叶间质水肿、充血和淋巴结肿大。

[诊断]

1. 现场诊断 在流行地区，一般根据病史、临床症状和死后剖检病变和体表有蜱等做出初步诊断。要进行确诊，需进行实验室诊断。

2. 实验室诊断 于病羊死后，立即采取血管内膜进行涂片，用姬姆萨染色后镜检，可在血管内皮细胞内发现大量蓝染的反刍兽考德里氏体。也可取大脑皮层和脊髓作涂片检查。或者用发热后 2～4d 的病畜脱纤血，立即给小鼠腹腔内接种，然后将该小鼠尽快送有关单位检验。

[防治]

1. 预防 对羊加强管理，彻底消灭蜱是防治本病的主要措施，做好定期检查，经常向羊群喷洒灭蜱药物，在流行地区蜱活动季节，所有家畜每隔 5d 药浴 1 次，或把灭蜱药撒布到畜体上。严禁有蜱寄生的家畜进入无病地区。对进口的种畜要进行检疫并隔离 25d 以上，才可合群。

羔羊生后 1 周时接种人工感染高热期病畜血液，接种 10～12d 后，每只羔羊口服或注射金霉素，剂量为每千克体重 16mg，连用 2～4d，有一定的预防效果。

2. 治疗　在病程的最早阶段，应用四环素类抗生素治疗，或用磺胺类药物，每 50kg 体重用二甲基双磺胺 1g，最高剂量 10g，溶于 10 倍 1.3％氢氧化钠溶液中，静脉注射可收到良好效果。

二十四、羊无浆体病

羊无浆体病，又称无形体病，旧称边虫病，是由边缘无形体引起的羊、牛等反刍动物急性或慢性传染病，以发热、贫血、消瘦、衰弱、黄疸和胆囊肿大为特征。

[病原] 本病病原为立克氏体目无形体科无形体属，对羊有致病力的 4 种无形体分别是边缘无形体、中央无形体、尾形无形体和羊无形体。我国常见的为边缘无形体，致病力较强。无形体寄生于红细胞内，约有 0.5％位于边缘，其余的位于中央。在红细胞内一般有 1 个，也有 2～3 个的。在发育周期中，初体体积增大后分裂增殖穿出细胞壁进入血浆，吸附到新的红细胞上，通过细胞壁进入红细胞，又增殖形成新的边缘小体。无形体在普通培养基内，不能生长繁殖，必须在细胞内寄生，依靠寄主细胞提高三磷酸腺苷、辅酶 I 和辅酶 A 才能生长繁殖。常用的培养方法有动物接种、鸡胚卵黄囊内接种以及组织细胞接种等。

[流行特点] 本病的宿主动物有山羊、绵羊、牛、鹿等，传染源是病畜和带菌者，蜱为传播媒介，多种吸血昆虫和牛虻、厩蝇和蚊等也能传播本病。外科手术器械和注射器、针头等消毒不彻底时也能造成机械性传播。本病常发生于夏秋季，即吸血昆虫活动的季节。无形体初体侵入血液红细胞后，分裂成新的初体，再侵入另一个红细胞，这个过程反复发生，造成大量的红细胞的破坏，而使畜体贫血。

[临床症状] 潜伏期一般为 20～30d，病羊体温升高到 40℃以上。体力衰弱，发生贫血和黄疸。厌食，精神萎靡。血液图片可见到红细胞中有无形体，本病发病率为 10％～20％，病死率不高。有的病例发生混合感染。

[病理变化] 病畜体表有蜱附着，尸体消瘦，内脏器官脱水、黄染。体腔内有少量渗出液，颈部、胸下与腋下等部位皮下轻度水肿。心内、外膜下和其他浆膜上可见大量瘀斑。血液稀薄。脾肿大 3～4 倍，髓质变软易脆。淋巴结

肿大、水肿。骨髓增生呈红色，肺发生气肿。肝脏呈黄色，胆囊扩张，充满胆汁。

[诊断]

1. 现场诊断 依据流行病学、临床症状和病理变化可做初步诊断。

2. 实验室诊断 取病羊的肝、脾、肾、肺和外周血液做抹片，再用无水甲醇固定，并用10％姬姆萨染色液染色，然后镜检。当发生严重贫血时，可能在抹片中检不出菌体，可检测几次。补体结合试验、毛细管凝集试验、酶联免疫吸附试验、放射免疫试验、间接免疫荧光抗体试验等可确诊本病。

[防治]

1. 预防 消灭吸血昆虫是预防本病的主要措施，主要对畜群进行药浴或淋浴。外科器械如注射器针头等用前必须严格消毒，加强检疫，防止带菌动物混入健康羊群。严格隔离病羊，必要时对重症羊予以扑杀。

2. 治疗 四环素、土霉素（每千克体重10mg）效果良好。也可用阿卡普林，每只羊肌内注射50mg，隔天1次，共2次，效果较好。

二十五、羔羊支原体病

支原体病是由支原体引起绵羊羔、山羊羔发生的一种急性败血性传染病。本病在羔羊群中发病急、病程短、病死率高。

[病原] 暂定为羔羊支原体。分布于病羔的血液、内脏及脑中。在支原体培养基上生长旺盛，可致液体培养基混浊。尿素分解试验和精氨酸剂利用试验均为阴性。能微弱发酵葡萄糖，集落不吸附红细胞。经卵黄囊接种7日龄鸡胚，96h后死亡，胚体水肿、出血。生长抑制试验显示，本菌可被禽败血支原体抗血清抑制，但不被牛支原体、丝状支原体、丝状亚种和鼻支原体抗血清所抑制。

[流行特点] 本病原主要感染30日龄以内的羔羊，1日龄时即可发病，较大的羊和成年羊呈隐性感染，虽不显症状，但可带菌并可从母羊子宫分泌物和乳汁中排出病原，成为传染源。人工经气管接种10日龄雏鸡，可使部分接种鸡10d后出现神经症状，15d后死亡。皮下接种该病原的小鼠于4～7d后死亡，死前出现眼结膜炎。本病可通过消化道和呼吸道感染，胎儿也可通过带菌母山羊的子宫与乳汁垂直传播。本病主要发生于产羔季节，特别是产春羔季节（2～3月份）。

[临床症状和病理变化] 病羔精神委顿，吮乳减少甚至废绝，后肢软弱或者不能站立，少数病羔腕关节明显肿大，体温一般正常，少数可升高至41℃，

发病后 2～3d 因极度衰竭而死亡，部分病羔死前有头颈伸直、后仰、呻吟等症状，死亡率可达 67.7%。死后剖检可见肺尖叶、心叶有实变区，心脏、肝脏、肾脏有不同程度的变性。

[诊断] 根据流行特点，临床症状和病理变化可作出初步诊断，进行病原分离鉴定后才可确诊。

[防治] 目前尚没有菌苗可供免疫接种。主要预防措施是不从疫区引种，以免传入本病。本病发生后，应加强饲养管理，隔离病羊，进行严格的环境消毒，只要有一只羔羊发病，就应立即给妊娠后期的母羊和全部羔羊每千克体重 40～50mg 口服土霉素片，每天 2 次，连服 3d。羔羊可补充复合维生素，对本病有预防作用。实验室药敏试验显示，本菌对治百炎（壮观霉素）和强力霉素高度敏感，可在临床上试用，治百炎的剂量与用法同土霉素，对已出现症状的羔羊治疗效果不佳。

二十六、羊传染性胸膜肺炎

羊传染性胸膜肺炎又称羊支原体性肺炎，俗称"烂肺病"，是由支原体引起山羊、绵羊的一种高度接触性传染病。临床特征为发热，咳嗽，浆液性和纤维蛋白性肺炎以及胸膜炎。多呈急性和慢性经过，发病后死亡率较高。

[病原] 丝状支原体山羊亚种分类上属于支原体科支原体属，可引起山羊支原体性肺炎。丝状支原体为一细小、多形性微生物，革兰氏染色阴性，用姬姆萨氏法、卡斯坦奈达氏法或美蓝染色法着色良好。它是专性需氧菌，要有特别的培养基才能生长。鸡胚卵黄或尿囊均适于本菌的生长。丝状支原体山羊亚种对理化因素的抵抗力弱，对红霉素高度敏感，四环素和氟苯尼考也有较强的抑菌作用，但对青霉素、链霉素不敏感。

绵羊肺炎支原体也属于支原体科支原体属，可引起山羊、绵羊发病。发病动物具有类似山羊传染性胸膜肺炎临床症状和病理变化。在培养基（琼脂浓度约为 0.7%）上生长时，也呈一般支原体都具有的"煎蛋"状菌落，绵羊肺炎支原体则对红霉素不敏感。

[流行特点] 自然条件下，丝状支原体山羊亚种只感染山羊，且以 3 岁以下的山羊发病为多；绵羊肺炎支原体可感染山羊和绵羊。传染源主要为病羊，病肺组织以及胸腔渗出液中含有大量病原体，主要经呼吸道分泌物排菌。耐过羊在相当长的时期内也可成为传染源。本病常呈地方性流行，主要通过空气飞沫经呼吸道传染，接触传染性强。阴雨连绵，寒冷潮湿，营养缺乏，羊群密集、拥挤等不良因素易诱发本病。多在山区和草原发生，近年来舍饲羊群也有

发生，在冬季和早春枯草季节，山羊缺乏营养、极易感冒，加之机体抵抗力降低，较易发病。羊痘、羊狂蝇侵袭等可诱发该病，且发病率和死亡率较高。

[临床症状] 潜伏期短者 5～6d，长者 3～4 周，平均 18～20d。根据病程和临诊症状，可分为最急性、急性和慢性 3 型。

1. 最急性 病初体温升高，可达 41～42℃，精神极度委顿，食欲废绝，呼吸急促而有痛苦的鸣叫。数小时后出现肺炎症状，呼吸困难，咳嗽，并流浆液带血鼻液，肺部叩诊呈浊音或实音，听诊肺泡呼吸音减弱、消失或呈捻发音。12～36h 内，渗出液充满病肺并进入胸腔，病羊卧地不起，呼吸极度困难，黏膜发绀，呻吟哀鸣，最后窒息死亡。病程 2～5d，有的仅 12～24h。

2. 急性 最常见。病初体温增高，食欲减退，呆立一隅，不愿走动，继之出现短而湿的咳嗽，伴有浆液性鼻漏。4～5d 后，咳嗽变干而痛苦，鼻液转为黏液脓性并呈铁锈色，黏附于鼻孔和上唇，结成干固的棕色痂垢。多在一侧出现胸膜肺炎变化，叩诊有实音区，听诊呈支气管呼吸音和摩擦音，按压胸壁表现敏感、疼痛。高热稽留不退，食欲锐减，呼吸困难和痛苦呻吟，眼睑肿胀，流泪或有黏液脓性眼屎。口半开张，流泡沫状唾液。头颈伸直，腰背拱起，腹肋紧缩，孕羊大批发生流产，流产率为 70%～80%。有的发生腹胀和腹泻，口腔发生溃烂，唇、乳房等部位皮肤发疹。濒死前体温降到常温以下，病期 7～15d，有的可达 1 个月。最后病羊卧倒，极度衰弱，幸而不死的转为慢性。

3. 慢性 潜伏期平均 18～20d。多见于夏季。全身症状轻微，体温升到 40℃左右。病羊间有咳嗽和腹泻，鼻涕时有时无，身体衰弱，被毛粗乱无光。在此期间如饲养管理不良，可因并发症而迅速死亡。

[病理变化] 病变多局限于胸腔内脏器官。胸腔常有淡黄色积液，暴露于空气后其中纤维蛋白易凝固。病理损害多发生于肺脏一侧，常常呈现纤维素性肺炎（彩图 5-5），间或为两侧性肺炎；肺实质肝变，切面呈大理石样变化；肺小叶间质变宽，界限明显；血管内常有血栓形成。胸膜增厚而粗糙，常与肋膜、心包膜发生粘连。支气管淋巴结、纵隔淋巴结肿大，切面多汁并有出血点。心包积液，心肌松弛、变软。肝脏、脾脏肿大，胆囊肿胀。肾脏肿大，被膜下可见有小出血点。病程久者，肺肝变区机化，结缔组织增生，甚至有包囊化的坏死灶。

[诊断]

1. 现场诊断 根据流行特点、临床症状和病理变化、胸膜肺炎可作出现场初步诊断。

2. 实验室诊断

（1）**病料采集** 无菌采集急性病例肺组织、胸腔渗出液等作为病料，置低温冰箱贮存。

（2）**染色镜检** 由于菌体无细胞壁，故呈杆状、球状、丝状等多形态特性。病料制片检查，呈革兰氏阴性，但因着色不佳，常用姬姆萨氏法、瑞氏法或美蓝染色法进行染色观察。

（3）**分离培养** 病料接种于血清琼脂培养基，37℃培养3～6d，长出细小的半透明微黄褐色的菌落，中心突起呈"煎蛋"状，涂片染色镜检，可见革兰氏阴性、极为细小的多形性菌体。也可用液体培养基进行分离培养。于培养基中加入特异性抗血清进行生长抑制试验，鉴定病原。

（4）**动物接种试验** 采集新鲜病料或用纯培养物，接种于山羊胸腔或气管内，经3～7d后，实验羊可出现与自然病例相同的症状和病变。也可通过肌内和静脉途径接种动物。

（5）**血清学诊断** 常用的方法有琼脂免疫扩散试验、玻片凝集试验、间接血凝试验和荧光抗体试验，胶体金免疫层析检测技术也开始用于该病的检测。

3. 类症鉴别 应与巴氏杆菌病进行区别。在临床症状和病理变化上，羊支原体性肺炎和羊巴氏杆菌病很相似，但病料染色镜检，羊支原体性肺炎通常观察为较细小的多形性菌体，而羊巴氏杆菌病病料制片用瑞氏染色法染色、镜检，则可检出两极着色的卵圆状杆菌；病料接种家兔和小鼠，作动物感染试验，羊支原体性肺炎的病料不引起发病，而巴氏杆菌病的病料则引起动物死亡。

［防治］

1. 预防 加强饲养管理，定期检疫，对假定健康羊应分群饲养。提倡自繁自养，新引入的山羊，应隔离观察1个月确认无病后方可混群；对疫区的假定健康羊，每年用山羊传染性胸膜肺炎氢氧化铝苗接种。病菌污染的环境、用具等应严格消毒。

2. 治疗 使用新胂凡纳明"914"治疗、预防本病有效，剂量为5个月龄以下羔羊0.1～0.15g，5月龄以上羊只0.2～0.25g，用灭菌生理盐水或5%葡萄糖盐水稀释为5%溶液，一次静脉注射，必要时间隔4～9d再注射一次。可试用磺胺嘧啶钠注射液，皮下注射，每天一次；病的初期可使用土霉素，以每天每千克体重20～50mg剂量分2次内服；氟苯尼考，每千克体重20～30mg肌内注射，每天注射2次，连用3～5d。酒石酸泰乐菌素注射，每天每千克体重6～12mg，每天肌内注射2次，3～5d为1个疗程。也可试用强力霉素治疗，效果明显。

二十七、传染性角膜结膜炎

传染性角膜结膜炎是山羊和绵羊的一种常见病，又名红眼病或流行性眼炎。其特征为眼结膜和角膜发生明显的炎症变化，伴有大量流泪，其后发生角膜混浊或呈乳白色。

本病在世界各国均有分布，尽管不是致死性传染病，但由于局部刺激和视觉扰乱，对养牛和养羊业会造成一定的经济损失。

[病原] 本疾病可由多种病原引起。目前所知，可引起本病的病原微生物有：衣原体（鹦鹉热衣原体）、结膜支原体、奈氏球菌、李氏杆菌、立克次氏体等。一般认为本病主要由衣原体（鹦鹉热衣原体）引起。

[流行特点] 主要侵害反刍动物，特别是山羊，尤其是奶山羊；绵羊、乳牛、黄牛、水牛、骆驼等也能感染；偶尔波及猪和家禽。幼龄动物最易得病。传染源是病畜和带菌者。一般是由已感染的动物或传染物质导入畜群，引起同种动物感染，也可通过接触感染，蝇类或某些飞蛾可机械传播本病，患畜的分泌物，如眼泪、鼻液、奶及尿的污染物，均能散播本病。本病多发生于5～10月份的夏秋季，即蚊蝇较多的炎热季节，以放牧期发病率最高，进入舍饲期也有。

[临床症状和病理变化] 一般为一侧眼睛发病。在健康家畜眼结膜上可发现潜伏感染，并成为带菌者。病初患畜怕光，经常流泪，泪液为清水状。数日后眼分泌物增多，粘连睫毛，并沾污眼下皮毛，结膜充血，通常为粉红色，眼睑肿胀，患眼有明显的疼痛。病畜在发病2～3d后怕见阳光，在强烈的阳光下流泪特别明显，以后角膜慢慢发病。

病初，在角膜中央会出现很少的白色浑浊，此区逐渐波及整个角膜，呈云雾状，这时病羊视力明显下降，甚至失明，角膜会出现新的血管，类似红色蛛网，部分病羊角膜混浊，并发生溃疡，形成角膜瘢痕及角膜翳，影响采食。病眼会分泌出黏液性眼屎，有时眼前房发生积脓，眼内压增高，角膜突出破裂，甚至晶状体脱出，病变蔓延整个眼球，患畜完全失明，有的病例角膜发病，出现浑浊，中央白点严重时角膜增厚，像一个白壳覆盖在眼球上，此时病羊即已失明。

[诊断]

1. 现场诊断 根据流行病学、临床症状，以及传播迅速和发病季节，可以作出现场诊断。

2. 实验室诊断　必要时可作微生物学检查或应用荧光抗体技术进行确诊。

[防治]

1. 预防　有条件的种畜场（羊场），应建立健康群，立即隔离病畜，划定疫区，定时清扫消毒，严禁牛羊易感动物流动；新购买的羊只，至少需隔离60d，方能允许与健康羊合群。用杀虫剂喷洒患畜，每周一次，也可用0.05%过氧乙酸细雾喷洒畜舍、空气或畜体。在疫区应加强饲养管理；及时采取隔离、封锁、消毒，防止疫情扩大。

2. 治疗　一般病羊若无全身症状，在半个月内可以自愈。发病后应尽早治疗，越快越好。用2%～4%硼酸液洗眼，拭干后再用3%～5%弱蛋白银溶液滴入结膜囊中，每天2～3次；用0.025%硝酸银液滴眼，每天2次；如发生角膜混浊或角膜翳时，可用0.1%新洁尔灭，或用4%硼酸水溶液，逐头洗眼后，再滴以5 000U/mL普鲁卡因青霉素（用时摇匀），每天2次，重症病羊加滴醋酸可的松眼药水，并放太阳穴、三江穴血。角膜混浊者，滴视明露眼药水效果很好。

二十八、山羊皮肤霉菌病

山羊皮肤霉菌病是由皮肤霉菌引起的山羊的一种皮肤传染病。临床特征为头部发生圆形或不整形的脱毛，形成鳞屑和秃斑。

[病原]　引起皮肤霉菌病的病原体为真菌界六个门中的半知菌门内的一部分菌属。其中主要危害人类的为表皮癣菌属，对人、畜、禽均有致病性的为毛癣菌属及小孢霉菌属。这两种菌常常可以引起互相感染。皮肤霉菌对外界环境具有极强的抵抗力，耐干燥，100℃干热1h方可致死。但对湿热抵抗力不太强，对一般消毒药耐受性很强，可耐受1%醋酸1h，1%氢氧化钠数小时，2%福尔马林半小时。皮肤霉菌对一般抗生素及磺胺类药均不敏感。制霉菌素和两性霉素B对本菌均有抑制作用。

[流行特点]　几乎各种动物都可发生本病。自然情况下，牛最易感，其次为猪、马、驴、绵羊、山羊、鸡、家兔、猫、狗、豚鼠等也易感。许多野生动物也有感染的报道，人也易感，许多种皮肤霉菌可以人畜互传或在不同动物之间相互传染。

本菌可依附于动植物体上，停留在环境或生存于土壤之中，在一定条件下感染人、畜。患畜是本病的主要传染源，可通过互相啃咬、交配或吮乳等传染给健康畜，病原存留于污染的环境之中，经污染的刷拭用具或饲槽、鞍具等传染，也可通过搔痒、摩擦或蚊蝇叮咬，从损伤的皮肤发生感染。本病一般无年龄和性别差异，幼年较成年易感。畜体营养缺乏，皮肤和被毛卫生不良，环境气温高，湿度大等均利于本病传播。本病全年均可发生，但一般以秋冬舍饲期发病较多。

[临床症状] 病变通常呈圆形，直径1~4cm，严重的可见几个秃斑联结在一起呈不整形，病变部脱毛后覆盖一层白色或灰白色的鳞屑，刮去鳞屑可见出淡红色皮肤，疾病后期鳞屑也可自行脱落，呈光滑淡红色秃斑，秃斑周围的被毛极易拔脱。病变一般位于头部，个别病例还在背部、腰部、腹下部、股内侧、人腿外侧与会阴部等处出现单个圆形秃斑，或连成一大片，有的病灶表面覆盖有一层较薄的柔软痂皮。病羊痒觉不明显。

[诊断]

1. 现场诊断 本病临床特征明显，局部皮肤有边界明显的癣斑或秃斑，其上带有几根残毛或裸秃，常常覆以鳞屑结痂或皮肤皲裂和变硬，有的发生丘疹、水疱和表皮糜烂等，根据以上特点，可作出现场诊断。

2. 实验室诊断 确诊时，可刮取病变部位的碎屑和毛供检。镜检时，取少许病料于载玻片上，加入10％氢氧化钠或氢氧化钾1滴，在酒精灯火焰上方稍微加热，静置5min后加盖玻片，用低倍或高倍显微镜检查，见到孢子在毛干内排列呈链状（毛癣菌属霉菌），毛外可见到孢子和菌丝，即可诊断。若必须判定种属时，应进行人工培养。也可将病料接种于家兔皮肤，将家兔局部剪毛后，用针头划痕，病料加生理盐水湿润后，直接涂布于划痕处，阳性者经7~8d出现炎症反应、脱毛和癣痂，再将癣痂镜检发现孢子和菌丝即可证实。

[防治]

1. 预防 平时应加强引种时的检疫工作，搞好羊舍与羊体皮肤卫生。发病后全群检查，隔离治疗病羊，羊舍可用2％热氢氧化钠液或0.5％过氧乙酸液消毒。

2. 治疗 治疗时先刮去痂壳，选用以下药物涂擦：10％水杨酸酒精或油膏，每天或隔天1次；10％浓碘酊，每天1~2次，直至痊愈。水杨酸6g、苯甲酸12g、石炭酸2mL、凡士林100g，混匀外用；硫酸铜粉25g、凡士林75g，制成软膏，5d1次。

二十九、羊钩端螺旋体病

钩端螺旋体病是由钩端螺旋体引起人、畜共患的一种自然疫源性传染病。临床特征为短期发热、黄疸、血色素尿、皮肤和黏膜坏死和迅速衰竭等。羊感染后一般呈隐性经过。

[病原] 钩端螺旋体属螺旋体目钩端螺旋体科。菌体似问号形，呈细长丝状，具有规则细致的螺旋，中央有一根轴丝，暗视野检查时，常似细小的珠链状，一端或两端弯曲呈钩状，没有鞭毛，可绕长轴旋转和摆动，进行很活泼的运动，所以菌体常呈 C、S、O 等多种形状。革兰氏染色不易着色，常用姬姆萨氏染色和镀银法染色，以后者较好。一般常用可索夫培养基和希夫纳培养基培养。钩端螺旋体对外界抵抗力较强，在水田、池塘、沼泽、江河两岸中可以存活数月或更长时间，对该病的传播有重要作用。本菌对酸、碱敏感，加热至50℃，10min 即可致死，干燥和直射阳光均能使其迅速死亡，一般消毒剂的常用浓度均易杀死此菌。

[流行特点] 易感动物范围广，包括各种家畜和野生动物，其中鼠类最易感。病畜和带菌动物是传染源，特别是带菌鼠在钩端螺旋体病的传播上起着重要作用。病原从尿排出后，污染周围的水源和土壤，经皮肤、黏膜和消化道而感染。也可通过吸血昆虫传播。该病多发生于夏、秋季节，气候温暖、潮湿和多雨地区尤为多发。饲养管理与本病的发生和流行有密切关系，饥饿、饲养不合理或其他疾病使机体衰弱时，原为隐性感染的羊表现出临床症状，甚至死亡。管理不善，饲料中维生素缺乏或不足，羊舍、运动场的粪尿、污水不及时清理，常是本病暴发的重要因素。

[临床症状] 潜伏期 2～20d。本病传染率高，发病率低，症状轻得多，重的少。

1. 急性型 突然高热，黏膜发黄，尿色很暗，其中有大量白蛋白、血红蛋白和胆色素。血液中尿素浓度于病的末期达最高峰。并常见皮肤干裂、坏死和溃疡。常于发病后 3～7d 内死亡。病死率很高。

2. 亚急性型 体温有不同程度的升高，食欲减退，黏膜黄染，产奶量显著下降或停产。乳色变黄如初乳状并伴有血凝块，很少死亡。

3. 流产型 流产是羊钩端螺旋体病的重要症状之一。一些羊群暴发本病的唯一症状就是流产，但也可与急性症状同时出现。

[病理变化] 尸体消瘦，皮肤有干裂性坏死性病灶，口腔黏膜有不同程度的黄染，且有溃疡，皮下发生胶样浸润及出血，肠黏膜及浆膜有大量出血，胸、腹腔有黄色渗出液。肺脏、心脏、肾脏和脾脏等实质器官有出血斑点。肝脏松软、肿大，质地脆弱，呈黄色或色调不均匀；肾脏肿大，皮质有散在的灰白色病灶。肠系膜淋巴结肿大、出血。

[诊断]

1. 现场诊断 急性钩端螺旋体病具有比较典型的临床症状，诊断时结合流行特点和剖检变化，可作出初步诊断。

2. 实验室诊断 为了确诊，须进行实验室检查。在病羊发热初期，采取血液，在发热期采取尿液，死亡后立即取肾脏和肝脏，送实验室进行钩端螺旋体检查。用姬姆萨、镀银染色或暗视野直接镜检，可见菌体两端弯曲成钩状，呈螺旋形的病原体。分离培养用柯索夫或希夫纳培养基接种，经5～7d培养后，如果培养基略混浊，呈乳白色，立即作暗视野检查，发现菌体即可确诊。动物接种常用体重100～200g的幼龄豚鼠，潜伏期一般为3～5d，动物升温后出现活动迟缓，食欲减少，1～2d后出现黄疸，死前捕杀，观察病变，接种培养基和检查菌体。血清学诊断可用凝集溶解试验、补体结合试验和酶联免疫吸附试验等。

[防治]

1. 预防 首先要消灭传染源，开展灭鼠工作，防止草料及水源被鼠类尿液污染。避免引进带菌羊，不要从疫区购买羊只。对新购入的羊只，必须隔离检疫30d，无病方可混群。发现病羊应立即隔离，消除和清理被污染的水源、污水、淤泥、牧地、饲料、场舍、用具等以防止传染和散播；加强饲养管理和实行预防接种，提高羊只的特异性和非特异性免疫力。遇有疑似感染羊，可在饲料中混以0.05％～0.1％四环素，连喂14d有效。

2. 治疗 链霉素和四环素族抗生素对本病有一定疗效。链霉素按每千克体重15～25mg，肌内注射，每天2次，连用3～5d。土霉素按每千克体重10～20mg，肌内注射，每天1次，连用3～5d。使用大剂量青霉素也有一定疗效。当羊群发生该病时，应立即隔离，治疗病羊及带菌羊；对污染的水源、场地、栏舍、用具等进行消毒；及时用钩端螺体多价苗进行紧急预防接种。中药可选用加减银壳散：金银花、连翘各12g，竹叶、生地各6g，芦根20g，荆芥、豆豉、知母、山枝、丹皮、薄荷、玄参各9g，石膏15g，煎水灌服，每天1剂，连用3d。

三十、羊附红细胞体病

附红细胞体病是由附红细胞体寄生于人、羊等多种动物红细胞表面、血浆及骨髓中引起的一种人畜共患传染病。病羊主要以黄疸性贫血、生长缓慢、发热、呼吸困难、虚弱、流产、腹泻为特征。目前该病在我国很多地区的羊群中广泛流行，是严重威胁养殖业的一种重要传染病。

[病原]附红细胞体形态各异，呈球形、卵圆形、逗点形或杆状。大小为(0.3～1.3)μm×(0.5～2.6)μm，常单独或呈链状附着于红细胞表面，也

可游离在血浆中。发育过程中其形状和大小可以发生变化。附红细胞体对干燥环境和化学药品的抵抗力很低，但耐低温，在5℃时可保存15d，在冰冻凝固的血液中可存活31d，在加15％甘油的血液中于−79℃条件下可保存80d，一般常用消毒剂均能杀死附红细胞体。

[流行特点] 不同年龄、品种的羊均有易感性，妊娠母羊最容易发病，而哺乳羔羊的发病率和死亡率较高，有时达80％～90％。其他羊多为隐性感染。本病的传播途径有接触性、血源性、垂直性及媒介昆虫4种方式，其中吸血昆虫中的蚊、蝇、虱、蠓等为主要传播媒介，阉割、打记号、剪毛等所用的外科手术器械，注射针头等消毒不彻底也可感染，母羊可通过胎盘垂直传染给羔羊。配种时公母羊可互相传播。本病的发生和昆虫的活动有密切关系，多发生于夏秋季节，尤其是多雨之后最易发病，常呈地方流行性。本病是多因素性疾病，品种的抗病能力弱，饲养管理技术不科学、饲料营养不全面、卫生环境差、免疫程序不合理等因素都可成为诱发本病的原因，在良好的饲养管理条件、卫生清洁的环境、合理的营养结构及机体防御机能健全的情况下，羊一般不会发生急性病例，或不表现临床症状。但是在应激因素，如长途运输、突然断奶、天气骤变等情况下，以及营养缺乏、感染其他疾病的作用下造成机体抵抗力下降时，可大面积暴发本病。

[临床症状] 根据临床特点，本病可分为急性、亚急性、慢性3类。

1. 急性 主要发生于羔羊阶段，多突然死亡，死时口鼻出血，全身红紫，指压褪色。有时突然瘫痪，食欲下降或废绝，无端嘶叫或呻吟，肌肉颤抖，四肢抽搐。死亡时口内、肛门出血。

2. 亚急性 潜伏期2～30d，病羊初期体温升高至41.5～42.5℃，稽留热5～8d。精神沉郁，呆立一隅或长卧不起，食欲不佳，主要表现为前期便秘，后期腹泻，粪由稀、腥臭变为含有血和黏液。尿色变重，呈深黄色或酱油色。有些羊颈部、耳部、鼻部、胸腹下部、四肢内侧皮肤发红，指压不褪色，严重的出现全身紫斑，毛囊有铁锈色斑点。羊体逐渐消瘦，体表淋巴结肿大，后躯无力，喜卧。有的羊两后肢不能站立，流涎，呼吸困难，咳嗽，眼结膜发炎，分泌物增多。

3. 慢性 主要表现为持续性贫血和黄疸。黄疸程度不一，皮肤或眼结膜呈淡黄色至深黄色，皮肤和黏膜苍白。母羊出现流产、死胎、产羔数下降、弱羔增加、不发情等繁殖障碍症状。母羊临产前后发病率较高，乳房、外阴水肿，产后泌乳量减少，缺乏母性，不关注小羊。公羊出现性欲减退，精子稀薄、变形，畸形精子增多，受胎率低等现象。

[病理变化] 主要病理变化为贫血，黄疸。血液稀薄如水，不易凝固，全

身肌肉颜色变淡，皮下有出血点，脂肪黄染。肝脏、肾脏、肺脏、脾脏肿大并且有大小不一的出血点或出血斑，腹水增加。肝脏呈土黄色，可见黄条状坏死。脾脏质软、边缘不整齐，有粟粒大的结节，有的边缘有出血点。胆囊充盈，胆汁浓稠。心包积液，心肌变性、苍白柔软，心外膜及心冠脂肪出血黄染，有少量针尖大出血点。肺有气肿、肉变。全身淋巴结肿大，切面外翻，浆液渗出，切面有灰白色坏死灶或出血点。胃底部出血坏死严重，十二指肠黏膜脱落，肠管充血，膀胱苍白，黏膜有少量的出血点，内有积尿，颜色深黄或如浓茶。胸腹腔大量积液。

[诊断]

1. 现场诊断 根据流行病学特点，结合贫血、黄疸，母羊出现流产、死胎等临床变化，可作出初步诊断。确诊需进一步进行血液学检查。

2. 实验室诊断 采急性发热期间的病羊血液进行病原显微镜检查。方法为取抗凝血或鲜血一滴置载玻片上，加等量生理盐水，混匀，加盖玻片，滴香柏油后用油镜放大 400～600 倍观察，若红细胞绝大部分变形，呈菠萝状、柠檬状、星状和锯齿状等，红细胞边缘有许多球形、逗点形、颗粒形、月牙形、杆状、串珠状的虫体附着，附着虫体的红细胞在血浆中震颤或上下、左右摆动，血浆中游离的虫体可以快速游动，做伸展、收缩、旋转等运动即可确诊。姬姆萨染色可见红细胞边缘不整齐，凸凹不平，红细胞表面有许多圆形、杆状紫红色虫体，调节微螺旋时，虫体折光性较强，中央发亮，形似气泡；瑞氏染色镜检可见虫体呈蓝紫色。此外，也可用吖啶橙染色，在荧光显微镜下可见各种形状的附红细胞单体。无论何种方法进行检验，血涂片均应在采样的当天制作。

[防治]

1. 预防 加强日常羊群的饲养管理，搞好羊舍及其周围的环境卫生，定期进行常规环境消毒工作。尽量减少应激，避免长途运输。避免频繁更换饲料，饲料营养要全面，羊群适时放牧，保证运动量，增强体质。附红细胞体病与体外寄生虫密切相关，要采用驱虫药浴等方法消灭体表虱、螨等寄生虫，杀灭吸血节肢动物（蚊蝇）等。加强手术器械、注射针头、打耳号器的消毒，杜绝创伤感染。发病期间进行免疫注射接种时，每只羊都要更换针头，使用其他手术器械时，严格消毒。

2. 治疗 治疗原则为补液、退烧、止血、补血、消炎、保肝利胆。

血虫净（贝尼尔）：每千克体重 5～10mg，用生理盐水稀释成 5% 的溶液，深部多点肌内注射，每天 1 次，连用 3～5d。

土霉素、四环素：为每千克体重 10～20mg，每天一次，口服，连用 7d。

洛克沙生：每千克饲料添加 50mg，连用 30d。

阿散酸（对氨苯胂酸）：每千克饲料添加 100mg，连用 30d。

根据出现的症状，采取相应的治疗措施。可用抗贫血药，如牲血素作辅助性治疗或用葡聚糖铁钴注射液，肌内注射。同时应用抗生素防止继发感染。

第六章 寄生虫病

第一节 蠕虫病

一、肝片吸虫病

肝片吸虫属于片形科，寄生于羊等反刍动物的肝脏胆管中，能引起急性或慢性肝炎和胆管炎，并伴有全身性中毒反应和营养障碍，危害相当严重，尤其对幼畜和绵羊，可以引起大批死亡，是羊最主要的寄生虫病之一。

[病原体]肝片吸虫背腹扁平，外观呈叶状，体长 20～35mm、宽 5～13mm。鲜活虫体呈棕红色，固定后为灰白色（彩图 6-1）。虫体前端呈圆锥状突起，称头锥。头锥后方扩展变宽，形成肩部，肩部以后逐渐变窄。体表生有许多小刺。口吸盘位于头锥的前端，腹吸盘在肩部水平线中部，生殖孔开口于腹吸盘前方。虫卵呈椭圆形，黄褐色，长 120～150μm、宽 70～80μm；前端较窄，有一不明显的卵盖，后端较钝。

[生活史]肝片吸虫的成虫寄生于羊及其他宿主的胆管内，产出的虫卵随胆汁进入消化道，并与粪便一同排出体外。虫卵在适宜的温度（5～30℃）和充足的氧气、水分及光照条件下，经 10～25d 孵化出毛蚴。毛蚴在水中游动，通常只能生存 1～2 昼夜，其生活期间如遇中间宿主——各种椎实螺（小土蜗、截口土蜗、椭圆萝卜螺及耳萝卜螺），则侵入其体内进行无性生殖，经过胞蚴、母雷蚴、子雷蚴各阶段发育，最后形成大量的尾蚴自螺体逸出。尾蚴附着于水生植物上或水面上形成囊蚴，羊等终末宿主在吃草或饮水时吞食了囊蚴即遭受感染，并移行到胆管寄生。

在小肠内脱囊的童虫向胆管移行的途径有两条：一是穿过肠壁进入腹腔，经肝包膜和肝实质到达寄生部位；二为钻入肠黏膜，进入肠静脉，经门脉循环到达肝脏，并最终移行至胆管。童虫在羊体内移行时，尤其是经腹腔和肝实质移行过程中，可造成肠壁和肝组织的损伤，引起急性肝炎、腹膜炎和内出血等。囊蚴进入羊体并在胆管内发育为成虫需 3～4 个月。成虫可在宿主体内生存 3～5 年，但大多数虫体经一年左右可自行排出体外。大片吸虫的生活史与肝片吸虫相似。

[流行特点] 肝片吸虫呈世界性分布，是我国分布最广泛、危害最严重的寄生虫之一。遍及全国31个省、市和自治区，但多呈地区性流行。常流行于河流、山川、小溪和低洼、潮湿沼泽地带。宿主范围广泛，黄牛、水牛、牦牛、绵羊、山羊、鹿、骆驼等反刍动物，猪、马、驴、兔及有些野生动物，人亦可感染；实验动物中大鼠最易感。我国南方9～11月份，北方8～9月份，牛、羊受感染最为严重，其中绵羊最为敏感，死亡率高。

[临床症状] 轻度感染往往不表现症状，感染数量多时表现症状，但幼畜即使轻度感染也可能表现症状。根据病期一般可分为急性型和慢性型两种类型。

1. 急性型（童虫寄生阶段） 多因短期感染大量囊蚴所致。病羊初期发热，食欲废绝，精神萎靡，衰弱易疲劳、离群，肝区叩诊浊音扩大，腹水，排黏液性血便，全身颤抖。红细胞及血红素显著降低，严重者多在几天内死亡。

2. 慢性型（成虫寄生阶段） 主要表现消瘦，贫血，低蛋白血症；病羊黏膜苍白、黄染，食欲不振，被毛粗乱无光，异嗜，步行缓慢。在眼睑、颌下、胸腹下出现水肿，便秘与下痢常交替发生，最后可因极度衰竭死亡。

[病理变化] 剖检时，病理变化主要呈现在肝脏，其变化程度与感染虫体的数量及病程长短有关。在大量感染、急性死亡的病例中，可见到急性肝炎和大出血后的贫血现象，肝脏肿大，包膜有纤维沉积，有2～5mm长的暗红色虫道，虫道内有凝固的血液和少量幼虫。腹腔中有血红色的液体，有腹膜炎病变。

慢性病例主要呈现慢性增生性肝炎；在肝组织被破坏的部位出现淡白色索状瘢痕，肝实质萎缩，褪色，变硬，边缘钝圆，小叶间结缔组织增生。胆管肥厚、扩张呈绳索样突出于肝表面；胆管内有磷酸钙和磷酸镁等盐类的沉积，使内膜粗糙，刀切时有"沙沙"声，胆管内有虫体和污浊稠厚的液体（彩图6-2）。病尸出现消瘦、贫血和水肿现象，胸膜腔及心包内蓄积有透明的液体。

[诊断]

1. 现场诊断 应根据临床症状、流行特点和病理变化作初步诊断。

2. 实验室诊断 常采用水洗沉淀法：即由直肠取粪便5～10g，加10～20倍清水混匀，用纱布或40～60目筛子过滤；滤液经静置或离心沉淀，倒去上层浑浊液并加入清水混匀沉淀，反复进行2～3次，直至上层液体清亮为止，最后倒去上层液体，吸取沉淀物，用显微镜观察有无虫卵。对急性病例，因虫体未发育成熟，粪便检查无虫卵时，必须结合病理剖检，在肝脏和胆管中查找是否有大量幼虫存在。用免疫诊断法，如沉淀反应、补体结合反应、酶联免疫吸附试验、对流电泳和间接血凝等，亦可取得较好的诊断效果。

[防治] 必须采取综合性防治措施，才能取得较好的效果。

1. 预防

（1）定期驱虫　在本病流行区每年应结合当地具体情况进行1～2次驱虫，一般可选择在秋末冬初进行。若进行两次驱虫，另一次可安排在翌年的春季。

（2）粪便处理　对畜粪及时清理堆积发酵，杀死虫卵。

（3）饮水及饲草卫生　尽可能避开在有椎实螺孳生的地方放牧，以防感染囊蚴。饮用水最好使用自来水、井水或流动的河水。

（4）消灭中间宿主　可结合水土改造破坏椎实螺的生活条件。沼泽地区可施用硫酸铜溶液（1∶50 000）或以 2.5μL/L 血防 67 及 20%氯水灭螺。此外，还可辅以生物灭螺，如养鸭和其他水禽等。

2. 治疗

硝氯酚（拜耳9 015）只对成虫有效。粉剂：羊按每千克体重3～4mg，一次口服；针剂：羊按每千克体重 0.75～1.0mg，深部肌内注射。

丙硫咪唑：羊按每千克体重 15mg，一次口服。

溴酚磷（蛭得净）：羊按每千克体重 16mg，一次口服，对成虫和幼虫均有很高疗效。

三氯苯唑（肝蛭净）：羊用 5%的混悬液或含 250mg 的丸剂，按每千克体重 12mg，经口投服，对发育各阶段的肝片吸虫均有效。

硝碘酚腈：羊按每千克体重 15mg，一次皮下注射。

碘醚柳胺：剂量以每千克体重 5～15mg，一次口服，羊泌乳期禁用，对成虫和 6～12 周末成熟的肝片吸虫均有效。

硫双二氯酚（别丁）：羊按每千克体重 75～100mg，口服。对驱成虫有效。

二、歧腔吸虫病

歧腔吸虫病又称双腔吸虫病，是由歧腔科歧腔属的矛形歧腔吸虫和中华歧腔吸虫等寄生于家畜肝脏、胆管和胆囊内所引起的疾病。该病在全国各地均有发生，尤其是我国西北、东北地区及内蒙古最为常见。虫体可寄生于绵羊、山羊、牛、鹿、骆驼、猪、马属动物、犬、兔、猴等，也偶见于人。本病主要危害反刍动物，牛、羊严重感染时甚至会导致死亡。

[病原]

1. 矛形歧腔吸虫　虫体扁平、透明，呈棕红色，肉眼可见到内部器官；

表面光滑，前端尖细，后端较钝，呈矛状；体长 5～15mm、宽 1.5～2.5mm；腹吸盘大于口吸盘。睾丸 2 个，近圆形或稍分叶，前后排列或斜列于腹吸盘之后；睾丸后方偏右侧为卵巢和受精囊；卵黄腺呈小颗粒状，分布于虫体中部两侧；虫体后部为充满虫卵的曲折子宫。虫卵呈卵圆形或椭圆形，暗褐色，卵壳厚，两侧稍不对称；大小为（38～45）μm×（22～30）μm。虫卵一端有明显的卵盖；卵内含毛蚴。

2. 中华歧腔吸虫 虫体扁平、透明，腹吸盘前方体部呈头锥样，其后两侧较宽似肩样突起；体长 3.5～9.0mm，宽 2.03～3.09mm。两个睾丸呈不整圆形，边缘不整齐或稍分叶，并列于腹吸盘之后。睾丸之后为卵巢，虫体后部充满子宫，卵黄腺分列于虫体中部两侧，虫卵与矛形双腔吸虫卵相似。虫体对外界环境抵抗力较强，在土壤和粪便中可存活数月，仍具有感染性。对低温的抵抗力更强，虫卵和在第一、二中间畜主体内的各期幼虫均可越冬，且不丧失感染性。

[生活史] 歧腔吸虫在发育过程中，需要两个中间宿主，第一中间宿主为多种陆地蜗牛，第二中间宿主为蚂蚁。成虫在终末宿主的胆管或胆囊内产出的虫卵随胆汁进入肠内，并随粪便排出到外界。含有毛蚴的虫卵被陆地蜗牛吞食后，在其肠内孵出，穿过肠壁到肝脏中发育，经母胞蚴、子胞蚴发育成尾蚴。尾蚴从子胞蚴的产孔逸出，移行到蜗牛的呼吸腔，在此每 100～400 个尾蚴集中在一起形成尾蚴囊群，外被黏性物质，成为黏球，黏球通过螺蛳呼吸孔排出。尾蚴黏球如被蚂蚁吞食后，在其体内形成囊蚴。羊或其他终末宿主在放牧时如吞食了含有囊蚴的蚂蚁则遭受感染，囊蚴在家畜肠道中脱囊，由十二指肠经胆道到达胆管或胆囊，需 72～85d 发育为成虫。

[流行特点] 本病呈明显地方性流行特点。从分布的地区特点来看，矛形歧腔吸虫多分布于较干燥的高山牧场的灌木丛及高原的阳坡地带。而中华歧腔吸虫则多分布于草原地区的沼泽、苔草地段以及丘陵区的山间谷地和平原地带的河谷漫滩。上述地带均具有终年温暖潮湿的气候及松软的土壤、茂密的植被等特点，很适宜中间宿主陆地螺蛳和蚂蚁的孳生。本病的发生具有明显的季节性，一般在夏、秋感染，而多在冬、春发病。

[临床症状] 因感染强度不同，其症状有所差异。轻度感染的羊常不显临床症状。严重感染时则表现精神沉郁，食欲不振，黏膜苍白黄染，颌下水肿，腹胀，下痢，行动迟缓，渐进性消瘦，终因极度衰竭死亡。有些病羊常继发肝源性感光过敏症。其表现为：多在阳光明媚的上午（10～11 时）放牧时，突然发生耳和头面部急性肿胀（水肿），影响采食食物，全身症状恶化，常常引起死亡。不死者肿胀很难消退，往往形成大面积破溃、渗出、结

痂或继发细菌感染等。

[病理变化] 肝肿大变硬,胆管扩张,管壁增厚,周围结缔组织增生,挤压切开的肝脏断面,常见从大、小胆管内流出多量黄白色脓性物质,内含有大量不同发育阶段的虫体和虫卵。胆囊肿大,同样在胆汁内也混有大量不同发育阶段的虫体和虫卵。

[诊断] 生前可采用水洗沉淀法查找具有特征性的虫卵,然后结合临床症状与流行病学即可得出结果。死后剖检,则可将肝脏在水中撕碎,利用连续洗涤法查找虫体。

[防治]

1. 预防 以定期驱虫为主;同时加强羊群的饲养管理,以提高其抵抗力;注意消灭中间宿主,阻断病原传播途径及感染来源;粪便亦应进行堆肥发酵处理,以杀灭虫卵。

2. 治疗

吡喹酮:油剂腹腔注射时,绵羊按每千克体重 30~50mg。

丙硫咪唑:绵羊按每千克体重 30~40mg,配成 5％混悬液,一次经口灌服。

海涛林:羊按每千克体重 40~50mg,一次口服。

三、前后盘吸虫病

前后盘吸虫病是由前后盘科多种吸虫寄生于牛、羊等反刍动物的胃和小肠里引起的消化道寄生虫病。成虫主要寄生于牛、羊等多种反刍兽的瘤胃壁上,有时在网胃、瓣胃也可发现,一般危害不大。而幼虫阶段,则因在发育过程中移行于真胃、小肠、胆管、胆囊,可造成较严重的疾病,甚至死亡。

[病原] 前后盘吸虫种属很多,虫体大小互有差异,有的仅长数毫米,有的则长达二十多毫米;颜色可呈深红色、淡红色或乳白色;虫体在形态结构上亦有不同程度的差异。其主要的共同特征为:虫体柱状呈长椭圆形、梨形或圆锥形;两个吸盘中,腹吸盘位于虫体后端,并显著大于口吸盘,因口、腹吸盘位于虫体两端,好似两个口,所以又称为双口吸虫。现列举我国常见虫种中的两种:

1. 鹿前后盘吸虫 新鲜虫体呈淡红色,圆锥形,稍向腹面弯曲。体长 5~13mm,宽 2~4mm。后吸盘较口吸盘大 2.5~8.0 倍。无咽,肠管分两支终于后吸盘的背侧。睾丸 2 个,呈椭圆形或稍分叶,前后排列于虫体后部。卵巢圆形,位于睾丸之后。卵黄腺呈颗粒状,分布于虫体两侧,从食道末端直达后吸盘。子宫弯曲，生殖孔开口于肠管分支处稍后方的腹面。虫卵椭圆形，淡灰色；长 $110\sim170\mu m$，宽 $70\sim100\mu m$；有卵盖，内含圆形胚细胞，卵黄细胞不充满虫卵。

2. 殖盘吸虫　虫体白色，呈圆锥形，其形态和鹿前后盘吸虫类似；长 $8.0\sim10.8mm$，宽 $3.2\sim3.41mm$；有肥厚的食道球，肠管略有弯曲，终止于卵巢边缘；睾丸前后排列。虫体的主要特征是有生殖吸盘环绕于生殖孔的周围。虫卵长 $112\sim136\mu m$，宽 $68\sim72\mu m$。

[生活史] 前后盘吸虫的发育与肝片吸虫很相似，只需一个中间宿主，其中间宿主为淡水螺。前后盘吸虫的成虫在反刍动物瘤胃产卵，卵随粪便一起排出体外，在适宜的温度条件（$26\sim30℃$），经 $12\sim13d$ 孵出毛蚴，进入水中，找到适宜的中间宿主即钻入其体内，发育形成胞蚴、雷蚴、子雷蚴及尾蚴，尾蚴成熟后离开中间宿主，附着在水草上形成囊蚴。羊等终末宿主吞食了附有囊蚴的水草而感染。童虫在小肠、真胃及其黏膜下组织、胆管、胆囊、大肠、腹腔液甚至肾盂中移行寄生 $3\sim8$ 周，最终到达瘤胃内发育为成虫。

[流行特点] 主要发生于夏、秋季节。其中间宿主分布广泛，几乎在沟塘、小溪、湖沼、水田中均有大量扁卷螺，在低洼潮湿地区也有大量小椎实螺孳生，与本病的发生流行有直接关系。流行季节主要取决于当地气温和中间宿主的繁殖发育季节以及家畜放牧的情况。在南方可常年感染，在北方感染季节主要是 $5\sim10$ 月份。

[临床症状] 患羊表现顽固性腹泻，粪便常有腥臭味，体温有时升高，消瘦，贫血，颌下水肿，黏膜苍白，后期因极度消瘦衰竭死亡。

[病理变化] 可见尸体消瘦，黏膜苍白，唇和鼻镜上有浅在的溃疡，腹腔内有红色液体，有时在液体内还可发现幼小虫体。真胃幽门部、小肠黏膜有卡他性炎症，黏膜下可发现幼小虫体，肠内充满腥臭的稀粪。胆管、胆囊膨胀，内有童虫。成虫寄生部位损害轻微，常可在瘤胃壁的胃绒毛之间吸附有大量成虫。

[诊断] 根据临床症状表现及发病特点，对可疑病羊进行病原检查。生前诊断，常用粪便水洗沉淀法或直接涂片法镜检虫卵。死后诊断，可依据剖检的病变情况及发现相应的成虫或幼虫情况进行。

[防治]

1. 预防　参照肝片吸虫病。

2. 治疗

氯硝柳胺（灭绦灵）：羊按每千克体重 70mg，一次口服。

硫双二氯酚：羊按每千克体重 75～100mg，一次口服。驱成虫疗效显著，驱幼虫亦有较好的效果。

溴羟苯酰苯胺：驱成虫、幼虫均有较好的疗效。羊按每千克体重 65mg，制成悬浮液，灌服。

吡喹酮：按每千克体重 15～35mg，一次口服。

四、阔盘吸虫病

阔盘吸虫病是由歧腔科阔盘属的数种吸虫寄生于宿主的胰管中所引起的疾病，亦称胰吸虫病。此外，病原偶可寄生于胆管和十二指肠。本病除发生于牛、羊等反刍动物外，还可感染猪、兔、猴和人等。我国东北、西北及南方各省区均有本病流行。羊患此病后，可表现下痢、贫血、消瘦和水肿等症状，严重时可引起死亡。

[病原] 寄生于牛、羊等反刍动物的阔盘吸虫主要有胰阔盘吸虫、腔阔盘吸虫和枝睾阔盘吸虫，其中以胰阔盘吸虫最为常见。

1. 胰阔盘吸虫 虫体扁平、较厚，呈棕红色。虫体长 8～16mm，宽 5.0～5.8mm，呈长卵圆形。口吸盘大于腹吸盘。咽小，食道短。两个睾丸呈圆形或稍分叶，位于腹吸盘水平线的稍后方，左右排列。雄茎囊呈长管状，位于腹吸盘前方与肠管分支处之间。生殖孔位于肠管分支处稍后方。卵巢分叶 3～6 瓣，位于睾丸之后，虫体中线附近。卵黄腺呈颗粒状，成簇排列，分布于虫体中部两侧。子宫弯曲，充于虫体后部。两条排泄管沿肠管外侧走向虫体两侧。虫卵呈黄棕色或深褐色，椭圆形，两侧稍不对称，一端有卵盖，大小为（42～53）$\mu m \times$（23～38）μm，卵壳厚，内含毛蚴。

2. 腔阔盘吸虫 虫体较为短小，呈短椭圆形，体后端有一明显的尾突，虫体长 7.48～8.05mm，宽 2.73～4.76mm。卵巢多呈圆形整块，少数有缺刻或分叶。睾丸大都为圆形或椭圆形，少数有不整齐的缺刻。虫卵大小为（34～47）$\mu m \times$（26～36）μm。

3. 枝睾阔盘吸虫 虫体呈前尖后钝的瓜子形，长 4.49～7.90mm，宽 2.17～3.07mm。口吸盘略小于腹吸盘，睾丸大而分支，卵巢分叶 5～6 瓣。虫卵大小为（45～52）$\mu m \times$（30～34）μm。

[生活史] 阔盘吸虫的发育须经虫卵、毛蚴、母胞蚴、子胞蚴、尾蚴、囊蚴及成虫各个阶段。寄生在胰管中的成虫产出的虫卵随胰液进入消化道，再随粪便排出。虫卵在外界被第一中间宿主陆地蜗牛吞食后，在其体内孵出毛蚴并依序发育为母胞蚴、子胞蚴和尾蚴，包裹着尾蚴的成熟子胞蚴经呼吸孔排到外

界，附在草上，形成圆形的囊，内含尾蚴，即子胞蚴黏团。从蜗牛吞食虫卵至排出成熟的子胞蚴，在温暖季节需 5～6 个月，夏季以后感染的蜗牛则大约经过一年才能发育成熟。成熟的子胞蚴被第二中间宿主草螽斯或针蟀吞食后，经 23～30d 尾蚴发育为囊蚴。羊等终末宿主吃草时吞食了含有囊蚴的草螽斯或针蟀而感染，经 80～100d 发育为成虫。从虫卵到成虫，全部发育过程需 10～16 个月才能完成。

[临床症状] 阔盘吸虫大量寄生时，由于虫体刺激和毒素作用，使胰管发生慢性增生性炎症，使胰管管腔窄小甚至闭塞，胰消化酶的产生和分泌及糖代谢机能失调，引起消化及营养障碍。患羊表现消化不良，消瘦，贫血，颌下及胸前水肿，衰弱，经常下痢，粪中常有黏液，严重时可引起死亡。

[病理变化] 尸体消瘦，胰腺肿大，胰管因高度扩张呈黑色蚯蚓状突出于胰脏表面。胰管发炎肥厚，管腔黏膜不平，呈乳头状小结节突起，并有点状出血，内含大量虫体。慢性感染则因结缔组织增生而导致整个胰脏硬化、萎缩，胰管内仍有数量不等的虫体寄生。

[诊断] 患阔盘吸虫病的家畜，临床上虽然有症状，但缺乏特异性。应采用水洗沉淀法，查到虫卵或剖解在胰管等处查到虫体并结合临床症状即可确诊。

[防治]

1. 预防　本病流行地区，应在每年初冬和早春各进行一次预防性驱虫；有条件的地区可实行划区放牧，以避免感染；注意消灭其第一中间宿主蜗牛（其第二中间宿主草螽斯在牧场广泛存在，扑灭甚为困难）；同时加强饲养管理，以增加畜体的抗病能力。

2. 治疗　吡喹酮：羊按每千克体重 15～35mg，一次口服。

五、血吸虫病

血吸虫病是由分体科分体属和东毕属的吸虫寄生在门静脉、肠系膜静脉和盆腔静脉内，引起贫血、消瘦与营养障碍等疾患的一种寄生虫病。分体属的吸虫寄生于人、绵羊、山羊、水牛、黄牛、猪、马属动物、犬、猫、家兔和 30 多种野生动物，流行于长江以南的十余个省、自治区，是危害十分严重的人兽共患寄生虫病。东毕属的各种吸虫分布较广，几乎遍及全国，宿主范围包括绵羊、山羊、黄牛、水牛、骆驼、马属动物及一些野生动物。东毕吸虫不引起人的血吸虫病，仅其尾蚴可引起人的皮肤炎症，但不能在体内进一步发育。

〔病原〕

1. 分体属 该属在我国仅有日本分体吸虫一种。虫体呈细长线状。雄虫乳白色，体长 10～20mm、宽 0.50～0.97mm。口吸盘在体前端，腹吸盘较大，具有粗而短的柄，位于口吸盘后方不远处。体壁自腹吸盘后方至尾部两侧向腹面卷起形成抱雌沟，通常雌虫居于沟内呈合抱状态。睾丸 7 个，呈椭圆形，单行排列在腹吸盘的下方。食道在腹吸盘的背面处分成两支肠管，两肠支在虫体的后 1/3 处又合并为单盲管。雌虫呈暗褐色，体长 12～26mm，宽约 0.3mm。卵巢呈椭圆形，位于虫体中部偏后方两肠管合并处前方。卵膜在卵巢的前部。卵黄腺呈较规则的分支状，位于虫体后 1/4 部。子宫自卵模延至腹吸盘后方的生殖孔处，内含虫卵 50～300 个。虫卵呈短卵圆形，淡黄色，长 70～100μm，宽 50～80μm。卵壳薄，无盖，在卵壳一端上方有一小刺，卵内含毛蚴。

2. 东毕属 东毕属中较重要的虫体有土耳其斯坦东毕吸虫、彭氏东毕吸虫、程氏东毕吸虫和土耳其斯坦结节变种。土耳其斯坦东毕吸虫，虫体呈线状。雄虫乳白色，体表平滑，无结节；体长 4.2～8.0mm，宽 0.36～0.42mm；口、腹吸盘均不发达；腹吸盘后体壁向腹面蜷曲，形成抱雌沟（雌雄虫体通常也呈合抱状态）；睾丸 70～80 个，颗粒状，呈不规则的双行排列于腹吸盘的下方，亦有个别虫体以单行排列。雌雄虫的两肠支亦在虫体后部吻合为单盲管，伸达虫体末端。雌虫呈暗褐色，体长 3.4～8.0mm，宽 0.07～0.12mm；卵巢呈螺旋形，位于两肠管合并处前后；卵黄腺位于卵巢后方的单肠管两侧，达肠管末端；子宫短，在卵巢前方；子宫内通常只有 1 个虫卵。虫卵无卵盖，长 72～77μm，宽 18～26μm。卵的两端各有 1 个附属物，一端的比较尖，另一端的钝圆。

〔生活史〕日本分体吸虫与东毕吸虫的发育过程大体相似，包括虫卵、毛蚴、母胞蚴、子胞蚴、尾蚴、童虫及成虫等阶段。其不同之处是，日本分体吸虫的中间宿主为钉螺，而东毕吸虫为多种椎实螺；此外，它们在宿主范围、各个幼虫阶段的形态及发育所需的时间等方面也有所区别。其发育过程如下：

雌虫在寄生的静脉末梢产卵，产出的虫卵一部分随血流到达肝脏，一部分沉积在肠黏膜下层的静脉末梢。肠壁上的虫卵在血管内成熟后，虫卵内毛蚴分泌的溶细胞物质使虫卵周围肠组织发炎、坏死、破溃，虫卵进入肠道随粪便排出体外，并在外界水中孵出毛蚴。毛蚴遇中间宿主钉螺或椎实螺即迅速钻入螺体内，经母胞蚴、子胞蚴和尾蚴阶段的发育后，尾蚴离开螺体入水中。羊等终末宿主饮水或放牧时，尾蚴即钻入羊皮肤或通过口腔黏膜进入体内，体内的虫体亦可通过胎盘感染胎儿。在终末宿主体内的童虫又侵入小血管或淋巴管，随血流到达其寄生部位发育为成虫。

[临床症状] 日本分体吸虫大量感染时，病羊表现为腹泻和下痢，粪中带有黏液、血液，体温升高，黏膜苍白，日渐消瘦，生长发育受阻，可导致不妊娠或流产。通常绵羊和山羊感染日本分体吸虫时，症状表现较轻。感染东毕吸虫的羊，多取慢性过程，主要表现为颌下、腹下水肿，贫血，黄疸，消瘦，发育障碍及影响受胎，发生流产等，如饲养管理不善，最终可导致死亡。

[病理变化] 剖检可见尸体明显消瘦、贫血和出现大量腹水；肠系膜、大网膜，甚至胃肠壁浆膜层出现显著的胶样浸润；肠黏膜有出血点、坏死灶、溃疡、肥厚或瘢痕组织；肠系膜淋巴结及脾变性、坏死；肠系膜静脉内有成虫寄生；肝脏病初肿大，后则萎缩、硬化；在肝脏和肠道处有数量不等的灰白色虫卵结节；心脏、肾脏、胰脏、脾脏、胃等器官有时也发现虫卵结节的存在。

[诊断] 在流行区，根据临床症状和流行病学资料分析可做出初步诊断，但确诊要靠病原学诊断和血清学试验诊断。

[防治]

1. 预防 该病危害严重，宿主范围广泛且生活史复杂，综合防治已成为一项十分浩大的系统工程。

（1）定期驱虫 及时对人、畜进行驱虫和治疗，并做好病畜的淘汰工作。

（2）消灭中间宿主 结合水土改造工程或用灭螺药物杀灭中间宿主，阻断血吸虫的发育途径。

（3）粪便管理 在疫区内可以将人、畜粪便进行堆肥发酵和制造沼气，既可增加肥效，又可杀灭虫卵。

（4）用水管理 选择无螺水源，实行专塘用水或用井水，以杜绝尾蚴的感染。

（5）安全放牧 全面合理规划草场建设，逐步实行划区轮牧；夏季防止家畜涉水，避免感染尾蚴。

2. 治疗

吡喹酮：患羊按每千克体重 15～35mg，一次口服。

硝硫氰胺：每千克体重 4 mg，配成 2%～3% 水悬液，一次颈静脉注射。

六、脑多头蚴病

脑多头蚴病是由带科多头属的多头带绦虫，又称多头绦虫的中绦期——脑多头蚴寄生于绵羊、山羊、黄牛、牦牛和骆驼等动物的脑、脊髓内所引起的疾病，俗称脑包虫病。它是对羔羊和犊牛危害非常严重的寄生虫病之一。成虫寄生于犬、狼、狐狸及北极狐的小肠中。

[病原] 多头带绦虫体长 40～100cm，宽 3～6mm，由 200～250 个节片组成。头节呈梨形，上有 4 个圆形吸盘，顶突上有 22～32 个小钩，排列成两行。睾丸呈长圆形，200 个左右，主要分布在节片两侧排泄管的内测，而在节片的中间部位的前缘处仅有零星几个。卵巢分左右两叶，在生殖孔的一侧为小叶，在生殖孔反侧的为大叶。孕节的子宫内充满着虫卵，子宫侧支为14～26 对。

多头蚴呈圆形或卵圆形，为乳白色半透明的囊泡，囊体由豌豆到鸡蛋大，囊内充满液体，内含钾、钙、氨、钠、镁、氯、酪氨酸、色氨酸及精氨酸等物质。囊壁由两层膜组成，外膜为角质层，内膜为生发层，其上有许多原头蚴，原头蚴直径为 2～3mm，数量有 100～250 个。虫卵为圆形，直径 29～37μm，内含六钩蚴。

[生活史] 成虫寄生于犬、狼等终末宿主的小肠内，其孕节和虫卵随宿主粪便排出体外，虫卵逸出，污染饲草或饮水，被牛、羊等中间宿主吞食后，六钩蚴在消化道逸出，钻入肠壁血管，随血流到达脑和脊髓中，经 2～3 个月发育为成熟的多头蚴。犬、狼等食肉动物吞食了含有多头蚴的脑、脊髓而受感染，原头蚴附着于肠壁上，经 41～73d 发育为多头带绦虫。成虫在犬的小肠中可生存数年之久。

[流行病学] 脑多头蚴病呈世界性分布，以亚洲、欧洲、非洲及北美洲较多见。在我国西北、东北及内蒙古等牧区多呈地方性流行。本病是严重危害羔羊及犊牛的一种寄生虫病，尤以 2 岁以下的绵羊最易感，往往导致死亡。牧羊犬是主要感染源。同时，虫卵对外界因素的抵抗力很强，在自然界中可长时间保持生命力，而在日晒的高温下很快死亡。

[致病作用和症状] 感染初期，由于六钩蚴在脑膜及脑实质组织中移行，引起机械性刺激和损伤，导致脑炎和脑膜炎。而后虫体发育，体积增大，压迫脑脊髓，引起脑脊髓局部组织贫血，萎缩，眼底充血，脑脊液黏度及表面张力增高，蛋白质含量增加，并出现嗜酸性粒细胞增多现象。随着脑多头蚴不断发育增大，对脑髓的压迫也随之增强，结果导致中枢神经功能障碍。脑多头蚴的致病作用不仅局限于多头蚴的寄生部位，而且波及脑的各部位，间接地影响全身脏器，使宿主出现严重贫血，终因恶病质而死亡。

根据临床症状及病程可分为急性型和慢性型。

前期症状一般表现为急性型。感染初期，六钩蚴移行引起脑炎，表现为体温升高，精神沉郁，脉搏呼吸加快，甚至有的患畜高度兴奋，作回旋、前冲或后退运动。有些羔羊可在 5～7d 因急性脑炎死亡，部分患畜耐过急性期后转为慢性症状。

后期为慢性型。随着脑多头蚴的发育增大，当寄生于大脑颞骨区时，常向患侧作转圈运动，因此，通常又将脑多头蚴病称为"回旋病"；寄生于枕骨区时，头高举，后腿可能倒地不起，颈部肌肉强直性痉挛或角弓反张，对侧眼失明；寄生于小脑时，表现神经过敏，易受惊，行走时出现痉挛性或蹒跚步态，视觉障碍，磨牙，流涎；寄生于腰部脊髓时，表现步伐不稳，后肢麻痹，最后因消瘦或神经中枢受害而死。

[病理变化] 剖解患畜脑部时，在前期急性死亡的病畜可见有脑膜炎及脑炎病变，还可见六钩蚴在脑膜移行时的痕迹。在后期病程的小脑、大脑或脊髓表面可找到囊体，有时嵌入脑组织中。与病变或虫体接触的头骨，骨质变薄，松软，甚至穿孔，致使皮肤向表面隆起。在多头蚴寄生的部位常有脑的渗出性炎及增生性炎的炎性变化。靠近多头蚴的脑组织会发生萎缩、变性坏死。

[诊断] 在流行区里，由于多头蚴病的症状相对特殊，因此可根据其典型的症状和病史做出初步判断。当寄生在大脑表层时，头部触诊就可以判定虫体所在部位。有些病例需经尸体剖检才能确诊，也可用 X 光、超声波或血清学方法（ELISA 和变态反应）进行诊断。

[防治]

1. 预防

（1）对牧羊犬进行定期驱虫，排出的粪便和虫体应进行无害化处理，从而防止犬粪污染牧场、饲料及饮水。

（2）对野犬、狼等终末宿主应予以捕杀，以防其散布病原。

（3）防止犬吃到含脑多头蚴的牛、羊等动物的脑及脊髓。

2. 治疗　在头部前方大脑表层寄生的脑多头蚴可施行外科手术摘除。而在脑深部和后部寄生的虫体则难以摘除。近年来用氢溴酸槟榔碱、丙硫咪唑和吡喹酮进行治疗，取得了较好的效果。

七、棘球蚴病

棘球蚴病是由带科棘球属的棘球绦虫的中绦期——棘球蚴寄生于牛、羊、猪、马、骆驼等家畜及多种野生动物和人的肝、肺及其他器官内所引起一种重要的人兽共患寄生虫病，又称包虫病。成虫寄生于犬科动物的小肠中。

棘球绦虫的种类较多。目前，世界上公认的有四种：①细粒棘球绦虫（*E. chinococcus granulosus*）；②多房棘球绦虫（*E. multilocularis*）；③少节棘球绦虫（*E. oligathrus*）；④福氏棘球绦虫（*E. vogeli*）。后两种绦虫主要分布于南美洲，我国只有前两种，以细粒棘球绦虫为多见。

细粒棘球蚴是细粒棘球绦虫的中绦期，寄生于羊、牛、猪、骆驼和马等家畜及多种野生动物和人的肝、肺及其他器官内。

[病原] 细粒棘球绦虫很小，全长 2～7mm，由一个头节和 3～4 个节片组成。头节上有 4 个吸盘，顶突上有 36～40 个小钩，排成两行。成节内含一组雌雄同体的生殖器官。生殖孔不规则交替开口于节片侧缘的中线后方。睾丸为 35～55个，雄茎囊呈梨形。卵巢分左右两瓣。孕节子宫侧支为 12～15 对，内充满虫卵，有 500～800 个。

细粒棘球蚴为圆形囊状体，内含液体，囊液呈淡黄色。棘球蚴形状与大小因寄生部位不同而有差异，一般近似球形，直径为 5～10cm。棘球蚴的囊壁分为两层：外为乳白色的角质层，无细胞结构，内为胚层，又称生发层（germinal layer），具细胞核，前者由后者分泌而成。胚层向囊内芽生出成群的细胞，这些细胞空腔化后形成一个小囊，并长出小蒂与胚层相连，在小囊内壁上生成数量不等的原头蚴（protoscolex），此小囊称为育囊或生发囊（brood capsule）。育囊可生长在胚层上或脱落下来漂浮在囊腔的囊液中。母囊内还可生成与母囊结构相同的子囊，甚至孙囊，与母囊一样也可生长出育囊和原头蚴。有的棘球蚴还能外生，即向母囊外衍生子囊。游离于囊液中的育囊、原头蚴和子囊统称为棘球砂（hydatid sand）。原头蚴上有小钩、吸盘及微细的石灰质颗粒，具有感染性。但有的胚层不能长出原头蚴，无原头蚴的囊称为不育囊（acephalocyst），不育囊可长得很大。

[生活史] 细粒棘球绦虫寄生于犬、狼、狐狸的小肠，虫卵和孕节随终末宿主的粪便排出体外，污染牧草、饲料和饮水，牛、羊等中间宿主吞食虫卵后而受感染。卵内的六钩蚴在消化道内逸出，钻入肠壁，随血流或淋巴散布到体内各处，以肝、肺最常见，经 6～12 个月发育为具有感染性的棘球蚴。犬等终末宿主吞食了含有棘球蚴的脏器而感染，经 40～50d 发育为细粒棘球绦虫。成虫在犬体内的寿命为 5～6 个月。

[流行病学] 细粒棘球蚴呈世界性分布，尤以牧区最为多见。在我国有 23 个省（市，区）有报道，内蒙古、西藏、青海、四川西北部牧区流行严重，其中新疆最为严重，其他地区呈散发。在各种动物中，绵羊感染率最高，其他动物，如山羊、骆驼、牛、猪、马、野生反刍兽，也可感染。本病多发于冬季和春季。

在牧区，牧羊犬和野犬是人和动物棘球蚴的主要传染源。人的感染多因直接接触犬，致使虫卵粘在手上而经口感染。或因吞食被虫卵污染的饮水、蔬菜和水果等而感染。猎人因直接接触犬和狐狸的皮毛等易被感染。牛、羊等家畜因吞食被虫卵及孕卵节片污染的草、料和饮水而感染。

虫卵对外界环境的抵抗力较强，可以耐低温和高温，对化学物质也有相当的抵抗力，但阳光直射能使其死亡。

[**致病作用与症状**] 棘球蚴对动物和人的致病作用一般以机械性损伤为主，还可造成中毒和过敏反应，其对宿主的危害取决于棘球蚴的大小、寄生的部位及数量。棘球蚴多寄生于动物的肝脏和肺脏，由于虫体逐渐增大，对周围组织产生机械压迫，发生萎缩、坏死和功能障碍，代谢产物被吸收后，使周围组织发生炎症和全身过敏反应，严重者可致死。对人危害尤其严重，患者表现为消瘦、贫血、肝区疼痛、胸痛、咳嗽、咳血、嗜酸性粒细胞增多和过敏性休克等症状。

绵羊对本病较牛敏感，死亡率比牛高。在严重感染时，肥育不良，被毛逆立，易脱落，有明显的咳嗽，连续咳嗽后常卧于地面，不能立即起立。各种动物都可因囊泡破裂而产生严重的过敏反应，甚至突然死亡。

成虫对犬的致病作用不明显，甚至寄生数千条绦虫亦无临床表现。

剖检病变主要见于虫体经常寄生的肝脏和肺脏，表面凹凸不平，重量增大，有数量不等的棘球蚴囊泡突起，肝脏、肺脏实质中存在有数量不等、大小不一的棘球蚴包囊，囊内含有大量液体，除不育囊外，囊液沉淀后，即可见大量的包囊砂。有时棘球蚴发生钙化和化脓。此外，在脾脏、肾脏、脑、脊椎管、肌肉、心脏及皮下，偶可见有棘球蚴寄生（彩图6-3）。

[**诊断**] 棘球蚴病的生前诊断比较困难，尸体剖检时发现虫体即可确诊。同时，根据流行病学调查和临床症状，采用皮内变态反应、间接血球凝集试验和酶联免疫吸附试验进行诊断，有较高检出率。也可用X射线和超声波诊断。

[**防治**]

1. 预防

（1）对犬进行定期驱虫，驱虫后犬粪要进行无害化处理，或深埋或烧毁，防止病原的扩散。常用驱虫药物有：①氢溴酸槟榔碱：剂量为每千克体重2mg，用药前隔夜禁食；②吡喹酮：剂量为每千克体重5mg，口服给药，疗效100%；③甲苯咪唑：剂量为每千克体重8mg，口服。

（2）对畜舍经常进行清扫，定期消毒，以保持家畜饲料、饮水及畜舍卫生，防止被犬粪污染。

（3）扑杀畜群附近的野犬及其他野生肉食动物，以根除传染源。

（4）病畜的脏器不得随意喂犬，必须经过无害化处理后，方可当作饲料喂动物。

（5）人与犬等动物接触或加工狼、狐狸等毛皮时，应注意个人卫生，严防感染。

（6）目前国外已研制出细粒棘球蚴基因工程疫苗，可用于牛、羊等家畜的免疫预防。

2. 治疗　要做到早发现早治疗，方可取得良好的效果。对绵羊棘球蚴病可用丙硫咪唑和吡喹酮进行治疗：

丙硫咪唑：剂量为每千克体重 90mg，连服 2 次，对原头蚴杀灭率可达82%～100%。

吡喹酮：剂量为每十克体重 25～30mg，每天服 1 次，连用 5d，（总剂量为每千克体重 125～150mg），有较好疗效，无副作用

人棘球蚴可用外科手术摘除，也可用吡喹酮和丙硫咪唑等治疗。

八、细颈囊尾蚴病

细颈囊尾蚴病是由带科带属的泡状带绦虫（Taenia hydatigena）的中绦期——细颈囊尾蚴（Cysticercus tenuicollis）寄生于绵羊、山羊、猪，偶见于牛及其他野生反刍动物的肝脏浆膜、大网膜、肠系膜及其他器官中所引起的一种寄生虫病。本病分布广泛，对幼年动物危害严重。成虫寄生于犬、狼、狐狸的小肠。

[病原] 泡状带绦虫呈乳白色或稍带黄色，体长 1.5～2m，由 250～300 个节片组成。头节稍宽于颈节，头节上有顶突，顶突上有 26～46 个小钩，排成两圈。前部的节片宽而短，向后逐渐加长。孕节的长度大于宽度，孕节子宫侧支为5～16 对，子宫内充满虫卵。

细颈囊尾蚴呈乳白色，囊泡状，内含透明液体，俗称"水铃铛"（彩图 6-1和彩图 6-4）。大小如鸡蛋或更大，直径约有 8cm，囊壁薄，肉眼观察可看到囊壁上有一个向内凹入而具细长颈部的头节，头节上有两行小钩。在脏器中的囊体，体外还有一层由宿主组织反应产生的厚膜包围，故不透明，易与棘球蚴相混。虫卵为卵圆形，大小为（36～39）μm×（31～35）μm，内含六钩蚴。

[生活史] 成虫在终末宿主犬、狼等肉食兽小肠内寄生，孕节和虫卵随宿主粪便排出体外，孕节破裂，虫卵逸出，污染牧草、饲料及饮水。中间宿主猪、牛、羊等采食时受感染，六钩蚴在消化道中逸出，钻入肠壁，随血流到达肝实质，逐渐移行到肝脏表面，进入腹腔内发育，在腹腔内经 1～2 个月发育为成熟的细颈囊尾蚴。终末宿主吞食了含有细颈囊尾蚴的病畜脏器而感染，细颈囊尾蚴在小肠中翻出头节，附着在肠壁上经 50d 左右发育为泡状带绦虫。成虫在犬的小肠中可生存一年之久。

[致病作用和症状] 细颈囊尾蚴对幼畜致病力强，尤其对羔羊、仔猪及犊牛为甚。

六钩蚴在肝脏移行时，可破坏肝实质及微血管，形成虫道，导致急性出血性肝炎。病畜表现消瘦、黄疸、流涎、不食、腹泻和腹痛等症状。有的幼虫进入腹、胸腔时可引起腹膜炎和胸膜炎，有些病畜可能发生死亡。慢性型的多发生在幼虫自肝脏出来之后，一般无临床表现，有时患畜表现精神沉郁，消瘦，发育受阻等症状。

[病理变化] 急性病程时，可见到肝肿大，肝表面有许多小结节和出血点，在肝实质中能找到虫体移行的虫道。初期虫道内充满血液，继而逐渐变为黄灰色。有时能见到急性腹膜炎，腹腔内有大量带血色的渗出液和幼虫。慢性病例，肝脏局部组织色泽变淡，呈萎缩现象，肝浆膜层发生纤维素性炎症，肠系膜和肝脏表面有大小不等的被包裹着的虫体。

[诊断] 细颈囊尾蚴病生前诊断较困难，可用血清学诊断法诊断。一般尸体剖检或宰后检查发现虫体即可确诊。在肝脏中发现细颈囊尾蚴时，应与棘球蚴相区别，前者只有一个头节，壁薄而且透明，后者囊壁厚而不透明。

[防治]

1. 预防 对犬进行定期驱虫，扑杀野犬；严禁犬进入屠宰场，禁止将猪、羊屠宰废弃物喂犬；防止犬进入猪、羊舍内散布虫卵，污染饲料和饮水。

2. 治疗

吡喹酮：每千克体重 50mg，与液体石蜡按 1∶6 比例混合研磨均匀，分 2 次间隔 1d 深部肌内注射。

氯硝柳胺：一次剂量为每千克体重 60～70 mg，口服。

硫双二氯酚：一次剂量为每千克体重 100mg，口服。

氢溴酸槟榔碱：一次剂量为每千克体重 2mg，用药前应隔夜禁食。

九、绦虫病

绦虫病是由莫尼茨绦虫、曲子宫绦虫及无卵黄腺绦虫寄生于绵羊、山羊和牛的小肠所引起。其中莫尼茨绦虫危害最为严重，特别是羔羊、犊牛感染时，不仅影响生长发育，甚至可引起死亡。多种绦虫既可单独感染，也可混合感染。该病在全国广泛分布，但在三北牧区流行更为普遍。

(一) 莫尼茨绦虫病

尼茨绦虫病是由裸头科（Anoplocephalidae）莫尼茨属（*Moniezia*）的扩

展莫尼茨绦虫（*M. expansa*）和贝氏莫尼茨绦虫（*M. benedeni*）寄生于绵羊、山羊、黄牛、水牛、牦牛、骆驼和鹿等反刍兽的小肠内所引起的疾病。本病是反刍兽最重要的寄生蠕虫病之一，分布非常广泛，多呈地方性流行，对羔羊和犊牛危害严重，甚至造成大批死亡。

[病原] 我国常见的莫尼茨绦虫有两种：扩展莫尼茨绦虫和贝氏莫尼茨绦虫。二者外观上颇相似，均为大型绦虫。

扩展莫尼茨绦虫长可达 10m，宽 1.6cm，呈乳白色。头节小，近似球形，上有 4 个略呈椭圆形的吸盘，无顶突和小钩。节片宽而短，成节内有两组生殖器官，对称分布于节片两侧。生殖孔开口于节片的两侧。睾丸 300～400 个，分布于节片两侧纵排泄管之间。扇形分叶的卵巢和卵黄腺围绕着卵膜，在节片两侧构成花环状。子宫呈网状。每个成节的后缘附近，均有 8～15 个呈泡状的节间腺，排成一行。虫卵近似三角形，直径 50～60μm，卵内有一个含有六钩蚴的梨形器，这是裸头科绦虫卵的特征。

贝氏莫尼茨绦虫长 1～4m，宽 2.6cm，呈黄白色。生殖孔开口于两侧缘的前 1/3 处。睾丸约 600 个。节间腺呈小点密布的横带状，位于节片的后缘中央，仅有扩展莫尼茨绦虫节间腺分布范围的 1/3。虫卵近似四角形。

[生活史] 莫尼茨绦虫的成虫寄生于牛、羊、骆驼等反刍动物的小肠，孕节或虫卵随终末宿主的粪便排出体外，虫卵被中间宿主——地螨吞食后，卵内的六钩蚴孵出，穿过消化道进入体腔，经 40d 以上发育为具有感染性的似囊尾蚴。反刍兽吃草时，吞食了含似囊尾蚴的地螨而受感染。地螨在终末宿主体内被消化，释放出似囊尾蚴，它们吸附于肠壁上，经 45～60d 发育为成虫。成虫在牛、羊体内的寿命为 2～6 个月，一般为 3 个月，后自动排出体外。

[流行病学] 莫尼茨绦虫病呈世界性分布，在我国西北、东北和内蒙古的牧区流行广泛，在华北、华东、东南及西南各地也经常发生，农区较不严重。该病主要危害羔羊和犊牛，成年动物多为带虫者。

本病的流行与地螨的生活习性有密切关系。地螨的种类繁多，目前已报道的种类有 30 余种，在我国已报道平滑肋甲螨（*Scheloribates laevigatus*）、超肋甲螨（*S. chauhani*）、斑氏甲螨（*Peloribates banksi*）、腹翼甲螨（*galumans sp.*）和长毛腹翼甲螨（*G. longipluma*）等均可自然感染莫尼茨绦虫，其中肋甲螨和腹翼甲螨感染率较高。地螨多分布在富含腐殖质的林区、潮湿的牧地及草原上，而在开阔的荒地及耕种的熟地里数量较少。地螨喜性温暖和潮湿。白天躲在深的草皮下或腐殖土下，黄昏或黎明爬出活动，寻找食物，此时放牧牛、羊易吃到地螨。而干燥或日晒时便钻入土中，因此，莫尼茨绦虫病的流行具有明显的季节性，南方一般在 4～6 月份，北方一般在

5～8 月份。

六钩蚴在地螨体内发育成具有感染性的似囊尾蚴所需要的时间，主要取决于外界的温度。在 27～35℃时需 26～30d；26℃时需 51～52d；16～20℃时需 65～90d；16℃时需 107～206d。成螨在牧地上可存活 14～19 个月，因此，被污染的牧地可保持感染力近两年之久。由于地螨体内的似囊尾蚴可随地螨越冬，所以，动物在初春放牧一开始，即可遭受感染。

[致病作用]

（1）机械作用　莫尼茨绦虫为大型绦虫，当虫体大量寄生时，堵塞肠管，可能导致肠梗阻、套叠或扭转，最后因肠破裂引起腹膜炎而死亡。

（2）毒素作用　虫体的代谢产物和分泌的毒性物质被宿主吸收后，可引起各组织器官发生炎症和退行性病变，同时还可破坏神经系统的功能。而肠黏膜的完整性遭到损害时，可引起继发感染，使幼畜的抵抗力下降。

（3）夺取营养　莫尼茨绦虫在肠道内生长很快，因此为了满足其生长的需要，势必需从宿主体内夺取大量营养物质，就会影响幼畜的生长发育，导致寄主呈现贫血、消瘦和体质衰弱。

[临床症状]莫尼茨绦虫主要危害羔羊和犊牛，成年动物多为带虫者，一般无临床症状。

羔羊和犊牛初期表现为精神萎靡，食欲减退，饮欲增加，腹泻，粪便中有时可见孕节，有的节片成链的吊在肛门处。而后出现贫血，消瘦，皮毛粗糙等现象。有的出现明显的神经症状，如无目的地运动，回旋，头部向后仰或步态蹒跚。有的因虫体大量寄生，引起肠梗阻，发生肠破裂，导致腹膜炎而死亡。病的末期，患畜因衰弱而卧地不起，多将头折向后方，经常作咀嚼运动，口角周围有许多白沫，最后衰竭死亡。

羔羊扩展莫尼茨绦虫病多发于夏、秋季节，而贝氏莫尼茨绦虫病多在秋后发病。

[病理剖检]剖检可见尸体消瘦，肌肉色淡，胸、腹腔及心包腔渗出液增多。肠黏膜、心内膜和心包膜有明显的小出血点，有时大脑出血。肠系膜淋巴结肿大。肠有时可发生阻塞或扭转。小肠内有大量莫尼茨绦虫虫体（彩图 6-5）。

[诊断]首先进行流行病学调查，如动物发病年龄，发病时间，饲养方式，牧草上是否有大量地螨生存等，再结合临床症状做出初步诊断，确诊需发现病原体。

（1）生前诊断　观察患畜粪便中有无节片排出，发现节片时，可将孕节作涂片镜检；未发现节片时，应用饱和盐水漂浮法检查粪便中是否有虫卵；若未发现节片和虫卵，应考虑绦虫可能未发育成熟，可采用药物进行诊断性驱虫。

（2）死后剖检　在小肠内找到大量虫体和相应的病变时可确诊。

[防治]

（1）预防

①预防性驱虫：在流行区，幼畜在早春放牧时易被感染，因此对幼畜应在春季放牧后 4～5 周时进行"成虫期前驱虫"，间隔 2～3 周后，应再进行一次驱虫。成年动物往往是带虫者，所以对它们的驱虫也不应忽视。驱虫后的粪便要集中堆积发酵，用生物热杀灭虫卵，以免污染草场。

②加强饲养管理：尽量避免在低洼、潮湿地带放牧，或清晨、黄昏等地螨活动高峰时放牧。

③实行轮牧：在牧区可有计划地与单蹄兽进行轮牧；也可采用农牧轮作或天然牧地深翻后改种其他牧草的方法，经 3～5 年后地螨数量可大大减少；潮湿的森林、牧地空闲 2 年后也可净化。

（2）治疗　常用驱虫药物有：

丙硫咪唑：羊按每千克体重 10～20mg，一次口服。

硫双二氯酚：羊按每千克体重 75～100mg，一次口服。

甲苯咪唑：羊按每千克体重 15mg，一次口服。

氯硝柳胺：羊按每千克体重 60～70mg，一次口服。

氯硝柳胺哌嗪：羊按每千克体重 50～60mg，一次口服。

吡喹酮：羊按每千克体重 10～15mg，一次口服。

（二）曲子宫绦虫病

曲子宫绦虫病是由裸头科曲子宫属的盖氏曲子宫绦虫寄生于牛、羊小肠内引起的一种寄生虫病。

[病原] 盖氏曲子宫绦虫为大型绦虫，呈乳白色，带状，体长可达 4.3m，最宽处 12mm。头节小，直径不到 1mm，具有四个卵圆形的吸盘，无顶突。节片较短，每个成节内含有一组生殖器官，生殖孔位于节片侧缘，左右不规则地交替排列。睾丸呈小圆点状，位于纵排泄管外侧，雄茎囊向外突出，使侧缘外观不齐。卵巢和卵黄腺位于纵排泄管内侧，孕节内子宫有许多上下弯曲，故名曲子宫绦虫。

虫卵呈椭圆形，直径 18～27μm，卵内含有六钩蚴，每 5～15 个虫卵被包在一个副子宫器内。

[流行病学] 曲子宫绦虫病在非洲、欧洲、美洲及亚洲等均有分布，我国许多省份均有报道。在多数情况下是混合感染，曲子宫绦虫与莫尼茨绦虫混合感染较多，与无卵黄腺绦虫混合感染较少，也有 3 种绦虫混合感染的情况。

曲子宫绦虫的生活史与莫尼茨绦虫的相似，但易感性不限于羔羊和犊牛。4～5个月前的羔羊不感染曲子宫绦虫，多见于6～8个月以上及成年绵羊，当年生的犊牛也很少感染，见于老龄动物。本病发病多见于秋季到冬季。

[临床症状]一般情况不表现临床症状，严重感染时可出现贫血、腹泻和消瘦等症状。

诊断、治疗与预防参见"莫尼茨绦虫病"。

[无卵黄腺绦虫]无卵黄腺绦虫病是由裸头科无卵黄腺属的中点无卵黄腺绦虫寄生于绵羊和山羊的小肠中所引起的。

[病原]中点无卵黄腺绦虫的虫体长而窄，体长2～3m，宽度仅有2～3mm。头节上有4个圆形的吸盘，无顶突和小钩。节片极短，且分节不明显。每个成节内有一组生殖器官，生殖孔左右不规则地交替排列在节片的边缘。睾丸位于纵排泄管两侧。卵巢位于生殖孔一侧，无卵黄腺和梅氏腺，子宫在节片中央。

虫卵直径为21～38μm。虫卵内无梨形器，被包在一个厚壁的子宫周围器——副子宫内。每一孕节的子宫周围器均互相靠近且前后相连，肉眼可见孕节中央有一条不透明且凸出的白色线状物，直达体节末端，就是由一连串子宫周围器构成。

[流行病学]无卵黄腺绦虫病在非洲、欧洲及亚洲等均有报道。我国主要分布于西北和内蒙古牧区，如新疆、甘肃、青海、宁夏、内蒙古等省，西南和其他地区也有报道。

本病的发生具有明显的季节性，常发于秋季与初冬季节，以6个月以上的绵羊和山羊最易感。目前为止，生活史尚不完全清楚，有人认为啮虫类为中间宿主，现已确认弹尾目的长角跳虫为其中间宿主。

[致病作用与症状]无卵黄腺绦虫病的致病力不如莫尼茨绦虫病强，但严重感染时也能表现腹痛、腹泻、贫血和消瘦等症状，并且常见于成年羊。剖检可见急性卡他性肠炎并有许多出血点，死亡羊只一般膘情均好。

诊断、治疗与预防参见"莫尼茨绦虫病"。

十、羊消化道线虫病

寄生于羊消化道的线虫种类很多，各种消化道线虫往往混合感染，对羊群造成不同程度的危害，是每年春乏季节造成羊死亡的重要原因之一。各种消化道线虫引起疾病的情况大致相似，其中以捻转血矛线虫危害最为严重。该病在全国各地均有不同程度的发生和流行，尤以西北、东北地区和内蒙古广大牧区更为普遍，常给养羊业带来严重损失。

[病原]

1. 捻转血矛线虫 寄生于真胃，偶见于小肠。在真胃中属大型线虫。虫体呈线状，粉红色，头端尖细，口囊小，内有一角质背矛。雄虫长 15～19mm，其交合伞的背肋偏于左侧，呈倒 Y 字形。雌虫长 27～30mm，由于红色的消化管和白色的生殖管相互缠绕，形成红白相间的外观，俗称"麻花虫"。阴门位于虫体后半部，有一拇指状的阴门盖。虫卵大小为（75～95）μm×（40～50）μm，无色，壳薄，新鲜虫卵内含 16～32 个胚细胞。

2. 奥斯特线虫 寄生于真胃，虫体呈棕色，亦称棕色胃虫，长 4～14mm。雄虫交合伞由 2 个大的侧叶和 1 个小的背叶组成。1 对交合刺较短，末端分 2～3 叉。雌虫阴门在体后部，宫内的虫卵较小。

3. 马歇尔线虫 寄生于真胃，似棕色胃虫，但虫体较大。雄虫交合伞宽，背叶不明显，具有附加背叶；其外背肋和背肋细长，发自同一基部；背肋远端分成 2 枝，端部再分为 2 个小枝；交合刺粗短，远端亦分 3 枝。雌虫子宫内虫卵较大。

4. 毛圆线虫 寄生于小肠，偶可寄生于真胃和胰脏。虫体小，长 5～6mm，呈淡红色或褐色。口囊不明显，缺颈乳突。排泄孔位于体前端，呈一凹陷。雄虫交合伞侧叶大，背叶极不明显；交合刺粗短且带扭转。阴门开口于虫体后半部。

5. 细颈线虫 寄生于小肠或真胃，为小肠内中等大小的虫体。虫体前部呈细线状，后部较粗。雄虫交合伞有 2 个大的侧叶和 1 个小的背叶；1 对交合刺细长，互相联结，远端包在一共同的薄膜内。雌虫阴门开口于虫体的后 1/3 或 1/4 处；尾端钝圆，带有 1 小刺。虫卵大，产出时内含 8 个胚细胞，易与其他线虫卵区别。

6. 古柏线虫 寄生于小肠、胰脏，偶见于真胃。虫体呈红色或淡黄色，大小与毛圆线虫相似，前端角皮膨大，并有许多横纹。雄虫交合伞侧叶大，背叶小；背肋分叉为 U 字形，并有侧小分支；1 对交合刺粗短。

7. 仰口线虫 寄生于小肠。虫体较粗大，前端弯向背面，故有钩虫之称。口囊大，内有齿及切板。雄虫交合伞发达，腹肋与侧肋起于同一总干，背肋系统的分支不对称；有交合刺 1 对，等长，雌虫阴门位于虫体前 1/3 处的腹面，尾端尖细。

8. 食道口线虫 寄生于大肠。虫体较大，呈乳白色。头端尖细，口囊不发达，有内外叶冠及 6 个环口乳突。雄虫交合伞发达，分叶不明显，有交合刺 1 对。雌虫生殖孔开口处有肾状排卵器。由于其幼虫在发育时钻入肠壁形成结节，故又称结节虫。

9. 夏伯特线虫　亦称阔口线虫，寄生于大肠。虫体大小近似食道口线虫；前端有半球形的大口囊，口孔由两圈小叶冠围绕。雄虫交合伞发达，1 对交合刺较细。雌虫阴门靠近肛门。

10. 毛首线虫　寄生于盲肠。整个虫体形似鞭子，亦称鞭虫。虫体较大，呈乳白色；前部细长，为其食道部，约占虫体长度的 2/3；后部粗大，为其体部。雄虫后端弯曲，有 1 根交合刺和能伸缩的交合刺鞘。雌虫尾直，末端钝圆，阴门位于虫体粗细交界处。

[生活史] 羊的各种消化道线虫均系土源性发育，即在它们的发育过程中不需要中间宿主的参加，家畜感染是由于吞食了被虫卵所污染的饲草、饲料及饮水所致，幼虫在外界的发育难以制约，从而造成了几乎所有的羊不同程度感染发病的状况。

上述各种线虫的虫卵随粪便排出体外，在外界适宜的条件下，绝大部分种类线虫的虫卵首先孵化出第一期幼虫，经过两次蜕化后发育成具有感染宿主能力的第三期幼虫。但毛首线虫的感染性幼虫是在虫卵内发育而成，并不孵化出来，在外界仅以感染性虫卵的形式存在。羊在吃草或饮水时，如食入了线虫的感染性幼虫，或感染性虫卵即被感染。仰口线虫的感染性幼虫除能经口感染外，还能直接钻入皮肤发生感染。病原进入羊体内后，通常在它们各自的特定寄生部位再经两次蜕化，发育成为第五期幼虫，并逐渐发育为成虫。食道口线虫的感染性幼虫则需钻入大结肠和小结肠的固有膜深处形成包囊（结节），幼虫在包囊内发育成第五期幼虫后才自结节中返回肠腔发育成幼虫。

[临床症状] 病羊感染各种消化道线虫的主要症状表现为：消化紊乱，胃肠道发炎，腹泻，消瘦，眼结膜苍白，贫血。严重病例下颌间隙水肿，羊体发育受阻。少数病例体温升高，呼吸、脉搏频数、心音减弱，最终病羊可因身体极度衰竭而死亡。

[病理变化] 剖检，可见消化道各部有数量不等的相应线虫寄生（彩图 6-6 至彩图 6-8）。尸体消瘦，贫血，内脏显著苍白，胸、腹腔内有淡黄色渗出液，大网膜、肠系膜胶样浸润，肝脏、脾脏出现不同程度的萎缩、变性，真胃黏膜水肿，有时可见虫咬的痕迹和针尖大到粟粒大小结节，小肠和盲肠黏膜有卡他性炎症，大肠可见到黄色小点状的结节或化脓性结节，以及肠壁上遗留下的一些瘢痕性斑点。当大肠上的虫卵结节向腹膜面破溃时，可引发腹膜炎和多发性粘连；向肠腔内破溃时，则可引起溃疡性和化脓性肠炎。

[诊断] 通常对症状可疑的羊应进行粪便虫卵检查。常用的方法为饱和盐水漂浮法（见绦虫病），亦可用直接涂片法镜检虫卵（彩图 6-9 至彩图 6-11）。镜检时，各种线虫虫卵一般不易区分，因为各线虫病的防治方法基本

相同，一般情况下亦无必要对虫卵的种类加以鉴别。粪检时，羊每克粪便中含1 000个虫卵时即应驱虫，羔羊每克粪便中含2 000～6 000个虫卵则被认为是重感染。死后剖检诊断，可通过对虫体的鉴别，进一步确定病原种类。

[防治]

1. 预防 定期驱虫，一般可安排在每年秋末进入舍饲后（12月份至翌年1月份）和春季放牧前（3～4月份）各一次。但因地区不同，选择驱虫时间和次数可依具体情况而定。粪便要经过堆积发酵处理；羊群应饮用自来水、井水或干净的流水；尽量避免在潮湿低洼地带和早、晚及雨后时放牧（即：禁放露水草），有条件的地方可以实施轮牧。

2. 治疗

丙硫咪唑：按每千克体重10～15mg，一次口服。

伊维菌素：按每千克体重0.2mg，一次皮下注射或口服。

甲苯咪唑：按每千克体重10～15mg，一次口服。

左旋咪唑：按每千克体重6～10mg，一次内服，也可皮下或肌内注射。

十一、羊肺线虫病

羊肺线虫病是由网尾科和原圆科的线虫寄生在气管、支气管、细支气管乃至肺实质，引起的以支气管炎和肺炎为主要症状的疾病。其中网尾科线虫较大，为大型肺线虫，致病力强，在春乏季节常呈地方性流行，可造成羊群尤其是羔羊大批死亡。原圆科线虫较小，为小型肺线虫，危害相对较轻。肺线虫病在我国分布广泛，是羊常见的蠕虫病之一。

[病原]

1. 大型肺线虫 丝状网尾线虫是危害羊的主要寄生虫。该虫系大型白色虫体，肠管呈黑色，穿行于体内，口囊小而浅。雄虫长30～80mm；交合伞的中侧肋和后侧肋合并，仅末端分开；1对交合刺粗短，为多孔状结构，黄褐色，呈靴状。雌虫长50～112mm，阴门位于虫体中部附近。

2. 小型肺线虫 小型肺线虫种类繁多，其中缪勒属和原圆属线虫分布最广，危害也较大。该类线虫虫体纤细，长12～28mm，多见于细支气管和肺泡内。口由3个小唇片组成，食道呈长柱形，后部稍膨大，交合伞背肋发达。

[生活史] 大型肺线虫与小型肺线虫的发育有所不同。网尾科线虫发育过程无中间宿主参加，属土源性发育；小型肺线虫在发育时需要中间宿主参加，属生物源性发育。

各种肺线虫的虫卵在呼吸道产出后，上行至咽部，利用宿主咳嗽时，经咽部进入消化道，在此过程中孵化出第一期幼虫，第一期幼虫又随粪便排出体外。大型肺线虫的第一期幼虫在外界适宜条件下，约经一周发育为感染性幼虫；小型肺线虫的第一期幼虫则需钻入中间宿主多种陆螺或蛞蝓体内发育为感染性幼虫。存在于外界草场、饲料或饮水中和中间宿主体内的大、小型肺线虫的感染性幼虫被终末宿主羊吞食后，幼虫进入肠系膜淋巴结，经淋巴液循环到达右心，又随血流到达肺脏，虫体在此过程中经第四、第五两期幼虫的发育，最终在肺部各自的寄生部位发育为成虫。

[临床症状] 羊群遭受感染时，首先个别羊干咳，继而成群咳嗽，运动时和夜间咳嗽更为显著，此时呼吸声明显粗重，如拉风箱。在频繁而痛苦的咳嗽时，常咳出含有成虫、幼虫及虫卵的黏液团块。咳嗽时伴发啰音和呼吸促迫，鼻孔中排出黏稠分泌物，干涸后形成鼻痂，从而使呼吸更加困难。病羊常打喷嚏，逐渐消瘦、贫血，头、胸及四肢水肿，被毛粗乱。通常羔羊发病症状严重，死亡率也高；成年羊感染或羔羊轻度感染时，症状表现较轻。单独感染小型肺线虫时，病情亦比较轻缓，只是在病情加剧或接近死亡时，才明显表现为呼吸困难，出现干咳或暴发性咳嗽。

[病理变化] 剖检病变主要表现在肺部，可见有不同程度的肺膨胀不全和肺气肿，肺脏表面隆起，呈灰白色，触摸时有坚硬感；支气管中有黏性或脓性混有血丝的分泌团块；气管、支气管及细支气管内可发现数量不等的大、小肺线虫（彩图6-12）。尸体消瘦，贫血。

[诊断] 可依据其症状表现及流行病学资料，通过粪便检查出第一期幼虫而确诊。分离幼虫的方法很多，常用漏斗幼虫分离法（贝尔曼法），取羊粪15~20g，放入带筛（40~60目）或垫有数层纱布的漏斗内，漏斗下接一短橡皮管，末端以水止夹夹紧；漏斗内加入40℃温水至淹没粪球为止，静置1~3h，此时幼虫游走于水中，并穿过筛孔或纱布网眼沉于橡皮管底部；接取橡皮管底部粪液，经沉淀后弃去上层液，取其沉渣制片镜检即可。镜下幼虫的形态特征为：丝状网尾线虫的第一期幼虫虫体粗大，体长0.50~0.54mm，头端有一扣状突起，尾端钝圆，肠内有明显颗粒，色较深。各种小型肺线虫的第一期幼虫较小，长0.3~0.4mm，其头端无纽扣状突起，尾端或呈波浪状，或有一角质小刺，或有分节。

[防治]

1. 预防 在本病流行区，每年春秋两季（春季在2月，秋季在11月为宜）进行两次以上计划性驱虫。对粪便进行堆积发酵。羔羊与成羊分群放牧，有条件的地区，可实行轮牧。避免在低湿沼泽地区放牧。冬季适当补饲，补饲期间每隔一天加喂硫化二苯胺（羔羊0.5g，成羊1g）对预防网尾线虫有效。

2. 治疗

左旋咪唑：剂量，以每千克体重 10mg，一次内服。

丙硫咪唑：剂量，以每千克体重 5~15mg，一次内服。

乙胺嗪（海群生）：剂量，每千克体重 200mg，一次内服。该药适用于对早期幼虫的治疗。

阿苯达唑：剂量，每千克体重 10mg，一次内服，对大型肺线虫有效。

硝氯酚：剂量，每千克体重 3~4mg，一次内服；或每千克体重 2mg，皮下注射。

阿维菌素：皮下注射，每千克体重 0.2mg。

十二、羊脑脊髓丝虫病

羊脑脊髓丝虫病，是由寄生于牛腹腔的指形丝状线虫和唇乳突丝状线虫（又称丝状线虫）的幼虫迷路移行后，童虫寄生于羊的脑脊髓而引起的以脑脊髓炎和脑脊髓实质破坏为特征的疾病。由于病羊腰部无力，走起路来摇摇摆摆，故又称为摆腰病。

［病原］指形丝状线虫的晚期幼虫（童虫）为乳白色小线虫，长 1.6~5.8cm，体宽 0.078~0.108mm，其形态已基本近似成虫。

［流行特点］蚊虫既是中间宿主又是本病唯一传播者，当特种蚊子吸刺病牛时，微丝蚴即进入蚊体内。经过在蚊体内发生变态后，再于咬刺时传给绵羊或山羊。以后微丝蚴进入羊的腹腔内，部分可以达到脑及脊髓，破坏重要的中枢神经组织，使羊发病。该病的发生、流行与蚊虫的大量孳生有密切关系。发病多集中在每年的 7~10 月份，比当地的蚊虫活动晚一个月左右。成年羊比幼年羊多发。

［临床症状］感染后多突然发病，主要表现运动失调，后躯无力，后肢强拘，走路蹄尖拖地，摇摆，身体常歪向一侧，转弯后退困难。严重时跌倒后不能起立，常呈犬坐姿势，前肢交叉，后肢开张，斜颈，眼球震颤等。有时可见突然四肢强直倒地，肌肉痉挛。一般情况，体温、脉搏、呼吸变化不大。只有重症病例出现呼吸困难，预后不良。

［病理变化］脑脊髓的硬膜和蛛网膜有浆液性、纤维素性炎症和胶样浸润病灶及出血灶。脑脊髓实质的病变主要发生在白质区，可引起大小不等的空洞、出血和化脓灶，并可发现虫体。

［诊断］依临床症状、病理变化和用牛腹腔丝虫提纯抗原，作皮内反应试验进行诊断。

[防治]

1. 预防 消灭蚊虫是最有效的预防方法，搞好环境卫生，消灭蚊虫孳生地。在蚊虫飞翔季节经常使用灭蚊药物喷洒羊舍或用拟除虫菊酯类药物或松叶等进行烟熏灭蚊。不宜在牛圈附近养羊。在本病流行季节对羊群定期（3～4周1次）使用海群生进行药物预防。

2. 治疗 应早期发现早期治疗。

海群生（乙胺嗪）：按每千克体重20mg，每天1次，连用5d。

伊维菌素：按每千克体重0.2mg，每天1次，连用5d。

第二节 外寄生虫病

一、硬蜱

硬蜱作为牛羊的一种主要外寄生虫，一方面可以引起牛羊不安、蜱瘫等疾病，另一方面又可以传播牛羊的多种重要疾病。因此，严重威胁着牛羊业的发展。

[病原] 硬蜱的成虫呈长椭圆形，背腹扁平，外观可分为假头和躯体两大部分。假头由假头基和口器组成，位于蜱的前端，假头基的形状因蜱的种类而异，一般呈梯形、矩形、六角形等。口器由一对居两侧的须肢和在其内背侧的一对螯肢及腹侧的一个口下板组成。螯肢和口下板之间为口腔。

硬蜱的躯体一般呈卵圆形，饱血雌蜱像蓖麻子大小，雄蜱一般较小。躯体的背面为盾板，雄虫的背部几乎全为盾板，雌虫只占1/3～1/2。腹面最明显的是足，每足均分6节。生殖孔位于腹面第二、三对足的水平线上。在生殖孔两侧一般有生殖沟。腔门位于腹面的后部正中，腔门前后有时有肛沟，两侧有肛侧板，肛沟和肛侧板均是鉴定蜱种的重要依据。另外，腹面还有气门板、生殖板等构造，也是分类上的重要特征。

硬蜱的种类很多，其中与羊关系较密切的包括硬蜱属、璃眼蜱属、血蜱属、肩头蜱属和牛蜱属。

[生活史] 硬蜱的发育属不完全变态，其过程包括卵、幼虫、若虫和成虫4阶段。成蜱在吸血过程中交配，雌蜱饱血后从动物身上脱落在地面、缝隙等处产卵。卵呈卵圆形，黄褐色，一个雌蜱可产数千到上万个虫卵，产完后死亡。卵在外界适宜的条件经2～3周或一个月以上孵出幼虫，经数天后爬到动物身上吸血，饱血后蜕化为若虫，若虫再次吸血，饱血后蜕化为成虫，完成整个发育阶段。

根据其发育过程和吸血方式，可将蜱分为三类，即：

1. 一宿主蜱 蜱的全部发育过程是在 1 个宿主体上完成的，除产卵期外均不离开宿主。如微小牛蜱。

2. 二宿主蜱 蜱在全部发育过程中需要更换 2 个宿主，即在饱血若虫落地蜕皮后再侵袭第二个宿主，直至发育为成虫再落地产卵。如残缘璃眼蜱。

3. 三宿主蜱 全部发育过程需要更换 3 个宿主，即幼虫侵袭一个宿主，经吸血发育后，落地蜕皮变为若虫。再侵袭第二个宿主，吸血发育后落地蜕皮变为成虫。成虫再侵袭第三个宿主，成虫吸血后落地产卵。如长角血蜱、草原革蜱等。

我国硬蜱科蜱的分布，出没时间随着各地的气候、地理、地貌等自然条件不同而不同，有的蜱种分布于深山草坡及丘陵地带，有的多分布于森林及草原，也有的栖息于草原和农区的家畜圈舍及停留处。一般成蜱在石块下或地面的缝隙内越冬。蜱的活动季节也随蜱种的不同而不同，如草原革蜱，在我国的北方 2 月末就可出现在畜体上，华北地区的长角血蜱，在 3 月底就开始侵袭羊体，一直到 11 月中旬才消失。

羊被蜱侵袭，多发生于放牧采食过程中，寄生部位主要在被毛短少部位，特别是常密集于羊的耳壳内外侧、口周围和头面部，直至饱血后落地蜕化或产卵。

[蜱的危害]

1. 直接危害 蜱侵袭羊体后，由于吸血时口器刺入皮肤，可造成局部损伤，组织水肿、出血、皮肤肥厚。有的还可继发细菌感染，引起化脓、肿胀和蜂窝织炎等。当幼羊被大量蜱侵袭时，蜱的唾液内的毒素进入机体后，破坏造血器官，溶解红细胞，形成恶性贫血，使血液有形成分急剧下降。此外，蜱唾液内的毒素作用有时还可出现神经症状及麻痹，造成"蜱瘫痪"。

2. 间接危害 蜱可传播森林脑炎、莱姆病、布鲁氏菌病、炭疽、立克次氏体等多种传染病。蜱也是各种家畜梨形虫病的必须宿主和传播媒介。

[防治]

1. 消灭畜体上的蜱

（1）人工捕捉 饲养量少、人力充足的条件下，要经常检查羊的体表，发现蜱时应及时摘掉（摘取时应与体表垂直向上拔取）销毁。

（2）粉剂涂擦 可用 3% 马拉硫磷、2% 害虫敌、5% 西维因等粉剂，涂擦体表，羊剂量 30g，在蜱的活动季节，每隔 7～10d 处理一次。

（3）药液喷涂 可使用 1% 马拉硫磷、0.2% 辛硫磷、0.2% 杀螟松、0.25% 倍硫磷、0.2% 害虫敌等乳剂喷涂畜体，每次 200mL，每隔 3 周处理一次。也可使用氟苯醚菊酯，剂量，每千克体重 2mg，一次背部浇注，2 周后重复一次。

（4）药浴　可选用 0.05％双甲脒、0.1％马拉硫磷、0.1％辛硫磷、0.05％毒死蜱、0.05％地亚农、1％西维因、0.002 5％溴氰菊酯、0.003％氟苯醚菊酯、0.006％氯氰菊酯等乳剂，对羊进行药浴。

此外，也可试用皮下注射伊维菌素，剂量为每千克体重 0.2 mg。

2. 消灭圈舍内的蜱　有些蜱，如残缘璃眼蜱在圈舍的墙壁、地面、饲槽等缝隙中栖生，可先选用上述药物喷撒或粉刷后，再用水泥、石灰或黄泥堵塞。必要时也可隔离、停用圈舍 10 个月以上或更长时间，使蜱自然死亡。

3. 消灭自然蜱　根据具体情况可采取轮牧，相隔时间 1～2 年，牧地上的成虫即可死亡。也可在严格监督下进行烧荒，破坏蜱的孳生地。有条件时，可选择上述有关杀虫剂的高浓度制剂或原液，进行超低量喷雾。国外还试用以遗传防治和生物防治的方法灭蜱。

二、螨病

羊螨病是由疥螨和痒螨寄生在体表而引起的慢性寄生性皮肤病。螨病又叫疥癣、疥虫病、疥疮等，具有高度传染性，往往在短期内可引起羊群严重感染，危害十分严重。

［病原］

1. 疥螨　疥螨寄生于皮肤角化层以下，并不断在皮内挖凿隧道，虫体即在隧道内不断发育和繁殖。疥螨的成虫形态特征为：虫体小，长 0.2～0.5mm，肉眼不易看见；体呈圆形，浅黄色，体表生有大量小刺；前端口器呈蹄铁形；虫体腹面前部和后部各有两对粗短的足，后两对足不突出于体后缘之外。每对足上均有色质化的支条，第一对足的后支条在虫体中央并成一条长杆，第三、四对足上的后支条，在雄虫是互相连接的。雌虫第一、二对足及雄虫第一、二、四对足的末端具有不分节柄连接的钟形吸盘，无吸盘足的末端则生有长刚毛。

2. 痒螨　寄生在皮肤表面。虫体呈长圆形、较大，长 0.5～0.9mm，肉眼可见。口器长，呈圆锥形。四对足细长，尤其前两对更为发达。雌虫第一、二、四对足和雄虫前足有细长的柄和吸盘，柄分三节。雌虫第三对足上有两根长刚毛；雄虫第四对足短且无吸盘和刚毛，尾端有两个尾突，在尾突前方腹面上有两个性吸盘。

［生活史］疥螨与痒螨的全部发育过程都在宿主体上渡过，包括虫卵、幼

虫、若虫和成虫四阶段，其中雄螨有一个若虫期，雌螨有两个若虫期。疥螨的发育是在羊的表皮内不断挖凿隧道，并在隧道中不断繁殖和发育，完成一个发育周期需 8～22d。痒螨在皮肤表面进行繁殖和发育，完成一个发育周期 10～12d。本病的传播是由于健畜与患畜直接接触，或通过被螨及其卵所污染的厩舍、用具间接接触引起感染。

该病主要发生于冬季和秋末、春初。发病时，疥螨病一般始发于皮肤柔软且毛短的部位，如嘴唇、口角、鼻面、眼圈及耳根部，以后皮肤炎症逐渐向周围蔓延；痒螨病则起始于被毛稠密和温度、湿度比较恒定的皮肤部位，如绵羊多发生于背部、臀部及尾根部，以后才向体侧蔓延。

[临床症状] 绵羊痒螨多发生于密毛的部位如背部、臀部然后波及全身。初发时，因虫体小刺、刚毛和分泌的毒素刺激神经末梢，引起剧痒，可见病羊不断在围墙、栏柱等处摩擦；在阴雨天气、夜间、通风不好的圈舍以及随着病情的加重，痒觉表现更为剧烈；由于患羊的摩擦和啃咬，患部皮肤出现丘疹、结节、水疱，甚至脓疱，以后形成痂皮和龟裂。山羊痒螨主要发生于耳壳内面，在耳内形成黄色痂，将耳道堵塞，使羊变聋，食欲不振，甚至死亡。绵羊患疥螨病时，因病变主要局限于头部，病变皮肤如干涸的石灰，故有"石灰头"之称。绵羊感染痒螨后，可见患部有大片被毛脱落。发病后，患羊因终日啃咬和摩擦患部，烦躁不安，影响正常的采食和休息，日渐消瘦，最终不免因极度衰竭而死亡。山羊患疥螨病时，主要发生于嘴唇四周、眼圈、鼻背和耳根部，可蔓延到腋下、腹下和四肢曲面等无毛及少毛等部位，严重时口腔皮肤皲裂，采食困难。

[诊断] 根据羊的症状表现及疾病流行情况，对可疑病羊刮取皮肤组织查找病原，以便确诊。其方法是：用经过火焰消毒的凸刃小刀，涂上 50％甘油水溶液或煤油，在皮肤的患部与健康部的交界处刮取皮屑，要求一直刮到皮肤轻微出血为止；刮取的皮屑放入 10％氢氧化钾或氢氧化钠溶液中煮沸，待大部皮屑溶解后，经沉淀，取其沉渣镜检虫体。无此条件时，亦可将刮取物置于平皿内，把平皿在热水上稍微加温或在日光下照晒后，将平皿放在白色背景上，用放大镜仔细观察，有无螨虫在皮屑间爬动。

[类症鉴别]

1. 与湿疹的鉴别 湿疹痒觉不剧烈，且不受环境、温度影响，无传染性，皮屑内无虫体。

2. 与秃毛癣的鉴别 秃毛癣患部呈圆形或椭圆形，境界明显，其上覆盖的浅黄色干痂易剥落，痒觉不明显。镜检经 10％氢氧化钾处理的毛根或皮屑，可发现癣菌的孢子或菌丝。

3. 与虱和毛虱的鉴别　虱和毛虱所致的症状有时与螨病相似，但皮肤炎症、落屑及形成痂皮程度较轻，容易发现虱及虱卵，病料中找不到螨虫。

[防治]

1. 预防　每年定期对羊群进行药浴。对新引进的羊应隔离检查，确定无螨寄生后再混群饲养；圈舍应经常保持干燥、通风，定期清扫和消毒；患病羊要及时隔离治疗。治疗期间可应用0.1%的蝇毒磷乳剂对环境消毒，以防散布病原。

2. 治疗

（1）**涂药疗法**　适宜病羊少、患部面积小，特别适合在寒冷季节使用。涂药应分几次进行（每次涂药面积不得超过体表的1/3）。

（2）**药浴疗法**　适用于病羊数量多及气候温暖的季节，常用于对螨病的预防和治疗。

（3）**注射疗法**　适用于各种情况的螨病治疗，省时、省力，优于以上各种疗法。

涂擦药物之前，应先剪毛去痂，可用温肥皂水或2%来苏儿彻底洗刷患部，以除去痂皮，然后擦干患部后用药；药浴时间应选择在山羊抓绒、绵羊剪毛后5～7d进行；大规模药浴之前应对所选药物做小群完全试验；药液温度保持在36～38℃，并随时补充新药液；药浴时间1～2min，注意浸泡羊头；药浴前让羊饮足水，以防误饮药液。因大部分药物对螨卵无杀灭作用，无论治疗和药浴时必须重复用药2～3次，每次间隔7～8d为宜。

常用药物如下：

阿维菌素：剂量，羊每千克体重0.2mg，一次皮下注射。市售商品为含1%阿维菌素的注射液，则每50kg体重注射1mL即可。此外，本品也有粉剂，可供内服和渗透剂供外用（浇注），其效果与其他剂型完全一样。

还可选用0.05%浓度的双甲脒；0.005%浓度的倍特药液；0.05%浓度的蝇毒磷水乳液；0.025%浓度的螨净（二嗪农）水乳液等药浴或涂抹。

三、羊鼻蝇蛆病

羊鼻蝇蛆病又称羊鼻狂蝇蛆病，是由羊狂蝇的幼虫寄生在羊的鼻腔及附近腔窦内所引起的疾病。在我国西北、东北、华北地区较为常见。主要危害绵羊，对山羊危害较轻。病羊表现为精神不安，体质消瘦，甚至发生死亡。

[病原]

1. 成虫　羊鼻蝇形似蜜蜂，全身密生短绒毛，体长10～12mm；头大，呈半球形，黄色；两复眼小，相距较远；触角球形，位于触角窝内；口器退化；胸部有 4 条断续而不明显的黑色纵纹，腹部有褐色及银白色斑点。

2. 幼虫 第一期幼虫呈淡黄白色，长 1mm，前端有两个黑色口前钩，体表丛生小刺，末端的肛门分左右两叶，后气门很小，呈管状；第二期幼虫呈椭圆形，长 20～25mm，体表刺不明显，后气门呈弯肾形；第三期幼虫长约30mm，背面拱起，各节上有深棕色的横带，腹面扁平，各节前缘有数行小刺，体前端尖，有两个强大的黑色口前钩，虫体后端齐平，有两个黑色的后气孔（彩图 6-13）。

[生活史] 羊鼻蝇的发育需经幼虫、蛹及成虫三阶段。成虫出现于每年5～9月份，雌雄交配后，雄虫很快死亡，雌虫则于有阳光的白天以急剧而突然的动作飞向羊鼻，将幼虫产在羊鼻孔内或羊鼻孔周围，雌虫在数天内产完幼虫后亦很快死亡。产出的第一期幼虫活动力很强，爬入鼻腔后以其口前钩固着于鼻黏膜上，并逐渐向鼻腔深部移行，到达额窦或鼻旁窦内（有些幼虫还可以进入颅腔），经两次蜕化发育为第三期幼虫。幼虫在鼻腔内寄生 9～10 个月，到翌年春天，发育成熟的第三期幼虫由鼻腔深部向浅部返回移行，当患羊打喷嚏时，将其喷出鼻孔，三期幼虫即在土壤表层或羊粪内变蛹，蛹的外表形态与三期幼虫相同。蛹经 1～2 个月羽化为成虫。成虫寿命 2～3 周。在温暖地区羊鼻蝇一年可繁殖两代，在寒冷地区每年繁殖一代。

[临床症状] 羊鼻蝇幼虫进入羊鼻腔、额窦及鼻窦后，在其移行过程中，由于体表小刺和口前钩损伤黏膜引起鼻炎，可见羊流出多量鼻液，鼻液初为浆液性，后为黏液性和脓性，有时混有血液（彩图 6-14）；当大量鼻漏干涸在鼻孔周围形成硬痂时，使羊发生呼吸困难。此外，可见病羊表现不安，打喷嚏，时常摇头，摩鼻，眼睑浮肿，流泪，食欲减退，日渐消瘦。症状表现可因幼虫在鼻腔内的发育期不同而持续数月。通常感染不久呈急性表现，以后逐渐好转，到幼虫寄生的晚期，则疾病表现更为剧烈。有时，当个别幼虫进入颅腔损伤了脑膜或因鼻旁窦发炎而波及脑膜时，可引起神经症状，病羊表现为运动失调，旋转运动，头弯向一侧或发生麻痹，最后病羊食欲废绝，因极度衰竭而死亡。

[诊断] 病羊生前诊断可结合流行病学和症状表现，于发病早期用药喷射鼻腔，查找有无死亡的幼虫排出。死后诊断，剖检时在鼻腔、鼻旁窦或额窦内发现羊鼻蝇幼虫，即可确诊。

[防治] 防治本病应以消灭第一期幼虫为主要措施。实施药物防治一般可选在每年的 10～11 月份进行。其方法如下：

20%碘硝酚注射液：按每千克体重 10mg，一次皮下注射。

伊维菌素：按每千克体重 0.2mg，一次皮下注射。

烟雾法：常用于大群防治，需在密闭的圈舍或帐幕内进行。按室内空间每立方米使用 80%敌敌畏 0.5～1mL 剂量，加热（放在厚铁板上等）或高压喷雾。令羊在其内，吸雾时间 15min 即可杀死第一期幼虫。

第三节 原虫病

一、羊梨形虫病

羊梨形虫病是由泰勒科和巴贝斯科的各种梨形虫引起的血液原虫病。其中山羊泰勒虫、绵羊泰勒虫和绵羊巴贝斯虫是使绵羊和山羊致病的主要病原体，疾病由硬蜱吸血时传播。该病在我国甘肃、青海和四川等地均有发生，常造成羊大批死亡，危害严重。

[病原]

1. 羊泰勒虫 分为山羊泰勒虫、绵羊泰勒虫，寄生在红细胞内的虫体大多数呈圆形和卵圆形，约占 80%，其次为杆状，边虫形很少。两者血液型虫体的形态相似，并均能感染山羊和绵羊。两者的区别点为山羊泰勒虫致病性强，所引起的疾病称为羊恶性泰勒虫病，病死率高。山羊泰勒虫红细胞染虫率高，绵羊泰勒虫红细胞染虫率低，一般都低于 2%。山羊泰勒虫在脾脏、淋巴结涂片的淋巴细胞内常可见到石榴体，其直径为 8～20μm，内含 1～80 个直径为 1～2μm 的紫红色染色质颗粒，绵羊泰勒虫的石榴体形态与山羊泰勒虫相似，但只见于淋巴结中，而且要多次检查才能发现。

我国羊泰勒虫病的病原为山羊泰勒虫。形态与牛环形泰勒虫相似，有环形、椭圆形、短杆形、逗点形、钉子形、圆点形等各种形态，以圆形最多见。圆形虫体直径为 0.6～1.6μm。一个红细胞内一般只有一个虫体，有时可见到 2～3 个。红细胞染虫率 0.5%～30%，最高达 90%以上。裂殖体可在淋巴结、脾、肝等的涂片中查到。

本病发生于 4～6 月份，5 月份为高峰。1～6 月龄羔羊发病率高，病死率也高，1～2 岁羊次之，3～4 岁羊很少发病。

2. 绵羊巴贝斯虫 病原寄生于红细胞内，虫体有双梨籽形、单梨籽形、椭圆形或变形虫等各种形状，其中双梨籽形占 60%以上，其他形状虫体较少。梨籽形虫体为 (2.5～3.5) μm×1.5μm，大于红细胞半径；虫体有两个染色质团块。双梨籽虫体尖端以锐角相连，位于红细胞中央。

[生活史] 羊梨形虫的生活史尚不十分明了，有待更加详尽的研究。资料记载，我国绵羊巴贝斯虫病的主要传播者为扇头蜱属的蜱，羊泰勒虫病的主要传播者为血蜱属的青海血蜱，病原在蜱体内要经过有性的配子生殖，产生子孢

子，当蜱吸血时即将病原注入羊体内。绵羊巴贝斯虫寄生于羊的红细胞内，不断进行无性繁殖。羊泰勒虫在羊体内首先侵入网状内皮系统细胞，在肝脏、脾脏、淋巴结和肾脏内进行裂体繁殖（石榴体），继而进入红细胞内寄生。病原的传播者——上述种类的硬蜱吸食羊血液时，病原又进入蜱体内发育，如此周而复始，流行发病。

[临床症状] 感染巴贝斯虫的病羊，体温升高至 41～42℃，呈稽留热型，病初呼吸、脉搏加快，食欲废绝，可视黏膜充血，黄疸，血流稀薄，红细胞每立方毫米减少到 300 万～400 万以下，而且大小不均，出现血红蛋白尿。有的病例出现兴奋，无目的地狂跑，突然倒地死亡。

感染泰勒虫的病羊，体温升高到 40～42℃，呈稽留热型，脉搏加快，呼吸急促，肺泡音粗厉，精神沉郁，喜卧，食欲减退，反刍及胃肠蠕动减弱或停止，便秘或下痢，有的病羊排恶臭稀粥样粪，杂有黏液或血液。可视黏膜初期充血，继而苍白，轻度黄染，有小出血点。病羊消瘦，体表淋巴结肿大，有痛感，特别是颈浅淋巴结肿大尤为明显。肢体僵硬，以羔羊最明显，有的羊行走时一前肢提举困难或后肢僵硬，举步十分艰难；有的羔羊四肢发软，卧地不起。病程 6～12d，急性病例常于 1～2d 内死亡。

[病理变化] 死于巴贝斯虫病的羊尸，可视黏膜及皮下组织充血、黄染。心内外膜有出血点，肝脏、脾脏肿大，表面也有出血点。胆囊肿大 2～3 倍，充满胆汁，第二胃常塞满干硬的物质，尿液呈红色。

死于泰勒虫病的羊尸，外观消瘦，贫血。剖检变化主要以全身性出血，第四胃黏膜有溃疡斑，以肝脏、脾脏、淋巴结高度肿胀为特征，肾呈黄褐色，表面有结节和小点出血。皱胃黏膜上有溃疡斑，肠黏膜上有少量出血点。只是各尸体的表现程度有所不同而已。

[诊断] 发病季节为蜱猖狂活动的季节；病羊临床表现贫血、消瘦、高热稽留、结膜黄染；病理剖检可见胆囊肿大，胆汁浸润，淋巴结肿大，切面有黑灰色液体；镜检血液涂片见有病原体；临床上用贝尼尔治疗见有特效等，即可诊断为本病。

血检可采取羊静脉血液制成血片，固定后经姬姆萨或瑞氏染色后镜检。当血液内虫体较少时，可采用虫体浓集法，先集虫再制片检查。操作过程是：在离心管内加入 2% 的柠檬酸钠生理盐水 3～4mL，再加病羊血 6～7mL，混匀后，以 2 500r/min 的速度，离心 5min，用吸管将上层液移入另一离心管中，并补加一些生理盐水后再以 2 500r/min 的速度离心 10min，取其沉淀物制成抹片固定后，按上述方法染色镜检。也可在体表淋巴结肿至极限，触摸稍稍开始变软时进行淋巴结穿刺，以穿刺液涂片染色镜检裂殖体（石榴体）。死后也可取淋巴结直接涂片染色镜检。

[防治]

1. 预防　在本病流行区，于每年发病季节到来之前，对羊群用咪唑苯脲或贝尼尔（血虫净）进行预防注射，后者以每千克体重3mg剂量配成7％的溶液，深部肌内注射，每20d一次，对预防泰勒虫病有效；也可选用多种杀虫剂或人工进行灭蜱；并注意做好购入、调出羊的检疫工作。

2. 治疗

贝尼尔：按每千克体重7～10mg，用蒸馏水配成1％～5％水溶液，肌内注射。

咪唑苯脲：每千克体重1.5～2mg，配成5％～10％水溶液，一次皮下或肌内注射。

阿卡普林：每千克体重0.6～1mg，配成5％水溶液，皮下或肌内注射。48h后再注射一次。

二、弓形虫病

弓形虫病是由孢子虫纲的原生动物——龚地弓形虫引起的一种人兽共患寄生虫病。本病的中间宿主范围非常广泛，包括人及猪、绵羊、山羊、黄牛、水牛、马、鹿、兔、犬、猫、鼠等多种哺乳动物，此外，还可感染许多鸟类和一些冷血动物。终末宿主据目前所知仅为猫、豹和猞猁等一些猫科动物。病原除在中间宿主与终末宿主之间循环传递之外，更为重要的是可在中间宿主范围内相互进行水平传播。其感染途径包括经口感染、经胎盘感染及通过宿主受损的皮肤、黏膜发生感染。因此，本病在全世界广泛存在和流行。在我国，羊的弓形虫病亦不同程度地存在，不仅直接危害养羊业，而且对整个畜牧业的发展及人类的健康都构成一定的威胁。

[病原]　根据弓形虫的不同发育阶段，虫体分为五型。速殖子和包囊出现在中间宿主体内，裂殖体、配子体和卵囊则只出现在终末宿主的发育阶段。

1. 速殖子（滋养体）　主要见于急性病例。典型的游离速殖子呈香蕉形或新月形，大小为（4～7）$\mu m \times$（2～4）μm，一端较尖，另一端钝圆，虫体中央稍偏钝端有一染色质核，核直径1.5～2.0μm，约占虫体1/4，胞浆内有时可见到数量不等的空泡或大小不一的颗粒。速殖子在宿主细胞（主要是网状内皮细胞）的胞浆内反复进行内双芽增殖，结果形成了内含数个至数十个速殖子的包囊，其直径为14～40μm。由于此包囊的膜是由宿主细胞构成的，故称为"假囊"，假囊内的速殖子则被称为"虫体集落"。集落内正在繁殖的虫体形状是多种多样的，可呈圆形、卵圆形、柠檬形和正在出芽的不规则形状。

2. 包囊（组织囊） 见于慢性病例或隐性感染。主要寄生于脑、骨骼肌、视网膜、心脏、肺脏、肝脏及肾脏等处。包囊在上述组织中呈圆形或卵圆形，有较厚而富有弹性的囊膜。包囊的直径可达 $50\sim60\mu m$，囊中含有数十个至数千个慢殖子。慢殖子的形态与速殖子相似，仅核的位置稍偏后。慢殖子在包囊内亦可以内双芽增殖的方式缓慢地进行繁殖。包囊型虫体可在宿主体内长期寄生，甚至伴随宿主终生。

3. 裂殖体 为猫及猫科动物肠上皮细胞内进行裂体增殖阶段的虫体。一个裂殖体内可以形成许多裂殖子。游离的裂殖子大小为 $(7\sim10)$ $\mu m\times$ $(2.5\sim3.5)$ μm，前端尖，后端钝圆，核呈卵圆形，直径 $2\sim3\mu m$，常靠近虫体后端。

4. 配子体 是继裂殖体增殖后在终末宿主肠上皮细胞内进行有性繁殖阶段的虫体。小配子体色淡，核疏松，后期分裂形成小配子；大配子体的核致密，较小，含有着色明显的颗粒，后期分裂形成大配子。

5. 卵囊 未孢子化的卵囊呈圆形或近圆形，直径 $10\sim12\mu m$。囊壁两层，无色，无卵模孔和极粒。自猫体内排出后，经 $1\sim5d$ 发育为孢子化卵囊。孢子囊大小为 $6\mu m\times 8\mu m$，囊内含有 4 个香蕉状的子孢子，子孢子大小为 $(6\sim8)$ $\mu m\times2\mu m$。

[**生活史**] 弓形虫在发育过程中具有两个类型的宿主，在终末宿主猫及某些猫科动物体内进行等孢球虫相发育，在中间宿主体内进行弓形虫相发育。猫吞食了弓形虫的包囊、假囊及已成熟的卵巢后，慢殖子、速殖子或子孢子进入消化道侵入上皮细胞，开始进行球虫型的发育和繁殖。首先通过裂体生殖进行繁殖，其产生的裂殖子到一定阶段后又发育成为配子体（大、小配子），进行配子生殖，形成卵囊。卵囊随粪便排出体外，在外界适宜条件下，经 $2\sim4d$ 发育为感染性卵囊（孢子化卵囊）。

中间宿主动物种类繁多（包括羊在内）。弓形虫的卵囊、包囊及速殖子经口或受损的皮肤、黏膜侵入中间宿主体内后，通过淋巴、血液循环进入有核细胞，在有核细胞的胞浆内主要以内出芽的方式进行繁殖，形成假囊，当宿主细胞被破坏后，释放出速殖子又进入新的有核细胞内继续繁殖。经过一定时间的繁殖后，转入神经、肌肉组织和一些脏器内形成包囊型虫体。

[**临床症状**] 有亚急性感染和隐性感染两种。隐性感染主要是成年羊，一般没有特异的症状，但妊娠母羊多于正常分娩前 $4\sim6$ 周流产，流产时常伴有胎衣不下，死胎和干尸化胎占一定的比例。亚急性感染的羊主要表现为神经症

状，数天后行走困难，肌肉僵硬，呼吸困难，体温略升高，然后卧地不起，一般持续 2 周左右，最后因呼吸极度困难而死亡。

[**病理变化**] 病变主要表现在胎盘的特征性病变，即胎盘子叶肿胀，绒毛呈暗红色，有 1～2mm 的白色坏死灶。另外，中枢神经系统的非化脓性脑炎的病变也比较常见。

[**诊断**] 根据临床症状，怀疑为弓形虫病时，可做如下检查：

1. 直接观察 取病畜尸体或流产胎儿的肺脏、肝脏、淋巴结、体液等作触片或涂片，自然干燥后，甲醇固定，姬姆萨染色或瑞氏染色观察有无速殖子或组织包囊存在。

2. 集虫法检查 取病畜或流产胎儿的肺脏或淋巴结研碎后加 10 倍生理盐水过滤，500r/min 离心 3min，取上清液再经 1 500r/min 离心 10min，沉渣涂片，干燥，染色检查。

3. 动物接种 肺脏、淋巴结的 10 倍生理盐水组织悬浮液（加青霉素、链霉素各 100U/mL），接种 4～5 只小鼠的腹腔，每只 0.5～1.0mL。观察 20d，若小鼠出现被毛粗乱，呼吸促迫症状并死亡，即可取腹水或脏器抹片检查，如不发病必须盲传三代。

4. 血清学检验 可用补体结合试验、中和抗体试验、血细胞凝集试验及荧光抗体试验进行诊断。目前已有几种诊断试剂盒。

[**防治**]

1. 预防 做好畜舍卫生工作，定期消毒；饲草、饲料和饮水严禁被猫的排泄物污染；对羊的流产胎儿及其他排泄物要进行无害化处理，流产的场地亦应严格消毒；死于本病或疑为本病的畜尸，要严格处理，以防污染环境或被猫及其他动物吞食。

2. 治疗 对急性病例可应用磺胺类药物，与抗菌增效剂联合使用效果更好，亦可考虑使用四环素和螺旋霉素等。上述药物通常不能杀灭包囊内的慢殖子。常用药物如下：

磺胺嘧啶＋甲氧苄胺嘧啶：前者每千克体重 70mg，后者按每千克体重 14mg，每天 2 次，口服，连用 3～4d。

磺胺甲氧吡嗪＋甲氧苄胺嘧啶：前者剂量为每千克体重 30mg，后者剂量为每千克体重 10mg，每天 1 次，口服，连用 3～4d。

磺胺-6-甲氧嘧啶：每千克体重 60～100mg；或配合甲氧苄胺嘧啶（每千克体重 14mg），每天 1 次，口服，连用 4 次。可迅速改善临床症状，并有效地阻抑速殖子在体内形成包囊。

三、羊球虫病

羊球虫病是由艾美耳属的几种球虫，寄生于山羊和绵羊肠道引起的，以急性或慢性肠炎为特征的寄生虫病。临床上以羔羊最易感染，死亡率也高。

[病原] 寄生于绵羊和山羊的球虫，我国危害较严重的有四种：

1. 浮氏艾美耳球虫 卵巢呈长卵圆形，有卵膜孔，无极帽，平均大小为 $29\mu m \times 21\mu m$，孢子形成的时间为 24～48h。寄生于小肠。

2. 阿氏艾美耳球虫 卵囊呈卵圆形或椭圆形，有卵膜孔和极帽，大小为 $27\mu m \times 18\mu m$，孢子形成的时间为 48～72h。寄生于小肠。

3. 错乱艾美耳球虫 卵囊较大，平均大小为 $45.6\mu m \times 33\mu m$，卵膜孔明显，有极帽，孢子形成的时间为 72～120h。寄生于小肠后段。

4. 雅氏艾美耳球虫 卵囊呈卵圆形，平均大小为 $23\mu m \times 18\mu m$，卵囊无卵膜孔和极帽，孢子形成的时间为 24～48h。

[发育史] 球虫的发育均属直接型发育史，不需要中间宿主，一般将其发育史分为两个发育过程的三个发育阶段。

1. 内生性发育过程

(1) 无性繁殖阶段 当羊吞食了具有感染性的卵囊后，在肠道子孢子逸出，进入寄生部位的上皮细胞内，进行裂体生殖，产生裂殖子，这一过程可以进行几代。

(2) 有性繁殖阶段 裂殖子发育到一定阶段，由配子生殖法形成大、小配子体，大、小配子结合形成卵囊，然后排出体外。

2. 外生性发育过程 排至体外的卵囊在适宜的条件下进行孢子生殖，形成孢子化的卵囊，只有孢子化的卵囊才具有感染性。

[临床症状] 成年羊多为带虫者，感染不发病。2～6 月龄小羊容易发病。主要经口感染，轻者出现软便（似牛粪样）。重者发病初期体温升高，后下降。主要症状为急剧下痢，排出黏液血便，恶臭，并含有大量卵囊。病羊贫血，消瘦，食欲不振，疝痛等。一般发病后 2～3 周恢复，耐过羊可产生免疫力，不再感染发病。

[病理变化] 仅小肠有明显病变，肠道黏膜上有淡白、黄色圆形或卵圆形结节，大小如粟粒到豌豆粒大。十二指肠和回肠有卡他性炎症，有点状或带状出血。尸体消瘦，后肢及尾根部常沾染有稀粪。

[诊断] 应用饱和盐水漂浮法检查新鲜羊粪，可发现大量球虫卵囊，结合临床症状和病理剖检，做出诊断。

[防治]

1. 预防 羊球虫已孢子化卵囊对外界的抵抗力很强，一般消毒药很难将其杀死。对圈舍和用具，最好使用 70～80℃ 以上的热水或热碱水（3％）消毒。也可应用火焰进行消毒；经常保持圈舍及周围环境的通风干燥；成年羊是球虫的散播者，最好将成年羊与幼羊分群饲养管理；提前使用抗球虫药物预防。

2. 治疗

磺胺甲基嘧啶：按每千克体重 100mg 剂量，每天口服 2 次，连服 1～2 周。

氨丙啉：按每天每千克体重 25～50mg 混饲，连用 2～3 周。

氯苯胍：按每千克体重 30mg 剂量，灌服，每天 1 次，连服 7d。

磺胺脒 1 份，次硝酸铋 1 份，矽碳银 5 份，混合成粉剂，按每天每千克体重 10～15mg，一次内服，连用 3～4d。

鱼石脂 20 克，乳酸 2g，水 80g，按此比例配成溶液，每只羊内服 5mL，每天 2 次。

莫能菌素：按每千克体重 20mg 加入饲料内，连服数周。

第七章　普　通　病

第一节　消化系统疾病

一、口炎

羊的口炎是口腔黏膜表层和深层组织的炎症。在病理过程中，口腔黏膜和齿龈发炎，可使病羊采食和咀嚼困难，口流清涎，痛觉敏感性增高。临床常见单纯性局部炎症和继发性全身反应。

[病因] 由于口炎的性质不同，病因也不同。

1. 卡他性口炎　是一种单纯性口炎，为口腔黏膜表层的轻度炎症。病因有机械性、物理化学性、有毒物质以及传染性因素的刺激、侵害和影响所致，如采食粗硬、有芒刺或刚毛的饲料，或饲料中混有玻璃、铁丝等各种尖锐异物，或因灌服过热的药液、采食冰冻饲料或霉败饲料等均可导致口炎发生。此外，还常继发于咽炎、唾液腺炎、前胃疾病、胃炎、肝炎以及某些维生素缺乏症。

2. 水疱性口炎　是以口腔黏膜上生成充满透明浆液性水疱为特征的炎症。主要的病因为饲养不当，采食了带有锈病菌、黑穗病菌的饲料、发芽的马铃薯，以及受细菌和病毒的感染等。

3. 溃疡性口炎　是一种以口腔黏膜溃疡、坏死为特征的炎症。主要是由于口腔不洁，被细菌或病毒感染所致。

4. 继发性口炎　多发生于羊患口疮、口蹄疫、羊痘、霉菌性口炎、变态反应和羔羊营养不良等疾病时。

[诊断] 采食与咀嚼障碍是口炎的一种症状。临床表现常见有卡他性、水疱性、溃疡性口炎。原发性口炎病羊常采食减少或停止，口腔黏膜潮红、肿胀、疼痛、流涎。严重者可见有出血、糜烂、溃疡，或引起体质消瘦。

继发性口炎多见有体温升高等全身反应。如羊口疮时，口腔黏膜以及上下嘴唇、口角处呈现水疱疹和出血干痂样坏死；口蹄疫时，除口腔黏膜发生水疱及烂斑外，趾间及皮肤也有类似病变；羊痘时除口腔黏膜有典型的痘疹外，在乳房、眼角、头部、腹下皮肤等处亦有痘疹。

霉菌性口炎，常有采食发霉饲料的病史，除口腔黏膜发炎外，还表现腹泻、黄疸等。

过敏反应性口炎，多与突然采食或接触某种过敏原有关，除口腔有炎症变化外，在鼻腔、乳房、肘部和股内侧等处见有充血、渗出、溃烂、结痂等变化。

[防治] 加强管理和护理，防止因口腔受伤而发生原发性口炎。对传染病所致口炎者，宜隔离消毒。轻度口炎，可用2‰～3‰碳酸氢钠溶液或0.1‰高锰酸钾溶液或2‰食盐水冲洗；对慢性口炎发生糜烂及渗出时，用1‰～5‰蛋白银溶液或2‰明矾溶液冲洗；有溃疡时用1∶9碘甘油或蜂蜜涂擦。

全身反应明显时，用青霉素40万～80万U，链霉素100万U，1次肌内注射，连用3～5d；亦可服用磺胺类药物。

中药疗法，可用柳花散：黄柏50g、青黛12g、肉桂6g、冰片2g，各研细末，和匀，擦口内疮面上。亦可用青黄散：青黛100g、冰片30g、黄柏150g、五倍子30g、硼砂80g、枯矾80g，研为细末，蜂蜜混合贮藏，每次用少许擦口疮面上。

为杜绝口炎的蔓延，宜用2‰碱水刷洗消毒饲槽。给病羊饲喂青嫩、多汁、柔软的饲草。

二、食道阻塞

食道阻塞也称食管阻塞，是羊食道内腔被食物或异物堵塞而发生的以咽下障碍为特征的疾病。

[病因] 食道阻塞的病因有原发性和继发性两种。原发性食道阻塞，主要由于过度饥饿的羊吞食了过大的块根饲料，未经充分咀嚼而吞咽，阻塞于食道某一段而酿祸成疾。例如，吞进大块萝卜、西瓜皮、洋芋、包心菜根及落果等；或因采食大块豆饼、花生饼、玉米棒以及谷草、干稻草、青干草和未拌湿均匀的饲料等，咀嚼不充分忙于吞咽而引起；亦见有误食塑料袋、地膜等异物造成食道阻塞的。继发性食道阻塞常见于食道麻痹、狭窄、扩张和食管炎。也有因中枢神经兴奋性增高，发生食管痉挛，引起食道阻塞。

[临床症状] 该病一般多突然发生。一旦阻塞，病羊采食停止，头颈伸直，伴有吞咽和作呕动作；口腔流涎，骚动不安；或因异物吸入气管，引起咳嗽。当阻塞物发生在颈部食道时，局部突起，形成肿块，手触可感觉到异物形状；当发生在胸部食道时，病羊疼痛明显，并可继发瘤胃臌气。

食道阻塞分完全阻塞和不完全阻塞两种情况，使用胃管探诊可确定阻塞的部位。完全阻塞时，采食、饮水完全停止，表现空嚼和吞咽动作，大量流涎；上部食道阻塞时，病羊流涎并有大量唾液附着在唇边和鼻孔周围，吞咽的食糜和唾液从鼻孔、口腔流出，在阻塞物上方部位可积存液体，手触有波动感；下部食道发生阻塞时，咽下的唾液先蓄积在上部食管内，颈左侧食管沟呈圆筒状膨隆，触压可引起哽噎运动。食道完全阻塞时，不能进行反刍和嗳气，迅速发生瘤胃臌胀，呼吸困难。不完全阻塞，液体可以通过食道，而食物不能下咽，多伴有轻度瘤胃臌胀。

[诊断] 根据病史和大量流涎、呈现吞咽动作等症状，再结合食管外部触诊可作出诊断。如果阻塞发生在颈部，外部触诊可摸到阻塞物；若发生于食管的胸段，即胸部食管阻塞时，在阻塞部位上方的食管内积满唾液，触诊能感到波动并引起哽噎运动。用胃导管进行探诊，当触及阻塞物时，感到阻力，不能推进。用 X 线检查，完全性阻塞时阻塞部呈块状密影。食管造影检查显示钡剂到达该处则不能通过。

诊断时应注意与咽炎、急性瘤胃臌气、口腔和牙齿疾病、食管扩张、食管痉挛等疾病相区别。

食道阻塞时，如有异物吸入气管可发生异物性气管炎和异物性肺炎。

[防治] 治疗可采取以下方法：

1. 吸取法 阻塞物属草料食团，可将羊保定好，送入胃管后用橡皮球吸取水，注入胃管，在阻塞物上部或前部软化阻塞物，反复冲洗，边注入水边吸出，反复操作，直至食道畅通。

2. 胃管探送法 阻塞物在近贲门部位时，可先将 2% 普鲁卡因溶液 5mL、石蜡油 30mL 混合后，用胃管送至阻塞物部位，待 10min 后，再用硬质胃管推送阻塞物进入瘤胃中。

3. 砸碎法 当阻塞物易碎、表面圆滑并阻塞在颈部食道时，可在阻塞物两侧垫上布鞋底，将一侧固定，在另一侧用木槌或拳头打砸（用力要均匀），使其破碎后咽入瘤胃。

治疗中若继发瘤胃臌气，可施行瘤胃放气术，以防病羊发生窒息。

为了预防该病的发生，应防止羊偷食未加工的块根饲料；补喂家畜生长素制剂或饲料添加剂；清理牧场、厩舍周围的废弃杂物。

三、前胃弛缓

羊前胃弛缓是前胃神经肌肉感受性降低，收缩力减弱，瘤胃内容物运转迟滞，菌群失调，产生大量发酵和腐败物质，引起消化障碍，食欲、反刍减退，乃至全身功能紊乱的一种疾病，可继发酸中毒。常发生于山羊，绵羊较少。在冬末至春初饲料缺乏时最为常见。

[病因] 发生前胃弛缓的原因很复杂，一般可分为原发性和继发性两种。

1. 原发性前胃弛缓 亦称单纯性消化不良。病因与饲养管理和自然气候的变化有关。

饲草过于单纯：长期饲喂粗纤维多、营养成分少的饲草，消化功能陷于单调和贫乏，一旦变换饲料，即引起消化不良；草料质量低劣，常饲喂一些纤维粗硬、刺激性强、难于消化的饲料。

饲料变质：饲喂变质的青草、青贮饲料、酒糟、豆渣、山芋渣等饲料或冰冻饲料。

矿物质和维生素缺乏：往往发生于冬、春季，表现为局部神经性肌肉紧张度减弱，食欲减少，反刍微弱而缓慢，多喜卧。特别是缺钙，引起低钙血症，影响神经和体液的调节功能，成为导致本病的主要原因之一。

另外，饲养失宜、管理不当、应激反应等因素（如误食塑料袋、化纤布或分娩后母羊食入胎衣等），也可导致本病的发生。

2. 继发性前胃弛缓 患有瘤胃积食、胃肠炎和其他多种内科病、产科病和某些寄生虫病时也可继发前胃迟缓。

[临床症状] 急性症状为食欲减少或渴欲增加，反刍缓慢且次数减少，瘤胃蠕动微弱。若不及时治疗，有变为慢性的趋势。病羊常有便秘，排泄物色黑而硬。泌乳量显著减少或完全停止。体温和脉搏常无变化。病羊站立时，四肢紧靠身体，低头伸颈，背弓起，常磨牙。以后由于营养不足，常喜卧地。病末期起立困难，脉搏弱而快，体温稍升高。瘤胃臌胀显著时，则呼吸困难。经久不愈者，消瘦而贫血，最终死于衰竭。

慢性症状的表现是食欲逐渐减少或反常，但并不完全丧失。大多数病羊饮水减少，但亦有口渴加强者。反刍停止，腹部呈间歇性臌胀，触诊前胃部时，感到坚实，有时还会引起腹痛。

[病理变化] 瘤胃、瓣胃或网胃扩张。瓣胃的内容物特别干燥，用指摩擦时呈粉末状。瘤胃内容物也干燥，且有气体，其量多少不定。前胃黏膜变化情况不同，有时正常，有时充血或有小出血点，上皮易于脱落。网胃有坏死或出血性溃疡。

[诊断] 本病应结合病史、临床症状等进行综合诊断。检测瘤胃内容物性状变化，可作为诊断依据：瘤胃液 pH 下降至 5.5 以下（正常变动范围为 6～7）；纤毛虫活力降低，数量减少，纤维素消化试验、瘤胃沉淀物活

性试验时间延长。

该病常见有急性和慢性两种。

1. 急性 病羊食欲废绝，反刍停止，瘤胃蠕动力量减弱或停止；瘤胃内容物腐败发酵，产生多量气体，左腹增大，触诊不坚实。

2. 慢性 病羊精神沉郁、倦怠无力，喜欢卧地，被毛粗乱，体温、呼吸、脉搏无变化，食欲减退，反刍缓慢，瘤胃蠕动力量减弱，次数减少。若因采食有毒植物或刺激性饲料而引起发病的，则瘤胃和皱胃敏感性增高，触诊有疼痛反应，有的羊体温升高。如伴有胃肠炎时，肠蠕动显著增加，下痢，或便秘与下痢交替发生。

若为继发性前胃弛缓，常伴有原发性疾病的特征症状。因此，本病须与如下疾病鉴别诊断：创伤性网胃腹膜炎，姿势异常，体温升高，触诊网胃区腹壁有疼痛反应；瘤胃积食，瘤胃内容物充满、坚实。

[防治]

1. 预防 首先应消除病因，加强饲养管理，注意饲料的选择和保管，防止霉败变质；依据日粮标准饲喂，不可任意增加饲料或突然变更饲料；圈舍须保持安静，避免异常声音、光线和颜色等不利因素刺激和干扰羊只；注意圈舍卫生和通风、保暖，做好预防接种工作。

2. 治疗 治疗原则是加强护理，消除病因，缓泻、止酵、兴奋瘤胃蠕动。因过食引起者，可采用饥饿疗法，禁食 2～3 次，然后供给易消化的饲料，使之恢复正常。

药物疗法，应先投给泻剂，清理胃肠，再投给兴奋瘤胃蠕动和防腐止酵剂。成年羊可用硫酸镁或人工盐 20～30g、石蜡油 100～200mL、番木鳖酊 2mL、大黄酊 10mL，加水 500mL，1 次内服。或用胃肠活 2 包、陈皮酊 10mL、姜酊 5mL、龙胆酊 10mL，加水混合，1 次内服。10％氯化钠 20mL、10％氯化钙 10mL、10％安钠咖 2mL，混合后，1 次静脉注射。

也可用酵母粉 10g、红糖 10g、酒精 10mL、陈皮酊 5mL，混合加水适量，1 次内服。瘤胃兴奋剂可用 2％毛果芸香碱 1mL，皮下注射。防止酸中毒，可内服碳酸氢钠 10～15g。另外可用大蒜酊 20mL、龙胆末 10g，加水适量，1 次内服。

四、瘤胃积食

瘤胃积食即急性瘤胃扩张，亦称瘤胃阻塞，是瘤胃充满多量食物，使正常胃的容积增大，胃壁急性扩张，食糜滞留在瘤胃引起严重消化不良的疾病，为羊最易发生的疾病，尤以舍饲情况下最为多见。山羊比绵羊多发，年老母羊较易发病。该病临床特征为反刍、嗳气停止，瘤胃坚实，疝痛，瘤胃蠕动极弱或消失。

[病因] 该病主要是由于吃了过多的喜爱采食的饲料，如苜蓿、青饲、豆科牧草；或养分不足的粗饲料，如干玉米秸秆等；采食干料，饮水不足，也可引起该病的发生。

此外，因过食或偷食谷物精料，引起急性消化不良，使碳水化合物在瘤胃中形成大量乳酸，导致机体酸中毒，亦可显示瘤胃积食的病理过程。

该病还可继发于前胃弛缓、瓣胃阻塞、创伤性网胃炎、腹膜炎、皱胃炎及皱胃阻塞等疾病过程。

[临床症状] 症状表现程度因病因和胃内容物分解毒物吸收的轻重而不同。腹围增大，瘤胃上部饱满，中下部向外臌胀（突出）。有腹痛症状，如回顾腹部或后肢踢腹、弓背摇尾、起卧不安，粪便中排出未消化的饲料。食欲废绝，反刍停止或减少，听诊瘤胃蠕动音减弱、消失；触诊瘤胃胀满、坚实，似面团感，指压有压痕。重症可出现流涎、磨牙、呻吟，心跳加快，脉搏增数，黏膜呈深紫红色，但体温正常。由于瘤胃吸收氨气过多，使血氨浓度升高，往往出现视力障碍，盲目直行或转圈；有的烦躁不安、头抵墙，撞人或嗜睡，卧地不起；有的因乳酸蓄积，使瘤胃渗透压升高，导致体液由血液转向瘤胃，出现严重脱水和酸中毒症状，眼球下陷，血液浓缩。

[诊断] 根据过食后发病，瘤胃内容物充满而坚实，食欲不振、反刍停止等特征可以确诊。但是容易和下列疾病混淆，需进行鉴别诊断。

1. 与前胃弛缓的鉴别诊断 食欲、反刍减退，瘤胃内容物呈粥状，不断嗳气，并呈现瘤胃间歇性臌胀。

2. 与急性瘤胃臌胀的鉴别诊断 病程发展急剧，腹部急剧臌胀，瘤胃壁紧张而有弹性、叩诊呈鼓音，血液循环障碍，呼吸困难。

3. 与创伤性网胃炎的鉴别诊断 网胃区疼痛，姿势异常，精神忧郁，头颈伸张，不喜运动，周期性瘤胃臌胀，应用副交感神经兴奋药物后病情显著恶化。

4. 与皱胃阻塞的鉴别诊断 瘤胃积液，左下腹部显著臌胀，皱胃冲击性触诊，腰旁肷窝听诊结合叩诊，呈现叩击钢管的铿锵音。

此外，还应与皱胃变位、肠套叠、肠毒血症、生产瘫痪、子宫扭转等疾病相区别，以免发生误诊。

[防治]

1. 预防 严格饲养管理制度，加强对羊群检查，建立合理的饲喂和放牧操作程序。避免大量给予纤维干硬而不易消化的饲料，对可口喜吃的精料要限制给量；冬季由放牧转为舍饲时，应给予充足的饮水，并应创造条件供给温水。尤其是饱食以后不要给大量冷水。

2. 治疗 治疗应遵循消导下泻，止酵防腐，纠正酸中毒，健胃，补充液体的治疗原则。

消导下泻，可用石蜡油 100mL、人工盐或硫酸镁 50g，芳香氨醑 10mL，加水 500mL，1 次内服。

止酵防腐，可用鱼石脂 1~3g、陈皮酊 20mL，加水 250mL，1 次内服。亦可用煤油 3mL，加温水 250mL，摇匀呈油悬浮液，1 次内服。

纠正酸中毒，可用 5%碳酸氢钠 100mL，5%葡萄糖溶液 200mL，1 次静脉注射；或用 11.2%乳酸钠 30mL，1 次静脉注射。

心脏衰弱时，可用 10%安钠咖注射液 5mL，或 10%樟脑磺酸钠注射液 4mL，肌内注射。呼吸系统和血液循环系统衰竭时，可用尼可刹米注射液 2mL，肌内注射。

中药治疗可用大黄 12g、芒硝 30g、枳壳 9g、厚朴 12g、玉片 15g、香附子 9g、陈皮 6g、千金子 9g、青皮 9g、木香 3g、二丑 12g，煎水 500mL，1 次内服。

种羊发生急性瘤胃积食，若应用药物治疗不能达到目的时，宜迅速进行瘤胃切开手术，进行急救。

五、急性瘤胃臌气

急性瘤胃臌气（气胀）是草料在瘤胃发酵，产生大量气体，致使瘤胃体积迅速增大，过度膨胀并出现嗳气障碍为特征的一种疾病。常发生于春、夏季，绵羊和山羊均可患病。本病可分为原发性瘤胃臌气（泡沫性臌气）和继发性瘤胃臌气（非泡沫性或自由气体性臌气）两种。

[病因]

1. 原发性瘤胃臌气 主要是所食牧草中含有生泡沫性物质，如皂苷、果胶、半纤维素，特别是可溶性叶蛋白，使瘤胃发酵气体生成大量稳定的泡沫并与瘤胃内容物混合在一起，不能通过嗳气被排除，导致瘤胃臌胀。此外，采食较多粉碎过细的谷物饲料，可引起瘤胃 pH 下降，适合于带荚膜的细菌生长时，细菌可产生稳定泡沫的细胞外多糖黏液，以及唾液分泌机能不全，也在原发性瘤胃臌气中起重要作用。在这些因素的配合下，臌气可一触即发。在实践中，本病多见于下列情况：

（1）吃了大量容易发酵的饲料。最危险的是各种蝶形花科植物，如车轴草、苜蓿及其他豆科植物，尤其是在开花以前。初春放牧于青草茂盛的牧场，或多食萎干青草、粉碎过细的精料、发霉腐败的马铃薯、红萝卜及山芋类都容易发病。

（2）吃了雨后水草或露水未干的青草，冰冻饲料或稿秆。尤其是在夏季雨后清晨放牧时，易患此病。

2. 继发性瘤胃臌气　主要是由于前胃机能减弱，嗳气机能障碍。多见于前胃弛缓、食道阻塞、腹膜炎、气哽病等。多为慢性瘤胃臌胀，病情弛张，瘤胃中毒臌胀，时而消长，常为间歇性反复发作。经治疗虽能暂时消除臌胀，但极易复发。在这种情况下，应全面检查，具体分析，力求确诊原发病。

[临床症状] 病羊站立不动，背拱起，头常弯向腹部。不久腹部迅速胀大，左边更为明显，皮肤紧张，叩之如鼓。由于第一胃向胸腔挤压，引起呼吸困难，病羊张口伸舌，表现非常痛苦。呼吸困难的原因除由于胃内气体积蓄之外，同时也因为第一胃能够迅速吸收二氧化碳及一氧化碳。

膨胀严重时，病羊的结膜及其他可见黏膜呈紫红色，停食、少食、反刍停止，脉搏快而弱，间有嗳气或食物反流现象。

有时直肠垂脱。此时病羊十分窘迫，站立不稳，最后倒卧地上，痉挛而死。病程常在 1h 左右。

[病理变化] 尸体腹部膨大，瘤胃壁非常紧张，有时瘤胃或横膈膜破裂。胃内有大量气体或泡沫状物质。肺脏或静脉瘀血，心包和浆膜（胸膜）上有小点状或线状充血，肝脏和脾脏被压迫呈贫血状态，浆膜下出血等。

[诊断] 急性瘤胃臌气病情急剧，根据采食大量易发酵性饲料后发病的病史；初期病羊表现不安，回顾腹部，拱背伸腰，肷窝突起，有时左肷向外突出，高于髋节或脊背水平线，血液循环障碍，呼吸极度困难等症状；反刍和嗳气停止，触诊腹部紧张性增加，叩诊呈鼓音，听诊瘤胃蠕动力量减弱，次数减少，可确诊。

插入胃管是区别泡沫性臌气与非泡沫性臌气的有效方法，瘤胃穿刺亦可作为鉴别的方法。泡沫性臌气在瘤胃穿刺时，只能断断续续从导管针内排出少量气体，针孔常被堵塞，排气困难；而非泡沫性臌气，则排气顺畅，臌胀明显减轻。

在临床诊断时，应注意与前胃弛缓、瘤胃积食、创伤性网胃腹膜炎、食管阻塞、白木苏中毒、破伤风等进行鉴别诊断。

[防治]

1. 预防　此病大都与放牧不小心和饲养不当有关，因此为了预防臌气，必须做到以下各点：

（1）春初放牧时，每天应限定时间，有危险的植物不能让羊任意饱食；一般在生长良好的苜蓿地放牧时，不可超过 20min。第一次放牧时，时间更要尽量缩短（不可超过 10min），以后逐渐增加，即不会发生大问题。

（2）放牧青嫩的豆科草以前，应先喂些富含纤维质的干草。

（3）在饲喂新饲料或变换放牧场时，应该严加看管，以便及早发现症状。

（4）帮助放牧人员掌握简单的治疗方法，放牧时，要带上木棒、套管针（或大针头、小刀子）或药物，以适应急需，因为急性膨胀往往可以在 30min 以内引起死亡。

（5）不要喂给霉烂的饲料，也不要喂给大量容易发酵的饲料。雨后及早晨露水未干以前不要放牧。

2. 治疗　治疗原则是胃管放气，防腐止酵，清理胃肠。可插入胃导管放气，缓解腹部压力。或用 5％的碳酸氢钠溶液 1 500mL 洗胃，以排出气体及中和酸败胃内容物。必要时可进行瘤胃穿刺放气。具体操作如下：先在左肷部剪毛、消毒，然后以术者的拇指压迫左肷部的中心点，使腹壁紧贴瘤胃胃壁，用兽用套管针或 16 号针头垂直刺入腹壁并穿透瘤胃胃壁放气，在放气中紧紧按压住腹壁，勿使腹壁与瘤胃胃壁脱离，边放气边下压，防止胃液漏入腹腔，引起腹膜炎。也可用石蜡油 100mL、鱼石脂 2g、酒精 10～15mL，加水适量，1 次内服。或用氧化镁 30g，加水 300mL，或用 8％氢氧化镁混悬液 100mL，1 次内服。

中药治疗可用莱菔子 30g、芒硝 20g、滑石 10g，煎水，另加清油 30mL，1 次内服。

六、瓣胃阻塞

瓣胃阻塞（瓣胃秘结）是由于羊瓣胃的收缩力量减弱，食物排出作用不充分，通过瓣胃的食糜积聚，不能后移，充满瓣叶之间，水分被吸收，内容物变干而致病。其临床特征为瓣胃容积增大，坚硬，不排粪便，腹部胀满。

[病因] 该病主要由于饮水失宜和饲喂秕糠、粗纤维饲料而引起；或饲料和饮水中混有过多的泥沙，使泥沙混入食糜，沉积于瓣胃瓣叶之间而发病。

本病可继发于前胃弛缓、瘤胃积食、皱胃阻塞、瓣胃和皱胃与腹膜粘连等疾病。

[临床症状] 病羊初期症状与前胃弛缓相似，瘤胃蠕动力量减弱，瓣胃蠕动消失，并可继发瘤胃臌气和瘤胃积食。触压病羊右侧第七至第九肋间，肩胛关节水平线上下时，羊表现疼痛不安。粪便干少，色泽暗黑，后期停止排粪。

随着病程延长，瓣胃小叶发炎或坏死，常可继发败血症，此时可见体温升高、呼吸和脉搏加快，全身表现衰弱，病羊卧地不能站立，最后死亡。

[病理变化] 瓣胃内容物充满、坚硬，其容积增大1～3倍。重剧病例，瓣胃周围的腹膜和内脏器官多具有局限性或弥漫性炎性变化。瓣叶间内容物干涸，形同纸板，可捻成粉末状。瓣叶上皮组织菲薄，有溃疡、坏死灶或穿孔。此外，肝脏、脾脏、心脏、肾脏以及胃肠等部分，具有不同程度的炎性病理变化。

[诊断] 根据病史和临床表现（病羊不排粪便，瓣胃区敏感，瓣胃扩大，坚硬等），结合瓣胃穿刺诊断，即可确诊。应注意与前胃弛缓、瘤胃积食、创伤性网胃腹膜炎、皱胃阻塞、肠便秘以及可伴发本病的某些急性热性病进行鉴别诊断。

[防治]

1. 预防 避免给羊过多饲喂秕糠和坚韧的粗纤维饲料，防止导致前胃弛缓的各种不良因素。注意运动和饮水，增进消化机能，防止本病的发生。

2. 治疗 应以软化瓣胃内容物为主，辅以兴奋前胃运动机能，促进胃肠内容物排出。

瓣胃注射疗法，对顽固性瓣胃阻塞疗效显著。具体方法是：准备25％硫酸镁溶液30～40mL，石蜡油100mL，在右侧第九肋间隙和肩胛关节线交界下方，选用12号7cm长针头，向对侧肩关节方向刺入4cm深，刺入后可先注入20mL生理盐水，试其有较大压力时，表明针已刺入瓣胃，再将上述准备好的药液用注射器交替注入瓣胃，于第2天再重复注射1次。

瓣胃注射后，可用10％氯化钙10mL、10％氯化钠50～100mL、5％葡萄糖生理盐水150～300mL，混合1次静脉注射。待瓣胃松软后，皮下注射0.1％氨甲酰甲胆碱0.2～0.3mL，兴奋胃肠运动机能，促进积聚物下排。

此外，亦可内服中药。选用健胃、止酵、通便、润燥、清热剂，效果佳良。方剂组成为：大黄9g、枳壳6g、二丑9g、玉片3g、当归12g、白芍2.5g、番泻叶6g、千金子3g、山枝2g，煎水内服。或用大黄末15g，人工盐25g，清油100mL，加水300mL，1次内服。

七、皱胃阻塞

皱胃阻塞是皱胃内积满过多的食糜，使胃壁扩张，体积增大，胃黏膜及胃壁发炎，食物不能排入肠道所致。临床特征为前胃弛缓，胃肠蠕动废绝，皱胃扩大，左右侧下腹部冲击或触诊可感到坚硬的皱胃，并有疼痛，病至后期病羊不排粪。

[病因] 该病多因羊的消化机能紊乱，胃肠分泌、蠕动机能降低造成；或因长期饲喂细碎的饲料；或因迷走神经分支损伤，创伤性网胃炎使肠祥与皱胃粘连；幽门痉挛，幽门被异物如地膜块、塑料袋、毛球堵塞等，均可使羊发病。

[临床症状] 该病发展较缓慢，初期似前胃弛缓症状，病羊食欲减退，排粪量少，以至停止排粪，粪便干燥，其上附有多量黏液或血丝。右腹皱胃区扩大，瘤胃充满液体，冲击皱胃区可感觉到坚硬的皱胃胃体。

[诊断] 根据病史、临床症状和触诊结果可以作出诊断。应注意与瓣胃阻塞相鉴别。

[防治]

1. 预防 加强饲养管理，除去致病因素，尤其对饲料的品质、加工调配等要特别注意。做到定时定量喂料，供给足量的清洁饮水。冬季注意圈舍保暖和环境卫生。

2. 治疗 应先给病羊输液（见瓣胃阻塞治疗），可试用25%硫酸镁溶液50mL、甘油30mL、生理盐水100mL，混合作皱胃注射。操作方法应按如下步骤进行：首先在右腹下肋骨弓处触摸皱胃胃体，在胃体突起的腹壁部局部剪毛，碘酊消毒，用12号针头刺入腹壁及皱胃胃壁，再用注射器吸取胃内容物，当见有胃内容物残渣时，可以将要注射的药液注入。待10h后，再用胃肠通注射液1mL（体格小的羊用0.5mL），1次皮下注射，每天2次。或用比赛可灵注射液2mL，皮下注射，亦可重复使用。

中药治疗可用大黄9g、油炒当归12g、芒硝10g、生地3g、桃仁2.5g、三棱2.5g、莪术2.5g、李仁3g，煎成水剂内服。

对于发病的种羊，当药物治疗无效时，可考虑进行皱胃切开术，以排除阻塞物。

羔羊哺乳期，常因过食羊奶使凝乳块聚结，充盈皱胃腔内，或因毛球移至幽门部不能下行，形成阻塞物，继发皱胃阻塞。病羔临床表现为食欲废绝，腹胀疼痛，口流清涎，眼结膜发绀，严重脱水，腹泻，触诊瘤胃、皱胃松软。治疗可用石蜡油20mL、水合氯醛1g、复方陈皮酊3mL、三酶合剂（胖得生）5g，加温水20mL，1次内服。此外，病羔可诱发胃肠炎和机体抵抗力降低，应进行全身保护性治疗。

八、羊谷物酸中毒

谷物酸中毒是因羊采食或偷食谷物饲料过多，从而引起瘤胃内产生乳酸的异常发酵，使瘤胃内微生物增多和纤毛虫生理活性降低的一种消化不良疾病。临床表现以精神兴奋或沉郁，食欲和瘤胃蠕动废绝，胃液酸度升高，瘤胃积食胀软，脱水等为特征。

[病因] 主要为过食富含碳水化合物的谷物，如大麦、小麦、玉米、高粱、水稻，或麸皮和糟粕等浓厚饲料所引起。本病发生的原因主要是对羊管理不严，致使偷食大量谷物饲料或突然增喂大量谷物饲料，使羊突然发病。

羊过食谷物饲料后，瘤胃内容物 pH 和微生物群系改变，首先是产酸的牛链球菌和乳酸杆菌迅速增加，产生大量乳酸，瘤胃 pH 下降到 5 甚至更低。此时瘤胃内渗透压升高，使体液通过瘤胃壁向瘤胃内渗透，致使瘤胃臌胀和机体脱水；另外，大量乳酸被吸收，致使血液 pH 下降，引起机体酸中毒。此外瘤胃内乳酸增高，不仅可引起瘤胃炎，而且有利于霉菌孳生，导致瘤胃壁坏死，并造成瘤胃微生物扩散，损伤肝脏并引起毒血症。

病程稍长的病例，持久的高酸度损伤瘤胃黏膜并引起急性坏死性瘤胃炎，坏死杆菌入侵，经血液转移到肝脏，引起脓肿。非致死性病例可缓慢地恢复，并迟迟地重新开始采食。

[临床症状] 一般在大量摄食谷物饲料后 4～8h 发病，病的发展很快。病羊精神沉郁，食欲和反刍废绝。触诊瘤胃胀软，体温正常或升高，心跳加快，眼球下陷，血液黏稠，尿量减少。腹泻或排粪很少，有的出现蹄叶炎而跛行。随着病情的发展，病羊极度痛苦、呻吟、卧地昏迷而死亡。急性病例，常于 4～6h 内死亡，轻型病例可耐过，如病期延长亦多死亡。

[病理变化] 两眼下陷，瘤胃内容物为粥状，酸性与恶臭。瘤胃黏膜脱落，有出血变黑区。皱胃黏膜出血。心肌扩张柔软。肝轻度瘀血，质地稍脆，病期长者有坏死灶。

[诊断] 本病根据羊表现脱水，瘤胃胀满，卧地不起，具有神经症状；结合过食豆类、谷类或含丰富碳水化合物饲料的病史，以及实验室检查的结果（瘤胃液 pH 下降至 4.5～5，血液 pH 降至 6.9 以下，血液乳酸含量升高等），进行综合分析与论证，可作出诊断。

在兽医临床上，本病应注意与瘤胃积食相鉴别，以免误诊。瘤胃积食触诊充满、坚实或呈面团状；而瘤胃酸中毒触诊为虚胀，内容物多为液体。

[防治]

1. 预防 加强饲养管理，严防羊偷食谷物饲料及突然增加浓厚精饲料的喂量，应控制喂量，做到逐步增加，使之适应。

2. 治疗 中和胃液酸度，用 5％碳酸氢钠 1 500mL 胃管洗胃，或用石灰水洗胃。石灰水制作：生石灰 1kg，加水 5L，搅拌均匀，沉淀后用上清液。

强心补液可用 5％葡萄糖盐水 500～1 000mL，10％樟脑磺酸钠 5mL，混合静脉注射。

健胃轻泻用大黄苏打片 15 片、陈皮酊 10mL、豆蔻酊 5mL、石蜡油 100mL，混合加水，1 次内服。

九、创伤性网胃腹膜炎及心包炎

创伤性网胃腹膜炎及心包炎是由于异物刺伤网胃壁而发生的一种疾病。其临床特征为急性前胃弛缓，胸壁疼痛，间歇性嗳气。实验室检验，白细胞总数增加，白细胞分类计数核左移等。本病多见于奶山羊，偶尔发生于绵羊。

[病因] 该病主要由于尖锐金属异物（如钢丝、铁丝、缝针、发卡、锐铁片等）混入饲料被羊吃进网胃，因网胃收缩，异物刺破或损伤胃壁所致。如果异物经横膈膜刺入心包，则发生创伤性网胃心包炎。异物穿透网胃胃壁或瘤胃胃壁时，可损伤脾、肝、肺等脏器，此时可引起腹膜炎及各部位的化脓性炎症。

[临床症状]

1. 创伤性网胃腹膜炎 病羊精神沉郁，食欲减少，反刍缓慢或停止，鼻镜干燥，行动谨慎，表现疼痛，拱背，不愿急转弯或走下坡路。触诊用手冲击网胃区及心区，或用拳头顶压剑状软骨区时，病畜表现疼痛、呻吟、躲闪。肘头外展，肘肌颤动。前胃弛缓，慢性瘤胃嗳气。血液检查，白细胞总数每立方毫米高达 14 000～20 000 个，白细胞分类初期核左移。中性粒细胞高达 70％，淋巴细胞则降至 30％左右。

2. 创伤性网胃心包炎 病羊心动过速，每分钟 80～120 次，颈静脉怒张，粗如手指。颌下及胸前水肿，听诊心音区扩大，出现心包摩擦音及拍水音。病的后期，常发生腹膜粘连、心包积脓和脓毒败血症。

[病理变化] 本病的病理变化依金属异物的性状而异。有的引起创伤性网胃炎，特别是铁钉或销钉，可损伤胃壁深层组织，使局部增厚、化脓，形成瘘管或瘢痕。有的网胃与膈粘连或胃壁局部结缔组织增生，其中埋藏铁钉或销钉，并形成干酪腔或脓腔。还有一部分病例，由于网胃壁穿孔，形成弥漫性或局限性腹膜炎乃至胸膜炎，脏器互相粘连，或者膈、脾脏、肝脏、肺脏发生脓肿。心脏受损害时，心包中充满多量纤维蛋白性渗出液。

[诊断] 根据临床症状和病史，结合金属探测仪及 X 光透视拍片检查，即可确诊。应与前胃弛缓、酮病、多发性关节炎、蹄叶炎、背部疼痛等疾病相

鉴别。

[防治]

1. 预防　清除饲料中异物，在饲料加工设备中安装磁铁，以排除铁器，并严禁在牧场或羊舍内堆放铁器。饲喂人员勿带尖细的铁器用具进入羊舍，以防止混落在饲料中，被羊食入。

2. 治疗　确诊后可行瘤胃切开术，清理排除异物。如病程发展到心包积脓阶段，病羊应予淘汰。

对症治疗，消除炎症，可用青霉素 40 万～80 万 U、链霉素 50 万 U，1 次肌内注射。亦可用磺胺嘧啶钠 5～8g、碳酸氢钠 5g，加水内服，每天 1 次，连用 1 周以上。亦可用健胃剂、镇痛剂。

十、绵羊肠套叠

肠套叠是某一部分肠管套叠在邻部肠腔内而引起的疾病，多见于小肠。由于肠结节虫寄生于肠管，羊无规律运动，突然奔跑，以及胎儿压迫等均可引起肠套叠。多见于绵羊，而绵羊中以细毛羊和细毛杂种羊为多见，占发病总数的90％以上；不同性别的绵羊都有发病，母羊发病最多；不同生理阶段的绵羊都有发病，无明显趋势。本病一年四季都能发生，以 3～5 月份和 9～11 月份发病较多。放牧绵羊发病率高于舍饲羊。

[病因]　肠套叠形成的原因较复杂，主要有以下几种：

1. 肠结节虫寄生于肠壁形成坚硬的结节，直接干扰和破坏肠管正常的、有规律的运动，由于结节的障碍，致使套入的一段无法恢复原状，形成套叠性肠梗阻。病羊不断努责，使前一段肠管不断涌入被套进的肠腔内，随着病情恶化，套叠越来越严重。有的套入肠管可长达 60～100cm。

2. 羊群突然间受惊，或因为其他原因急骤驱赶，羊剧烈奔跑，跳跃沟渠，可诱发肠套叠。

3. 空腹饱饮冷水，常可引起肠管的痉挛性收缩蠕动，诱发肠套叠。

4. 公羊、羯羊相互抵架，或被放牧人员突然踢打腹部等外力冲击致伤，可能诱发肠套叠。

5. 妊娠或产羔时，由于胎儿压迫或助产不当，或因产羔时努责过度，也可引起肠套叠。

[临床症状]

1. 初期　突然食欲大减或废绝，口色发青，口腔腻涩，舌苔发白，眼结膜瘀血。脉搏每分钟 80～120 次，病羊伸腰屈背，不论站立多久或爬卧时间多长，再站立时均可见伸腰曲背现象。病羊腹部膨大，反刍停止，一般胃蠕动音少而弱，肠音呈半途性中断。有时排粪少许，粪便坚硬、呈小颗粒状。触诊右腹部有明显的压痛感，腹壁较紧张，可摸到硬块状的肠套叠部分。

2. 中期 病羊表现苦闷，发出呻吟声，常常呆立，不愿卧下和行走，有时用后蹄踢腹部。如强行运动，则表现剧烈腹痛，爬卧在地。有时可见肛门排出少量铁锈色黏液。听诊时，胃蠕动音减弱，仅每分钟3~4次。

3. 末期 肠内气体增多，腹部臌胀，胃肠无蠕动音。呼吸浅表，呻吟加剧，精神萎靡。体温一般正常，有时升高。卧多立少，不吃不喝，磨牙，眼呈嗜睡状，最终因体质极度衰弱而死亡。

[诊断] 与其他肠变位的腹痛相类似，区别诊断较难。根据腹痛发作时背部下沉，并排出黏液样或松馏油样粪便，结合直肠检查，可作出初步诊断。必要时可做剖腹检查，但探诊时应注意有可能不止一处发生套叠。

[防治] 防治原则是镇痛和恢复肠管的正常位置。一旦确诊，应立即进行手术整复。肠套叠一旦发生，就会引起急性肠梗阻，后果非常严重。最有效的疗法为施行开腹整复术，而且必须争取时间及早进行。手术步骤如下：

1. 术前准备 除做好一般器材的消毒外，应备好0.25%盐酸普鲁卡因溶液、青霉素、链霉素、硫化钠、甘油、磺胺噻唑软膏、磺胺脒和水合氯醛。

2. 手术方法 将羊前后肢分别绑在一起，使左侧向下放倒，由两人固定。将右䏚部的毛剪到最短程度，再于该部涂以硫化钠与甘油（2∶8）配合剂，使毛完全脱光。内服水合氯醛8~10g，令其睡眠，然后用3%来苏儿溶液和70%酒精对术部进行清洗、消毒。用0.25%盐酸普鲁卡因注射液对术部进行矩形局部麻醉，然后切开长约15cm的切口，沿腹肌伸入右手，通过盲肠底摸寻坚硬的患部。取出患部，检查其颜色。如呈暗紫色，有腐烂趋势处，则表示为患病部位。此时，应用外科手术刀切开患部的两端，并用灭菌肠线进行肠管断端缝合，然后给缝合部位涂以磺胺噻唑软膏，以防粘连与发炎，最后轻轻放回原位。如果病变部位颜色稍红，无腐烂趋势，可用两手拇指和食指推压使套叠复位。还纳肠管前，吻合口周围喷洒一些青霉素和链霉素的混合物，并向腹腔内注入120万~160万U的青霉素和1g链霉素。把腹膜和肌肉分别进行连续缝合，皮肤行结节缝合，并用脱脂棉和纱布包扎伤口。

3. 术后处理 将羊放在安静、清洁、干燥的隔离室，给予适量的温水与流食；避免给予泻剂和任何可以增强肠蠕动的药品，以防肠管断裂与粘连；第2、第3天有的羊体温略升，精神萎靡，食欲不振，此为肠炎表现，可给予消炎收敛制醉剂；第3天可开始饲喂青草，但应避免饲喂高蛋白饲料。

十一、绵羊肠扭转

绵羊肠扭转是由于肠管位置发生改变，引起肠腔机械性闭塞，继而肠管发生出血、麻痹、坏死变化。病羊表现重剧性腹痛症状，如不及时整复肠管位置，可造成患羊急性死亡，死亡率达100％。该病平时少见，多发生于剪毛后，故牧民称其为"剪毛病"。

[病因] 绵羊肠扭转一般继发于肠痉挛、肠臌气、瘤胃臌气，在这些疾病中肠管蠕动增强并发生痉挛收缩，或因腹痛引起羊打滚旋转，或瘤胃臌气，体积增大，迫使肠管离开正常位置，各段肠管互相扭转缠叠而发病。另外，剪毛前羊采食过饱，腹压较大，在放倒固定腿蹄时羊挣扎，或翻转体躯时动作粗暴、过猛，均可导致肠扭转。

[临床症状] 发病初期，病羊精神不安，口唇染有少量白色泡沫，回头顾腹，伸腰拱背或蹲胯，两胁内吸，后肢弹腹，踢蹄骚动，翘唇摆头，时而摇尾，不排粪尿。腹部听诊瘤胃蠕动音先增强，后变弱，肠音亢进，随着时间延长，肠音废绝。体温正常或略高，呼吸浅而快，每分钟25～35次，心率增快，每分钟80～100次。随着病情发展，症状加剧，病羊急起急卧，前冲后撞，腹围增大，叩之如鼓，腹壁触诊敏感拒按，眼结膜发绀，即使用镇痛药物也不能止痛。此时，瘤胃蠕动音和肠音消失，体温40.5～41℃，呼吸迫促，每分钟60次以上，心音弱而节律不齐，每分钟108～120次。衰竭期，病羊精神萎靡，腹部严重臌气，眼结膜苍白，呆立不动，或卧地不能站立，强迫运动时步态蹒跚，体温下降至37℃以下，呼吸微弱，心音亢进。腹部穿刺，有淡红色如洗肉水样液体流出。一般病程6～18h，如变位肠管不能复位，其结局将以死亡而告终。

[诊断] 根据病史和临床症状，可作出初步诊断。确诊应进行剖腹探察，可发现一段较粗的充气、臌胀肠管，在其前方肠管中集聚大量的液体、气体和内容物，在其后方肠管中内容物缺乏，肠管柔软而空虚，同时肠系膜扭转呈索状。

[防治] 治疗以整复法为主，药物镇痛为辅。

1. 体位整复法 由助手用两手抱住病羊胸部，将其提起，使羊臀部着地，羊背部紧挨助手腹部和腿部，让羊腹部松弛，呈人伸腿坐地状。术者蹲于羊前方，两手握拳，分别置两拳头于病羊左右腹壁中部，紧挨腹壁，交替推揉，每分钟推揉60次左右，助手同时晃动羊体。推揉5～6min后，再由两人分别提起羊的一侧前后肢，背着地面左右摆动十余次。放下病羊让其站立，持鞭驱赶，使羊奔跑运动8～10min，然后观察结果。

推揉中术者用力大小要适中，应使腹腔内肠管、瘤胃晃动并可听到胃肠清脆的撞击音为度。若病羊嗳气，瘤胃臌气消散，腹壁紧张性减轻，病羊安静，可视为整复术成功。

2. 手术整复法 若采用体位整复法不能达到目的，应立即进行剖腹探诊，查明扭转部位，整理扭转的肠管使之复位。

3. 整复后，宜用如下药物治疗 镇痛剂用安痛定注射液 10mL，肌内注射；或用美散痛注射液 5mL，分 2 次皮下注射；或用水合氯醛 3g、酒精 30mL，1 次内服；或用三溴合剂 30～50mL，1 次静脉注射。中药可用元胡索 9g、桃仁 9g、红花 9g、木香 3g、大黄 15g、陈皮 9g、厚朴 9g、芒硝 12g、玉片 3g、茯苓 9g、泽泻 6g，加水煎成汤剂，1 次内服。

十二、胃肠炎

胃肠炎是胃肠黏膜及其深层组织的出血性或坏死性炎症。临床表现以食欲减退或废绝、体温升高、腹泻、脱水、腹痛和不同程度的自体中毒为特征。

[病因] 该病多因前胃疾病引起。饲养管理不当是引起该病的重要原因，如采食大量的冰冻、发霉饲料，饲草、饲料中混进具有刺激性的化肥，如过磷酸钙、硝铵等。服用过量的蓖麻油、芦荟、芒硝等也可致病。圈舍潮湿，卫生不良，春季羊体质乏弱，营养不良，以及投服驱虫药剂量偏大，也是该病发生的原因之一。

该病还可继发于羊副结核、巴氏杆菌病、羊快疫、肠毒血症、炭疽、羔羊大肠杆菌病等疾病。

[临床症状] 初期病羊多呈现急性消化不良的症状，其后逐渐或迅速转为胃肠炎。病羊表现食欲减少或废绝，口腔干燥发臭，舌有黄厚苔或薄白苔，伴有腹痛。肠音初期增强，其后减弱或消失，排稀粪或水样便，排泄物腥臭或恶臭，粪中混有血液、黏脓、坏死脱落的组织片。脱水严重，少尿，眼球下陷，皮肤弹性降低，消瘦，腹围紧缩。当虚脱时，病羊卧地，脉搏微细，心力衰竭。体温在整个病程中升高。病至后期，因循环和微循环障碍，病羊四肢冷凉，昏睡，抽搐而死。

慢性胃肠炎病程较长，病势缓慢，主要症状同急性胃肠炎，也可引起恶病质。

[病理变化] 肠内容物常混有血液，恶臭，黏膜呈现出血斑或溢血斑。在肠黏膜表面形成霜样或麸皮状覆盖物。黏膜下水肿，白细胞浸润。坏死组织剥落后，遗留下烂斑和溃疡。病程时间过长，肠壁可能增厚并发硬。淋巴滤泡以

及肠系膜淋巴结肿大，常并发腹膜炎。

[诊断] 根据全身症状、食欲紊乱以及粪便中含有病理性产物等，可以作出正确诊断。

流行病学调查和血液、粪便、尿液的化验，对单纯性胃肠炎以及传染病、寄生虫病的继发性胃肠炎可进行鉴别诊断。

若口臭显著，食欲废绝，主要病变可能在胃；若黄染和腹痛明显，初期便秘并伴发轻度腹痛，腹泻较晚，主要病变可能在小肠；若脱水迅速，腹泻出现早并有里急后重症状，主要病变在大肠。

[防治]

1. 预防 搞好饲养管理工作，不用霉败饲料饲喂，不让羊采食有毒物质和有刺激性、腐蚀性的化学物质；防止各种应激因素的刺激；搞好羊群的定期预防接种和驱虫工作。定期检查，注意平时观察，当发现羊采食、饮水和排粪异常时，应及时治疗，加强护理。

2. 治疗 治疗原则是消除炎症，清理胃肠，预防脱水，维护心脏功能，解除中毒，增强机体抵抗力。

消炎可用磺胺脒 4～8g、小苏打 3～5g，加水适量，1 次内服。亦可用药用炭 7g、萨罗尔 2～4g、次硝酸铋 3g，加水适量，1 次内服；或用黄连素片 15 片、链霉素片 2 片（每片 0.5g）、红根草粉 15g，加水适量，1 次内服；或用泻速宁 2 号 30g，加水内服；或用青霉素 40 万～80 万 U，链霉素 50 万～100 万 U，蒸馏水 10mL 溶解，1 次肌内注射，连用 5d。

脱水严重的宜补液，可用 5% 葡萄糖溶液 300mL、生理盐水 200mL、5% 碳酸氢钠溶液 100mL，混合后 1 次静脉注射，必要时可以重复应用。下泻严重者可用 1% 硫酸阿托品注射液 2mL，皮下注射。

心力衰竭时，可用 10% 樟脑磺酸钠 3mL，1 次肌内注射；或用尼可刹米注射液 2mL，皮下注射。

急性胃肠炎可用白头翁 12g、秦皮 9g、黄连 2g、黄芩 3g、大黄 3g、山枝 3g、茯苓 6g、泽泻 6g、玉金 9g、木香 2g、山楂 6g，水煎，1 次内服。

亦可用白头翁汤、葛根芩连汤加减。葛根 12g、黄芩 9g、黄柏 9g、黄连 6g、白头翁 15g、银花 15g、连翘 15g、秦皮 15g、赤芍 9g、丹皮 6g，加水煎煮，1 次内服。

十三、羔羊消化不良

羔羊消化不良是哺乳期羔羊较为常见的一种胃肠疾病。以消化与物质代谢障碍，消瘦，不同程度的腹泻为特征。本病多发生于 1～3 日龄的初生羔羊，断奶前任何时间都可发生，到 2 月龄后发病较为少见。

[病因] 对妊娠母羊饲养管理粗放。特别在妊娠后期，饲料中营养物质不足，缺乏蛋白质、矿物元素和维生素 A、C、D 等。乳母羊和羔羊的饲养管理不当，羔羊受寒，以及人工哺乳不能定时、定量、定温。中毒性消化不良，多由单纯性消化不良转归而来。

[临床症状]

1. 单纯性消化不良 病羔精神不振，食欲减退或拒食，体温正常或稍低。轻微腹泻粪便变稀。随着时间的延长，粪便变成灰黄色或灰绿色，其中混有气泡和黄白色的凝乳块，气味酸臭。粪中混有未消化的凝乳块或饲料碎片。肠间音响亮，腹胀，腹痛。心音亢进，心搏和呼吸加快。腹泻不止，则表现严重脱水，皮肤弹性降低，被毛无光，眼球塌陷。严重时，站立不稳，全身颤动。

2. 中毒性消化不良 病羔精神极度沉郁，眼光无神，食欲废绝，全身衰弱，躺地不起，头颈后仰，体温升高，全身震颤或痉挛。严重时呈水样腹泻，粪中混有黏液和血液，气味腐臭，肛门松弛，排粪失禁。眼球凹陷，皮肤无弹性。心音变弱，节律不齐，脉搏微细，呼吸浅表。病至后期，体温下降，四肢及耳冰凉，乃至昏迷而死亡。

[病理变化] 剖检时可见皮肤干皱，眼窝深陷，尾根和肛门被粪便污染，胃肠道黏膜充血、出血，肝脏肿胀、脆弱，心肌质地变软，心内膜与心外膜有出血点，脾脏和肠系膜淋巴结肿胀。

[诊断] 根据病史、临床症状、病理剖检变化以及病羊肠道微生物群系的检查，可以作出初步诊断。此外，对哺乳母羊的乳汁，特别是初乳的质量进行检验分析，有助于本病的诊断。必要时可对哺乳母羊的乳汁、患病羔羊的血液进行化验和粪便检查，作综合诊断。

[防治]

1. 预防 加强饲养管理，改善卫生条件，维护心脏血管机能，抑菌消炎，防止酸中毒，抑制胃肠的发酵和腐败，补充水分和电解质。

2. 治疗 治疗时，首先可将病羊置于保暖、干燥处，禁食 8～10h，饮服电解质溶液；可对羔羊应用油类或盐类缓泻剂（如石蜡油 30～50mL），排除胃肠内容物；可用人工胃液（胃蛋白酶 10g、稀盐酸 5mL，加水 1 000mL，混匀）每次 10～30mL，1 次灌服，或用胃蛋白酶、胰酶、淀粉酶各 0.5g，加水 1 次灌服，每天 1 次，连用 5d，促进消化；可选用抗生素药物，进行治疗，防止肠道感染。特别是对中毒性消化不良的羔羊，以每千克体重计算，链霉素 20 万 U，新霉素 25 万 U，卡那霉素 50mg，可选用其中任何一种灌服。或用磺胺脒首次量 0.5g，维持量 0.2g，灌服，每天 2 次，连用 3d。腹泻不止的病羔，可用矽碳银 1g，灌服。脱水严重者可用 5％葡萄糖生理盐水 500mL、5％碳酸氢钠 50mL、10％樟脑硝酸钠 3mL，混合静脉注射。中药可用泻速宁 2 号冲剂 5g，灌服，每天早、晚各 1 次；参苓白术散 10g，1 次灌服。

十四、羔羊肠痉挛

羔羊肠痉挛是因不良因素刺激使肠平滑肌发而痉挛性收缩而引发的一种间歇性腹痛。本病多发生在羔羊哺乳期，特别是开始学会吃草、饮水和反刍时发病率最高。

[病因] 寒冷刺激是发病的主要原因。我国西北及北方春季产羔季节，正值气候变化比较剧烈的时候，经常有风雪、寒潮、雨雹侵袭，羔羊最容易遭受寒冷刺激。此外，羔羊舔食冰雪和采食冰冻饲料，人工哺乳温度过低，或遭受雨淋等都可使之发病。

饲养管理不良，以酸败的奶及奶制品给羔羊补饲，吃了霉败和难以消化的饲料，也可引起发病。母羊营养不良，乳汁营养成分或数量不足，羔羊经常处于饥饿状态，耐寒能力即降低。研究表明，气温低于适宜温度时，气温每下降一度，饥饿家畜的新陈代谢即提高到百分之五。因此，瘦弱羔羊最易患肠痉挛。

羔羊慢性消化不良，也往往是肠痉挛的致病因素。

寒冷刺激可使羔羊体表温度过低，反射地引起肠血管收缩、血液分布发生改变，致使营养和植物神经系统机能紊乱，肠的肌间神经丛（欧氏神经丛）和黏膜下神经丛（麦氏神经丛）兴奋性增高，肠蠕动加快，肠液分泌增加。

冰冷的饲料和饮水，可直接刺激胃肠使蠕动加强，甚至引起肠平滑肌痉挛和卡他性炎症。

霉败饲料的有机酸及其他有毒物质都可以引起肠的卡他性炎症而使平滑肌痉挛性收缩。

[临床症状] 病羔耳鼻俱冷，体温正常或偏低，结膜苍白，背拱而立或蜷曲而卧。突然发作腹痛，回头顾腹，后肢蹴踢，有时作排尿姿势。严重腹痛时，急起急卧，或前肢跪地，匍匐而行。有的突然跳起，落地后就地转圈或顺墙疾行，咩叫不已，持续约数十分钟，又处于安静状态。有的表现腹胀，下痢。口流清涎，有的在疼痛停止时，又出现食欲。

[诊断] 根据病史、症状易于作出诊断。

[防治]

1. 预防 加强母羊饲养管理，注意羔羊保暖，调整母羊出牧时间，避免羔羊过于饥饿，禁食品质不良饲料。

2. 治疗 及时治疗，收效迅速。酒精或姜酊 10～20mL 加水灌服。30％安乃近溶液 2～6mL，肌内注射。较大羔羊可用等渗葡萄糖溶液、0.5％普鲁卡因溶液，混合加温，腹腔注射。体温过低的病羔，可先肌内注射樟脑油 2～4mL。

民间常将腹痛病羔放在热炕上或用烧热的砖热敷腹部，同时灌给热奶，可以收到满意效果。

十五、羔羊便秘（胎粪停滞）

羔羊便秘又名胎粪停滞或胎粪秘结。本病在山羊羔和绵羊羔都能发生。

[病因]

1. 由于吃不到初乳或初乳不足，尤其是初乳质量不良。

2. 羔羊体质瘦弱，肠道蠕动无力。

3. 人工喂奶不能定时、定量、定温。

4. 有时是因为羔羊发生了肠套叠。

[临床症状] 羔羊精神不好，吃奶很少或完全不吃奶，排粪困难，表现拱背、努责、摇尾，后躯下蹲呈排尿姿势。严重者腹部发胀，腹痛不安，卧地不起，后腿伸直，发出哀叫声。羔羊有时起卧不安，近似疯狂。

腹部听诊时，肠音减弱或停止。进行腹部触诊，有时可以摸到硬条状的肠段，细摸时有颗粒状感觉。

发展到后期时，呼吸和心跳变快，结膜发红，口流清水，粪便干黑，附有黏液，或者排出少量黑褐色糊状粪便，好似面酱。

如果发生肠套叠，即完全排不出粪，病发展得较快，预后不良。

[诊断] 根据病史、症状易于作出诊断。

[防治]

1. 预防 加强母羊妊娠后期的营养，增强羔羊体质，提高乳的质量，避免发生缺奶现象；人工喂奶时，必须做到定时、定量、定温。

2. 治疗 停止吃奶，防止症状加剧和胀气。促使粪便排出，可用温肥皂水或 2％食盐水进行深部灌肠。如果灌肠无效，可给石蜡油 5～10mL，也可给小儿七珍丹 15 粒，每天 1 次。还可用中药番泻叶 60g，加水 500mL，煮沸，再加水到 500mL，每只羔羊灌服 30mL，每天 1 次。按摩腹部，促进肠道活动。如诊断为肠套叠，可用手术方法整复。

十六、羔羊脐炎

脐炎又称脐病，是由于羔羊脐部受到细菌感染而发生的炎症。由于病羔的前膝和飞节发生脓肿，故又称关节病。

[病因] 由于环境不洁而造成脐部受细菌污染。

羔羊出生后，断脐之初新鲜的脐部暴露，给细菌提供了侵入门户。一旦受到感染，细菌会沿脐血管上升，进而感染肝脏，可能发生血液中毒，也可通过血液扩散到关节，引起"关节病"。

[临床症状] 病羔脐部发红、肿胀、疼痛、食欲减退。如果引起关节病，则前膝和飞节肿大。一般在患病数周之后关节肿胀变为明显。

[预防]

1. 应特别重视产羔期的卫生，为此应给产羔羊铺以新鲜褥草。

2. 刚断脐后，应给脐部涂擦碘酊，并进行包扎。第 2 天解除包扎，每天涂擦碘酊 1～2 次，直到干黑为止。

[治疗] 及时注射抗生素，并对脐部彻底清洗、消毒、除痂、排脓，每天涂擦碘酊数次，一般可以治愈。

如果关节损坏严重，无治愈希望，可考虑放弃治疗，淘汰病羔。

十七、羔羊腹膜炎

腹膜炎的特征是腹腔浆膜发生急性或慢性炎症，腹腔内有渗出液积留。

[病因] 腹膜炎没有原发性的，一般都继发于以下各种情况。

1. 为意外创伤或手术伤的结果。如去势、瘤胃切开术或瘤胃穿刺术等，都可能造成感染而引起严重的腹膜炎。膀胱破裂必然会引起腹膜炎，而且通常均造成死亡。

2. 为腹腔或骨盆腔器官炎症的扩展。这种情况并不少见，如子宫炎扩及腹膜，脓肿向着腹腔破裂都可引起腹膜炎。第四胃及肠道发生并发症时，可以造成局部的腹膜炎。瘤胃或蜂巢胃沉积有泥土或砂子时，可在胃壁上造成炎症过程，致使浆膜穿通而引起腹膜炎。

3. 为急性传染病或寄生虫病所引起。出血性败血病及炭疽均可引起腹膜炎。干酪样淋巴结炎偶尔亦可影响到腹膜。片形吸虫造成的损伤也可以引起腹膜炎。

[临床症状] 急性腹膜炎多属于脓毒性弥漫性腹膜炎。病羊精神极度沉郁，

食欲废绝，口渴贪饮，腹围增大，腹部僵硬，由于腹部疼痛，因而腰背弓起，腹围紧缩，行动小心。当腹腔内液体增多时，则腹下部呈对称性增大，触诊敏感，叩诊有水平浊音。体温升高达 40℃ 以上，脉搏增数微弱，呼吸浅快，且为胸式呼吸。

有时症状很不明显，一般没有腹壁压痛反应。甚至在急性情况下，除了体温升高、精神沉郁、消化紊乱及慢性臌气外，很少有其他表现。

[病理变化] 急性腹膜炎的典型变化是，腹腔内积有大量渗出液，腹膜上附有纤维性渗出物。

在慢性腹膜炎，常常见到腹膜表面失去光泽，不滑润，有的区域和腹内器官发生粘连。

[诊断] 如怀疑有腹膜炎，可以通过试验性腹腔穿刺进行确诊，一般可发现穿刺液中含有蛋白、血细胞和细菌。

[防治]

1. 应用抗生素治疗。肌内注射青霉素或链霉素，也可以同时注射青、链霉素。如果用普鲁卡因溶液稀释作腹腔内注射，效果更好。

青霉素 40 万 U、链霉素 0.5～1.0g、0.25％普鲁卡因 100mL，一次腹腔内注射。

2. 对于腹壁的开放性伤口，应认真进行外科处理，进行缝合。

3. 抓紧治疗原发性疾病。

十八、羔羊毛球阻塞

羔羊毛球阻塞是因为羊毛在羔羊胃内形成小球，阻塞在幽门处或小肠里而发生阻塞的一种疾病。

[病因]

1. 由于初生羔羊体质瘦弱，维生素 A、维生素 D 和矿物质元素（钙、磷等）不足或缺乏，发生异嗜癖。这种患异嗜癖的羔羊，经常啃食圈内泥土和母羊后腿的被毛或其他羊身上的毛，将毛咽入胃中。

2. 因未剪去母羊乳房周围的长毛，羔羊吃奶时将毛吃下去。

3. 山羊羔喜欢玩耍，在隔离人工哺乳的羔羊群中，互相舔食身上的被毛。也可以因为人工喂给的奶量不足，羔羊常把其他公羔的阴囊当成奶头吸吮，而把羊毛吃下去。

在以上这些情况下，羔羊将羊毛食入胃中时，即因胃的蠕动将毛缠成小球。在继续食入羊毛时，后吃下去的毛就继续缠在小球外面，使毛球越变越大。如果毛球在胃内随时活动不会形成完全阻塞，关系不大。但如卡在幽门处或小肠，就会引起严重的毛球阻塞病。

[临床症状] 病羔初期食欲减少，容易拉稀，精神不振。当发生严重阻塞时，病羔肚子发胀、不排粪、口流唾液、磨牙、喜卧。

隔腹壁触摸胃肠部位时，可以感觉到有枣核大或蚕豆大的硬疙瘩，形状为圆形或椭圆形，压捏时疼痛剧烈，发出叫声。

[预防]

1. 加强母羊饲养管理，提高母羊体质。

2. 给瘦弱羔羊补充维生素 A、维生素 D 和矿物元素，可加喂市售的维生素 AD 粉和营养素（或家畜生长素），对有舔食癖的羔羊，更应特别认真补喂。

3. 母羊临产之前，应剪除乳房周围的长毛。

[治疗] 确诊为毛球阻塞时，及时施行手术治疗，取出毛球。如果胃肠道没有发生坏死，治愈希望较大。

第二节 呼吸系统疾病

一、感冒

感冒是一种全身性疾病，以上呼吸道黏膜炎症为主要特征。多发生于早春、晚秋气候剧变时，没有传染性，若及时治疗，可以治愈。

[病因] 主要由于气候突然发生变化，羊只受寒冷刺激而引起。夏秋季节天气闷热，羊出汗后又到风较大处，或剪毛后天气突然变冷或冷雨淋浇、寒夜露宿等都会引起感冒。

[临床症状] 在寒冷因素作用后突然发病。病羊精神沉郁，被毛蓬乱，低头耷耳，食欲减少或废绝。鼻端发凉，鼻黏膜充血、肿胀，有浆液性鼻液，咳嗽，时而喷嚏或擦鼻现象。体温升高，肌肉震颤，呆立。口色青白、舌有薄苔，舌质红，呼吸加快，脉搏细数。小羊还有磨牙现象，大羊常发出鼾声。听诊肺泡呼吸音有时增强，有时伴有湿性啰音，瘤胃蠕动减弱。

[诊断] 根据病因及咳嗽、喷嚏、体温升高等临床症状，可以作出诊断。

[防治]

1. 预防 注意天气变化，作好防寒保暖工作，冬季羊舍门窗、墙壁要封严，防止冷风侵袭。夏季要预防汗后吹风淋雨。保持环境的清洁卫生，防止流感侵袭。

2. 治疗 病羊应避风保暖，充分供给饮水，饲喂易消化的饲料，并注意休息。

病初应给予解热镇痛药，如30％安乃近、复方氨基比林或复方奎宁注射液4～6mL，每天1次，肌内注射。也可内服醋柳酸、水杨酸钠等2～5g。当高烧不退时，应及时应用抗生素或磺胺类药物，如青霉素、链霉素，每天2次，40万～80万U，肌内注射。中药治疗处方如下：

发热轻，耳鼻俱凉，肌肉震颤者多偏寒，宜祛风散寒，可用加减杏苏饮：桔梗、紫苏、半夏、陈皮、前胡、枳壳、茶叶、荆芥穗各12g，茯苓、杏仁各6g，甘草、生姜各9g，加水500mL，煎30min，灌服，每天1剂，连用3d。

发热重，怕冷，口腔干燥，眼红者，多偏热，宜发表解热，可用加减桑菊银翘散：桑叶12g，菊花10g，银花、桔梗、生姜各9g，连翘、牛子、甘草各6g，杏仁、薄荷各3g，加水500mL，煎30min，灌服，每天1剂，连用3d。

二、肺炎

绵羊与山羊均可患肺炎，以绵羊引起的损失较大，尤其是羔羊。

[病因] 引起的肺炎的原因较多，归纳如下：

1. 气候变化剧烈，因感冒而引起 放牧时忽遇风雨，或剪毛后遇到冷湿天气。严寒季节和多雨天气更易发生。圈舍湿潮，空气污浊，而兼有贼风，即容易引起鼻卡他及支气管卡他，如果护理不周，即可发展成为肺炎。

2. 羊抵抗力下降 并未见到病原菌存在，但因各种原因，绵羊抵抗力减弱时，许多细菌即可乘机而起，发生病原菌的作用。

3. 肺寄生虫引起 如肺丝虫的机械刺激作用可造成营养不良，而发生肺炎。

4. 异物入肺 吸入异物或灌药入肺，都可引起异物性肺炎，也叫机械性肺炎。灌药入肺的现象多由于灌药过快或者由于羊头抬得过高，同时羊只挣扎反抗。例如，对臌胀病灌服药物时，由于羊呼吸困难，最容易挣扎而发生问题。

5. 其他疾病的继发病 如出血性败血病，假结核等，往往因长期偏卧一侧，引起一侧肺的充血，而发生肺炎。一旦继发肺炎，致死率常高于原发疾病。

[临床症状] 症状因病因的性质而异。疾病发展速度一般较慢，但在小羊偶尔也发生急性肺炎。初发病时，精神迟钝，食欲减退，寒战，呼吸加快，体温上升达40℃。心悸亢进，脉搏细弱而快，眼、鼻黏膜变红，鼻无分泌物，

常发出干涩而痛苦的咳嗽音。随着病程的发展，呼吸愈见困难，表现喘息，最终死亡。通常发病一周左右死亡，死亡率的高低不定。

[病理变化] 可见喉部充血，气管与支气管发炎，内含白色或淡红色泡沫或脓液。肺部呈黑红色，质度较硬，摸起来很像肝脏。病灶很显著，有时限于一侧，有时可波及两侧。或为扩散性，或为局限性，严重时其他器官也发生病灶。胸腔内常积聚多量的淡红色液体。如为进行性慢性肺炎，肺上常见有坚硬的灰色病灶。

[诊断] 稍有经验的兽医，根据呼吸症状很容易认识肺炎，但要确定病因却比较困难，必须通过实验室检查才能诊断。

[防治]

1. 预防 加强饲养管理是最根本的预防措施。应供给富含蛋白质、维生素和矿物质的饲料；注意圈舍卫生，不要过热、过冷、过于潮湿，通气要好。剪毛后若遇天气变冷，应迅速把羊赶到室内，必要时还应在室内生火。夏秋季下午较晚时不要洗浴，因没有晒干机会。长途运回的羊只，不要急于喂给精料，应多喂青饲料或青贮料。

对呼吸系统的其他疾病要及时发现，抓紧治疗。由传染病或寄生虫病引起的肺炎，应集中力量治疗原发病。为了预防异物性肺炎，灌药时务必小心，不能使羊嘴的高度超过额部，同时要缓慢灌入。遇到咳嗽，应立即停止。最好是使用胃管灌药，但要注意不可将胃管插入气管内。

2. 治疗 发现羊有肺炎症状后，及早将其置于清洁、温暖、通风良好但无贼风的羊舍内，保持安静，饲喂容易消化的饲料，经常供应清水。

采用抗生素或磺胺类药物治疗，病情严重时可以同时应用两种药物。即肌内注射青霉素或链霉素的同时，内服或静脉注射磺胺类药物。采用四环素，则疗效更为满意。卡那霉素 100 万 U 一次肌内注射，每天 2 次，连用 3~4d。

由于患肺炎的羊只有不同的临床表现，应采用相应的对症疗法。当体温升高时，可肌肉注射安乃近 2mL 或内服阿司匹林 1g，每天 2~3 次。当发现干咳、有稠鼻液时，可给予氯化铵 2g，分 2~3 次，1d 服完。还可以按下列处方给药：磺胺嘧啶 6g、小苏打 6g、氯化铵 3g、远志末 6g、甘草末 6g，混合均匀，分为 3 次灌服，1d 用完。当呼吸十分困难时，可用氧气腹腔注射。此法简便而安全，能够提高治愈率。剂量按每千克体重 100mL 计算。注射以后，可使病羊体温下降，食欲及一般情况有所改善。虽然在注射后第一昼夜呼吸频率加快（41~47 次），呼吸深度有所增加，但经过 2~3d 后可以恢复正常。如有便秘，可灌服油类或盐类泻剂。

三、鼻炎

鼻炎是鼻腔黏膜的炎症，同时上呼吸道也可能受到侵害。临床以鼻黏膜充血肿胀，敏感性增高，流鼻涕为主要特征。夏秋炎热时多发，可能形成群发。按病原分有原发性和继发性两种。临床上以急性和慢性多见。

[病因] 急性鼻炎主要发生于早春、晚秋季节，与气候剧烈变化或潮湿有关。圈舍通风不良、污秽不堪，羊只吸入氨、硫化氢等有害气体；牧地和饲料中的尘土、霉菌孢子侵入鼻腔，刺激鼻黏膜等也可致病。急性鼻炎常可继发于流行性感冒、咽炎、支气管炎、肺炎等。慢性鼻炎一般由急性鼻炎未能及时治愈而转归而来。原发性慢性鼻炎比较少见。本病也可由寄生虫侵入鼻腔引起。

[临床症状] 病初鼻黏膜充血，病羊鼻黏膜有痒觉，常常表现喷鼻，并以鼻端擦饲槽、地面或摇头。而且两侧鼻孔先是流出浆液性鼻涕，逐渐流出黏稠浑浊的乳白色渗出物。因鼻黏膜肿胀导致鼻腔狭窄，病原可表现为呼吸困难，有鼻塞音。比较严重的病例，鼻黏膜可形成溃疡，并伴发急性结膜炎，羞明流泪；有的伴发咽喉炎，病羊吞咽困难、咳嗽、喉部敏感。若有其他继发性疾病发生，体温升高，并且有全身反应。

[诊断] 根据病史和临床症状，就可确诊。

[防治]

1. 预防 保持圈舍环境清洁，除去饲料、饲草中的尘埃和其他杂物；改善饲养管理条件，增强羊只的抵抗力，防止继发性感染。

2. 治疗 应用1%～2%碳酸氢钠溶液或1%～2%克辽林清洗鼻腔。消毒和收敛鼻黏膜的炎症，可配制10%磺胺嘧啶钠50mL、蜂蜜15g、蒸馏水100mL，摇匀盛入玻璃瓶中，每天滴鼻1次，连用5d，消除鼻黏膜肿胀可用0.1%肾上腺素溶液滴鼻。

四、支气管炎

支气管炎是支气管的黏膜和黏膜下层组织发生的炎症。剧烈咳嗽和呼吸困难为其临床特征，多发生于冬春两季。根据病程长短可分为急性和慢性两种。

[病因] 急性支气管炎的病因主要是寒冷与感冒，特别在秋冬季节与早春，如天气剧变，风雪侵袭，羊舍漏风漏雨等。特别是羊在剪毛后，因淋雨受寒，使羊呼吸道防御机能降低，诸多常在菌如肺炎球菌、巴氏杆菌、链球菌等大量

繁殖，引发疾病；羊舍通风不良，空气污浊，存有大量的氨气、硫化氢等，以及饲草中混有较多尘土，也是支气管炎的致病因素。寄生虫和霉菌的侵害也不可忽视。本病也可继发于喉、气管、肺的疾病或某些传染病（口蹄疫、羊痘等）与寄生虫病（肺丝虫）。

慢性支气管炎常由急性支气管炎的病因未能及时除去延续而来，或继发于全身及其他器官疾病。

[临床症状]

1. 急性大支气管炎症的主要症状是咳嗽。病初表现有干性、疼痛的咳嗽，咳声短促而痛苦。以后变为湿性长咳，痛感减轻，有时咳出痰液，同时鼻腔或口腔排出黏性或脓性分泌物。胸部听诊可听到啰音。体温一般正常，有时升高 $0.5\sim1℃$，全身症状较轻。若炎症侵害范围扩大到细支气管，则呈现弥漫性支气管炎的特征。全身症状重剧，体温升高 $1\sim2℃$，呼吸急促，呈呼气性呼吸困难，可视黏膜呈蓝紫色，有弱痛咳。

2. 慢性气管炎也是以咳嗽、流涕、气管敏感和肺部四音为特征。体温正常，无全身变化。由于病期拖长和反复发作，病羊日渐消瘦和贫血，直至极度衰竭而死亡。

[诊断] 根据病史和临床症状，即可确诊。

[防治]

1. 建立良好的饲养管理制度，排除致病因素。注意畜舍的环境卫生，避免尘埃、毒菌的侵害，饲喂营养丰富的饲料。天气变化时，做到防风御寒，消除支气管炎的致病原因。

2. 在治疗上，祛痰可口服氯化铵 $1\sim2g$，酒石酸锑钾 $0.2\sim0.5g$，碳酸钠 $2\sim3g$。其他如吐根酊、远志酊、杏仁水等均可应用。止喘可肌内注射 3%盐酸麻黄素 $1\sim2mL$。

3. 控制感染，以抗生素及磺胺类药物为主。可用 10%磺胺嘧啶钠 $10\sim20mL$肌内注射，也可内服磺胺嘧啶每千克体重 $0.1g$（首次加倍），每天 $2\sim3$次。肌内注射青霉素 20 万～40 万 U 或链霉素 $0.5g$，每天 $2\sim3$ 次。直至体温下降为止。

4. 中药治疗，可用杷叶散或紫苏散，杷叶散主用于镇咳，紫苏散主用于止咳祛痰，处方如下：

杷叶散：杷叶 6g、知母 6g、贝母 6g、冬花 8g、桑皮 8g、阿胶 6g、杏仁 7g、桔梗 10g、葶苈子 5g、百合 8g、百部 6g、生草 4g、煎汤，候温灌服。

紫苏散：紫苏、荆芥、前胡、防风、茯苓、桔梗、生姜各 $10\sim20g$，麻黄 $5\sim7g$，甘草 6g，煎汤，候温灌服。

五、新生羔羊窒息

新生羔羊窒息也称新生羔羊假死,其主要特征是刚出生的羔羊发生呼吸障碍或没有呼吸而仅有心跳,如抢救不及时,往往死亡。

[病因]

1. 分娩时产出时间拖延或胎儿排出受阻,胎盘水肿,胎囊破裂过晚,倒生时脐带受到压迫,脐带缠绕,子宫痉挛性收缩等,均可引起胎盘血液循环减弱或停止,使胎儿过早地呼吸,吸入羊水而发生窒息。

2. 对接产工作组织不当,严寒的夜间分娩时,因无人照料,使羔羊受冻太久。

3. 母羊贫血或患严重的热性病时,血内氧气不足,二氧化碳积聚多,刺激胎儿过早地发生呼吸反射,以致将羊水吸入呼吸道。

[临床症状]

轻度窒息时,羔羊软弱无力,黏膜发绀,舌伸出口角,口腔和鼻孔充满黏液;呼吸徐缓,张口喘气,心跳快而弱,肺部有湿罗音,特别是喉和气管更为明显。

严重的病例,羔羊呈假死状态,全身松软,横卧不动,舌外垂,黏膜和皮肤苍白,眼睑闭合,反射消失,呼吸停止,只是心脏有微弱跳动。

[诊断] 根据临床症状可作出诊断。

[防治]

1. 预防 在产羔季节,应进行严密的组织安排,夜间必须有专人值班,及时进行接产,对初生羔羊精心护理。在分娩过程中,正确及时地进行接产、助产、处理难产;抢救窒息的羔羊时,动作要准确迅速,分秒必争,措施无误。如果母羊有病,在分娩时应迅速助产,避免延误而发生窒息。

2. 治疗 根据假死程度的不同,采取不同的急救措施。不管采用哪一种方法治疗,都必须争取时间及早进行。

如果羔羊尚未完全窒息,还有微弱呼吸时,应立即将羔羊倒置提起,用双手按至胸部两侧,用手轻轻地有节奏地压动胸廓部位,帮助空气进入肺部,刺激呼吸反射,同时促进排出口腔、鼻腔和气管内的黏液和羊水,并用净布擦干羊体,然后将羔羊泡在温水中,使头部外露。稍停留之后,取出羔羊,用干布片迅速摩擦身体,然后用毡片或棉布包住全身,使口张开,用软布包舌,每隔数秒钟,把舌头向外拉动一次,使其恢复呼吸动作。待羔羊复活以后,放在温暖处进行人工哺乳。

若已不见呼吸，必须在除去鼻孔及口腔内的黏液及羊水之后，施行人工呼吸。有条件的，可进行输氧疗法。同时注射尼可刹米、洛贝林 0.5mL。也可以将羔羊放入 37℃左右的温水中，让头部外露，用少量温水反复洒向心脏区，然后取出，用干布摩擦全身。

给脐动脉内注射 10％氯化钙 2～3mL。因为在脐血管和脐环周围的皮肤上，广泛分布着各种不同的神经末梢网，形成了特殊的反射区，所以从这里可以引起在短时间内失去机能的呼吸中枢的兴奋。

第三节　营养代谢性疾病

一、维生素 A 缺乏症

维生素 A 缺乏症是由维生素 A 或其前体胡萝卜素缺乏所引起的一种营养代谢疾病。羊群因长期舍饲或冬春季节青绿饲料不足，导致羊群发病。维生素 A 有保护上皮、黏膜的功能，并能维护视力正常，提高个体的繁殖和免疫功能，还可以调节碳水化合物代谢和脂肪代谢，促进生长的作用。因此，缺乏维生素 A 时，病羊临床上表现为：生长缓慢、上皮角化、夜盲症、繁殖机能障碍以及机体免疫力低下等。本病多发生于初春、秋末和冬季。

［病因］

1. 饲料收割、加工、贮存不当，烈日暴晒饲料以及存放过久、陈旧变质；长期饲喂维生素 A 缺乏的饲料，如棉籽饼、干谷、马铃薯等，缺少青绿饲料；饲料中蛋白质含量减少，维生素 A 吸收率下降等，均可导致机体维生素 A 缺乏。

2. 对维生素 A 或胡萝卜素的吸收、转化、贮存、利用发生障碍，是内源性（继发性）病因，如胆汁酸分泌不足，食物中脂肪含量过少等。

3. 对维生素 A 的需要量增多，可引起维生素 A 相对缺乏。妊娠和哺乳期母羊以及生长发育快速的羔羊，对维生素 A 的需要量增加；维生素 A 不能通过胎盘，羔羊更容易患此病，初乳中维生素 A 含量较高，是初生羔羊获得维生素 A 的唯一来源，母羊分娩后死亡，或吃不到初乳，羔羊容易发生维生素 A 缺乏症。长期腹泻，患热性疾病的羊，维生素 A 的排出和消耗增多。

4. 饲养管理条件不良，羊舍污秽不洁、潮湿、寒冷、过度拥挤，通风不良、缺乏运动以及阳光照射不足等因素都可诱导发病。

［临床症状］病羊表现畏光，视力减退，在黎明、黄昏或月光下看不见物体，甚至完全失明。由于角膜增厚，结膜细胞萎缩，腺上皮机能减退，故不能

保持眼皮湿润，而表现出眼干燥症。由于腺上皮分泌物减少，不能溶解侵入的微生物，更加重了炎症及软化过程。有时病变可涉及角膜深层。缺乏维生素 A 时，机体其他部位的上皮也会发生变化。例如，呼吸道和消化道黏膜上皮变性，分泌机能降低，易继发或并发传染病。成年羊维生素 A 缺乏时，身体并不消瘦，故患眼干燥症的羊，体况可能保持得很好。

由于脑脊液压力升高，有时出现阵发性痉挛，共济失调，后躯瘫痪。妊娠母羊往往流产、死产或产出体弱羔羊和先天性的失明羔，受胎率下降，公羊精液品质下降。

[诊断] 根据身体畏光、视力减退、流泪、角膜逐渐浑浊或失明以及长期饲喂缺乏含维生素 A 少的饲料，即可作出诊断。

[防治]

1. 预防

（1）患此病的羊，病情发展较快，一旦出现夜盲症、浮肿及神经症状，即使进行治疗也效果不佳，应早发现，早治疗。

（2）注意改善饲养。配合日粮时，必须考虑到维生素 A 的含量，每千克体重应供给胡萝卜素 0.1～0.4mg。特别是妊娠母羊，要重视供给青绿饲料，冬季要补充青干草、青贮料或胡萝卜。有条件可喂些发芽豆谷，适当运动，多晒太阳，并注意监测血浆维生素 A。

2. 治疗 以补充富含维生素 A 及胡萝卜素的饲料为主，辅以药物治疗的原则。

（1）补充维生素 A 及胡萝卜素：日粮中增加黄玉米、胡萝卜、鱼粉和三叶草等。

（2）药物治疗：在日粮中加入青饲料及鱼肝油，可获得迅速治愈。鱼肝油的口服剂量为 20～50mL。当消化机能紊乱时，可以皮下或肌内注射鱼肝油，用量 5～10mL，分点注射，每隔 1～2 d 1 次。亦可用维生素 A 注射液进行肌内注射，用量为 2.5 万～3 万 IU。

二、佝偻病

佝偻病是羔羊在生长发育过程中由于维生素 D 及钙、磷缺乏或饲料中钙、磷比例失调所致的一种骨营养不良性代谢病，特征是钙、磷代谢紊乱，生长骨的钙化作用不足，并伴有持久性软骨肥大与骨骺增大。临床特征是消化紊乱，异嗜癖，跛行及骨骼变形。绵羊羔和山羊羔均可发生。

[病因] 先天性佝偻病，主要是由于妊娠母畜矿物质（钙、磷）或维生素 D 缺乏，影响了胎儿骨组织的正常发育。后天性佝偻病，有以下原因：

①饲料中维生素 D 的含量不足或日光照射不足，导致羔羊体内维生素 D 缺乏，直接影响钙、磷的吸收和血中钙、磷的平衡；②母羊奶量不足，羔羊不能从乳中获得充足的钙、磷和维生素 D；③维生素 D 能满足机体的需要，但母乳及饲料中钙、磷缺乏或比例不当，以至多原因的营养不良，均可诱发本病。

［临床症状］

1. 先天性佝偻病　羔羊出生后衰弱无力，经数天仍不能自行站立，骨骼发育异常。

2. 后天性佝偻病　发病缓慢，早期呈现食欲减退，消化不良，精神沉郁，然后出现异嗜癖。疾病继续发展时，病畜经常卧地，不愿起立和运动。发育停滞，消瘦，下颌骨增厚和变软，出牙期延长，齿形不规则，齿质钙化不足（坑凹不平，有沟，有色素），常排列不整齐，齿面易磨损，不平整。严重羔羊，口腔不能闭合，舌突出，流涎，吃食困难。最后在面骨、下颌骨以及躯干、四肢骨骼出现变形，间或伴有咳嗽、腹泻、呼吸困难和贫血。

羔羊低头，拱背，站立时前肢腕关节屈曲，向前方外侧凸出，呈内弧形，后肢附关节内收，呈"八"字形叉开站立，步态僵硬。腕关节、跗关节和肋骨软骨联合部肿胀最明显，称串珠状肿。严重时躺卧不起。

［病理变化］剖解可见长骨发生变形，但无显著眼观病变。股骨、胫骨末端及肋骨在显微镜下检查，发现骨骺板和关节软骨撕裂，有些骨骺板弯曲进入骨骺；大小不同的软骨细胞形成长柱，由骨骺板突入干骺端，或处于骨骺板下方，与骨骺板分离；不同密度的结缔组织显著长进骨骺板的下方；骨骺板内存在着未形成的骨小梁、变形的软骨细胞灶和骨样灶。

［诊断］根据羊的年龄，饲养管理条件，呈慢性经过、生长迟缓、异嗜癖、运动困难以及牙齿和骨骼变化等特征，可作出临床诊断。血清钙、磷水平及血清磷酸酶活性的变化，有参考意义。检测血清磷酸酶同工酶，表明是骨性血清磷酸酶同工酶的活性升高，具有重要的诊断意义。骨的 X 射线检查及骨的组织学检查，可以帮助确诊。诊断时应与白肌病、传染性关节炎、蹄叶炎、软骨病及"弓形腿病"相区别。

［防治］

1. 预防　加强妊娠母羊的饲养管理，供给充足的青绿饲料和青干草，补喂骨粉，增加日照和运动时间。羔羊饲养更应注意，有条件的饲喂干苜蓿、沙打旺、胡萝卜等青绿饲料，并按需要量添加食盐、骨粉、各种微量元素等矿物质饲料。

2. 治疗 首先将病羊置于适宜的环境中，保证给以充足的光照和运动。有效的治疗药物是维生素 D 制剂，例如，鱼肝油、浓缩维生素 D 油、鱼粉等。每克鱼肝油含维生素 D 不得少于 5 000IU，羔羊为 0.5～1.0g，拌在饲料中。市售维生素 D_2 的植物油溶液（骨化醇）也可内服，预防量均为每千克体重 20～30IU，治疗量为其 10～20 倍。补钙可用 10％ 的葡萄糖酸钙注射液 5～10mL，一次静脉注射。

中药治疗可用三仙蛋壳粉：焦三楂、神曲、麦芽各 60g，蛋壳粉（烘干后为末）120g，混合后每天每只羔羊 12g，灌服，连用 1 周。

三、食毛症

本病多见于哺乳羔羊，很少见于成年绵羊。有时也可见于山羊。在舍饲情况下，秋末春初容易发生。其特征是喜欢啃食羊毛，常伴发臌气和腹痛，严重时可发生肠梗阻。由于能造成毛的耗损和羔羊的死亡，故可给畜牧业带来一定的经济损失。

[病因] 主要由物质代谢障碍引起。一般认为母羊及羔羊饲料中营养成分不全，尤其是缺硫是发生食毛症的主要原因。成年绵羊可借助瘤胃微生物的作用，利用硫合成含硫氨基酸（胱氨酸、半胱氨酸和蛋氨酸），作为羊生长的原料。当饲料中缺乏硫时，引起含硫氨基酸缺乏，羔羊从母羊奶中不能获得足够的含硫氨基酸，而且由于羔羊瘤胃的发育尚不完善，还没有合成氨基酸的功能，因此含硫氨基酸极度缺乏，以致引起吃羊毛的现象发生。

[临床症状] 羔羊突然啃咬母羊的毛，有时主要拔吃颈部和肩部的毛，有时却专吃母羊腹部、后肢及尾部的脏毛；羔羊之间也可能互相啃咬被毛。有异嗜癖，喜食污粪或舔土、塑料薄膜碎片等。

一般是晚间入圈时啃吃得比较厉害，早晨出圈时也可以看到拔吃羊毛的现象。起初只见少数羔羊吃毛，以后可迅速增多，甚至波及全群。有时在很短几天内，就可见到把上述一些部位的毛拔净吃光，完全露出皮肤。有的羔羊的毛几乎全被吃光。

吃下去的毛常在幽门部和肠道内彼此黏合，形成大小不同的毛球。其横径大于幽门或嵌入肠道，可使真胃和肠道阻塞，羔羊发生消化不良或便秘，逐渐消瘦和贫血；引起食欲丧失、腹痛、胀气、腹膜炎等症状，最后心脏衰弱而死亡。

[诊断] 有发生大量吃毛现象时，容易诊断出来。但在诊断过程中，应该注意与佝偻病、嗜异癖或蠕虫病进行区别，因为这些疾病也可能造成食毛或个

别体部发生脱毛现象。

[病理变化] 解剖时可见真胃内和幽门处有许多羊毛球，坚硬如石，甚至形成堵塞。

[防治]

1. 预防 主要在于改善饲养管理。对于母羊，饲料营养要完全，增加维生素或无机盐等微量元素；改换放牧地，并经常进行运动。

对于羔羊，应供给富含蛋白质、维生素和矿物质的饲料，如青绿饲料、胡萝卜、甜菜和麸皮等，每天供给骨粉（5～10g）和食盐。近年来，用有机硫，尤其是蛋氨酸等含硫氨基酸防治本病，取得很好效果。

2. 治疗 对病羊应注意清理胃肠，维持心脏机能，防止病情恶化，以灌肠通便为主。

（1）便秘和消化紊乱的羊，给予泻剂。如石蜡油或硫酸钠，也可用人工盐。

（2）加强母羊和羔羊的饲养管理，供给多样化的饲料和钙丰富的饲料，如干草，尤其是干苜蓿。给精料中加入食盐和骨粉，补喂鱼肝油。同时保证病羊有一定的运动。

（3）隔离吃毛的羔羊，只在吃奶时让其与母羊接近。给羔羊补喂动物性蛋白质，如每天一个鸡蛋（富含胱氨酸），连蛋壳捣碎，拌入饲料或奶中，有制止继续吃毛的作用。

（4）可做真胃切开术，取出毛球。若肠道已经发生坏死，或羔羊过于孱弱，不易治愈。

四、绵羊脱毛症

绵羊脱毛症是在体表无寄生虫感染、皮肤无炎症时，毛乳头萎缩，被毛脱落，或是被毛发育不全的总称。毛纤维正常脱落是一种经常性、正常的生理过程，受环境温度的改变而改变。脱毛可能与皮肤毛细血管供血和血液供给毛的营养物质质量不同有关。多数先天性脱毛羊只表皮细胞成分减少、无毛囊存在。后天性脱毛主要是由于毛囊被破坏，若毛囊尚未被完全破坏，毛纤维还会再生。

[病因]

1. 先天性脱毛症 羊的遗传性皮肤缺陷可导致先天性稀毛症、对称性脱毛、无毛羔羊和腺垂体发育不全等，这些羔羊的毛囊不能生长纤维；母畜在妊娠过程中，碘需求量增多，若饲料中碘含量不足或缺乏，母羊就会缺碘，则产出的羔羊将发生先天性甲状腺肿，表现稀疏的羊毛或无毛。

2. 后天性脱毛症 某些疾病可以继发脱毛症，有肺炎、败血症和严重腹泻并伴有高热的病羊，偶见颈部、躯干和四肢等处发生大面积脱毛，因毛的再生部位损伤，又称再生性脱毛。

各种外伤或因痒觉而于硬物上摩擦引起的皮肤损伤，形成瘢痕后破坏毛囊，称为瘢痕性脱毛；由于神经损伤而引起的脱毛，称为神经性脱毛。当发生铊中毒和银合欢中毒时，引起中毒性脱毛。

由于毛乳头的营养失调、新陈代谢紊乱而引起的脱毛为代谢性脱毛，如饲喂羔羊的饲料中维生素C及微量元素碘、锌缺乏。

[临床症状] 遗传性皮肤缺陷有两种症状。一是对称性脱毛。出生时被毛正常，从6周龄至6月龄逐渐脱毛，且呈对称性，从头、颈、背开始，发展到后躯、尾根、前肢、后肢。二是先天性稀毛症。羔羊出生时大部分无被毛，但有睫毛，足和头部附近有触毛，皮肤正常，但有发亮的、棕褐色外观。有的羔羊出生时无毛、无牙；有的羔羊被毛弯细，以后长出一些粗而坚硬的毛，虽能存活，但发育不良。

碘缺乏的羔羊出生后体质衰弱而不能站立，被毛生长发育不全、稀毛或无毛，皮肤呈厚纸浆状，多数窒息死亡。少数幸存者，发育受阻，成侏儒羊。

[诊断] 脱毛易于识别，但关键是要确定被毛脱落的原因，特别是要区分遗传性和非遗传性脱毛、原发性和继发性脱毛，必要时检查皮肤活组织以确定毛囊上皮的状况，才能确诊。

[防治] 对羊的脱毛通常不需要治疗，有些脱毛，在于加强饲养管理，改善全身机体状况，经过一段时间后，可以重新长出新的被毛。如欲治疗可用以下皮肤刺激药物，改善皮肤血液循环，以促进毛的生长。鱼石脂10g，酒精50mL，蒸馏水100mL，配成溶液，每天早、晚各涂擦1次；碘酊1mL，樟脑酊30mL，配成溶液，涂擦。

五、酮尿病

羊的酮尿病又称为酮病、酮血症、醋酮血病。由于蛋白质、脂肪和糖的代谢发生紊乱，致使血液、乳、尿及组织内酮类化合物蓄积过多而发生本病。多见于冬季舍饲的奶山羊和高产母羊泌乳的第一个月，主要是由于饲料的营养不能满足大量泌乳的需要而发病。绵羊发生于冬末春初，山羊则没有严格的季节性。

[病因] 原发性酮病常由于大量饲喂含蛋白质、脂肪高的饲料，如豆类、

油饼等，相反碳水化合物饲料不足（包括粗纤维丰富的干草、青草、禾本科谷类、多汁的块根饲料等）；或突然给予含大量蛋白质和脂肪的饲料，尤其是在缺乏糖和粗饲料的情况下供给多量精料，更易致病。在泌乳峰值期，高产奶羊需要大量的能量，当所给饲料不能满足需要时，就动员体内贮备，所以产生大量酮体，酮体积聚在血液中而发生酮血病。妊娠期母羊过肥，运动不足，饲料中缺乏维生素 A、维生素 B 以及矿物质等，均可促进本病发生。本病还可继发于前胃弛缓、真胃炎、子宫炎和饲料中毒等过程中。主要是由于瘤胃代谢紊乱，而导致体内维生素 B_{12} 的不足，影响肝脏利用丙酸盐的能力下降。另外，瘤胃微生物异常活动所产生的短链脂肪酸，也与酮病的发生有密切联系。

[临床症状] 病初表现为反复无常的消化紊乱，反刍减少，瘤胃及肠蠕动减弱。食欲低下，常有异嗜癖，喜吃干草及污染的饲料，拒食精料。粪球又干又小，上附恶臭黏液，有时便秘与腹泻交替发生。排尿减少，尿液为浅黄色水样，初呈中性，逐渐变为酸性，容易形成泡沫，有特异的醋酮气味。泌乳量减少，乳汁也有特异的醋酮气味。肝脏叩诊区扩大并有痛感。

[病理变化] 主要表现为肝脏的脂肪变性，病例严重时，肝比正常的大 2～3 倍，其他实质器官也出现不同程度的脂肪变性。

[诊断] 血液中蛋白质、糖含量减少，酮体增多，在实验室采用亚硝基铁氰化钠法检验尿液，酮体如呈强阳性反应，再结合病史、症状等，即可确诊。本病和羊的妊娠毒血症，即产羔病、双羔病虽然生化紊乱基本相同，而且在相似的饲养管理条件下发病，但在临床上是不同病种，并发生在妊娠-泌乳周期的不同阶段。

[防治]

1. 预防　改善饲养条件，冬季注意防寒，补饲胡萝卜、甜菜等；春季补饲青干菜，适当补饲精料（以豆类为主）、骨粉、食盐及维生素 A、维生素 B、维生素 D 和矿物质钙、磷等。

2. 治疗

（1）为了提高血糖含量，静脉注射高渗葡萄糖 50～100mL，每天 2 次，连续 3～5d。条件许可时，可与胰岛素 5～8 单位混合注入。

（2）发病后可立即肌内注射可的松 0.2～0.3g 或促肾上腺皮质素 20～40IU，每天 1 次，连用 4～6 次。丙酸钠每天 250g，混入饲料中饲喂，共喂 10d。还可内服丙二醇 100～120mL，每天 2 次，连用 7～10d。

（3）内服甘油 30mL，每天 2 次，连用 7d。

（4）为了恢复氧化-还原过程及新陈代谢，可口服柠檬酸钠或醋酸钠，剂量按每千克体重 300mg 计算，连服 4～5d。还可用次亚硫酸钠 2g，葡萄糖 20～40g，蒸馏水加至 100mL 制成注射剂，每次静脉注射 30～80mL。

六、羔羊摆腰病

羔羊摆腰病是由于缺乏某些必需微量元素而引起羔羊共济失调和摆腰症状。本病具有明显的地区性。

[病因] 不同地区的农作物与牧草中微量元素的种类和含量不同，有的不能满足羔羊正常生长的需要，使得羔羊体内的生化过程发生紊乱，并造成不良后果。研究表明，本病与各地的土壤和牧草中硒、铜、锌、碘缺乏，以及氟、钼、铁高值有关，是一种条件性铜、硒缺乏综合征。

[临床症状] 本病主要发生于初生羔羊。羔羊主要发生在 1～3 月龄，若耐过 3～4 月龄时，病羔便可以存活，但常留有摆腰的后遗症。绵羊和山羊也可发生。

病羔被毛粗乱，缺乏光泽，体弱消瘦，食欲、饮欲减少，精神萎靡。体温、呼吸、脉搏无特异变化，病羔可视黏膜苍白或稍淡。被毛发焦，皮肤缺乏弹性。舌苔薄白，口腔有少许分泌物。叩诊肺区无异常变化，心搏动增强，或呈现心音分裂。瘤胃每分钟蠕动两次，持续 15～20s，力量弱。网胃、瓣胃、皱胃蠕动和肠音减弱。瘤胃空虚，触及松软。

视觉和听觉无特异变化，有痛觉反应，仅部分羔羊表现磨牙，无反抗行为。病变损害主要在腰荐部位，局部病变可引起行为姿势异常，病羔后躯肌肉紧张性降低，羔羊举步跨越障碍及负重困难。

[诊断] 根据病史和临床症状可作出初步诊断，确诊需进一步做实验室检查。

[防治]

1. 预防 每年给牧草地喷洒硫酸铜溶液，可防止铜缺乏。给妊娠母羊饲喂全价营养饲料，补饲胡萝卜、青干牧草，以保证母羊产后有足够的乳汁哺乳羔羊。

2. 治疗 供给所缺的微量元素，做到定时、定量。

亚硒酸钠（分析纯），配成 0.1% 的溶液，每只羔羊按每千克体重 5mg，皮下注射，每月 1 次。硫酸铜（分析纯）1g，溶于 30mL 水中，灌服产羔母羊，处理 2～6d，即可防止羔羊发病。维生素 E 油剂注射液，每只羔羊每千克体重 5mg，皮下注射，每月 1 次。也可用家畜生长素，按 2% 的饲料量加入精料中，喂养母羊。

七、羔羊白肌病

羔羊白肌病又称肌肉营养不良症。由于饲料中微量元素硒和维生素 E 缺乏或不足，而引起骨骼肌、心肌和肝脏组织变性，并发生运动障碍和急性心肌坏死为特征的疾病。该病在绵羊羔和仔山羊均可发生。

[病因] 该病主要是由于饲料中微量元素硒和维生素 E 缺乏或不足所引起，饲料中钴、银、锌、钒等微量元素过高也影响动物机体对硒的吸收。当饲料、饲草中硒的含量低于千万分之一时，就可发生硒缺乏症。虽然一般饲料中维生素的含量都比较丰富，但维生素 E 是一种天然抗氧化剂，当饲料保存条件较差，如高温、湿度过大、淋雨或暴晒以及存放时间过久或酸败变质，维生素 E 很容易被分解破坏。在某些缺硒地区，羔羊发病率很高。当机体内硒和维生素 E 缺乏时，正常生理性脂肪会发生高度氧化，组织细胞内的自由基受到损害，组织细胞就会发生退行性病变和坏死，还可钙化。病变以骨骼肌、心肌受损最为严重，可波及全身，主要引起运动障碍和急性心肌坏死。

[临床症状] 病羔衰弱，全身肌肉迟缓无力，行走不便，共济失调。有的出生后就非常衰弱，不能自行起立。心搏较快，200 次/min 以上；病情严重者心音不清，有时只能听到一个心音。呼吸浅而快，80～90 次/min，有的呈双重性吸气。肠音一般无明显变化，若肠音弱，病情则已严重，多有下痢，有的也便秘。可视黏膜苍白，有的发生结膜炎，角膜浑浊、软化，甚者失明。尿呈淡红或红褐色，尿中含多量蛋白质和糖。

[病理变化] 主要病变集中在骨骼肌、心肌和肝脏，其次为肾脏和脑。骨骼肌色淡，可见局限性的发白或发灰的变性区，呈鱼肉状或煮肉状，浑浊无光，其间可见瘀斑、瘀点和灰黄色坏死灶、灰白色结缔组织增生条纹；以肩胛部、胸背部、腰部及臀部肌肉变化最明显。心腔扩张，心肌浑浊、苍白或紫红色，心内膜下肌肉层呈灰白色或黄白色的条纹及斑块（虎斑心）。镜检病变部位肌纤维颗粒变性、透明变性或蜡样坏死以及钙化和再生。透明变性时肌纤维肿胀，嗜伊红性增强，横纹消失。蜡样坏死的肌纤维常崩解成碎块或变成无结构的大团块，着色较深，可发生钙化、核浓缩或碎裂。肌间成纤维细胞增生。

[诊断] 根据是否地方性缺硒、是否主要发生于羔羊，结合临床症状（如运动障碍、心脏衰竭、渗出性素质、神经机能紊乱等），以及特征性病理变化（骨骼肌、心肌、肝脏、胃肠道、生殖器官见有典型的营养不良病变），可以确

诊。如果羔羊发生不明原因的群发性、顽固性、反复发作的腹泻，应进行补硒治疗性诊断。

[防治]

1. 预防 加强母畜的饲养管理，供给豆科牧草，母羊产羔前补硒，可收到良好的效果。妊娠母羊皮下一次注射亚硒酸钠，剂量为 4～6mg，能预防新生羔羊白肌病。对于缺硒地区，新生的羔羊在出生后 20d 左右，用 0.2% 亚硒酸钠溶液皮下或肌内注射 1mL，间隔 20d 左右再注射 1.5 mL。注射开始日期最晚不能超过 25 日龄。

2. 治疗 对发病羔羊每只应立即用 0.2% 亚硒酸钠溶液皮下或肌内注射 1.5～2mL，隔 20d 再注射一次，同时注射维生素 E，则效果更好。

八、羔羊低糖血症

羔羊低糖血症亦称新生羔羊体温过低，俗称新生羔羊发抖。本病常见于哺乳期的羔羊，绵羊羔和山羊羔均可发生，其特征是羔羊表现寒战，如不急救，会很快发生昏迷而死亡。

[病因] 初生羔羊的血液中大约含有 500mg/L 右旋葡萄糖，这是生后初期热能的来源。但由于以下各种原因常可使血糖迅速耗尽而发生本病。

哺乳母羊的营养状况较差，泌乳量不足或乳汁营养不全或拒绝羔羊吃奶。对初生羊喂奶延迟，如果气温太低，而不及早喂奶供给能量，就容易引起体温下降，而发生寒战。饲喂羔羊的精料中碳水化合物不足。羔羊出生时过弱，或是患有消化不良、营养性衰竭、慢性贫血、肝脏疾病、严重的胃肠道寄生虫病等，也有可能使羔羊内分泌发生紊乱。

[临床症状] 由于血糖下降，病初羔羊精神沉郁、全身发抖、毛立、拱背、盲目走动、步态僵硬，继而卧地、翻滚，经 15～30min 自行终止，也可能维持较长时间不能恢复，一般多为阵发性发作。早期轻症者，黏膜苍白，体温降至 37℃ 左右；呼吸急促，心跳加快。重者身体发软，四肢痉挛，站立困难。耳梢、鼻端和四肢下部发凉。排尿失禁。最后躺卧蜷曲，安静昏迷，如不抢救，会很快死亡。

[诊断] 根据病史和临床症状，可作出诊断。

[防治]

1. 预防 加强妊娠母羊的饲养管理，给予足量的全价精料，补充丰富的碳水化合物；防止羔羊受冻，给缺奶羔羊进行人工哺乳，做到定时、适量，提前补饲优质饲料；搞好环境卫生，及时治疗消化不良和肝脏疾病等；对于发病的羔羊群，可普遍补充葡萄糖粉。

2. 治疗　若及时采取治疗措施，大部分可以恢复健康。

首先注意保暖，将羔羊置于温暖的地方，用热毛巾摩擦羔羊全身。有条件的羊舍，可设置保温箱，里面安装电灯泡和风扇；及早提供能量。可灌服 5％葡萄糖溶液，每次 30mL，每天 2 次。亦可每天给葡萄糖粉 10～25g，分 2 次口服。

对于重症昏迷羔羊，口服法比较危险，应予缓慢静脉注射 25％葡萄糖溶液 20mL，然后继续注射葡萄糖盐水 20～30mL，维持其含量。亦可用 5％葡萄糖溶液深部灌肠。待羔羊苏醒后，即用胃管投服温的初乳或让羔羊哺乳。人工喂给初乳时，初乳温度非常重要，如果温度太低，羔羊会表现急躁不安或拒绝吃奶。初乳用量在最初 24h 以内争取达到 1kg。

第四节　中毒性疾病

一、瘤胃酸中毒

瘤胃酸中毒又称过食精料中毒或急性碳水化合物过食。为瘤胃积食的一种特殊类型，是因采食过量含碳水化合物丰富的谷物、豆类食物引起瘤胃内异常发酵，产酸增多，瘤胃微生物区系破坏和严重消化不良，临床上以严重毒血症、脱水，pH 下降，瘤胃弛缓、精神兴奋或沉郁，后期躺卧和急性死亡为特征。

[病因] 大麦、小麦、玉米、高粱、水稻、麸皮或糟粕含有大量的碳水化合物，如饲养管理不当，致使羊贪食含有上述谷物的饲料或人为地增喂大量谷物饲料时，瘤胃中革兰氏阳性菌大量增多，碳水化合物迅速发酵，乳酸杆菌大量增值，产生大量乳酸。瘤胃内乳酸含量增高，革兰氏阴性菌大量崩解而释放出大量内毒素，内毒素和乳酸被大量吸收因而呈现一系列临床症状。羊不可过食大量精料，如果日食量超过 1.5kg，就可引起急性酸中毒。

[临床症状] 最急性病例，往往在无明显症状的情况下，采食谷类饲料后 3～5h 内而突然死亡，有的仅见精神沉郁、昏迷，而后很快死亡。中度瘤胃酸中毒的病例，病畜精神沉郁，鼻镜干燥，食欲废绝，反刍停止，空口虚嚼，流涎，磨牙，粪便稀软或呈水样，有酸臭味，体温正常或偏低，脉搏增数，达 80～100 次/min.进行瘤胃触诊时，瘤胃内容物坚实或呈面团感；而吞食少量而发病的病畜，瘤胃并不胀满。过食黄豆、苕籽者不常腹泻，但有明显的瘤胃臌胀。病畜皮肤干燥，弹性降低，眼窝凹陷，尿量减少或无尿；血液暗红、黏

稠。病畜虚弱或卧地不起。

重剧性瘤胃酸中毒的病例，蹒跚而行，碰撞物体，眼反射减弱或消失，瞳孔对光反射迟钝；卧地，头回视腹部，对任何刺激的反应都明显下降；有的病畜兴奋不安，向前狂奔或转圈运动，视觉障碍，无法控制。随病情发展，后肢麻痹、瘫痪、卧地不起；最后角弓反张，昏迷而死。

[病理变化] 两眼下陷，瘤胃内容物为粥状，呈酸性、恶臭。瘤胃黏膜脱落，有出血变黑区；皱胃黏膜出血。心肌扩张柔软。肝轻度瘀血，质地稍脆，病期长者有坏死灶。

[诊断] 本病根据羊表现脱水，瘤胃胀满，卧地不起，具有神经症状，结合过食豆类、谷类或含丰富碳水化合物饲料的病史，以及实验室检查的结果：瘤胃液 pH 下降至 4.5～5.0，血液 pH 降至 6.9 以下，血液乳酸升高等，进行综合分析与论证，可作出诊断。

在兽医临床上，应注意与瘤胃积食鉴别，以免误诊。瘤胃积食触诊充满，坚实或呈面团状；而过食精料中毒为触诊虚胀，内容物多为液体。

[防治]

1. 预防 加强饲养管理，不论奶山羊、肉羊与绵羊都应以正常的日粮水平饲喂，不可随意加料或补料。肉羊由高粗饲料向高精饲料的变换要逐步进行，应有一个适应期。决不可突然一次补给较多的谷物或豆糊。青贮饲料酸度过高时，要经过碱处理后再喂。饲料中精料较多时，可加入 2% 碳酸氢钠，0.8% 氧化镁或 2% 碳酸氢钠与 2% 硅酸钠（按混合饲料总量计算）。防止羊闯入饲料房、仓库、晒谷场，暴食谷物、豆类及配合饲料。已过食谷物后，可在食后 4～6h 内灌服土霉素 0.3～0.4g，可抑制产酸菌，有一定的预防效果。

2. 治疗 加强护理，清除瘤胃内容物，纠正酸中毒，补充体液，恢复瘤胃蠕动。

（1）瘤胃冲洗疗法 用开口器张开口腔，用直径 8～10mm 的胃管经口腔插入瘤胃内，将羊头和胃管外端放低，有毒的液体和胃内容物则可流出。然后在胃管外端接上漏斗，灌入澄清石灰水 1 000～2 000mL。再将羊头放低，让其流出。如此反复冲洗数次，直至瘤胃呈碱性为止，最后再灌入石灰水 500～1 000mL。由于瘤胃内有毒物质迅速排空，使瘤胃正常发酵得以重新建立，这是治疗该病的有效方法，治愈率达 96% 以上。

对呼吸困难、身体衰弱、脱水严重、卧地不起的危急病例，严禁洗胃，应先强心补液，或采取其他方法对症治疗，待全身症状缓解后再进行洗胃。洗胃后，对成年羊可用 5% 碳酸氢钠注射液 200mL，加到 5% 的等渗葡萄糖溶液

500～1 000mL 中，静脉滴注。

（2）瘤胃切开术疗法　当瘤胃内容物很多，且导胃无法排出时，可采用瘤胃切开术。将内容物用石灰水（生石灰 500g，加水 5 000mL，充分搅拌，取上清液加 1～2 倍清水稀释后备用）冲洗、排出。术后用 5％葡萄糖生理盐水 1 000mL,5％碳酸氢钠 200mL，10％安钠咖 5mL，混合一次静脉注射。补液量应根据脱水程度而定，必要时一天数次补液。

（3）为了控制和消除炎症　可注射抗生素，如青霉素、链霉素或庆大霉素等。对脱水严重，卧地不起者，排除胃内容物和用石灰水冲洗后，还可根据病情变化，随时采用对症疗法。

（4）对轻型病例　如羊相当机敏，能行走，无共济失调，有饮欲，脱水轻微，或瘤胃 pH 在 5.5 以上者。可投服氢氧化镁 100g，或稀释的石灰水 1 000～2 000mL，适当补液。一般 24h 开始吃食。

二、氢氰酸中毒

由于羊采食了含有生氰糖苷的植物或误食氰化物（氰化钾、氰化钠、氰化钙），在胃内经酶水解和胃酸的作用，产生游离的氢氰酸而发生的中毒病。临床上表现为以发病急促、呼吸困难、肌肉震颤或痉挛和突发死亡为特征的中毒性缺氧综合征。

[病因] 因过量采食了含生氰糖苷的植物而中毒。含生氰糖苷的植物较多，如高粱苗、玉米苗、胡麻苗、马铃薯幼苗、亚麻叶、木薯、桃、李、杏、枇杷的叶子及核仁等。当中药处方中杏仁、桃仁用量过大时，也可致病。由于误食了氰化物农药污染的饲草或饮用了氰化物污染的水也会发病。

[临床症状] 发病迅速，在采食含生氰糖苷的饲料后很快出现症状，病初兴奋不安，表现出一系列消化器官的机能紊乱，如流涎、呕吐、腹痛、胀气和下痢等。接着心跳及呼吸加快，精神沉郁，常呼出带有杏仁味的气体。后期病羊沉郁，全身衰弱，行走摇摆，呼吸困难，结膜鲜红、瞳孔散大。最后心力衰竭，倒地抽搐而死。严重者体温下降，后肢麻痹，肌肉痉挛，全身反射减少乃至消失，脉搏细弱，呼吸浅微，昏迷而死亡。最急性者，突然极度不安，惨叫后倒地死亡。

[病理变化] 尸僵不全，尸体不易腐败。切开时见血色鲜红，凝固不良。口腔内有血色泡沫，胃肠黏膜充血，甚至出血。气管、支气管及喉头的黏膜有出血点，肺脏充血或出血。胃内有苦杏仁味的内容物。

[诊断] 根据有采食含生氰糖苷植物或被氰化物污染的饲料、饮水的病史，

以及发病急速，呼吸困难，血液呈鲜红色等临床特征，可作出诊断。必要时可对饲料和胃内容物作氢氰酸检查。

［防治］

1. 预防

（1）严禁在含有生氰糖苷植物生长的地方放牧。

（2）含生氰糖苷的饲料，最好加工调制后饲喂，一般于流水中浸渍 24h，或漂洗，或发酵后加工利用，而且量要少喂、勤喂，一次不能多给，最好和其他饲料混喂。

（3）对氰化物农药应严加保存，以防污染饲料和饮水。

2. 治疗　发病后采用特效解毒药，迅速静脉注射 3% 亚硝酸钠溶液，剂量为每千克体重 6～10mg，然后再静脉注射 5% 硫代硫酸钠，剂量为每千克体重 1～2mL。或 10% 对二甲氨基苯酚（4 - DMAP），剂量为每千克体重 10mg，静脉注射。根据病情可进行对症疗法。

三、亚硝酸盐中毒

亚硝酸盐中毒与硝酸盐密切相关。虽然大剂量的硝酸盐可引起胃肠炎，但其重要性在于它是亚硝酸的来源。富含硝酸盐的饲料，在加工、调制过程中方法不当，或保存不好，发生腐烂或堆放发热，使硝酸盐还原，产生大量的亚硝酸盐，羊食后引起中毒；羊过多采食含硝酸盐丰富的饲草，经瘤胃微生物作用也可产生亚硝酸盐引起中毒，亚硝酸盐被吸收后，可使血红蛋白变成高铁血红蛋白，临床上呈缺氧综合征。急性中毒以发病突然，黏膜发绀，血液呈暗褐色，呼吸困难，神经紊乱为临床特征。慢性中毒以母畜流产、不孕，甲状腺肿大，免疫力下降等为特征。

［病因］

1. 急性中毒　食入的饲料中富含硝酸盐，如白菜、包心菜、甜菜、萝卜叶、莴苣叶、油菜、马铃薯茎叶、甘薯藤、南瓜藤、玉米、高粱及未成熟的燕麦、小麦、大麦、黑麦等，此类植物在幼嫩时硝酸盐含量较高，绵羊食入硝酸盐的量为 409～547mg/kg 时可以致死。饮水中硝酸盐含量过高，非常肥沃的土壤渗出的井水中硝酸盐含量可高达 1 700～3 000 mg/L，施过硝酸盐粪肥料的田水，制革的含硝废水，厩舍、厕所、垃圾堆附近的水源常含有大量的硝酸盐。水中硝酸盐含量超过 200～500mg/L 即可引起中毒。

外源性亚硝酸盐的生成是由于硝酸还原菌广泛分布于自然界，当青绿饲料堆放发热、腐烂变质等，尤其是在潮湿闷热季节，植物组织遭到破坏，适于硝酸盐还原菌的繁殖，致使硝酸盐还原成亚硝酸盐。内源性亚硝酸盐的生成，在反刍动物多由于瘤胃条件有利于硝酸盐还原成亚硝酸盐。绵羊亚硝酸盐的致死量为每千克体重 67mg。

此外，禁食或饥饿动物常对硝酸盐和亚硝酸盐中毒敏感性增加，而以良好的平衡日粮饲喂的动物敏感性较低。

2. 慢性中毒　较长时间摄入含亚致死量的硝酸盐或亚硝酸盐的饮水或饲料，可引起慢性中毒，导致母畜流产，增加机体对维生素 A、维生素 E 的需要量。亚硝酸盐和硝酸盐还在体内干扰甲状腺对碘的利用，刺激甲状腺的代偿作用引起甲状腺肿大。

[症状]

1. 急性中毒　早期症状为尿频，病羊初期呼吸增快，以后变为呼吸困难，眼结膜发绀。脉速而弱。表现精神沉郁，流涎，呕吐，腹痛，腹泻（偶尔带血），脱水，可视黏膜发绀，呼吸困难，心跳加快，肌肉震颤，步态蹒跚。很快角弓反张，全身无力，卧地不起，四肢划动，耳、鼻四肢以及全身发凉，体温下降至常温以下，全身痉挛，口吐白沫，挣扎而死。有些病例突然死亡，而没有任何症状。

2. 慢性中毒　病羊表现为发育不良、下痢、跛行、前胃弛缓、腹泻、抵抗力降低、甲状腺肿大，可能呈现维生素 A、维生素 E 缺乏症状，母畜流产或分娩无力，受胎率降低。

[病理变化] 血液呈暗褐色或酱油色，血凝不良。胃肠黏膜充血，出血，易于脱落。肺水肿，心内、外膜有出血点，肝脏肿大。

[诊断] 可根据摄入富含硝酸盐和亚硝酸盐的饲料或饮水，结合发病急、呼吸困难，黏膜发绀，血液呈酱油色等临床特征，做出初步诊断。确诊可取胃内容物、血液和尿液进行高铁血红蛋白和亚硝酸盐检验。

[防治]

1. 预防　在种植饲草的土地上，限制使用家畜的粪尿和氮肥，以减少其中硝酸盐的含量。可能摄食含硝酸盐饲料的羊群，饲料要合理搭配，必需含有充足的碳水化合物，以减少瘤胃中亚硝酸盐的形成，并严格控制放牧时间或饲喂量。禁止运输中或饥饿的羊只接近危险植物，不让羊群饮用污染水。对叶菜类饲料要尽量摊开放置，严禁堆放。饲料受雨淋、变质时要停喂。

2. 治疗

（1）应用特效解毒剂美蓝和甲苯胺蓝，同时配合应用维生素 C 支持疗效。美蓝（亚甲蓝）每千克体重 8mg，配成 1% 溶液（美蓝 1g 溶于酒精

10mL 中，加生理盐水 90mL），缓慢静脉注射，或分点肌内注射，必要时可在 2h 后重复注射。甲苯胺蓝，可配成 5% 的溶液，按 0.5% 的溶液，每千克体重 0.5mL 静脉或肌内注射，其疗效比美蓝高。维生素 C 按 0.5～1g 静脉或肌内注射。

（2）向瘤胃投入抗生素和大量饮水，阻止微生物对硝酸盐的还原作用。

（3）在使用上述解毒剂的同时，可用 0.1% 高锰酸钾洗胃或灌服，对重症病羊应即时输液，强心，以提高疗效。用泻剂加速消化道内容物的排出，以减少对亚硝酸盐及其他毒物的吸收。中药可用绿豆粉 500～750g，甘草 100g，开水冲调，灌服。

四、有机磷中毒

本病是由于羊只接触、吸入和采食某种有机磷制剂而引起的全身中毒性疾病。有机磷农药可通过消化道、呼吸道及皮肤进入体内，有机磷与胆碱酯酶结合生成磷酰化胆碱酯酶，失去水解乙酰胆碱的作用，致使体内乙酰胆碱蓄积，呈现出胆碱能神经的过度兴奋症状。所以，该病的特点是出现胆碱能神经过度兴奋为主的一系列症候群。

[病因] 有机磷农药的种类很多，对硫磷（1605）、内吸磷（1059）等为剧毒类，敌敌畏、乐果、杀螟松等为强毒类，敌百虫、马拉硫磷等为弱毒类，羊只误食了喷有上述有机磷农药的农作物、牧草或蔬菜；或喝了被农药污染的水；或者舔了没有洗净的农药用具；滥用敌百虫等含有有机磷的兽药进行体外驱虫而引起中毒。

[临床症状] 根据有机磷农药中毒程度的不同，临床上分为三种症候群。

1. 轻度中毒 以毒蕈碱样（M-胆碱能神经过度兴奋）症状为主。表现为病畜精神沉郁，略显不安，食欲不振，流涎，呕吐，心率较慢，肠音亢进，多汗，尿失禁，排稀软粪便，瞳孔缩小，黏膜苍白，呼吸困难等。

2. 中度中毒 除上述症状加重外，主要出现烟碱样（N-胆碱能神经过度兴奋）症状。表现为骨骼肌兴奋，发生肌纤维性震颤，麻痹，血压升高，脉搏增数，严重的全身抽搐，痉挛，继而发展为麻痹。最后呼吸肌麻痹，窒息死亡。

3. 重度中毒 通常以中枢神经中毒症状为主要特征。病畜全身战栗，经短时间兴奋后，倒地昏睡，瞳孔缩小呈线状，全身肌肉痉挛，大小便失禁。心跳急速，呼吸高度困难，结膜发绀，末梢厥冷。羊瘤胃弛缓，臌气。如不及时抢救，很快死亡。

[病理变化] 一般认为有机磷农药中毒病畜尸体，除其组织标本中可检出毒物和胆碱酯酶的活性降低外，缺少特征性的病变。仅在迟延死亡的尸体中可见到有肺水肿、胃肠炎等继发性病变，概述如下：

经消化道吸收中毒在 10h 以内的最急性病例，除胃肠黏膜充血和胃内容物可能散发蒜臭外，常无明显变化。经 10h 以上者则可见其消化道浆膜散在有出血斑，黏膜呈暗红色，肿胀，且易脱落。肝、脾肿大。肾浑浊肿胀，被膜不易剥离，切面呈淡红褐色而境界模糊。肺充血，支气管内含有白色泡沫。心内膜可见有不整形的白斑。

经过稍久后，尸体内泛发浆膜下小点出血，各实质器官都发生浑浊肿胀。皱胃和小肠发生坏死性出血性炎，肠系膜淋巴结肿胀、出血。胆囊膨大、出血。心内、外膜有小出血点。肺淋巴结肿胀、出血。切片镜检时，尚可见肝组织中存在有小坏死灶，小肠的淋巴滤泡也有坏死灶。

[诊断] 根据发病急，变化快，流涎、拉稀、腹痛不安及瞳孔缩小等特点，结合有机磷农药接触病史可以作出初步诊断。结合实验室检查：包括血清胆碱酯酶的测定，对饲料、饮水、胃内容物和体表冲洗液等进行有机磷农药的测定，尿中有机磷分解物的检查等，可以确诊。

[防治]

1. 预防 对农药一定要有保管制度，严格按照"剧毒农药安全使用规程"进行操作和使用，防止人为破坏。在喷过药的田地设立标志，在 7d 以内不准进地割草或放羊。拌过有机磷农药的种子不得再喂羊。

2. 治疗

（1）清除毒物 经皮肤染毒者，用 5%石灰水或肥皂水（敌百虫中毒者禁用）刷洗；经口染毒者，用 0.2%～0.5%过锰酸钾（1605 中毒者禁用），或 2%～3%碳酸氢钠（敌百虫中毒者禁用）洗胃，随之给予泻剂。

（2）解毒 可用解磷定或阿托品注射液。解磷定：按每千克体重 10～45mg 计算，溶于生理盐水、5%葡萄糖液、糖盐水或蒸馏水中都可以，静脉注射。半小时后如不好转，可再注射一次。阿托品：用 1%阿托品注射液 1～2mL，皮下注射。在中毒严重时，可合并使用解磷定及阿托品。还可以注射葡萄糖、复方氯化钠及维生素 B_1、维生素 B_2、维生素 C 等。

（3）对症治疗 呼吸困难者注射氯化钙；心脏及呼吸衰弱时注射尼可刹米；为了制止肌肉痉挛，可应用水合氯醛或硫酸镁等镇静剂。

（4）中药疗法 可用甘草滑石粉。即用甘草 500g 煎水，冲和滑石粉，分次灌服。第一次冲服滑石粉 30g，10min 后冲服 15g，以后每隔 15min 冲服 15g。一般 5～6 次即可见效。每次都应冷服。

五、有机氯中毒

有机氯农药为应用较广的农药之一，常用来防治农作物害虫。由于其残毒性强，故可因蓄积作用而危害人、畜、禽。目前国内外都控制或停止生产和使用有机氯制剂。有机氯农药品种较多，其中有氯丹、艾氏剂和七氯等。

[病因] 羊采食了喷洒有机氯农药不久的农作物、蔬菜和饲草等发生中毒。有机氯农药保管和使用不当，污染了草、料和饮水，羊误食、误饮而中毒。用有机氯药物杀灭外寄生虫时，在体表涂撒面积过大或药物浓度配制过高，有机氯经皮肤吸收，或羊只相互舔食而中毒。

[症状] 有机氯农药是神经毒，又是一种肝毒。羊发生急性中毒后主要表现精神萎靡，食欲减少或废绝，口吐白沫，呕吐，心悸亢进，呼吸加快，行动缓慢，呆立不动。中枢神经兴奋而引起骨肉颤动，逐渐表现运动失调，痉挛，步态不稳。过 1～2h 流涎停止，四肢无力，倒地，心律不齐，呻吟，呃逆，眼球震颤，体表肌肉抽动，以后四肢麻痹，多于 12～24h 内因呼吸中枢衰竭而死亡。轻度中毒者，食欲减少，逐渐消瘦；突然发病者，局部肌肉震颤，四肢行动不便，衰弱无力，甚至后躯麻痹。慢性胃肠炎，排出稀粪。

[诊断] 根据病史、发病情况、症状和剖检变化，可做出诊断。

[防治]

1. 预防 严禁将喷洒过有机氯制剂的谷物、饲草喂羊。妥善保管有机氯农药。用有机氯农药防病灭虫时，打开门窗，让药气消散，以防发生中毒。

2. 治疗

（1）切断毒物继续进入体内的途径，防止毒物的继续吸收，了解毒物的性质，采取相应的措施。

皮肤吸收有机氯制剂中毒时，可用 5％碱水或温肥皂水彻底清洗畜体，尽早清除皮肤上的毒物。经消化道吸收中毒者，可采用洗胃和灌服盐类泻剂，排除胃内毒物。用硫酸镁或硫酸钠 20～50g，加水 200mL，灌服。禁用油类泻剂。

（2）促进毒物排出，保护肝脏，解除酸中毒，增强机体抵抗力。

内服石灰水等碱性药物可破坏其毒性。用石灰 500g 加水 1 000mL，搅拌澄清，服用澄清液 300～500mL。缓解痉挛，可用巴比妥类，按每千克体重 25mg，肌内注射。对症治疗，可注射高渗葡萄糖液。有出血时，可注射维生素 C 和维生素 K。

六、绵羊棉酚中毒

棉籽及其榨油后的副产品棉籽饼含有丰富的蛋白质和磷，在畜牧业生产中常作为一种精料补饲，可增高蛋白质和磷的营养成分。然而棉籽、棉叶及棉籽饼中含有一种称之为棉酚的有毒物质，当饲喂不当时，棉酚在体内特别是肝中蓄积，可引起一种慢性中毒，胃肠炎、肝炎、神经症状以及脱水和酸中毒等为其主要临床特征。

[病因] 棉籽饼中含有棉籽毒和棉籽油酚。棉籽毒是一种细胞和神经毒，对胃肠黏膜有很大的刺激性，所以大量或长期饲喂可以引起中毒。当棉籽饼发霉或腐烂时毒性就更大。由于毒素可以进入母羊的奶中，还可引起吃奶羔羊发生中毒。

羔羊因其瘤胃发育不全，故对棉酚有一定的易感性。棉籽饼对成年羊的饲养是十分安全的，通常不引起中毒。但日粮不平衡，特别是饲料中维生素A不足或缺乏，蛋白质过低，可使羊的易感性增高。饲料单纯、棉籽饼饲喂过量与本病的发生也有关系。

[临床症状] 当羊吃了大量的棉籽饼时，一般在第2天即可出现中毒症状。如果采食量少，到第10～30天才能出现中毒症状。

中毒的羊，表现轻度胃肠炎的症状，腹泻，食欲略减。只要能及时除去病因，适当治疗就会好转。重度中毒，多数出现出血性胃肠炎，食欲大减或废绝，排黑褐色粪便，混有黏液或血液，先便秘后拉稀，粪便恶臭，呼吸急促，心搏增快，精神沉郁，有嗜睡现象。当病情进一步发展，皮下、四肢、颈下、胸前出现水肿，尿呈现红色、暗红色或酱红色，可视黏膜发绀，心力衰竭，多为死亡。

[病理变化] 皮下组织，特别是水肿部位呈明显的浆液性浸润，胸腔、腹腔积有红色透明的液体，胃肠道有出血性炎症，肝充血肿大，色发黄变硬。肾肿大，被膜下有出血点，实质呈炎性病变。膀胱有出血性炎症，常有暗红色尿液。心脏扩张，心肌松软，心内外膜有出血点，肺充血和水肿。尿呈碱性，尿中有尿兰母及血红素，尿沉渣检查有血红素小块。血液变化是红细胞数和血红素减少，嗜中性粒细胞增多。

[诊断] 根据长期或大量饲喂棉籽或其副产品，而这些棉籽或其副产品又未曾去毒，未曾热榨或浸泡处理，同时出现胃肠炎、排暗红色尿液、视力障碍等临床所见及相应的病理剖检，可作出诊断。

棉籽饼粉中棉酚的检查：可取棉籽饼粉少许，研成细末，加硫酸数滴，振荡 1～2min，显深胭脂红色；若将其煮 1～1.5h，红色消失，表明有棉酚存在。

[防治]

1. 预防 长期饲喂棉籽或其副产品时，应搭配豆科干草或其他优良粗饲料或青饲料；饲料中要有丰富的蛋白质、维生素和矿物质，特别要补充维生素 A 和钙。

棉籽饼要减毒或去毒处理：将棉籽饼粉热炒或蒸煮 1h 后再喂，可避免中毒。用 10% 大麦粉与其混合后煮沸，去毒效果更好。也可用 2%～5% 石灰水，或 1% 氢氧化钠，或 2.5% 碳酸氢钠液浸泡过夜，再用清水冲洗后饲喂。

对妊娠期和哺乳期的母羊，对棉籽酚敏感性高，不要喂棉籽饼和棉叶。对成年羊，要严格掌握饲喂量，不宜太多，可采取间断饲喂的方法，通常饲喂量按日粮精料计，以 5%～15% 为宜。

2. 治疗

(1) 立即取消日粮中的棉籽或棉籽饼粉，当病畜尚有食欲时，尽量多喂些青绿饲料、胡萝卜等，对提高疗效有好处。

(2) 胃肠炎严重的可用消炎剂和收敛剂，如磺胺脒、氢氧化铝胶等。也可用硫酸亚铁，羊 1～2g，一次内服。

(3) 为了阻止渗出、增强心脏功能、补充营养和解毒，可用高渗葡萄糖液、安钠咖、10% 氯化钙静脉注射，配以维生素 C、维生素 A、维生素 D 更好一些，特别是对视力减弱的患畜，维生素 A 疗效明显。

七、蓖麻中毒

蓖麻中毒是羊误食过量蓖麻籽或其饼粕而引起的中毒病。临床特征以腹痛、腹泻、运动失调、肌肉痉挛和呼吸困难以及致死性拉稀为特征。

[病因] 蓖麻籽、蓖麻叶和蓖麻饼粕中含蓖麻素和蓖麻碱等有毒成分，蓖麻素是一种血液毒素，能使纤维蛋白原转变为纤维蛋白，使红细胞发生凝集，因此一经吸收，首先在肠黏膜血管中形成血栓，导致肠壁出血、溃疡、出血性胃肠炎。进入血液循环后，能造成各组织器官血栓性血管病变，并发生出血、变性和坏死，相应器官表现出机能障碍，并有全身症状。羊误食或人工饲喂未经处理的蓖麻籽饼饲料后，均可引起中毒病。

[临床症状] 绵羊反刍停止，耳尖、鼻端和四肢末梢发凉，精神萎靡。严重的倒卧在地上，知觉丧失，体温降低 0.5℃，脉搏和呼吸次数减少。1～3h 内死亡。

吃蓖麻籽饼的山羊一般在 2h 左右发病，开始精神不振，呆立不动，不采食、不反刍，瘤胃胀气。严重时腹痛、拉稀，甚至便血。粪便很快由糊状变为水样。由于拉稀多而频繁，很快肛门失禁，全身脱水，病羊不停发出痛苦的叫声，叫声由大到小，最后昏睡虚脱，一般在 8h 左右死亡。

[病理变化] 剖检可见肺部充血和水肿，肝坏死，肠壁和肠黏膜有轻度出血。心内膜有出血点，肝脏、肾脏充血及脂肪变性。镜检可见肝、肾细胞质空泡化，伴有核浓缩及坏死现象。

[诊断] 根据有采食蓖麻籽、蓖麻叶或蓖麻饼粕的历史，结合普遍性细胞中毒性器官损伤的表现，结合在实验室对毒素的检验做出诊断。

[防治]

1. 预防

（1）不要到生长有蓖麻的地区放牧。

（2）在种植蓖麻的区域，应及时收获并妥善保管蓖麻籽实，避免成熟籽实散落地面或混入饲料而被动物采食；研磨蓖麻籽的用具，必须彻底清洗，否则不能用来研磨饲料。

（3）用蓖麻籽作饲料时，应进行脱毒处理。

2. 治疗　蓖麻中毒通常选用抗蓖麻毒素血清治疗。尼可刹米、异丙肾上腺素能对抗过敏原的毒性作用。发生蓖麻中毒时，立即用 0.5%～1% 单宁酸或 0.2% 高锰酸钾洗胃，并给以盐类泻剂硫酸钠或硫酸镁以排除毒物。灌服黏浆剂，如酒石酸锑钾、蛋白、豆浆等，也可用利尿剂和乌洛托品等注射，用 4% 碳酸氢钠灌肠。对症疗法用强心剂、兴奋剂，如安乃近、安钠咖等。此外，羊中毒时灌服白酒也有疗效，小羊为 30～40mL，大羊为 40～70mL。用鞣酸蛋白、次硝酸铋可保护胃肠道黏膜。

八、醉马草中毒

醉马草为多年生草本植物，分为禾本科和豆科，豆科醉马草学名为小花棘豆。有毒，用于麻醉，镇静，止痛。羊可因采食醉马草而发生中毒。疾病的特点是出现酒醉样的神经症状和局部损伤。

[病因] 小花棘豆中含有臭豆碱、野决明碱（黄花碱）、鹰爪豆碱、嘌呤碱等生物碱。在早春或旱年，其他牧草稀疏，小花棘豆却生长十分茂盛，羊贪食或饥饿而采食小花棘豆，可引起中毒。

禾本科醉马草的有毒成分还不十分清楚，可能含有生物碱，也有人认为和生氰糖苷有关。醉马草干燥后的毒性更大，中毒症状也更严重。醉马草花穗的花颖及芒刺入皮肤、口腔、扁桃体、口角、咽背淋巴腺、蹄叉或角膜等处，其中以颌凹部最多，其次为颈部、臀部、下腹部及腹侧等处，也可发生损伤或中毒。

[临床症状] 两种醉马草中毒症状有所不同：

1. 豆科（小花棘豆） 多为慢性经过。羊中毒较轻时，精神沉郁，常拱背呆立，不爱活动，迈步时后肢不太灵活，有时头部出现轻度震颤，食欲正常，结膜稍苍白，轻度黄疸。

重度中毒时，精神沉郁，起立困难，呈犬坐姿势，有的侧身躺卧，四肢不断划动；人工扶起后，四肢张开，常站立不稳而摔倒。行走时，步态踉跄，不能直立行走。头部出现水平震颤或摆头动作。可视黏膜苍白，黄染程度加重。心律不齐，有的出现杂音。粪便变软，呈长条状，上附黄色黏液，有的拉稀，排粪时努责。

2. 禾本科 多为急性，一般误食后 30～60min 出现症状。中毒羊口吐白沫，腹部膨胀，精神不振，食欲废绝，行走起来摇晃如醉。有时倒卧，呈昏迷状态。有时呈脑膜炎症状，有阵发性狂暴，起卧不安，或倒地不能起立，呈昏睡状态。如芒草刺伤角膜，会引起失明；刺伤皮肤时，局部发生出血斑、浮肿、硬结或者形成小溃疡。一般经 24～36h 即可恢复，死亡较少。但中毒较重的羊，如不即时抢救或治疗不当，可发生中毒性肠炎，或因心力衰竭而死亡。

[病理变化] 病羊身体消瘦，心、肝、肾表面有散在出血点，胃肠黏膜有轻度出血，十二指肠和空肠轻度水肿。组织学检查，主要为大脑、海马、脑桥、小脑和脊髓的神经细胞多数呈急性肿胀，少数呈浓缩，有的发生重度损伤。

[诊断] 根据病史，结合口吐白沫、肌肉震颤和行如酒醉的特征症状，即可作出诊断。另外可作下面的实验室检查。

1. 尿沉渣检查 可见肾曲尿管上皮细胞呈透明圆柱或颗粒圆柱。

2. 血液学检查 血沉加快，血红蛋白降低到 3.5g/100mL（正常时平均为 11.6g/100mL），红细胞减少到 645 万/mm^3（正常时平均 1 100 万/mm^3）。

[防治]

1. 预防

（1）从外地购进的羊要严加管理，严格禁止到醉马草生长繁茂的草地放牧，以防误食引起中毒，或将幼嫩醉马草捣碎，用人尿拌后涂于羊口腔及牙齿上，可使其产生厌恶感而不再采食醉马草。因本地家畜有识别能力，一般不主动采食。

（2）可用"茅草枯" 7.5～22.5kg/hm^2，进行草场喷洒灭除草原醉马草。

醉马草稀疏地方可用人工挖除，或局部焚烧也能达到灭除的目的。

2. 治疗 目前尚无特效解毒疗法。应尽早采取酸类药物中和解毒，并进行对症治疗。可应用醋酸 30mL，或乳酸 15mL，加水灌服；也可灌服食醋或酸牛奶 50～100mL。亦可试用 11.2％乳酸钠溶液 10mL，一次静脉注射。

对中毒严重的还须配合全身疗法和对症疗法，必要时应用强心药或利尿药。如静脉注射葡萄糖、生理盐水或复方氯化钠注射液。

九、青杠树叶中毒

青杠叶中毒是由于羊群采食了青杠树的叶和花而引起的中毒性疾病。发生以便秘或下痢、水肿、胃肠炎和肾脏损害为临床特征的中毒性疾病，又称为栎树叶中毒，或橡树叶、柞树叶中毒。本病对牛的危害最为严重，羊中毒也经常发生。

[病因] 主要发生于森林、耕地和荒山复杂交错地区的青杠树林地带，这些地区的放牧地多有丛生青杠树林，特别是次生矮林，周围的放牧羊容易接触和方便采食到大量青杠叶，从而造成青杠叶中毒。也有由于人为因素，采集青杠叶喂羊或垫圈引起羊中毒，尤其遇到干旱年份时，因春季干旱少雨，牧草萌生较迟，而青杠叶萌芽早、生长快，成为羊唯一能够采食到的嫩绿植物，常出现大批羊中毒。主要发生在春季，而籽实引起的中毒则在秋季。我国栎树叶中毒多发生于 3～5 月份下旬。

[临床症状] 一般可分为初、中、后三个病期，病程可达 12～15d，早期病例预后良好，后期病例预后不良，死亡率达 80％。

1. 初期 食欲减少，瘤胃蠕动紊乱，反刍减慢，粪便干硬，体温正常，或略高于正常，尿液澄清。可见第三眼睑的边缘有颗粒状脂肪样肿胀。

2. 中期 精神不振，瘤胃蠕动明显减弱，反刍减慢或停止，鼻镜干燥或皲裂，粪便呈黄褐色或红褐色，带有大量肠黏膜和少量脓血，恶臭。体温有时高达 41℃。口色发红，有臭味，舌系带黄染；由于鞣酸的腐蚀和刺激，舌根和舌体两侧黏膜呈现点状或斑块状溃疡性脱落，舌前部的角质乳头发黄变硬。结膜暗红、黄染，第三眼睑的边缘有颗粒状脂肪样肿胀。心力衰竭，颈静脉搏动明显。同时出现皮下水肿积液的现象。皮下水肿有严格的界限，可分布于会阴、股内、阴茎鞘、脐下、胸前以至颌下的一处或多处，也可向下方转移或扩大，但不波及大腿以下或弥漫于整个胸腹下部。由于腹腔积水，腹围增大，尿量逐渐减少。

3. 后期 病羊极度衰弱，多卧少立，强迫行走，则步态不稳，体温不高，或低于正常；食欲废绝，反刍停止，心力更加衰弱，第二心音浑浊不清，颈静脉怒张，呼吸困难。口腔黏膜黄灰色，无光泽，磨牙，流涎，舌头松动无力，舌尖部的角质乳头左右歪斜，失去正常规则，有的舌黏膜全部脱落，严重腹泻，大便呈稀粥状，带有大量肠黏膜和脓血，瘤胃间歇性臌气。结膜瘀血，第三眼睑水肿。少尿或无尿，皮下水肿更加严重。呼吸困难，有的流出黏脓性鼻液。妊娠母羊则发生流产和死胎，并继发子宫内膜炎。

[病理变化] 主要表现腹下及背部皮下有数量不等的淡黄色胶冻样液体，胸、腹腔和心包腔蓄积有大量淡黄色积液。心内、外膜均密布出血斑点，心肌色淡、质脆，如煮肉状。部分病例全身浆膜都有广汐的出血斑点。

口腔深部黏膜常有如黄豆大小的溃疡灶。瓣胃内容物较干燥，甚至硬结，胃黏膜上多有浅在溃疡。真胃和小肠黏膜呈现水肿、充血、出血和溃疡，内容物呈咖啡色，含多量黏液和血液。大肠黏膜充血、出血，内容物为散发出恶臭的暗红色糊状粪便，其后段内容物则可能变为黑色的干粪块，表面被覆黏液、血液，或被一层褐黄色的伪膜所包裹。直肠壁因水肿而显著增厚，严重者达2～3cm以上。肝脏轻度肿大、质脆，胆囊增大1～3倍，胆囊壁常有充血、水肿，胆汁黏稠，呈茶褐色如柴油状。肾脏周围脂肪囊水肿，有出血斑点，肾脏肿大、苍白或紫褐色，有出血点，切面有黄色浑浊条纹，皮质和髓质界限部模糊不清，肾乳头显著水肿、充血、出血。个别病例肾脏皱缩、变薄而硬，其体积仅为正常的1/3，肾盂瘀血。膀胱空虚或有积尿，膀胱壁有散在出血点。心包积有大量液体，心外膜、内膜均有大量的出血点，心肌则色淡质脆，像煮肉状，胸腔内积有大量液体，挤压肺脏，致使肺炎萎陷。

病理组织学检查，主要为肾近曲小管扩张、坏死。肝细胞呈不同程度的变性、坏死。胃和十二指肠黏膜脱落、坏死。超微结构表明，肝细胞核变形，胞浆内出现空泡，溶酶体增加，线粒体肿胀，内质网扩张增生。肾小管上皮细胞坏死脱落，有的脱离基底膜，核变形，线粒体肿胀。

[诊断] 根据采食或饲喂青杠树嫩叶或橡子的生活史，发病主要集中在4～5月份，结合胃肠道弛缓和肾病的症状及特征性的病理学变化，即可初步诊断。实验室检查尿沉渣中有肾上皮细胞、白细胞和管型，尿和血中游离酚升高，血清谷草转氨酶和谷丙转氨酶升高等，可提供辅助诊断指标。

[防治]

1. 预防 根本的预防措施应是杜绝或限制采食栎树叶，这就需要改造丛生的矮小灌木型栎树林，培育其成为乔木型成材林，或进行彻底铲除。改变山区养羊粗放管理的现状，储备越冬度春的干草，增强羊的体质。在疾病高发地区，可采取以下措施。

（1）"三不"措施 在发病季节，不采集栎树叶喂羊，不在栎树林放牧，不采用栎树叶垫圈。

（2）控制日量法 根据栎树叶占羊日粮的50％以上即发生中毒的有关报道和经验，应控制栎树叶在日粮中的比例不超过40％。具体做法是上半天舍饲，下半天放牧；或缩短放牧时间，用加喂夜草或其他补饲的办法解决放牧不足。

（3）口服高锰酸钾法 在发病季节，对放牧羊在归牧时灌服或自由饮用0.5％高锰酸钾溶液400～600mL，高锰酸钾可氧化栎丹宁及其降解产物为无毒的氧化物。也可试用1％的氢氧化钙或石灰水等碱性溶液50～100mL口服预防。

2. 治疗 目前尚无特效解毒疗法。病羊应立即停喂栎树叶，或禁止在栎树林放牧，供给优质青草或青干草，并采取以下综合治疗措施。

（1）解毒 用10％硫代硫酸钠5～10mL/头，每天1次静脉注射，连续2～3次。适合于早期病例，注射后血中游离酚含量在24h内即有明显下降。也可静脉注射10％～25％葡萄糖进行解毒。初期还可灌服适量生豆浆水。

（2）润肠缓泻 可灌服菜子油等植物油（禁用盐类泻剂）80～250mL，或蜂蜜50～100g。为减少和阻止胃肠中残留丹宁的继续水解，可投服鸡蛋清10～20个；或用1％～3％的食盐溶液100～300mL进行瓣胃注射。

（3）碱化尿液和利尿 静脉注射5％碳酸氢钠溶液50～100mL，适合于尿液pH在6.5以下病例。也可用10％葡萄糖溶液和甘露醇或速尿注射液混合静脉注射，或口服双氢克尿塞利尿。如肾功能衰竭时，则应慎用利尿剂，有条件时宜采用腹膜或结肠透析疗法。

（4）强心补液 用10％～20％安钠咖注射液静脉或肌内注射，其兼有强心利尿作用。对全身衰弱或心力衰竭的病畜，应用洋地黄等强心苷制剂。也可用5％～10％葡萄糖注射液、等渗葡萄糖生理盐水、林格氏液100～500mL，加20％安钠咖注射液10mL，一次静脉注射。

（5）中药治疗 初期清热、解毒、利水，方剂用"荆防败毒散"：荆芥、防风、连翘、银花、土茯苓、泽泻、茵陈、木通、滑石、前仁、枳壳各32g，麻仁250g，陈皮30g，明雄31g，甘草10g，以铁马鞭、蒲公英为引。

中期润肠通便、利水、解毒，方剂用"加减解毒散"：银花、连翘、黄柏、陈皮、茵陈、大戟、茯苓皮、粉葛、泽泻、木通、草蔻、枳壳、石膏、柴胡各31g，滑石70g，火麻仁500g，铁马鞭250g，菜油500g。

后期补中益气、壮阳健脾，方剂用"补中益气汤加减"：党参、黄芪、前仁、五加皮各70g，当归、大枣、玄参、白术、陈皮、淮夕、猪苓、泽泻、杜仲、苍术、山楂、神曲、厚朴各35g，通草10g，桑树尖为引。

十、尿素等含氮化肥中毒

尿素是一种优良的含氮肥料。羊瘤胃内的微生物可将尿素或铵盐中的非蛋白氮转化为氨基酸及合成蛋白质。人们利用尿素或铵盐加入日粮中以补充蛋白质来饲喂牛羊。但补饲不当或过量即可发生中毒。以神经系统和呼吸系统症状为主要特征。

「病因」超过了规定用量；根据试验，如给绵羊灌服尿素 8g，即可引起死亡，或饲喂方法不当：如混于水中、青贮饲料撒布不匀、喂后立即饮水、突然饲喂等；由于误食含氮化学肥料（尿素、硝酸铵、硫酸铵）而引起中毒。尿素等含氮物在瘤胃内分解产生大量氨，由于氨很容易通过瘤胃壁吸收进入血液，即出现中毒症状。中毒的严重程度同血液中氨的浓度密切相关。当饲料缺乏碳水化合物或过于单调，不能保证羊瘤胃中微生物生命活动的需要，微生物的繁殖受到影响，此时饲喂尿素的量即使正常，也有发生中毒的可能。

[临床症状]

1. 尿素中毒 当羊只吃下过量尿素时，经过 15～45min 即可出现中毒症状。其表现为不安、肌肉颤抖、呻吟，不久动作协调性紊乱，步态不稳，卧地。急性情况下，反复发作强直性痉挛，眼球颤动，呼吸困难，鼻翼扇动；心音增强，脉搏快而弱，多汗，皮温不均。继续发展则口流泡沫状唾液，臌胀，腹痛，反刍及瘤胃蠕动停止。最后，肛门松弛，瞳孔放大，窒息而死。

2. 硝酸铵中毒 中毒初期表现腹痛、流涎、呻吟；口腔发炎，黏膜脱落、糜烂；咽喉肿胀，吞咽困难。继之胀气、多尿。后期衰弱无力，步态蹒跚，全身颤抖，心音增强，体温下降，终至昏睡死亡。

3. 硫酸铵中毒 临床症状基本与硝酸铵中毒相同，但有水泻，体温常升高到 40℃左右。

[病理变化] 尸体迅速变暗。消化道严重受到损害；可见胃肠黏膜充血、出血、糜烂，甚至有溃疡形成。胃肠内容物为白色或红褐色，带有氨味。瘤胃内容物干燥，与生前瘤胃液体过多呈鲜明对比。心外膜有小出血点，内脏有严重出血，肾脏发炎且有出血。

[诊断] 依据采食尿素等含氮化肥病史及临床症状可以作出诊断，测定血氨可以确诊。在一般情况下，当血氨为 8.4～13mg/L 时，即出现症状；当达20mg/L 时，表现共济失调；达 50mg/L 时，动物即死亡。

[防治]

1. 预防　防止羊只误食含氮化学肥料；在饲用各种含氮补饲物时，应遵守以下原则：必须将补饲物同饲料充分混合均匀；用量不超过日粮总干物质的1％，而且必须使羊只有一个逐渐习惯于采食补饲物的过程，因此在开始时应少喂，于 10～15d 达到标准规定量。如果饲喂过程中断，在下次补喂时，仍应使羊只有一个逐渐适应的过程。不能单纯喂给含氮补饲物（粉末或颗粒），也不能混于饮水中给予，应先将尿素溶于少量水中，然后充分拌入料或草中，将日粮分散在全天饲喂。每次喂尿素后 1h 内不要饮水。禁止给哺乳羔羊饲喂尿素。因为羔羊瘤胃及其中的微生物均不发达，不能将氨合成氨基酸，同时，羔羊所吮乳汁直接进入真胃，喂给尿素易引起中毒。

2. 治疗　在中毒初期：为了控制尿素继续分解，中和瘤胃中所生成的氨，应该灌服 0.5％的食用醋 200～300mL，或者灌给同样浓度的稀盐酸或乳酸；还可灌服酸奶 500～750g 或给羊灌服 1％醋酸 200mL，糖 100～200g 加水300mL，可获得良好效果。

臌气严重时，可施行瘤胃穿刺术。如臌胀不是很严重时，在投服泻剂时加入兴奋瘤胃蠕动和制酵的药物，也可用如下中药处方：枳壳 9g、川芎 9g、香附 9g、木香 6g、陈皮 9g、葶苈子 9g、牵牛子 9g、滑石 10g、生姜为引，煎水，一次投服。

对于铵盐中毒者，还可内服黏浆剂或油类，混合大量清水灌服。如吞咽困难，可慢慢插入胃管投服。对症治疗，用苯巴比妥以抑制痉挛，静脉注射硫代硫酸钠以利解毒。

十一、慢性氟中毒

氟是羊体组织的正常成分，可以防止牙齿的蛀烂。但需要量很小，在干燥的日粮中不应超过 50mg/kg；在配种家畜不应超过 25mg/kg。如果在干日粮中的含量达到 100mg/kg，就可以引起慢性氟中毒。慢性氟中毒的主要特征是：机体钙消耗过多和骨骼被腐蚀，而出现跛行、头部骨骼肿大、牙齿磨灭过度，而出现斑釉齿，俗称氟斑牙。

[病因]　由于食入氟量过多。氟的来源可能是：

1. 地方性高氟　土壤、饲料或饮水中含氟量过高，可引起氟中毒。

2. 工厂所放出的烟尘中含有氟　如果有冶炼含氟矿石的工厂，如炼铝厂、炼铅厂、陶器厂等，则附近的植物中含氟量较高，因为工厂所放出的烟中主要含有氟氰酸。负荷有氟的灰尘中含有氟盐（如氟化钠）。这种氟盐首先被蒸发出来，然后在冷空气中凝结。植物的叶子可以吸收氟气，叶子表面也可以聚集含氟盐的灰尘，含氟盐的灰尘也可以落在附近的地面上，当羊放牧时食入过量的氟化钠，即可在体内逐渐积蓄而引起中毒。

3. 长期使用未脱氟的盐类（如磷灰石）作为矿物质补充饲料 也可以引起慢性中毒。

[临床症状] 氟对机体的毒性作用是多方面的，由于氟是亲骨性元素，故骨骼、牙齿受损最突出。症状有轻重之分，轻的主要表现为牙齿蛀烂，严重时引起骨骼发生变化。

哺乳期内羔羊一般不表现症状，断奶后放牧 3～6 个月即可出现生长发育缓慢或停止，被毛粗乱，出现牙齿和骨骼的损伤，随年龄的增长日趋严重，呈现未老先衰。

牙齿的损伤是本病的早期特征之一，羊在恒牙长出之前大量摄入氟化物，随着血浆氟水平的升高，牙齿在形态、大小、颜色和结构方面都发生改变。切齿的釉质失去正常的光泽，出现黄褐色的条纹，并形成凹痕，甚至于牙龈磨平。臼齿普遍有牙垢，并且过度磨损、破裂，可能导致髓腔的暴露，有些动物齿冠破坏，形成两侧对称的波状齿和阶状齿，下前臼齿往往异常突起，甚至刺破上腭黏膜形成口黏膜溃烂，咀嚼困难，不愿采食。因饲草料塞入齿缝中而继发齿槽炎或齿槽脓肿，严重者可发展为骨脓肿。当恒齿一旦完全形成和长出，它们的结构受高氟摄入的影响较轻。

骨骼的变化随着羊体内氟蓄积而逐渐明显，颌骨、掌骨、跖骨和肋骨呈对称性的肥厚，外生骨疣，形成可见的骨变形。关节周围软组织发生钙化，导致关节强直，行走困难，特别是体重较大的动物出现明显的跛行。严重的病例脊柱和四肢僵硬，腰椎及骨盆变形。

X 线检查表明，骨质密度增大或异常多孔，骨髓腔变窄，骨外膜呈羽状增厚，骨小梁形成增多，有的病例有外生骨疣，长骨端骨质疏松。

[病理变化] 尸体消瘦，贫血，以骨、牙病变化最突出。牙齿病变：成年羊门齿奇形怪状，有的甚至完全磨掉，牙齿釉质失去光泽，变为黄色或黄褐色，有的甚至出现黑色斑纹；臼齿磨灭不齐，养殖户称其为"长短牙"，下颌骨增大，在齿槽与牙齿间出现裂纹，牙齿与下颌骨的变化是两侧对称性的。骨骼呈白垩状，骨质疏松，易折断，断面骨密质变薄。下颌骨粗糙，肿大，并常有骨赘。

[诊断] 根据牙齿的损伤、骨骼变形及跛行等特征症状，结合考虑是否距炼矿石工厂较近，大体可以作出诊断。如果怀疑土壤、饲料及饮水中含氟量较高，可以采样送有关单位进行分析。还可以同时对病羊的骨头进行分析，因为

动物食入的氟，大部分沉积在骨和牙齿中，中毒羊的骨灰中含氟量比牙灰中高，可以达到 0.01%～0.15%，甚至高达 0.5% 以上（5 078mg/kg）。本病应与能引起骨骼损伤的铜缺乏、铅中毒及钙磷代谢紊乱性疾病相鉴别。

[防治]

1. 预防

（1）自然氟病区

划区放牧：牧草含氟量平均超过 60mg/kg 的地区为高氟区，应严格禁止放牧；30～40mg/kg 者为危险区，只允许成年牲畜作短期放牧。

采取轮牧制：在低氟区和危险区采取轮牧，危险区放牧不得超过三个月。

寻找低氟水源（含氟量低于 1mg/kg）供牲畜饮用。如无低氟水源，可采取简便的脱氟方法（如熟石灰、明矾沉淀法等）。

改良草地是根本措施。使高氟草地面积缩小，安全区逐渐扩大。可利用自然低氟水源或抽取低氟地下水供牲畜饮用，并浇灌草地，以培养健康羔羊，广泛栽种优质牧草，准备牲畜越冬使用。

（2）工业氟污染病区　根本措施是促使工厂回收氟废气，化害为利。在无法解决氟污染的情况下，人们先后引进了以下措施进行探索。

移场放牧：高氟区已经形成的牙齿，转入低氟区后保护作用不大。从保护牙齿、延长生命的目标出发，移场放牧应在羔羊出生后的第一个青草末期就开始，这样便避开了枯草高氟期的高氟草对永久齿发育的不利影响。当全部牙齿长成（3岁）后再回到高氟区，已发育好的牙齿为动物的生存打下了基础。

引进氟安全区动物，建立耐氟繁殖群：由于高氟区出生的动物因牙齿问题只能存活 3 年左右，使母畜的繁殖力大为下降，这就限制了畜群的壮大。于是人们提出引进氟安全区的母畜，使之在高氟区繁殖，即把低氟区永久齿已发育好的母羊（3岁）引进高氟区。由于牙齿再很少受氟的影响，存活时间比高氟区出生动物长得多。

器械修牙：对于高氟区出生的羊只，当动物牙齿发展到明显长短不齐时，便不能继续生存下去。用特别的剪子将臼齿中长牙凸出邻齿的部分剪掉（长牙实质上是相对发育较好、较耐磨的牙齿）。这虽然是一种被动的办法，但在一定时间内确能有效地改善动物的啃嚼功能。

贮存低氟青干草，避免枯草期牧草高氟的影响：工业区氟中毒的核心问题是枯草期的草含氟太高，因此如能在枯草期减少或不吃高氟牧草，就能有效地或从根本上解决氟的摄入问题。

高氟季节围圈饲养：污染区冬羔于 11 月 1 日至次年 4 月 30 日舍饲，而后终年放牧，到第二个高氟枯草期前，第一、第二对切齿和全部臼齿基本都得到保护。

中药防治：中药制剂治疗本病，目前还处于对症治疗阶段，从根本上达到治疗该病的目的还有一段距离。顾厥中对本病进行了中医证治的初探，本病属于痹症的范畴，主张以驱邪为主，对全身气阴两虚者，当用黄芪等调补气虚，木瓜、川断等舒筋健骨，防己、羌活等祛风通络，对痹通明显者，祛风通络为主，益气活血为辅。

2. 治疗　慢性氟中毒目前尚无完全康复的疗法，应尽快使病畜脱离病区，供给低氟饲草料和饮水，每天供给硫酸铝、氯化铝、硫酸钙等，也可静脉注射葡萄糖酸钙或口服乳酸钙以减轻症状，但牙齿和骨骼的损伤无法恢复。

十二、蛇毒中毒

由于家畜在放牧过程中被毒蛇咬伤，蛇毒通过伤口进入体内引起的中毒，称为蛇毒中毒。该病的特点是，神经和心血管系统受到损伤，出现运动和呼吸麻痹。我国蛇的种类很多，分布甚广，常出入于草原、丛林之中，因此羊被毒蛇咬伤机会的较多，必须引起足够的重视。

[病因] 当羊群放牧时，在山地、草丛常可见到毒蛇，羊可能会被毒蛇咬伤。有些地区因毒蛇咬伤而引起羊只死亡，咬伤的部位主要在四肢和下颌部位。

[临床症状] 毒蛇有毒腺和毒牙（无毒蛇没有），当毒蛇咬伤动物时，毒液通过牙管注入机体，而发生中毒。蛇毒是蛋白质混合物，有20多种氨基酸，按其引起临床症状的不同可分为神经毒、血液循环毒和混合毒。神经毒主要影响乙酰胆碱的合成与释放，抑制呼吸中枢；血液循环毒主要侵害心血管系统，并引起溶血作用。混合毒兼有神经毒和血液循环毒的双重毒性。一种蛇通常只含一类毒素，如眼镜蛇的神经毒，蝮蛇以血液循环毒为主。无论羊体哪一部分被咬伤，伤痕一般不明显。咬伤部位如果有大量血管，毒素能够迅速进入血液，并加速有机体的中毒。咬伤后的伤势程度与咬伤的部位有关。

1. 头部咬伤　程度较轻时，口唇、鼻端、颊部及颌下腺极度肿胀。有热痛表现，呼吸稍困难，缓慢而长。患羊表现不安，不吃，结膜潮红，心动正常。穿刺肿胀部时，有淡红色或黄色液体。严重时上下唇不能闭合。鼻黏膜肿胀，鼻道狭窄，呼吸非常困难，很远即能听到漫长的呼吸音。结膜肿胀，呈红黄色。有的患羊垂头，站立不动或卧地不起。全身发汗，肌肉震颤，体温稍升高。心悸亢进，心跳有时间歇。

2. 四肢咬伤　以球关节咬伤较多。表现为被咬部位肿胀、热痛，甚至肿胀可上达腕关节。患羊跛行，患肢不能负重，站立时以蹄尖着地。严重时，肿胀可达臂部，跛行明显，有时卧地不起，食欲不振，精神沉郁，体温 39～40℃，心悸亢进，结膜黄红色。如果咬伤四肢的大静脉，可以迅速引起死亡。

3. 全身症状　因毒素不同而有所不同。神经毒的全身症状，首先是四肢麻痹，由于呼吸中枢和血管运动中枢麻痹，导致呼吸困难，血压下降，休克以至昏迷，常死于呼吸麻痹和循环衰竭。血液循环毒的主要症状是全身战栗，继之发热，心跳加快，血压下降，皮肤和黏膜出血，有血尿、血便，死于心脏麻痹。

〔诊断〕根据牧地经常有毒蛇出没以及发病的神经症状等即可确诊。

〔防治〕

1. 预防　搞好圈舍卫生，经常灭鼠，减少因毒蛇捕食老鼠而进入羊舍。掌握蛇的活动规律，外出放牧时防止毒蛇咬伤。放牧员应掌握急救知识，做到早发现、早治疗。

2. 治疗　当急救被蛇咬伤的羊只时，首先将羊放在安静凉爽的地方，然后采用以下方法治疗：

（1）防止毒素吸收和促使毒素排除。给伤口的上部绑上带子，肿胀处剪毛，涂以碘酒。施行深部乱刺，促使排血。然后用 3％～5％高锰酸钾进行冷湿敷。

（2）破坏毒素。静脉注射 2％高锰酸钾可以中和蛇毒，每次注射50mL。注射要缓慢，一般应在 5～10min 注射完毕。为了加速毒素氧化，在用高锰酸钾静脉注射以后，还应再给咬伤的周围局部注射 1％高锰酸钾、2％漂白粉或双氧水。还可静脉注射 5％～10％硫代硫酸钠 30～50mL。对患部施行冷敷。

（3）当有全身症状时，为了支持心脏机能，应该内服或皮下注射咖啡因，或者注射葡萄糖氯化钠等渗溶液或复方氯化钠溶液。

（4）注射抗出血性败血病血清或抗炭疽血清，每次静脉注射剂量为10mL，皮下注射剂量为 30mL。亦可在肿胀部位的四周进行点状注射，用量为 40～80mL。如果在咬伤的当天注射，2～3d 后即可消肿。如在咬伤后第 2天注射，4～5d 才可消肿。在应用血清的同时，应该使用强心剂。治疗延迟时，应隔日作重复注射。

（5）乱刺伤吸周围红肿部后，给患部涂擦氨水，然后以 0.25％普鲁卡因溶液在患部周围进行封闭。经过以上处理，轻者经 12～24h 即可见愈，重者须再重复处理一次。

（6）遇到呼吸困难而有窒息危险时，应及时施行气管切开术。

（7）草药治疗，鬼臼（俗称独脚莲）具有特效，可用根部加醋摩擦，涂到咬伤部的四周，每天早晚各涂1次，连涂3d。

（8）上海蛇药、南通蛇药、蛇伤解毒片等对治疗毒蛇咬伤，颇为有效。可按说明书剂量灌服或涂敷在伤口周围。

十三、蜂毒中毒

常见的蜂有蜜蜂、黄蜂、大黄蜂及土蜂等。工蜂的尾部有毒腺及螫针，毒腺产生的蜂毒贮存于毒囊中，螫针是产卵器的变形物。螫针有逆钩，刺入畜体后，部分残留于创伤内，黄蜂的螫针不留在创伤内，其毒性大，可反复螫刺。蜂毒中毒是羊被蜂类螫伤，蜂毒注入机体内而引起的一种中毒性疾病。疾病的特点是受螫部位出现肿胀和疼痛，以及发生过敏性休克。

[病因] 有的蜂巢在灌木及草丛中。当家畜放牧时触动蜂巢，群蜂被激怒而螫伤家畜。蜂毒是一种成分复杂的混合物，含多肽类，如蜂毒肽、蜂毒明肽、MCD-肽、组胺肽；酶类，如透明质酸酶和磷脂酶；非肽类物质，如组胺、儿茶酚胺及其他生物胺等。蜂毒的毒性是多方面的，可引起局部疼痛及水肿，血压下降，呼吸麻痹，甚至死亡。

[临床症状] 当羊触动蜂巢时，群蜂倾巢而出刺螫羊。一般毒蜂集中羊的某一部位刺螫，多发生在头部，刺伤后立即有热痛、瘀血及肿胀。轻症者很快恢复，严重者可引起组织坏死，甚至有全身症状。

全身症状是一种应激反应，如体温升高、神经兴奋。严重者转为麻痹、血压下降、呼吸困难，最后由于呼吸麻痹而死亡。

[病理变化] 蜂刺伤后，短时间内死亡的羊常见有喉头水肿、各实质器官瘀血、皮下及心内膜有出血斑，脾脏肿大，脾髓质内充满深巧克力色的血液，肝脏柔软变性，肌肉变软呈煮肉样。

[诊断] 可根据羊曾在有蜂巢的地方放牧，临床症状和病理变化等作出诊断。

[防治]

1. 预防 当羊群在放牧时，如发现蜂巢，要驱赶羊群远离蜂窝，避免惹动群蜂袭击羊群。

2. 治疗 局部有毒刺残留时，要立即拔出毒刺。局部用2％～3％高锰酸钾溶液洗涤，或用5％～10％碳酸氢钠或3％氨水等涂擦患部。伤口周围可外涂南通蛇药，同时口服蛇药片。还可肌内注射苯海拉明每千克体重0.1g。有呼吸困难和虚脱表现时，可注射强心剂、10％葡萄糖和复方氯化钠溶液及10％葡萄糖酸钙。

十四、感光过敏

某些感光过敏物质（光能剂）随饲料进入羊体内，经血液循环到达无色素的皮肤部，经日光照射而产生的一种病理状态。本病以羊皮肤的无色素部分发生红斑和皮炎为特征。感光过敏可分为原发性和继发性两类。西北地区，在夏季因饲喂苜蓿而引起的感光过敏又称"苜蓿中毒"；因荞麦而引起者称"荞麦中毒"（或称荞麦疹）。绵羊最敏感，山羊也可发生。

[病因]

1. 原发性感光过敏　是由于羊摄入含有光能剂的植物而直接引起。这些植物主要包括以下几种：

金丝桃属，已从该属的贯叶连翘中提取出的一种光能剂称为金丝桃素。

荞麦，其光能剂为荞麦素。荞麦全株都可使动物发病，而以开花期为害最烈。过多饲喂荞麦的蒿秆、糠秕亦可发病。

寄生大量蚜虫的植物。蚜虫含有光能物质，当羊采食大量寄生蚜虫的植物后，可引起感光过敏。

吩噻嗪（硫化二苯胺）为兽医上的驱虫药，其光能剂为氧硫吩噻嗪，白色羊口服经日光照射 12～36h 后，个别羊或成群发病。

2. 继发性感光过敏（肝源性感光过敏）　引起这类感光过敏的物质，几乎全部是叶绿胆紫素，它是叶绿素正常代谢的产物，当肝功能障碍或胆管闭塞时，叶绿胆紫素和胆色素一起进入体循环，被血液带到皮肤，在阳光作用下引起发病。一般继发性感光过敏的病例具有黄疸及其他肝机能障碍。致病的植物主要有：蒺藜，某些霉菌感染的牧草，某些有毒植物，如黍属牧草、黄花羽扇豆以及猪屎豆等。

此外，还有许多尚未确定的原发性或继发性感光过敏物质，如红三叶草、杂三叶草、黄花苜蓿、紫花苜蓿、草木樨、藜（灰菜）和野豌豆等。

3. 先天性感光过敏　比较少见，见于体内卟啉生成过多或转化排泄太慢而进入皮肤，引起光敏性皮炎。另外，南丘羊发生的感光过敏与遗传性胆色素排泄障碍有关。

[症状] 感光过敏的主要表现为皮炎，并且只局限于日光能够照射到的无色素的皮肤。只发生于白色或头、耳部为白色毛的羊。

轻症病畜，体温和食欲基本没有变化，最初在其皮肤的无毛和无色部分表现充血、肿胀并有痛感。一般在耳、面、眼睑及颈等处发生红斑性疹块。剪过毛的羊可能大面积的发生红肿，如背部和颈部；常在乳房、乳头、四肢、胸腹部、颌下和口周围出现疹块，奇痒。停喂或更换致敏饲料后，发痒缓解，数日后消失。羊的痒觉，在白天曝晒后加重，晚间减轻。发痒时，边跑边擦痒。改变饲料或将羊置于阴凉处，一两天后症状消失。

严重病例，皮肤显著肿胀，疼痛，有的形成脓疱，破溃后流出黄色液体并且结痂，有时痂下化脓，皮肤坏死。与此同时，常伴有口炎、结膜炎、鼻炎、阴道炎等症状。病羊食欲废绝，流涎，便秘，有的有黄疸，心律不齐，体温升高。有的出现神经症状：兴奋不安，战栗，痉挛和麻痹。有的呼吸困难，运动失调，后躯麻痹，双目失明。

[病理变化] 尸体全身水肿，头颈部及前肢比较明显。耳部和前后肷部的皮肤发红。皮下水肿液多为淡黄色，稀胶水样，后肢及胸侧水肿液中有大块出血。体表多处淋巴结水肿及出血。心包积水，心脏扩张，心腔内充满血凝块，纵隔淋巴结水肿，肺脏正常，肝脏稍肿大而质脆，脾脏、肾脏正常。瘤胃缩小，内含多量荞麦等含感光物质的饲料，内容物干燥。瘤胃乳头一小撮一小撮连在一起，因而胃的外观皱缩，凸凹不平。十二指肠黏膜充血。尿液深黄。其他部分无肉眼可见的病变。

[诊断] 根据病史和临床出现不断摇耳、皮肤发红、发出尖叫声等症状可作出诊断。还可结合血清分析、肝组织活检，以查明肝组织有无病变的发生。

[防治]

1. 预防

(1) 常发病的地区和季节，应避免在危险草场放牧。已发生感光过敏的畜群，可在夜间或早晚放牧。

(2) 羊口服吩噻嗪后的一两天内留于阴凉遮光处，避免阳光照射。

(3) 荞麦及其副产品饲喂妊娠后期的母羊及哺乳母羊须特别慎重，以免致羔羊发病。

2. 治疗 立即停喂致敏饲料，置病畜于阴凉处。

(1) 病初可灌服泻剂（油类及中性盐类）。应用抗过敏药物，肌内注射苯海拉明，羊每次 40mg；口服苯茚胺，羊每次 50～100mg；静脉注射葡萄糖酸钙或氯化钙溶液。

(2) 为防止感染可应用抗生素。给予镇静剂以缓解瘙痒。试以稀盐酸口服，肌内注射维生素 C 溶液，皮肤患部可用石灰水洗涤，涂 10% 鱼石脂软膏或石炭酸软膏。亦可用薄荷脑 0.2g、氧化锌 2g、凡士林 2g，制成软膏涂抹。

(3) 对出现神经症状及呼吸困难的病羊，可根据情况应用镇静、兴奋呼吸的药物，如尼可刹米。

第五节 外、产科和泌尿系统疾病

一、流产

流产又称妊娠中断。母羊妊娠以后，如果发生胚胎被母体吸收，或者排出死亡的或未足月的胎儿，都称为流产。山羊发生流产较多，绵羊较少见。流产胎儿具有生活力的最低妊娠期，在羊为 4 个半月。当胎儿尚有生活力时，称为"早产"，若已达到能生活的妊娠期而在死亡以后产出，称为"死产"。

[病因] 根据发生原因的不同，可以将流产分为两类：一类是由于传染性原因所引起，如布鲁氏菌病、沙门氏菌病、胎儿弯曲菌病和边界病等。另一类是由非传染性原因所引起，如子宫瘢痕及子宫与腹膜粘连、子宫畸形，胎盘出血或脐带捻转，胎儿畸形等；母体生理异常，如母体营养不足，如长时间绝食或长期饥饿；内科病，如肺炎、肾炎、有毒植物中毒、食盐中毒、农药中毒等；营养代谢病，如无机盐缺乏、微量元素不足或过量、维生素 A、维生素 E 不足等；由于日常饲养管理不当而引起，如羊自己滑跌、受其他羊只抵撞或羊腹部受到踢打，以及羊只经过狭窄的通路而使腹部受到强度挤压等；吃发霉或冰冻饲料，饮用冷水；药物作用如在治疗发热性疾病时，给予地塞米松，亦可引起流产。

[临床症状] 流产通常在胎儿死亡后 3d 以内发生，其症状因妊娠期的长短而异。突然发生流产者，一般无特殊表现。妊娠初期流产者，胎儿及胎盘尚小，与子宫黏膜结合较松，故经过迅速。妊娠愈到后期，则症状愈近似正常分娩。故发生于妊娠后半期时，可以偶然见到乳房膨大，乳头充血。食欲、反刍、体温及脉搏等虽无多大异常，而举动不安，则为流产象征。以后阴户流血，有丝状黏液自阴户下悬，最后胎儿与胎衣先后排出。胎儿成熟期发生流产者，因胎儿过大，或因死胎的胎位及胎势不易发生变化，或因子宫收缩力不足，子宫口开张不全，致胎儿不能产出，即发生难产。此时可见到母羊食欲减退、不安静、常努责，阴户流出血色黏液，经时较久，可使体温增高、精神委顿。此种情况下，必须实行助产手术。如果未将死胎排出，即会发生胎儿浸软分解、腐败分解或干尸化等结局。

[诊断] 根据病史、症状可诊断外，采取流产胎儿的胃内容物和胎衣，做细菌镜检和培养；还可作血清学检查：如凝集试验、补体结合试验等，可确诊引起流产的病原。

[防治]

1. 预防 加强饲养管理，重视传染病的防治，定期检疫、预防接种、驱虫和消毒。凡遇到疾病，要即时诊断，及早诊断，及早治疗，谨慎用药。

变更饲养管理时，应该逐渐改变，不可过于突然，以免由于不习惯而忽然显出有害作用。不应喂给孕羊不良饲料、雪及冰水。为了避免由于拥挤而发生流产，应准备足够的饲槽，把饲料均匀地放在槽底。防止孕羊抵斗、剧烈运动或摔倒。放牧妊娠羊时，必须缓慢，以免因过度疲劳而破坏母体和胎儿之间的气体交换，以致引起流产。

发生流产时，先行隔离消毒，一面查明病因，一面进行处理，以防传染性流产传播扩散。

2. 治疗 在发现前驱症状时，可试用以下各种疗法：

对有流产征兆而胎儿未被排出及习惯性流产，应全力保胎，以防流产。可用黄体酮（含 15mg），一次肌内注射。

如果胎儿已发生尸化，为了排出胎儿，可肌内注射乙底酚 2～3mg 或皮下注射孕羊（6～8 个月）的新鲜尿 25.0～30.0mL，通常在注射后 2～4d，胎儿即被排出。如果胎儿已发生腐败，首先应给子宫腔内注入高锰酸钾溶液（1：5 000）100mL，然后灌入植物油，使胎儿和子宫壁分离。之后用产科钩或产科套拉出胎儿，亦可用纱布条绑住颈部或用钳子夹住下颌骨骨体向外拉。

对于排出不足月胎儿或死亡胎儿的母羊，一般不需要特殊处理，但需要加强营养。对于安哥拉山羊的习惯性流产，可将母羊淘汰，只对发育良好的健康母羊配种。

二、难产

难产指分娩过程发生困难，母羊不能将胎儿顺利地由阴道排出体外。

[病因] 主要病因有母羊阵缩及努责微弱、阵缩及努责过强、骨盆狭窄和产道狭窄；胎儿姿势不正（胎势不正），位置不正（胎位不正），方向不正（胎向不正），胎儿过大，双胎难产，胎儿畸形等。

[临床症状] 绵羊胎儿的产出时间为 15min 至 2.5h，双胞胎间隔时间为 5～6min，山羊胎儿的产出时间为 30min 至 4h，双胞胎间隔时间为 5～15min。难产多发生于超过预产期。妊娠羊表现极度不安，不时徘徊，阵缩及努责，呕吐，阴唇松弛湿润，阴道流出胎水、污血及黏液，时而回头顾腹及阴部，但经 1～2d 仍不产仔，有的外阴部夹着胎儿的头或腿，长时间不能产出。随难产时

间的延长，妊娠母羊精神变差，痛苦加重，表现呻吟、爬动、精神沉郁、心率加快、呼吸加快、阵缩减弱。病至后期阵缩消失，卧地不起，甚至昏迷。

[诊断] 应了解母羊年龄、胎次、预产期、分娩过程及处理情况，然后对母体、产道及胎儿进行检查，掌握母体的情况、产道的松紧及润滑程度、子宫颈的扩张程度、骨盆腔的大小、胎儿的大小及进入产道的深浅、胎儿是否存活、胎儿的胎向及胎位等。

[助产方法] 为了保证母子的安全，对于难产羊必须进行全面检查，即时进行人工助产术；必要时可进行剖腹产手术。

1. 助产原则

（1）当发现难产时，应及早采取助产措施。助产越早，效果越好。

（2）使母羊成为前低后高或仰卧（有时）姿势，把胎儿推回子宫内进行矫正，以便利于操作。

（3）如果胎膜未破，最好不要弄破。因为当胎儿周围有液体时，比较容易产出。但当胎儿的姿势、方向、位置复杂时，就需要将胎膜穿破，及时进行助产。

（4）如果胎膜破裂时间较长，产道变干，就需要注入石蜡油或其他油类，以利于助产手术的进行。

（5）将刀子、钩子等尖锐器械带入产道时，必须用手保护好，以免损伤产道。

（6）所有助产动作都不要过于粗鲁。一般来说，只要不是胎儿过大或母体过度疲乏，仅仅需要将胎儿向内推，校正反常部分，即可自然产出。如果需要人力拉出，也应缓缓用力，使胎儿的拉出和自然产出一样。因为羊的子宫壁较马、牛薄，如果在矫正或拉出时过于粗鲁，容易造成子宫穿孔或破裂。

（7）在矫正之后，如果一个人用一定的力量还不能拉出胎儿，或者胎儿过大、畸形、肿大时，就需考虑施行截胎术或剖腹产术。

2. 助产时间 当母羊开始阵缩超过 4～5h 以上，未见羊膜绒膜在阴门外或阴门内破裂（绵羊时间为 15min 至 2.5h，双胞胎间隔时间为 5～6min，山羊时间为 30min 至 4h，双胞胎间隔时间为 5～15min），母羊停止阵缩或阵缩无力时，需迅速进行人工助产，不可拖延时间，以防羔羊死亡。

3. 助产准备 助产前询问羊分娩时间，是否初产或经产，看胎膜是否破裂，有无羊水流出，检查全身状况。

（1）**保定母羊** 一般使羊侧卧，保持安静，让前肢低、后躯稍高，以便于矫正胎位。

（2）**消毒措施** 对手臂、助产用具进行消毒；对阴户外周，用 5 000 倍新洁尔灭溶液进行清洗。

（3）产道检查　检查产道有无水肿、损伤、感染，产道表面干燥和湿润状态。

（4）胎位、胎儿检查　确定胎位是否正常，判断胎儿死活。胎儿正产时，手入阴道可摸到胎儿嘴巴、两前肢，两前肢中间夹着胎儿的头部，可用手牵拉胎儿舌头或压迫其眼睛，看有否反应；当胎儿倒生时，手入产道可摸倒胎儿尾巴、臀部、后蹄，以手压迫胎儿或手指伸入其肛门，如有反应，表示尚存活。

4. 助产方法

（1）胎位不正的处理　常见的难产有头颈侧弯、头颈下弯、前肢腕关节屈曲、肩关节屈曲、胎儿下位、胎儿横向、胎儿过大等，可按不同的异常产位将其矫正，然后将胎儿拉出产道。

（2）进行剖腹产　子宫颈扩张不全或子宫颈闭锁，胎儿不能产出，或骨骼变形，致使骨盆腔狭窄，胎儿不能正常通过产道，在此情况下，可进行剖腹产急救胎儿，保护母羊的安全。

（3）阵缩及努责微弱的处理　皮下注射麦角碱1～2mL。必须注意，麦角制剂只限于子宫颈完全开张，胎势、胎位及胎向正常时方可使用，否则易引起子宫破裂。

（4）双羔的处理　当羊怀双羔时，可遇到双羔同时将一肢伸出产道，形成交叉的情况。由此形成难产，应分清情况，辩明关系。可触摸到腕关节确定前肢，触摸跗关节确定后肢。若遇交叉，可将另一只羊的肢体推回腹腔，先整顺一只羔羊的肢体，将其拉出产道；再将另一只羊的肢体整顺推回拉出。切忌将两只羊的不同肢体误认为同只羔羊的肢体。

[预防]加强饲养管理，对于留作繁殖用的母羊，从小就要保证发育良好，体格健壮。分群饲养，供给必需的条件，保持妊娠期间母羊的体况良好，但不可过肥。对于接近预产期的母羊，应再进行分群，特别多加照管。准备好分娩场所，天气温暖时，可在露天生产，但必须备有羊棚，以防天气突然变化时应用。在大牧场，应备有较大的环境良好的产圈或产棚，并应装置分娩栏。每个分娩栏大小约为1.5m²，可排列成行，将临产羊和产后羊放于栏内，由经验丰富的饲养员护理。清晨和傍晚，母羊分娩较多，应该有专人值班，特别注意接产。在分娩过程中，要尽量保持环境安静；接产人员不要高声喧哗，也不要让狗在羊群中惊扰。对于分娩的异常现象，要做到尽早发现，及时处理。当发现分娩时间拉长时，即应进行产道检查，根据反常情况进行助产。只要发现及时，母羊还有分娩力量，稍微加以帮助，即容易产出，可以防止发生严重的难产。

三、阴道脱

本病的特征是阴道壁的部分或全部从阴门中向外脱出，引起阴道黏膜充血、发炎，甚至形成溃疡或坏死。本病常发生于妊娠末期及分娩以后，以妊娠末期为最多，山羊比绵羊多见，圈养羊多发。

[病因] 主要是由于饲养管理不当所引起，如全身虚弱，缺乏运动、疲劳过度，以及饲料品质不良、缺乏矿物质或给量不足，或者羊只过肥，常可引起全身组织紧张性降低；胎次较多的母羊和胎盘分泌雌激素过多的母羊，由于骨盆腔和阴道壁的结缔组织及外阴松弛，容易发生本病。母羊妊娠末期，在妊娠末期卧下时，由于后躯位置低，而腹腔内容物对阴道壁的压力增高也可引起本病的发生。因为生殖器官受到刺激而努责过度，如难产及胎衣不下时的剧烈努责，孕羊严重的腹泻，可能引起阴道完全脱出。

[临床症状] 病初，当羊卧下时，可以看到阴道上壁的黏膜向外突出，起立时又退缩而消失，这时称为阴道外翻或阴道不完全脱出。疾病继续发展时，则可见一个大而圆的粉红色肿瘤样物露出阴门之外，羊站立时亦不复原，称为阴道完全脱出，阴道黏膜往往红肿干燥。在山羊，有时可以看到阴道完全脱出数分钟，即又复原。发病以前常有消化道发炎的症状。有时阴道脱出的程度很大，从外面就可看到子宫颈，子宫颈口充有黏液。当接触到硬物体时，容易引起出血。这种现象只见于努责剧烈而频繁，以及单胎的情况下。

[诊断] 根据临床症状很容易作出诊断。

[防治]

1. 预防 本病主要是因为饲养管理不当而引起，所以在预防时首先应该改善妊娠母羊的饲养条件，并且每天要保证适量的运动，及时防治便秘、腹泻、瘤胃臌气等疾病。在妊娠前 1/3 时期不可过于肥胖。羊舍地面的倾斜度不宜太大。在妊娠的后 1/3 的期间，不可用大车或汽车运输孕羊。

2. 治疗

(1) 阴道脱出不大时，不需要治疗。但在发生污染和创伤时，应用 2% 明矾溶液冲洗。为了防止阴道壁反复脱出，必须使羊的后躯站高；为此可将羊拴在狭窄的羊栏内，绳子拴短，限制其活动，然后放一块向前倾斜的木板，或者给后躯多垫些褥草。

(2) 在完全脱出时，应立即进行整复。整复的方法与步骤如下：先用温水灌肠，使肠内空虚，再用温开水清洗阴道的脱出部分及其周围，然后用 2% 的明矾水洗涤，让血管及组织收缩变小；使羊后部站高，或者将羊放倒后躯垫高，然后进行整复。整复时应当用手指将脱出部分推向前上方，逐渐推入骨盆腔内；如果因山羊努责而妨碍操作时，应内服白酒200mL左右，使之镇静；在完全推入骨盆腔以后，将手指伸入阴道，展平阴道黏膜上的皱襞。为了减轻刺激和促进组织收缩，可用3%的明矾溶液灌入阴道。

当突出的阴道水肿时，可用针头刺破黏膜使渗出液流出，待阴道水肿减轻、体积缩小后再进行修复。局部损伤处结痂者，先除去结痂块，清理坏死的组织，然后进行修复。为了防止重复脱出，可用阴门固定器压迫并固定，也可用粗缝合线缝合阴门。缝合之前必须消毒术区。不要缝得过紧，但必须让缝线穿过组织深部，以免撕裂阴唇。山羊比较敏感，努责较强，因此应该多缝几针。除了在阴门下角留一小孔以便排尿外，将其余部分都应尽量缝合起来。在临分娩之前方可去除阴门固定器或抽掉缝线，以免在母羊努责时扯破阴门组织。

四、种公羊阳痿

公羊阳痿是指阴茎不能勃起，或虽然勃起却不能继续维持足够的硬度而完成交配，称为阳痿。从来未进行过交配即出现阳痿的，称为原发性阳痿；原来能够正常交配，后来发生勃起障碍的，称为继发性阳痿。也可分为先天性、大龄性、营养性、生殖器官性阳痿等4种。

[病因]

1. 种公羊饲喂过度，尤其供给过量的高蛋白，而又缺乏运动，可使其过肥、虚弱，或是长期营养不良、年龄过大都有可能阳痿。

2. 交配环境不适宜，人工采精技术不良，采精地嘈杂，更换采精人员均可引起本病，适应新环境过程中也可发生本病，容易发生于由国外引进的考力代羊，发病年龄多为1.5～2.5岁。

3. 配种过度，阴茎挫伤或麻痹，也见于龟头和阴茎疾病引起的疼痛。尿道结石引起的射精受阻，腰、臀、四肢部位的创伤、骨折、关节炎、蹄病等引起的后肢疼痛不能负重，使公羊爬跨及交配困难。

4. 过量使用雌激素、阿托品、巴比妥等药物。

5. 原发性睾丸发育不全。

6. 甲状腺机能不足，导致内分泌异常。

[临床症状] 病羊性欲微弱，在用发情母羊逗引时，可能出现性欲，甚至有爬跨动作，但阴茎不能勃起或勃起不坚，不能完成性交过程；有时根本对发

情母羊不跟不爬，不接触不闻，甚至跑开，不能配种，或不能按时配种，更不能杂交育种。精液检查时，可发现精液品质不良。

[防治]

1. 原发性阳痿和老龄性阳痿，无治疗价值，应及早淘汰。

2. 由于阴茎海绵体出现血管交通枝和神经系统损伤引起者，无有效疗法。

3. 由营养、环境、疾病等引起者，首先消除病因，从改善饲养管理，加强运动，改换试情母羊，变更交配环境，减少交配频度等着手，并采用激素类药物或中草药方剂治疗。人工采精，注意种公羊的条件反射。由于继发性疾病造成的阳痿，应及时治疗原发病。

一般采取与发情母羊同圈、同群、同放牧的措施，效果不明显时。可以应用下列中草药处方治疗：淫羊藿 15g、阳起石 15g、肉苁蓉 15g、杜仲 12g、金骨脊 9g、枸杞子 9g、当归 9g、川芎 9g、熟地 9g，每天 1 剂，早晚 2 次煎服。连用 5 剂，共服 10 次。每次灌服药量为 180～240mL。在服药期间，不要让公羊与母羊接触。本方温肾补肾，强阳益精，可治疗公羊阳痿症和性机能减退。

对神经反射性的阳痿，可用力勃隆剂，每天灌服 10g，连用 5d。

五、胎衣不下

胎儿出生以后，绵羊排出胎衣的正常时间在为 3.5（2～6）h，山羊为 2.5（1～5）h，如果在分娩后超过 14h 胎衣仍不排出，即称为胎衣不下。此病在山羊和绵羊都可发生。

[病因] 发病原因包括下列两大类：

产后子宫因多胎、胎水过多、胎儿过大以及持续排出胎儿而伸张过度，出现收缩不足。饲料的质量不好，特别是当饲料中缺乏维生素、钙盐及其他矿物质时，容易使子宫发生弛缓。妊娠期，尤其是在妊娠后期，母羊缺乏运动或运动不足，往往会引起子宫弛缓，因而胎衣排出很缓慢。分娩时母羊肥胖，可使子宫复旧不全，因而发生胎衣不下；流产和其他能够降低子宫肌内和全身张力的因素，都能使子宫收缩不足。

患布鲁氏菌病的母羊常因胎儿胎盘和母体胎盘发生黏着而发生胎衣不下，究其原因，有以下两种情况：一是妊娠期子宫内膜发炎，子宫黏膜肿胀，使绒毛固定在凹穴内，即使子宫有足够的收缩力，也不容易让绒毛从凹穴内脱出来；二是当胎膜发炎时，绒毛也同时肿胀，因而与子宫黏膜紧密粘连，即使子宫收缩，也不容易脱离。

[临床症状] 胎衣可能全部不下，也可能是一部分不下。未脱下的胎衣经常垂吊在阴门之外。病羊背部拱起，时常努责，有时由于努责剧烈可能引起子宫脱出。如果胎衣能在14h以内全部排出，多半不会发生什么并发病。但若超过1d，则胎衣会发生腐败，尤其是气候炎热时腐败更快。从胎衣开始腐败起，即因腐败产物引起中毒，而使羊的精神不振，食欲减少，体温升高，呼吸加快，乳量降低或泌乳停止，并从阴道中排出恶臭的分泌物。由于胎衣压迫阴道黏膜，可能使其发生坏死。此病往往并发败血病、破伤风或气肿疽，或者造成子宫或阴道的慢性炎症。如果羊只不死，一般在5～10d内全部胎衣发生腐烂而脱落。山羊对胎衣不下的敏感性比绵羊大。

[诊断] 依据临床症状很容易作出判断。

[防治]

1. 预防 加强孕羊的饲养管理，饲料的配合应不使孕羊过肥；饲喂含钙及维生素丰富的饲料。舍饲羊每天必须保证适当的运动。临产前一周减少精料，分娩后让母羊自行舔干羔羊身体上的黏液，可能条件下可灌服羊水，并尽早让羔羊吮乳。分娩后立即静脉注射葡萄糖氯化钙溶液，或饮益母草当归水。

2. 治疗 在产后14h以内，可待其自行脱落。如果超过14h，即须采取适当措施，因为这时胎衣已开始腐败，假若再滞留在子宫中，可以引起子宫黏膜的严重发炎，导致暂时的或永久的不孕，有时甚至引起败血病。故当超过14h，应尽早采用以下方法进行治疗，绝不可强拉胎衣，以免扯断而将胎衣留在子宫内。

(1) 皮下注射催产素 羊的阴门和阴道较小，只有手小的人才能进行胎衣剥离。如果将手勉强伸入子宫，不但不易进行剥离操作，反而有损伤产道的危险，故当手难以伸入时，只有皮下注射催产素2～3IU（注射1～3次，间隔8～12 h）。如果配合用温的生理盐水冲洗子宫，收效更好。为了排出子宫中的液体，可以将羊的前肢提起。

(2) 手术剥离胎衣 先用消毒液洗净外阴部和胎衣，再用鞣酸酒精溶液冲洗和消毒术者手臂，并涂以消毒软膏，以免将病原菌带入子宫。如果手上有小伤口或擦伤，必须预先涂擦碘酊，贴上胶布；用一只手握住胎衣，另一只手送入橡皮管，将高锰酸钾温溶液（1：10 000）注入子宫；手伸入子宫，将绒毛膜从母体子叶上剥离下来。剥离时，由近及远。先用中指和拇指捏挤子叶的蒂，然后设法剥离盖在子叶上的胎膜。为了便于剥离，事先可用手指捏挤子叶。剥离时应当小心，因为子叶受到损伤时可以引起大量出血，并为微生物的进入开放门户，容易造成严重的全身症状。

(3) 中药治疗 当归9g、白术6g、益母草9g、桃仁3g、红花6g、川芎

3g、陈皮 3g 等研末，用开水调成糊状，候温灌服。

（4）及时治疗败血症　如果胎衣长久停留，往往会发生严重的产后败血症。其特征是体温升高，食欲消失，反刍停止。脉搏细而快、呼吸快而浅；皮肤冰冷（尤其是耳朵、乳房和角根处）。喜卧下，对周围环境十分淡漠；从阴门流出污褐色恶臭的液体。遇到这种情况时，应该及早进行以下治疗：肌内注射抗生素：青霉素 40 万 U，每 6～8h 1 次，链霉素 1g，每 12h 1 次；用 1％冷食盐水冲洗子宫，排出盐水后给子宫注入青霉素 40 万 U 及链霉素 1g，每天 1 次，直至痊愈；10％～25％葡萄糖注射液 300mL，40％乌洛托品 10mL，静脉注射，每天 1～2 次，直至痊愈；结合临床表现，及时进行对症治疗，如给予健胃剂、缓泻剂、强心剂等。

六、生产瘫痪

生产瘫痪是分娩前后突然发生的一种严重的神经疾病，又称乳热病或低钙血症。其特征为咽、舌、肠道和四肢发生瘫痪，失去知觉。山羊和绵羊均可患病，但以山羊比较多见。尤其在 2～4 胎的某些高产奶山羊，几乎每次分娩以后都重复发病。此病主要发生于产前或产后数日内，偶尔见于妊娠的其他时期。

［病因］舍饲、产乳量高以及妊娠末期营养良好的羊只，如果饲料营养过于丰富，都可能发病。

由于血糖和血钙降低。据测定，病羊血液中的糖分及含钙量均降低，可能是因为大量钙质随着初乳排出，或者是因为初乳含钙量太高之故。胎儿发育迅速消耗钙质过多，大脑抑制动用骨骼中钙的能力降低；从肠道中吸收钙的量减少等。其原因是降钙素抑制了副甲状腺素的骨溶解作用，以致调节过程不能适应，而变为低钙状态，而引起发病。

一般认为生产瘫痪是由于神经系统过度紧张（抑制或衰竭）而发生的一种疾病，尤其是由于大脑皮质接受冲动的分析器过分紧张，造成调节力降低。这里所说的冲动是指来自生殖器官，以及其他直接或间接参与分娩过程的内脏器官的物理感受器及化学感受器。

［临床症状］最初症状通常出现于分娩之后，少数的病例，见于妊娠末期和分娩过程。由于钙的作用是维持肌肉的紧张性，故在低钙血情况下病羊总的表现为衰弱无力。病初全身抑郁，食欲减退，反刍停止，后肢软弱，步态不稳，甚至摇摆。有的绵羊弯背低头，蹒跚走动。由于发生战栗和不能安静休息，呼吸常见加快。这些初期症状维持的时间通常很短。此后羊站立不稳，在

企图走动时跌倒。有的羊倒后起立很困难。有的不能起立，头向前直伸，不吃，停止排粪和排尿。皮肤对针刺的反应很弱。

少数病羊的知觉完全丧失，有极其明显的麻痹症状。舌头从半开的口中垂出，咽喉麻痹。针刺皮肤无反应。脉搏先慢而弱，以后变快，勉强可以摸到。呼吸深而慢。病的后期常常用嘴呼吸，唾液随着呼气吹出，或从鼻孔流出食物。病羊常呈侧卧姿势，四肢伸直，头弯于胸部，体温逐渐下降，有时降至36℃。皮肤、耳朵和角根冰冷，很像将死状态。

有些病羊往往在死于没有明显症状的情况下。例如，有的绵羊在晚上完全健康，而次晨却见死亡。

[诊断] 尸体剖检时，看不到任何特殊病变，唯一精确的诊断方法是分析血液样品。但由于病程很短，必须根据临床症状的观察进行诊断。乳房通风及注射钙剂效果显著，亦可作为本病的诊断依据。

[防治]

1. 预防 根据钙在体内的动态生化变化，在实践中应考虑饲料成分配合上预防本病的发生。

（1）在整个妊娠期间都应喂给富含矿物质的饲料。单纯饲喂富含钙质的混合精料，似乎没有预防效果，假若同时给予维生素 D，则效果较好。

（2）产前应保持适当运动。但不可运动过度，因为过度疲劳反而容易引起发病。

（3）对于习惯发病的羊，于分娩之后，及早应用下列药物进行预防注射：5％氯化钙 40～60mL，25％葡萄糖 80～100mL，10％安钠咖 5mL 混合，一次静脉注射。

（4）在分娩前和产后 1 周内，每天给予蔗糖 15～20g。

2. 治疗

（1）补钙疗法 静脉或肌内注射 10％葡萄糖酸钙 50～100mL，或者应用下列处方：5％氯化钙 60～80mL，10％葡萄糖 120～140mL，10％安钠咖 5mL 混合，一次静脉注射。

（2）采用乳房送风法 利用乳房送风器送风，如果没有乳房送风器时，可以用自行车的打气筒代替。首先使羊呈稍微仰卧姿势，挤出少量乳汁；用酒精棉球擦净乳头，尤其是乳头孔。然后将煮沸消毒过的导管插入乳头中，通过导管打入空气，直到乳房中充满空气为止。用手指叩击乳房皮肤时有鼓响音，为充满空气的标志。两侧乳房中都要注入空气；为了避免送入的空气外逸，在取出导管时，应用手指捏紧乳头，并用纱布绷带轻轻的扎住每一个乳头的基部。经过 25～30min 将绷带取掉；将空气注入乳房各叶以后，小心按摩乳房数分钟。然后使羊四肢蜷曲伏卧，并用草束摩擦臀部、腰部和胸部，最后盖上麻袋或布块保温；注入空气以后，可根据情况考虑注射 50％葡萄糖溶液 100mL；如果注入空气后 6h 情况并不改善，应再重复作乳房送风。

（3）其他疗法

补磷：当补钙后，病羊机敏活泼，欲起不能时，多伴有严重的低磷血症。此时可应用 20％的磷酸二氢钠溶液 100 mL，一次静脉注射。

补糖：随着钙的供给，血液中胰岛素的含量很快提高而使血糖降低，有时可引起低糖血症，故补钙的同时应当补糖。

七、子宫炎

子宫炎是指母羊子宫黏膜发生炎症的一种常见的生殖器官疾病。在绵羊，有时由于某种病原微生物传染而发生，可能成为显著的流行病，是导致母羊不孕的原因之一。

[病因] 常发生于流产前后，尤其是传染病引起的流产。这种子宫炎容易相互传染，如不及时采取防治措施，正常分娩的羊也难免受到感染；分娩时期圈舍不清洁，或接产过程消毒不严，容易引起发病；本病也常为阴道脱出、子宫脱出、胎衣不下及阴道炎、腹膜炎、胎儿死于腹中等导致细菌感染而引起的继发症。

[临床症状] 按其病理过程、发炎的性质可分为卡他性、出血性和化脓性子宫内膜炎，临床表现有急性和慢性两种情况。

1. 急性 病羊体温升高，食欲减少，反刍停止，磨牙，精神萎靡。常从阴门流出污红色腥臭的排出物，附着于阴门周围、尾部和后肢，形成干痂。由于炎性渗出物的刺激，同时可使阴道及前庭发炎。有时由于病羊努责而发生阴道不全脱出。发病后期则不易站立，行走苦难，后肢踢腹，如为传染性子宫炎，则体温显著增高，病羊极度虚弱，泌乳停止，有时表现昏迷及血中毒现象，甚至造成死亡。

2. 慢性 多由急性转变而来，食欲稍差，阴门排出少量卡他性或脓性渗出物，发情不规律或停止发情，不易受胎。卡他性子宫炎有时可以变为子宫积水，造成长期不孕，但外表没有排出液，不易确诊，只能根据有子宫卡他性炎症的病史进行推测。症状稍明显的可见弓背，努责，做排尿姿势，体温稍微升高，经常从阴门流出少量脓性黏稠的分泌物。有些病例无临床症状，仅是屡配不孕。

[诊断] 从病羊体温升高，弓背、努责，时作排尿姿势，阴户中流出黏性或脓性分泌物，发情不规律或停止，屡配不孕等临床症状及病因可作出诊断。

[防治]

1. 预防 加强饲养管理，保证配种公羊的卫生，防止发生流产、难产、胎衣不下和子宫脱出等疾病；预防和扑灭引起流产的传染性疾病；加强产羔季节接产、助产过程的卫生消毒工作，防止子宫受到感染；抓紧治疗子宫脱出、胎衣不下及阴道炎等疾病。

2. 治疗 严格隔离病羊，不可与分娩的羊同群饲喂；加强护理，保持羊舍的温暖清洁，饲喂营养丰富而带有轻泻性的饲料，经常供给清水；抓紧治疗急性子宫内膜炎，全身注射青霉素或链霉素，防止转为慢性；进行子宫冲洗及灌注，可用 100～200mL 0.1‰高锰酸钾，1‰～2‰小苏打、1‰盐水冲洗子宫，每天 1 次或隔天 1 次。子宫内有较多分泌物时，盐水浓度可提高到 3‰。促进炎性产物的排出，防止吸收中毒，并可刺激子宫内膜产生前列腺素，有利于子宫机能的恢复。

冲洗后灌注青霉素 40 万 U，子宫内给予抗生素药物，由于子宫内膜炎的病原菌非常复杂，且多为混合感染，宜选用抗菌范围广的药物，如四环素、庆大霉素、卡那霉素、金霉素、氟哌酸等。可将抗生素药物 0.5～1g 用少量生理盐水溶解，做成溶液或混悬液，用导管注入子宫，每天 2 次。激素疗法，可用 $PGF_{2\alpha}$ 类似物，促进炎症产物的排出和子宫功能的恢复。在子宫内有积液时，可注射雌二醇 2～4mg，4～6h 后注射催产素 10～20IU，促进炎症产物排出。

八、卵巢机能减退不全及萎缩症

卵巢机能减退是指卵巢机能暂时受到扰乱，处于静止状态，不出现周期性活动，如果机能长久衰退，则引起卵巢组织萎缩和硬化，尤其是衰老的母羊（6～8岁）容易发生。卵巢机能不全是指有发情的外表行为，但不排卵或排卵延迟，或者是排卵，但无发情表现，后者称为安静发情。如果青年羊达到性成熟年龄而一直不见发情，那属于先天性的不孕，可能是由于卵巢畸形或卵巢幼稚，在卵巢机能不全范围之列。卵巢萎缩是卵巢变小，质地稍硬，没有卵泡发育。

[病因]

1. 饲养管理不当 长期饲喂不足或饲料质量不好，特别是蛋白质、维生素 A 及维生素 E 缺乏，使得母羊身体乏弱。长期哺乳使母羊过度营养消耗，导致垂体产生促卵泡素（FSH）的机能不足。

2. 长期患病 如子宫内膜炎、子宫积脓或全身性的严重疾病使母羊身体孱弱所致。卵巢炎可以引起卵巢萎缩和硬化。

3. 不发情 年老母羊和乏情季节中的不发情，是因为卵巢机能生理性减退，都属于生理现象。

4. 气候与温度的影响 气候变化无常，或者新购入的羊对当地气候不适应，也可引起卵巢机能暂时减退，安静发情，常见于发情季节的第一次发情，也发生于营养缺乏时。

[临床症状] 卵巢机能减退的特征是发情周期延长或者长期不发情，发情的外表症状不明显。卵巢机能不全的特征是发情症状明显，但不排卵，或是有排卵，但无发情的外部表现，卵巢萎缩时则母羊不发情，卵巢体积缩小变硬。

[诊断] 根据临床症状即可诊断。羊的安静发情，可以利用公羊检查。卵泡交替发育的外表发情症状随着卵泡发育的变化有时旺盛，有时微弱，有时连续或断续发情，发情期拖延很长，一旦排卵，1~2d 就停止发情。在年龄不大的母羊，卵巢机能不全预后良好，如果已经衰老，卵巢明显萎缩硬化，与附近的组织发生粘连，或者子宫也同时萎缩，则预后不佳。

[防治]

1. 预防 加强饲养管理，提高饲料的质量，增加日粮中蛋白质、维生素、矿物质和微量元素等营养物质的含量；此外，应定期进行检疫，积极治疗继发病，并且增加放牧和日照的时间，每日保证足够的运动。减少泌乳，往往可以收到满意的效果，因为良好的自然因素是保证卵巢机能正常的基本条件，特别是对于消瘦乏弱的羊，更不能单独靠药物催情，因为它们缺乏维持正常生殖机能基础。在草质优良的草场上放牧，往往可以得到恢复和增强卵巢机能的满意效果。对患生殖器官或其他疾病（全身性疾病、传染病或寄生虫病）而伴发卵巢机能减退的羊，必须治疗原发疾病才能收效。

2. 治疗 对卵巢机能不全的羊，首先必须了解其身体状况及生活条件，进行全面分析，找出主要原因，然后按照具体情况，采取适当措施，才能收到良好的治疗效果。

（1）利用公羊催情 公羊对母羊的生殖机能是一种天然刺激因素，它不仅能够通过母羊的视觉、听觉、嗅觉及触觉对母羊产生影响，而且能通过交配动作，借助副性腺分泌物对母羊的生殖器官产生生物化学刺激，作用于母羊的神经系统。因此除了患生殖器官疾病或者神经内分泌机能扰乱的母羊以外，尤其是对与公羊不经常接触、分开饲喂的母羊，利用公羊催情通常可以获得良好的效果。在公羊的影响下，可以促进母羊发情或者使发情征象增强，而且可以加速排卵。

催情可以利用正常种公羊进行，为了节省优良种公羊的精力，也可以将没有种用价值的公羊，施行阴茎移位术或输精管结扎术后，混放于母羊群中，作为催情之用。

(2) 激素催情 促卵泡素（FSH）：肌内注射 50～100IU，每天或隔天 1 次，共用 2～3 次，每注射 1 次后须作检查，无效时方可连续应用，直至出现发情征象为止。

人绒毛膜促性腺激素（HCG）：肌内注射 500～1 000IU，必要时间隔 1～2d 重复 1 次。

孕马血清促性腺激素（PMSG）：主要作用类似于促卵泡素，因而可用于催情。孕马血清粉剂的剂量按单位计算，用 200～1 000IU。

雌激素：这类药物对中枢神经及生殖道有直接兴奋作用，可引起母羊表现明显的外表发情征象，但对卵巢无刺激作用，不能引起卵泡发育及排卵。虽然如此，这类药物仍不失其实用价值，因为应用雌激素之后能使生殖器官出现血管增生，血液供应旺盛，机能增强，从而摆脱生物学上的相对静止状态，使正常的发情周期得以恢复。因此虽然用后的头一次发情不排卵（不必配种），而在以后的发情周期中却可正常发情排卵。

常用的雌激素制剂及其剂量如下：

苯甲酸雌二醇（或丙酸雌二醇）：肌内注射 1～2mg。

孕酮：做成阴道海绵栓进行处理，应用时，先给海绵栓涂上润滑药膏，然后用海绵栓放置器将栓放入母羊阴道深部。为了提高诱导发情效果，在放置阴道栓的同时，可皮下注射苯甲酸雌二醇 2mg。在放栓后 9～12d，轻轻拉出阴道栓。在撤栓后 3d 内可以发情，有效率可达 90% 以上。

前列腺素：前列腺素 $F_{2\alpha}$（$PGF_{2\alpha}$）能溶解黄体，消除黄体所分泌孕酮对卵泡发育的抑制作用，因而可治疗持久黄体引起的不发情，对卵巢上无黄体的羊无效。应用时，可以肌内注射氯前列烯醇 4mg，一般可于注射后 48～96h 发情。效果比较可靠，但费用较高，如果误用于妊娠母羊，可引起流产。

(3) 维生素 A 对于缺乏青绿饲料引起的卵巢机能减退，维生素 A 比较有效。一般每次给予 1～2 单位，每 10d 注射 1 次，注射 3 次后卵巢上可有卵泡发育，且可成熟排卵和受胎。

(4) 冲洗子宫 对产后不发情的母羊，用 37℃ 的温生理盐水或 1∶1 000 碘甘油水溶液 100～200mL 隔天冲洗子宫 1 次，共用 2～3 次，可促进发情。

九、乳房炎

乳房炎是乳腺、乳池、乳头局部的炎症多见于绵羊、山羊的泌乳期，根据发病原因及病的发展程度又可分成若干种。奶山羊患乳房炎以后，往往可使奶质变坏，不能饮用。有时由于患部循环不好，引起组织坏死，甚至造成羊只死亡。

[病因] 挤奶人员技术不熟练或者挤奶方法不正确，损伤了乳头、乳腺体，或挤奶人员手臂不卫生，羔羊咬伤乳头，乳头受到细菌感染等均可引发本病。山羊一般为链球菌及葡萄球菌，绵羊除这两种球菌外，尚有化脓杆菌，大肠杆菌及类巴氏杆菌等。乳用山羊还可以见到结核性乳房炎。此外，无论在山羊或绵羊的乳房中，都可遇到假分支杆菌。这种细菌可使乳房中生成脓疡，损坏乳腺功能。分娩后挤奶不充分，奶汁积存过多，乳房外伤可引起本病。患感冒、结核、口蹄疫、子宫炎等疾病也可引起本病。

[临床症状] 病初无临床症状，奶汁无大变化。严重时，由于高度发炎及浸润，使乳房发肿发热，变为红色或紫红色。用手触摸乳房，羊只感到疼痛，挤奶困难，乳量也大为减少。乳汁中常混有脓液或血液，故呈黄色或红色。患出血性乳房炎时，乳汁呈淡红色或血色，内含小片絮状物，乳房剧烈肿胀，异常疼痛。如果发生坏疽，手摸时感到冰凉。由于行走时后肢摩擦乳房而感到疼痛，因此发生跛行或不能行走。病羊食欲不振，头部下垂，精神萎靡，体温增高。检查乳汁时，可以发现葡萄球菌、化脓杆菌、链球菌及大肠杆菌等，但各种细菌不一定同时存在。如为混合感染，病势则更为严重。

[诊断] 根据乳房红肿、触诊疼痛和乳房硬结等症状，可以作出初步诊断。乳汁的检查，在乳房炎的早期诊断和确定病灶上有着重要的意义。先用70%的酒精擦净乳头，待干后挤出最初乳汁弃去，再直接挤取乳汁于灭菌的广口瓶内以备检查。

1. 乳汁感官检查 乳汁中发现血液、脓汁、凝片或凝块，乳色及乳汁稀稠度异常，都是乳房炎的表现。乳汁稀薄如水，进而呈污秽黄色，放置后有厚层沉淀物，是结核性乳房炎的特征；以黄色均匀脓汁为特征者，是大肠杆菌感染；以凝片和凝块为特征者，是无乳链球菌感染；乳腺患部肿大并坚实者，是绿脓杆菌和酵母菌感染。当凝块细微而不明显时，用黑色背景观察。

2. 乳汁酸碱度检查 将0.5%溴煤焦油醇紫或溴麝香草酚蓝指示剂数滴，滴于试管内或玻片上的乳汁中，或向蘸有指示剂的纸或纱布上滴乳汁，当出现紫色或紫绿色时，即表示碱度增高，证明是乳房炎。

[防治]

1. 预防 避免乳房中奶汁积留，如果奶量较大，羔羊吃不完的奶存留在母羊乳房内，易引起乳房炎；经常洗刷羊体，尤其是乳房部，以除去疏松的被毛及污染物；每次挤奶以前必须洗手，并用开水或漂白粉溶液浸过的布块清洗乳房，然后再用净布擦干；保持羊棚清洁，定时清除粪便及不干净的垫草，更换干燥洁净的垫草；产奶山羊及哺乳绵羊要注意保暖，特别是在雪雨天气时更要多加注意；哺育羔羊的绵羊，最好多进行放牧，这样不但可以预防乳房炎，而且可以避免发生其他疾病；在挤病羊奶时，应另用一个容器，病羊的奶应该毁弃，以免传染，并应经常清洗及消毒容器。

2. 治疗 及时隔离病羊，然后进行治疗。治疗方法可分为局部及全身两种：

（1）局部治疗 ①进行乳房冲洗灌注·先挤净坏奶，用消毒生理盐水50～100mL注入乳池，轻轻按摩后挤出，连续冲洗2～3次。最后用生理盐水40～60mL溶解青霉素20万U。注入乳池，每日2～3次。②进行冷敷，并用抗生素消炎：初期红、肿、热、痛剧烈的，每天冷敷2次，每次15～20min。冷敷以后，用0.25%～0.5%普鲁卡因10mL，加青霉素20万U；分为3～4个点，直接注入乳腺组织内。③出血性乳房炎：禁止按摩，轻轻挤出血奶，用0.25%～0.5%普鲁卡因10mL溶解青霉素20万U，注入乳房内。如果乳池中积有血凝块，可以通过乳头管注入1%盐水50mL，以溶解血凝块。④乳房坏疽：最好进行切除。⑤慢性炎症：用40～45℃热水进行热敷，或用红外线灯照射，每天2次，每次15～20min，然后涂以10%樟脑软膏。

（2）全身治疗 ①为了暂时制止泌乳机能，可行减食法，即减少精料给量；少喂多汁饲料，如青贮料、根菜类及青饲料；限制饮水。主要喂给优质干草，如苜蓿、三叶草及其他豆科牧草。因为采取减食疗法，故在病羊食欲减退时，不需要设法促进食欲。②体温升高时，可灌服磺胺类药物，用量按每千克体重0.07g计算，4～6h1次，第一次用量加倍。或者静脉注射磺胺噻唑钠或磺胺嘧啶钠20～30mL，每天1次。也可以肌内注射青霉素，每次20万～40万U，每天2～3次。③应用硫酸钠100～120g，促进毒物排出和体温下降。④如果乳房炎很顽固，长时期治疗无效，而怀疑为特种细菌感染时，可采取奶汁样品，进行细菌检查。在病原确定以后，选用适宜的磺胺类药物或抗生素进行治疗。⑤凡由感冒、结核、口蹄疫、子宫炎等病病引起的乳房炎，必须同时治疗这些原发病。

十、创伤

羊的体表或深部组织发生损伤，并伴有皮肤、黏膜破损叫创伤。创伤可分为新鲜创伤和化脓性感染创伤。新鲜创伤包括新鲜手术创伤和新鲜污染创伤，新鲜污染创伤是指伤后12h以内，伤部虽被污染但还没有出现感染症状的创伤；化脓性感染创伤是指创内有大量细菌侵入，出现化脓性炎症的创伤。

[病因]

1. 机械性损伤 系机械性刺激作用所引起的损伤。包括开放性损伤和非开放性损伤。

2. 物理性损伤 因物理因素引起的损伤，如烧伤、冻伤、电击及放射性损伤等。

3. 化学性损伤 系化学因素引起的损伤，如化学性热伤及强刺激剂引起的损伤等。

4. 生物性损伤 由生物性因素引起的损伤，如各种细菌和毒素引起的损伤等。

[临床症状] 新鲜创伤的临床特点是出血、疼痛和创口裂开。伤后时间较短，创内尚有血液流出或存有血凝块，且创内各部分组织的轮廓仍能识别，有的虽被严重污染，但未出现创伤感染症状；严重创伤有不同程度的全身症状。

化脓性感染创伤的特点是创面脓肿、疼痛，局部增温，创口不断流出脓汁或形成很厚的脓痂，有时出现体温升高。随着化脓性炎症的消退，创面出现新生肉芽组织，称为肉芽创。正常肉芽组织比较坚实，呈红色平整颗粒，表面附有少量黏稠的、灰白色的脓性物。

[诊断]

1. 局部检查 了解创伤发生的部位、形状、大小、方向、性质、深度、裂开的程度、有无出血、创围组织状态以及有无异物污染及感染、血凝块和创囊等。对有分泌物的创伤，应注意肉芽组织的颜色、数量及生长情况等。

2. 全身检查 检查羊的精神状态、体温、呼吸、脉搏及可视黏膜的状况。

[防治] 新鲜创面，不必清洗，可用消毒纱布盖住创面，在创面周围剪毛，消毒后撒布消炎粉、碘仿磺胺粉及其他防腐生肌药。如有出血，应外用止血粉撒布创面，必要时可用安络血、维生素 K_3 或氯化钙等全身性止血药，并用3％双氧水、0.1％高锰酸钾溶液冲洗创面污物，然后用生理盐水冲洗，擦干，撒布。如创面大，创口深，撒布上述药物需进行缝合。

化脓性感染创应先扩创排脓，剪掉或切除坏死组织，然后用3％双氧水、0.1％高锰酸钾或0.1％的新洁尔灭等冲洗创腔。最后用松碘流膏（松榴油15g、5％碘酒15mL、蓖麻油500mL）纱布条引流。有全身症状时可适当选用抗菌消炎类药，并注意强心解毒。

肉芽创应先清理创围，并用生理盐水冲洗。然后局部选用刺激性小、能促进肉芽组织和上皮生长的药物，如松碘流膏、3％龙胆紫等。肉芽组织赘生时，可用硫酸铜腐蚀，也可用烙烧法去赘生肉芽。

十一、腐蹄病

羊腐蹄病是一种传染病，其特征是局部组织发炎、坏死，因为常侵害蹄部，因而称"腐蹄病"。患病后生长不良、掉膘、羊毛质量受损，偶尔死亡，造成严重的经济损失。

[病因] 本病常发生于低湿地带，多见于湿雨季节。环境潮湿，羊只长期拥挤，相互践踏，都容易使蹄部受到损伤，给坏死杆菌的侵入造成有利条件。坏死杆菌因其在羊蹄之外生存超不过10d，在土壤中也不能增殖，因此，唯一的长期传染源乃是患腐蹄病的羊。此外，坏死梭形杆菌和羊肢腐蚀螺旋体侵入蹄部皮肤，也可导致本病。在一些未经治疗或治疗不当的病例中，若继发了如化脓棒状杆菌、链球菌、葡萄球菌、大肠杆菌等细菌，可引起严重的后果，甚至导致蛆的侵袭。

[临床症状] 病初轻度跛行，多为一肢患病。随着疾病的发展，跛行逐渐严重。如果两前肢患病，病羊往往爬行；后肢患病时，常见病肢伸到腹下。检查蹄部时，病初可见蹄间隙、蹄匣和蹄冠红肿、发热，触碰有疼痛反应，以后溃烂，挤压时有恶臭的脓液流出。更为严重时，蹄部深层组织坏死，蹄匣脱落，病羊常跪下采食。有时在绵羊羔可引起坏死性口炎，可见鼻、唇、舌、口腔甚至眼部发生结节、水疱，以后变成棕色痂块。有时由于脐带消毒不严，可以发生坏死性脐炎。在极少数情况下，可以引起肝炎或阴唇炎。

病程比较缓慢，多数病羊跛行达数十天甚至数月。由于影响采食，病羊逐渐变为消瘦。如不及时治疗，可能因为继发感染而造成死亡。

[诊断] 一般根据临床症状（发生部位、坏死组织的恶臭味）和流行特点，即可作出诊断。在初发病地区，为了进行确诊，可由坏死组织与健康组织交界处用消毒小匙刮取材料，制成涂片，用复红-美蓝染色法染色，进行镜检。坏死杆菌在镜下呈蔷薇色，为着色不均匀的丝状体。如无镜检条件，可将病料放在试管内保存在25%～30%甘油生理盐水，送往实验室检查。

[防治]

1. 预防

（1）消除促进发病的各种因素。加强蹄子护理，经常修蹄，避免用尖硬多荆棘的饲料，及时处理蹄子外伤；注意圈舍卫生，保持清洁干燥，羊群不可过度拥挤；尽量避免或减少在低洼、潮湿的地区放牧。

（2）当羊群中发现本病时，应及时进行全群检查，将病羊全部隔离开进行治疗。健康羊用30%硫酸铜或4%甲醛溶液（10%福尔马林）进行预防性浴蹄。对圈舍要彻底清扫消毒，铲除表层土壤，换成新土。对粪便、坏死组织及污染褥草彻底进行焚烧处理。如果患病羊只较多，应该倒换放牧场和饮水处；选择高燥牧场，改到沙底河道饮水。停止在污染的牧场放牧，至少经过两个月以后再利用。

（3）注射抗腐蹄病疫苗"Clovax"。最初注射 2 次，间隔 5～6 周。以后每 6 个月注射 1 次，同时加强饲养管理。对死羊或屠宰羊，应先除去坏死组织，然后剥皮，待皮、毛干燥以后方可外运。

2. 治疗　首先进行隔离，保持环境干燥。然后根据疾病发展情况，采取适当治疗措施。

（1）除去患部坏死组织，到出现干净创面时，用食醋、4％醋酸、1％高锰酸钾、3％来苏儿或双氧水冲洗，再用 10％硫酸铜或 2.4％甲醛溶液（6％福尔马林）进行浴蹄。如大批发生，可每天用 10％龙胆紫或松馏油涂抹患部。

（2）若脓肿部分未破，应切开排脓，然后用 1％高锰酸钾洗涤，再涂擦浓甲醛，或撒以高锰酸钾粉。

（3）除去坏死组织后，以青霉素水剂（每毫升生理盐水含 100～200U）局部涂抹。对于严重的病羊，例如，有继发性感染时，在局部用药的同时，应全身用磺胺类药物或抗生素，其中以注射磺胺嘧啶或土霉素效果最好。

（4）在肉芽形成期，可用 1∶10 土霉素、甘油进行治疗；肉芽过度增生时，可涂用 10％卤碱软膏或撒用卤碱粉。为了防止硬物的刺激，可给病蹄包上绷带。

（5）中药治疗，可选用桃花散或龙骨散撒布患处。

桃花散：先将 250g 大黄放入锅内，加水一碗，煮沸 10min，再加入 500g 陈石灰，搅匀炒干，除去大黄，其余研为细面撒用。有生肌、散血、消肿、定痛之效。

龙骨散：龙骨 30g、枯矾 30g、乳香 24g、乌贼骨 15g 共研为细末撒用，有止痛、去毒、生肌之效。

十二、关节扭挫

关节扭挫包括关节扭伤和挫伤，多是关节韧带、关节囊和关节周围组织的非开放性损伤。多发生于肩关节、腕关节、膝关节和髋关节。

[**病因**] 多数由于道路泥泞不平而滑走、跌倒或误踏深坑、奔走失足、跳

跃闪扭等引起。羊舍地面不平、不铺垫草等也是主要原因。

致病的机械外力直接作用于关节，引起皮肤脱毛和擦伤，皮下组织溢血和挫伤。关节周围软组织血管破裂形成血肿以及急性炎症。若患病关节长时间固定不动，能引起粘连性滑膜炎，关节活动受限制，有时关节软骨、骨膜和骨骺受到损伤，形成关节粘连。

[临床症状] 受伤时出现轻重不一的跛行，站立时患肢屈曲或蹄尖着地，或完全不敢负重而提起。触诊患部有热、肿、痛，其程度依伤轻重而不同。仅关节侧韧带受伤时，于韧带的起止部出现明显的压痛点。如由外力直接引起，患部的被毛及皮肤常有脱落或擦伤的痕迹。

关节被动运动，使韧带紧张时，则出现疼痛反映；使受伤韧带松弛时，则疼痛反应轻微。如发现受伤关节的活动范围比正常关节的活动范围增大，则是关节侧韧带发生全断裂现象。

1. 冠关节扭挫 轻度扭挫时，局部肿胀不明显，触诊冠关节侧韧带或被挫部，出现疼痛反应，运步时呈轻度跛行；重度扭挫时，冠关节部出现明显肿胀及疼痛，运步时呈中度跛行，有时于受伤部可发现挫伤的痕迹。

2. 系关节扭挫 轻度扭挫，局部肿胀，疼痛较轻，呈轻度跛行。重度扭挫时，病羊站立时系关节屈曲，蹄尖着地，运步时跛行严重。局部触诊，疼痛剧烈，肿胀明显。

3. 腕关节扭挫 腕关节多发生挫伤，常见腕关节前面有深浅不一的组织损伤，轻的仅伤及皮肤，重的则伤及骨骼，呈轻度或中等程度混合跛行。有时皮肤及其他组织出现缺损而形成挫创，有时伤及腕前皮下黏液囊，出现黏液囊炎。

4. 肩关节扭挫 患部前肢，肩关节正常轮廓改变，触诊患部有热痛。站立时多将患肢伸向前方，蹄尖着地。重度挫伤时，患肢不敢完全着地。运步时出现以悬跛为主的混合跛行。

5. 膝关节扭挫 患肢提举悬垂或以蹄尖着地，呈混合跛行。触诊膝关节侧韧带，特别是股胫关节侧韧带，常有明显肿痛。重度扭挫时，膝关节腔内因积聚多量浆液性渗出物或血液而明显肿胀。

6. 髋关节扭挫 有时因分娩、久卧不起或粗暴提举而引起伤跨。站立时，患肢膝、跗关节屈曲，或髋关节脱位，则荐骨下降而髋骨突出；运步时步样不灵活，患肢外展，臀部摇摆，卧下后起立困难或不能站立；局部触诊或直肠内检查时有疼痛反应。

[诊断] 从发病原因和临床症状可确诊。

[防治]

1. 预防 加强饲养管理，羊舍要保持清洁卫生，道路泥泞或不平时，放牧人员要严加护羊。

2. 治疗 于伤后 1～2d，包扎压迫绷带，或冷敷，必要时可注射止血药，如 10％氯化钙、维生素 K₃等。

急性炎症缓和后，应用热敷疗法，如温敷、石蜡疗法、温蹄浴（40～50℃温水，2 次/d，每次 1～2h），能使溢出较快吸收。如关节腔内积聚多量血液不能吸收时，可进行关节腔穿刺，排除腔内血液，缠以压迫绷带，但须严格消毒，以防感染。

可肌内注射安乃近、安痛定；患部涂擦用醋调制的复方醋酸铅散或速效跌打膏；也可在患部涂擦轻度皮肤刺激剂，10％樟脑酒精或碘酒樟脑酒精合剂（10％樟脑酒精 80mL，5％碘酊 20mL）；为了加速炎性渗出物的吸收，可适当进行缓慢的运动。

对重度扭挫有韧带、关节囊断裂或关节内骨折可疑者，应装石膏绷带。

炎症转为慢性时，可用碘樟脑合剂（碘片 20g，95％的酒精 100mL、乙醚 60mL、精制樟脑 20g、薄荷脑 20g、蓖麻油 25mL），涂擦患部 5～10min，每天 1 次，连用 5～7d；也可外敷扭伤散，内服跛行散。

十三、结膜炎

结膜炎是指眼结膜受到外界刺激和感染而引起的炎症，又称接触传染性眼炎，是绵羊和山羊的一种常见病，夏季多发。结膜充血、发炎、流泪及分泌物增多为本病的特征。

［病因］羊舍环境污浊、氨气过浓和环境灰尘多，均可刺激羊眼，引起发病。放牧时，野草籽进入羊眼而引起异物性结膜炎。在炎热夏季，蝇、灰尘和长草对病原的散播，容易传染结膜炎。气候较冷的季节，由于羊的拥挤，互相接触，容易扩大传染。

［临床症状］主要表现为结膜发炎，严重发病时，可涉及角膜。疾病初期，病羊流泪，眼睛下部皮肤变湿。检查时，可见结膜发红，角膜混浊，继而眼分泌物变稠。当化脓性细菌侵入损伤的结膜囊时，常引起化脓性结膜炎，病眼有较多的眼屎，常使上下眼睑被脓汁黏着。本病一般在 2 周之内可以痊愈。偶尔发生角膜溃疡，有时引起角膜穿孔，可致眼球内液体流出，预后不良。

［诊断］根据临床症状，可作出诊断。

［防治］

1. 预防

（1）对病羊迅速治疗，并进行隔离。

（2）改善羊舍卫生，注意通风换气与光线，防止风尘的侵袭，严禁在羊舍内调制饲料。

（3）防止羊眼受伤。

2. 治疗

（1）除去病因，设法将病因除去。若是症候性结膜炎，则应以治疗原发病为主。若环境不良，应设法改善环境。

（2）遮断光线。将患羊放在暗舍内或装眼绷带。当分泌物量多时，以不装眼绷带为宜。

（3）一般而言，滴用抗生素眼药水，每天应用 2～3 次，具有良好疗效。亦可采用抗生素眼膏如氯胺苯醇眼膏或邻氯青霉素眼膏。有些病例不经治疗可以自愈。当眼分泌物多而浓稠时，可用生理盐水或 2％～3％的硼酸水进行冲洗，然后应用眼膏或眼药水。

（4）对症治疗

急性卡他性结膜炎：充血显著时，初期冷敷；分泌物变为黏液时，改为温敷，再用 0.5％～1％硝酸银溶液点眼（每天 1～2 次）。用药后经 10min，用生理盐水冲洗，防止过剩的硝酸银分解，且可预防银沉着。若分泌物减少趋于收缩时，可用收敛药，如 0.5％～1％硫酸锌溶液（每天 2～3 次）。疼痛明显时，可用 1％～3％的普鲁卡因溶液点眼。转为慢性时用 0.2％～2％硫酸锌溶液点眼。

慢性结膜炎：治疗以刺激温敷为主，局部可用较脓的硫酸锌或硝酸银溶液，轻擦上下眼睑，擦后立即用硼酸水冲洗，然后再进行温敷。川连 1.5g、枯矾 6g、防风 9g，煎后过滤，洗眼效果良好。病毒性结膜炎时，可用 5％磺乙酰胺钠眼膏涂布眼内。

同时补充维生素 A，可以加大眼睛的治愈率。

十四、尿结石

尿结石是指在肾盂、输尿管、尿道内生成或存留以碳酸钙、磷酸盐为主的盐类结晶，使羊排尿痛苦，并由结石引起的泌尿器官发生炎症的疾病。该病以尿道结石多见，而肾盂结石、膀胱结石较少见。种公羊多发。临床以排尿障碍，肾区疼痛为特征。

[病因] 尿结石是溶解于尿液中的草酸盐、碳酸盐、尿酸盐、磷酸盐等，在凝结物周围沉积而形成。该病的发生与公羊尿道的解剖构造有关系，公羊尿道是位于阴茎中间的一条很细长的管子，而且有 S 状弯曲及尿道突，结石很容

易停留在细长的尿道中，尤其是更容易被阻挡在 S 状弯曲部或尿道突内。

该病主要与饲料营养不全和矿物质不平衡有密切关系，饲料和饮水中含钙、镁盐类较多，饲喂大量的甜菜块根及渣粕，饲料中麸皮比例较高，缺乏维生素 A 等常可促使该病的发生。种公羊患肾炎、膀胱炎、尿道炎时，或尿路炎症引起的尿潴留或尿闭，均可促进结石形成。

[临床症状和病理变化] 尿结石常因发生的部位不同而症状各异。

尿道结石常因结石完全或不完全阻塞尿道，引起尿闭、尿痛、尿频时，才被人们发现。病羊精神委顿，食欲减少，排尿努责，痛苦咩叫，尿中混有血液。小便失禁，尿液不时呈点滴下流，尿道外口周围的毛上可能有盐类堆积，由于尿液的浸润，包皮明显肿胀，之后阴茎根部发炎肿胀，随时频繁作排尿状，不断发出呻吟声，不时起卧。尿道结石可致膀胱破裂。如果腹腔内积有尿液，则有腹水症状。若尿继续留滞不通或膀胱破裂时，即引起尿毒血症。到后期时，食欲完全停止，尾下方臀端呈现水肿，有尿酸气。最后卧地不起，发生死亡。

膀胱结石在不影响排尿时，无临床症状，常在死后剖检时，才发现肾盂处有大量的结石。肾盂内较小的结石，可进入输尿管，使之扩张，使羊发生疝痛症状。显微镜检查尿液，可见有脓细胞、肾盂上皮、沙粒或血细胞。当尿闭时，常可发生尿毒症。

[诊断] 根据临床症状、病理变化可作出初步诊断，确诊需进行尿液沉渣检查。

[防治] 对于舍饲的种公羊，可从饲养管理上进行预防，例如，增强运动，供给足量的清洁饮水等。注意尿道、膀胱、肾脏炎症的治疗。控制谷物、麸皮、甜菜块根及食盐的饲喂量，饮用水要清洁。药物治疗一般无效。对种公羊，在尿道结石时，即刻施行尿道切开术，摘出结石。由于肾盂和膀胱中的小块结石可随尿液落入尿道，而形成尿道阻塞，所以在施行肾盂及膀胱结石摘出术时，对预后要慎重。

附录 舍饲羊场疾病防控技术规程

1 范围

本规程适用于舍饲羊场的疾病防控，制定了羊场在疾病的预防、监测、控制和扑灭方面的兽医防控技术方案。

2 规范性引用文件

下列文件中的某些条款引用为本规程的内容。凡是注明日期的引用文件，其随后所有的修改单（不包括勘误的内容）或修订版均不适用于本规程；凡是不注明日期的引用文件，其最新版本适用于本规程。

《中华人民共和国动物防疫法》

GB/T 16569 畜禽产品消毒规范

DB11/T 551.3—2008 无公害食品 畜禽场环境质量标准 第三部分羊场环境质量

NY 5027 无公害食品 畜禽饮用水水质

NY 5030—2006 无公害食品 畜禽饲养兽药使用准则

NY 5149 无公害食品 肉羊饲养兽医防疫准则

NY 5150 无公害食品 肉羊饲养饲料使用准则

NY/T 5151 无公害食品 肉羊饲养管理准则

GB/T 18407 农产品安全质量 无公害畜禽产地环境要求

GB 16548 病害动物和病害动物产品生物安全处理规程

GB 16549 畜禽产地检疫规范

GB 16567 种畜禽调运检疫技术规范

《高致病性禽流感防治技术规范》

3 术语和定义

下列术语和定义适用于本规程。

3.1 净道（non-pollution road）

羊群周转、饲养员行走、场内运送饲料的专用道路。

3.2 污道（pollution road）

粪便等废弃物、淘汰羊出场的道路。

3.3 羊场废弃物（cattle farm waste）

主要包括羊粪、尿、尸体及相关组织、垫料、过期兽药、残余疫苗、疫苗瓶、一次性使用的畜牧兽医器械及包装物和污水。

3.4 驱虫（deworming）

用药物将寄生于畜禽体内外的寄生虫杀灭或驱除。

3.5 粪便检查（stool examination）

采取新鲜粪便检查其内是否含有寄生虫虫卵、幼虫和卵囊。

3.6 驱虫药效的评定（effect of medicine）

通过驱虫前后动物各方面情况（发病率、死亡率、营养状况、临床症状、虫卵减少率、虫卵转阴率等）对比来确定驱虫效果。

3.7 虫卵计数法（egg counting method）

利用虫卵计数板检查粪便中寄生虫虫卵，了解感染寄生虫的强度和判断驱虫效果。

3.8 虫卵转阴率（disappearance rate of eggs）

驱虫后动物转阴数与驱虫前动物总数的比值。

3.9 EPG

每克粪便中的虫卵数。

3.10　虫卵减少率（decrease ate of eggs）

驱虫前后 EPG 差值与驱虫前 EPG 的比值。

3.11　生物安全处理（biosafety specification）

通过焚烧、化制、掩埋或其他物理、化学、生物学等方法将病害动物尸体和病害动物产品或附属物进行处理，以彻底消灭其所携带的病原体，达到消除病害因素，保障人畜健康安全的目的。

3.12　销毁（destruction）

采用焚烧和掩埋方法，将病害动物尸体和病害动物产品或附属物进行处理，彻底消除病害因素。焚烧就是将病害动物尸体或病害动物产品投入焚化炉或用其他方式烧毁炭化；掩埋处理不适用于患有炭疽等芽孢杆菌类疫病，以及痒病的染疫动物及产品、组织的处置。

4　综合防控规程

羊场疾病防控应符合《中华人民共和国动物防疫法》和 NY 5149 的规定。

4.1　羊场环境

4.1.1　羊场的生态环境　羊场的空气环境质量和生态环境质量应符合 DB11/T 551.3—2008 规定的要求。

4.1.2　羊场的选址　应选在地势平坦、环境干燥、排水良好、通风、易于组织防疫的地方。羊场周围 3 000m 以内无大型化工厂、采矿场、皮革厂、肉品加工厂、屠宰场或畜牧场等污染源。羊场距离干线公路、铁路、城镇、居民区和公共场所 1 000m 以上，远离高压电线和水源地。羊场周围有围墙或防疫沟，并建立绿化隔离带。

4.1.3　羊场布局　应设生活管理区、生产区、生产辅助区、畜粪堆贮区、病羊隔离区和无害化处理区，各区应相互隔离。羊场生产区要布置在管理区主风向的下风或侧风向，饲料饲草、羊舍依次应布置在生产区的上风向，隔离羊舍、粪便、污水处理设施、病羊和死羊处理区设在生产区主风向的下风或侧风向。净道与污道分设，并尽可能减少交叉点。

4.1.4　羊舍设计　应能保温隔热，地面和墙壁应便于消毒；羊舍通风、采光良好，空气中有毒有害气体含量应符合 DB11/T 551.3—2008 的规定。

4.1.5 羊场禁养其他动物 羊场不应饲养任何其他家畜家禽，并应防止周围其他畜禽进入场区。饲养区外 1 000m 内不应饲养偶蹄动物。

4.2 引进羊只

4.2.1 坚持自繁自养的原则，必须引进羊只时，应从非疫区引进，尤其是不从有痒病及高风险的国家和地区引进羊只、精液、胚胎。

4.2.2 引进时须按照种畜禽调运检疫技术规范（GB 16549 和 GB 16567）进行检疫，由兽医检疫部门出具检疫合格证后方可引入。

4.2.3 购进前在产地进行寄生虫病的检查，如检出寄生虫病，应立即对其进行隔离、驱虫，观察 7d 后再对其进行寄生虫和虫卵检查，确认无寄生虫再将其购入。

4.2.4 运输车辆在运输前和使用后应进行彻底清洗消毒，推荐使用 0.2％～0.5％过氧乙酸或 0.2％～0.3％过氧乙酸-戊二醛复合消毒剂，羊只在装运过程中禁止接触其他偶蹄动物。

4.2.5 羊只引入后至少隔离饲养 30d，在此期间进行观察、检疫，经兽医检疫部门确认为健康者方可并群饲养。

4.3 管理

4.3.1 人员管理

4.3.1.1 羊场工作人员应每年进行一次健康检查，传染病患者不应从事饲养工作。

4.3.1.2 场内兽医人员不应对外出诊，专职配种人员不应对外开展羊的配种工作。

4.3.1.3 非生产人员一般不允许进入生产区。特殊情况下，非生产人员需更衣、换鞋、消毒后方可入场，并遵守场内的一切防疫制度。

4.3.2 饲养管理 饲养管理应符合 NY/T 5151 的规定。

4.3.2.1 饲料和饲料原料 应符合 NY 5150 的要求，不喂发霉和变质的饲料、饲草；禁止饲喂动物源性饲料。不应在羊体内埋植或者在饲料中添加镇静剂、激素类等违禁药物。

4.3.2.2 饮水及饲草卫生 具有清洁、无污染的水源，水质应符合 NY 5027 规定的要求。确保饲料、饲草清洁无污染。

4.3.2.3 选羊与分群 按膘情、日龄、体重、性别分群管理，及时淘汰老弱病残。

4.3.2.4 羊舍卫生羊 羊舍应每天打扫，如使用垫料时，7～10d 清理更换一次，保持卫生清洁。水槽、食槽等饲养用具要每天清洗、消毒并符合 NY/T 5151 的规定。

4.4 卫生消毒

4.4.1 消毒剂 消毒剂选择原则为对人、羊和环境比较安全、没有残留毒性，对设备无破坏性；在羊体内不产生有害积累。可选用的消毒剂有：次氯酸盐、有机碘混合物（碘附）、过氧乙酸、生石灰、氢氧化钠（火碱）、高锰酸钾、新洁尔灭、酒精和过氧乙酸 戊二醛复合消毒剂等。

4.4.2 消毒方法和程序

4.4.2.1 进出消毒 羊场大门入口处设立消毒池（消毒池应与门等宽，长为机动车辆车轮一周半，深度大于 15cm），池内为 2%～4% 的氢氧化钠或过氧乙酸戊二醛复合消毒剂（0.2%～0.3%），对入场车辆轮胎进行消毒，消毒液 1～3d 更换一次；冬季可用 0.5% 过氧乙酸或过氧乙酸戊二醛复合消毒剂（0.25%～0.5%）喷雾消毒轮胎。

羊场生产区入口应设消毒室和消毒池，消毒池应与门和过道等宽，池内放 0.2%～0.3% 过氧乙酸-戊二醛复合消毒剂或 2%～4% 的氢氧化钠作为消毒液，1～3d 更换一次。消毒室顶壁安装紫外线灯（一般要求每立方米空间达 1.5w，灯管距地面 2～2.5m 为宜），人员出入场后消毒室的墙壁、地面、空气和工作服等表面用紫外线灯照射消毒的时间应不少于 30min（避免照射人）。进入生产区净道和羊舍的工作人员，必须在消毒室更换场区工作服、工作鞋，通过消毒池方可进入自己的工作区域，严禁相互串圈。外来人员必须进入生产区时，应在消毒室更换场区工作服、工作鞋，经消毒池进入，按指定路线行走，并遵守场内防疫制度。

4.4.2.2 环境消毒 羊舍周围环境每半月用 2%～4% 火碱或撒生石灰消毒 1 次；羊场周围及场内污染池、排粪坑、下水道出口，每月用 3% 漂白粉消毒 1 次。

4.4.2.3 羊舍消毒

（1）带羊常规消毒 每周机械清扫一次，彻底清除羊舍地面和墙壁的污染物。砖地和三合土地面每 1～2 周进行 1 次带羊喷雾消毒，消毒药为刺激性小的 0.25%～0.5% 二氧化氯、0.2%～0.3% 过氧乙酸或 0.2%～0.3% 过氧乙酸-戊二醛复合消毒剂等。操作时，喷头与羊体垂直距离为 80～100cm，且向前上方使雾粒自由落下，地面均匀湿润即可，不能使羊体和地面垫料过湿（积水）。

羊舍为土壤地面时，可用 5% 有效氯的漂白粉溶液或过氧乙酸戊二醛复合消毒剂（0.2%～0.3%）。

（2）空舍消毒 每批羊只出栏后，要彻底清扫羊舍，采用一扫、二烧、三喷、四熏蒸的程序进行消毒。

一扫：彻底清扫羊舍。

二烧：对墙裙、地面和非易燃用具等用火焰喷射器消毒。

三喷：对地面和墙壁用火碱、石灰乳等进行消毒，用具及屋顶用氯制剂、过氧乙酸、碘制剂等进行消毒。消毒应进行 2～3 次，每次间隔 24h。这些处理的作用时间应不少于 60min，喷药量应符合以下标准：泥土墙吸液量为 150～300mL/m²，水泥墙、木板墙、石灰墙为 100mL/m²，地面喷药量为 200～300mL/m²。

四熏蒸：关闭羊舍门窗和风机使其密闭后，用甲醛熏蒸消毒。具体方法如下：将 37%～40% 甲醛溶液（即福尔马林，用量为 20～45mL/m³）倒入搪瓷或陶瓷容器，加入高锰酸钾（20g/m³）使甲醛迅速蒸发，熄灭火源，密封熏蒸 12～24h 后，打开门窗通风 24h 以上除去甲醛气味。熏蒸时，相对湿度应为 60%～80%；如室温低于 18℃，要加热水（20mL/m³）；为减少成本，可不加高锰酸钾，但要用猛火加热甲醛。

4.4.2.4 运动场消毒 首先彻底清扫粪尿，然后用 3% 的漂白粉、4% 的福尔马林或 5% 的氢氧化钠水溶液喷洒消毒，每月进行 1 次。

4.4.2.5 用具消毒 饲料车、补料槽、料桶等用具每周消毒 1 次，先用 0.2%～0.5% 过氧乙酸喷洒或 0.1% 新洁尔灭浸泡 30min，并用清水刷洗饲槽、用具，将消毒药味除去；兽医用具、助产用具、配种用具等在使用前后须用 0.1% 新洁尔灭浸泡 30min 或高温高压灭菌（121℃，15～20min）；工作服等采用紫外线照射 30～60min 或消毒液（每升 250～500mL 有效氯消毒剂）浸泡 30min 或高温高压消毒（121℃，15～20min）。

4.4.2.6 羊体消毒 助产、配种、注射治疗等任何接触羊的操作之前，应先将其有关部位如阴道口和后躯等用 0.1%～0.5% 的新洁尔灭水、70%～75% 的酒精或 2%～5% 的碘酊进行擦拭消毒。

4.5 废弃物的生物安全处理

废弃物处理场设在羊场生产区的下风处。羊舍及运动场垫料、污物和粪便应每天及时清除并运送到废弃物处理场。

粪便处理应符合 GB 16548 的规定，每天将其集中到废弃物处理场的指定地点，采用生物热消毒法处理 1 个月以上（夏季一个月，春秋一个半月，冬季两三个月）。具体方法如下：地点为离圈舍 100m 以外，羊粪堆积成堆并覆盖 10cm 厚的细土，进行发酵。处理后的粪便在使用前再进行寄生虫虫卵、幼虫检查。

污水应引入污水处理池，用漂白粉或生石灰消毒，一般每升污水用 2～5g 漂白粉。

病死羊尸体应深埋处理（患有炭疽等芽孢杆菌类疫病，以及羊海绵状脑病羊及产品、组织进行焚毁处理），坑底铺垫生石灰，尸体置于坑中后浇油焚烧，再撒一层生石灰，最后覆盖土层与周围持平，厚度应大于 1.5m。填土不要太实，避免尸腐产生的气体冒出和液体渗漏。

4.6 控制传播媒介

灭鼠、灭蚊蝇应符合 NY/T 5151 的规定。

4.6.1 搞好羊舍内外环境卫生，消除杂草和水坑等蚊蝇孳生地，夏秋季要定期喷洒杀虫药，或在羊场外围设诱杀点，用紫外诱杀器消灭蚊蝇。

4.6.2 应定期定点投放灭鼠药，及时收集死鼠和残余鼠药，深埋处理。

4.6.3 为防止寄生虫病的传播，必须消灭活的媒介如昆虫和水螺，并禁止饲喂低洼、湖泊、池塘等处带有地螺的饲草。用 5% 硫酸铜溶液或 6% 四聚乙醛（灭蜗灵）消灭河、湾、塘、沟等水源处的地螺，每年喷洒 1～2 次。

4.6.4 加强中间宿主动物的管理，禁止狗、猫吃生肉并要定期驱虫，及时清理狗、猫的粪便并进行无害化处理，避免其粪便污染饲料、饮水。

4.7 免疫接种

羊场应根据《中华人民共和国动物防疫法》及其配套法规的要求，结合当地疫病流行的实际情况，有选择地进行疫病的预防接种工作，并注意选择适宜的疫苗、免疫程序和免疫方法。依据舍饲羊场疫病流行情况推荐如下免疫程序（附表 1 和附表 2）。

附表 1　舍饲羊场免疫程序 A（规模户）

接种时间（日龄）		疫苗名称	接种方法	剂量	免疫期	备注
羔羊	21～28	羊口疮弱毒细胞冻干苗	口腔黏膜内注射	0.2mL	1 年	
	28～35	羊痘弱毒疫苗	皮下注射	1 头份	1 年	
	28～35	口蹄疫 O 型-亚洲 I 型二价灭活疫苗	皮下肌内注射	1mL		
	42～49	羊五联苗	肌内注射	1 头份	6 个月	
	63～70	口蹄疫 O 型-亚洲 I 型二价灭活疫苗	皮下肌内注射	1mL	6 个月	
	98～105	传染性胸膜肺炎氢氧化铝菌苗	皮下或肌内注射	3mL	1 年	

（续）

接种时间 （日龄）		疫苗名称	接种方法	剂量	免疫期	备注
成年羊	2月下旬至 3月上旬	羊五联苗	肌内注射	1头份	6个月	
	3月中旬	口蹄疫O型-亚洲Ⅰ型二价灭活疫苗	皮下肌内注射	2mL	6个月	
	3月下旬	羊痘弱毒疫苗	皮下注射	1头份	1年	
	5月中旬	羊种布鲁氏菌M5弱毒苗	皮下注射	山羊和绵羊皮下注射10亿个活菌	3年	疫区羊群免疫
	8月下旬至 9月上旬	羊五联苗	肌内注射	1头份	6个月	
	9月中旬	口蹄疫O型-亚洲Ⅰ型二价灭活疫苗	皮下肌内注射	2mL	6个月	
	9月下旬	羊口疮弱毒细胞冻干苗	口腔黏膜内注射	0.2mL	1年	
	10月上旬	传染性胸膜肺炎氢氧化铝菌苗	皮下或肌内注射	5mL	1年	

附表2 舍饲羊场免疫程序B（散养户）

接种时间	疫苗名称	接种方法	剂量	免疫期	备注
2月下旬至 3月上旬	羊五联苗	肌内注射	1头份	6个月	不论羊只大小
3月中旬	口蹄疫O型-亚洲Ⅰ型二价灭活疫苗	皮下肌内注射	1mL	6个月	4月龄至2年，羔羊35日龄首免，1个月后加强免疫
			2mL		2年以上
3月下旬	羊痘弱毒疫苗	皮下注射	1头份	1年	不论羊只大小
4月中旬	羊口疮弱毒细胞冻干苗	口腔黏膜内注射	0.2mL	5个月	不论羊只大小
5月中旬	羊种布鲁氏菌M5弱毒苗	皮下注射	山羊和绵羊皮下注射10亿个活菌		不论羊只大小

（续）

接种时间	疫苗名称	接种方法	剂量	免疫期	备注
8月下旬至9月上旬	羊五联苗	肌内注射	1头份	6个月	不论羊只大小
9月中旬	口蹄疫O型-亚洲Ⅰ型二价灭活疫苗	皮下肌内注射	1mL	6个月	4月龄至2年，羔羊35日龄首免，1个月后加强免疫
			2mL		2年以上
9月下旬	羊口疮弱毒细胞冻干苗	口腔黏膜内注射	0.2mL	1年	不论羊只大小
10月上旬	传染性胸膜肺炎氢氧化铝菌苗	皮下或肌内注射	3mL	1年	6月龄以下
			5mL		6月龄以上

4.8 药物预防与治疗技术规程

药物使用应符合 NY 5148 和 NY 5149 的要求。

4.8.1 细菌性疾病的防治

4.8.1.1 细菌性疾病的预防 羔羊断奶、转群、气候突变等应激情况时，可用抗应激类药物和抗菌类药物预防条件性致病菌引起的疾病，常用磺胺类药物和抗生素。药物占饲料或饮水的比例如下：磺胺类药预防量 0.1%～0.2%，治疗量 0.2%～0.5%；四环素类抗生素预防量 0.01%～0.03%，治疗量 0.05%。一般连用 3～5d，必要时可酌情延长。此外，成年羊口服土霉素等抗生素时，常会引起肠炎等中毒反应，必须慎用。

4.8.1.2 细菌性疾病的治疗 经常观察羊群健康状态，发现异常及时处理，对可疑病羊应隔离观察并确诊。属于疫病的按相关处理规程处置，有使用价值的病羊应隔离、彻底治愈后，才能归群。病羊在药物治疗期间或达不到休药期的不应作为食用羊出售。

4.8.1.3 抗菌药的选择与使用 应依据药敏试验和肉羊用药准则（附表3），选择敏感药物进行细菌性疾病的预防与治疗。

附表 3　舍饲羊场允许使用的抗生素药物及使用规定（NY 5030）

名称	制剂	用法与用量 （用量以有效成分计）	休药期 （d）
氨苄西林钠	注射用粉针	肌内、静脉注射，一次量，每千克体重 10～20 mg	12
苄星青霉素	注射用粉针	肌内注射，一次量，每千克体重 3 万～4 万 U	14
青霉素钾	注射用粉针	肌内注射，一次量，每千克体重 2 万～3 万 U，每天 2～3次，连用 2～3d	9
青霉素钠	注射用粉针	肌内注射，一次量，每千克体重 2 万～3 万 U，每天 2～3次，连用 2～3d	9
硫酸小檗碱	粉剂	内服，一次量，0.5～1 g	0
	注射液	肌内注射，一次量，0.05～0.1 g	0
恩诺沙星	注射液	肌内注射，一次量，每千克体重 2.5 mg，每天 1～2 次，连用 2～3d	14
土霉素	片剂	内服，一次量，羔，每千克体重 10～25mg（成年反刍兽不宜内服）	5
普鲁卡因青霉素	注射用粉针	肌内注射，一次量，每千克体重 2 万～3 万 U，每天 1 次，连用 2～3d	9
	混悬液	肌内注射，一次量，每千克体重 2 万～3 万 U，每天 1 次，连用 2～3d	9
硫酸链霉素	注射用粉针	肌内注射，一次量，每千克体重 10～15mg，每天 2 次，连用 2～3d	14

4.8.2　寄生虫病的防治　选择高效、安全的抗寄生虫药，定期对羊只进行驱虫。

4.8.2.1　每年春秋季对本地区的成年羊驱虫，不能漏驱或少驱，驱虫率必须达到100%。2～3月份驱虫可防止春季寄生虫高潮的出现，9～10月份再驱虫有利于安全越冬，驱虫药与春季相同。

4.8.2.2　为避免产后 4～8 周粪便蠕虫卵发生"产后升高"，母畜应在接近分娩前驱虫；在寄生虫污染严重地区必须在产后 3～4 周进行驱虫。

4.8.2.3　种公羊在每年 4、6、8、10 月份各驱虫一次。

4.8.2.4　羔羊在 3～4 月龄进行首次驱虫。

4.8.2.5　注意事项　如为体内驱虫，用药前要停食或在早晨空腹进行，驱虫后的羊粪便要及时清理并无害化处理。

4.8.2.6　抗寄生虫药物的选择及使用　适用药物的选择及使用应符合

NY 5030 的规定（附表 4）。

附表 4　舍饲羊场允许使用的抗寄生虫药物及使用规定

名称	制剂	用法与用量 （用量以有效成分计）	休药期 （d）	有效虫体种类
阿维菌素	注射剂	皮下注射，一次量，每千克体重 0.2～0.3mg	21	线虫（捻转血矛线虫、奥斯特线虫、细颈线虫、仰口线虫、毛圆线虫、食道口线虫、鞭虫、肺线虫、蛔虫）及节肢动物（羊鼻蝇蛆、羊毛虱、羊疥癣螨、羊蜱）
	片剂	内服，一次量每千克体重0.2～0.3mg	21	
伊维菌素	注射剂	皮下注射，一次量每千克体重 0.2～0.3mg	21	线虫（捻转血矛线虫、奥斯特线虫、细颈线虫、仰口线虫、毛圆线虫、食道口线虫、鞭虫、肺线虫、蛔虫）及节肢动物（羊鼻蝇蛆、羊毛虱、羊疥癣螨）
	片剂	内服，一次量每千克体重 0.2～0.3mg	21	
吡喹酮	片剂	内服，一次量每千克体重 10～35 mg（成年羊）；内服，一次量每千克体重6mg（羔羊）	1	绦虫（莫尼茨绦虫、无卵黄腺绦虫、曲子宫绦虫）、包虫（脑多头蚴）及吸虫（肝片吸虫）
丙硫咪唑（芬苯达唑）	片剂、粉剂	内服，一次量，每千克体重 5～7.5mg	6	
盐酸氨丙啉	粉剂	拌料，按每千克体重 25mg 混入饲料中，连用14d。	1	羊球虫

注：驱除线虫和节肢动物时，任选一种伊维菌素或阿维菌素；驱除绦虫、包虫及吸虫时，任选一种吡喹酮或丙硫咪唑。

4.8.2.7　驱虫效果评价　分别在驱虫前后 7～10d，选择感染较严重的一个驱虫点或按 10％的比例进行抽查，评定驱虫效果。采用粪便检查法检测线虫、绦虫、吸虫及球虫，对其虫卵进行计数，计算虫卵减少率和转阴率（附件1.1），均达到 80％以上时驱虫效果较好，如未达到 80％的，应在 7～10d 后再驱虫一次。羊只体表的节肢动物寄生虫则采用虫体检查法（附件 1.2）。检查后，记录驱虫效果（附件 1.6）。

4.8.3　定期修蹄和浴蹄　每年春秋两季对繁殖羊各修蹄一次，浴蹄药物选择 3％～5％福尔马林或 4％硫酸铜。

4.8.4　羊营养代谢病的防治　营养代谢病的防治要点在于加强饲养管理，合理调配日粮，保证全价饲养；开展营养代谢病的监测，定期对羊群进行抽样调查，了解各种营养物质代谢的变动，正确估价或预测羊的营养需要，极早发现病羊；实施综合防治措施，如地区性矿物元素缺乏，可采用改良植被、土壤施肥、植物喷洒、饲料调换等方法，提高饲料中相关元素的含量。

具体做法：在青草茂盛季节，收割饲草并晾干，堆垛保存，注意防雨防霉，到冬春季节铡碎后进行微贮后喂羊。秋季还可青贮玉米秸秆等。冬春季节应适时补料，空怀母羊每天补料 $100\sim150g$，孕羊每天补料 $200\sim450g$。配制饲料要充分利用麸皮、甘薯渣、豆腐渣、玉米皮、玉米面等，料中按羊每千克体重添加含铁添加剂 $0.05g$、亚硒酸钠维生素 E $0.8g$、氯化胆碱 $0.6g$、含锌添加剂 $0.03g$、维生素 D $30.8g$，饲料中应含氯化钠 0.5% 左右、磷酸氢钙 2%，并适当添加赖氨酸和含铜氨基酸。每月用药 2 次预防营养不良及贫血症，每次按羊每公斤体重用 B_{12} 粉、复合维生素各 $0.8g$，每次饲喂 1 周。正确使用青贮、氨化、碱化等技术对作物秸秆进行处理，严禁饲喂由于青贮不当而发霉变质的饲草及冲洗不干净的氨化、碱化饲草；严防把粗饲料粉得过细，否则长期饲喂过细的粗饲料易引起羊的反刍障碍及前胃弛缓、积食、鼓气等疾病。粗饲料长度在 $1\sim3cm$，羊采食后能正常反刍。羊精饲料的配制要根据当地饲料资源，根据不同品种的羊、不同的生长阶段，合理调配精料。配制后，饲料内的能量、蛋白质、矿物质、维生素均要满足羊不同阶段的生长繁殖、泌乳的需要。饲料内的氨硫比率要达到 $7:1\sim8:1$，钙磷比率要达到 $1:1\sim2:1$。

对发生过白肌病或有白肌病可以的地区，冬天给妊娠母畜注射 0.1% 亚硒酸钠溶液 $4\sim8mL$；也可配合维生素 E $50\sim100mL$，每隔半月到 1 月注射 1 次，共 $2\sim3$ 次，对生后 $2\sim3$ 日龄的羔羊注射 $1mL$。

4.8.5 肉羊育肥后期使用药物时，应根据所用药物执行休药期，达不到休药期的，不应作为食用肉羊上市。

5 疾病监测

依照《中华人民共和国动物防疫法》及其配套法规的要求，结合当地实际情况，羊场应制定疫病监测方案。

5.1 羊传染病的检测

羊常见疾病可通过流行病学调查、临床检查（方法见标准 GB 16549）和病理变化检查做出初步诊断，必要时进行实验室确诊，尤其注意对口蹄疫、羊痘、蓝舌病、炭疽和布鲁氏菌病的检测。同时需注意监测外来病的传入，如痒病、小反刍兽疫、梅迪/维斯纳病、山羊关节炎/脑炎等。检出阳性后按本规程 6 项处理，并做详细记录（附件 2.1、2.2）。

每年春季或秋季用虎红平板凝集试验和试管凝集试验对全群进行布鲁菌病

检疫（具体方法详见标准 GB/T 18646），检疫密度不得低于 90%。在新生羊、未免疫羊、免疫 1 年半或口服免疫 1 年以后的羊进行监测，检出的阳性羊按本规程 6 项处理。并做详细记录（附件 2.1、2.2）。

此外，还应根据当地实际情况，选择其他一些必要的疫病进行监测；或根据高度疑似病例采集样本进行病原学检查。对所有病羊的发病情况、采集的样品和监测结果进行记录（附件 2.1、2.2）。

5.2 羊寄生虫病的常规检测

建立寄生虫病的常规检测制度，3～4 个月抽查 1 次，抽查数量为羊只总数的 10%，每年抽查 3～4 次。

5.2.1 粪样寄生虫虫卵、幼虫检测 随机多点采集羊粪样进行粪便检查（附件 1.1）。需检测卵、幼虫的寄生虫有：球虫、吸虫、绦虫、线虫等。

5.2.2 体表寄生虫检查 检测的虫体包括疥癣螨、羊毛虱、蜱等。同时还应检测贝诺包子虫的包囊或滋养体。

5.2.3 血液寄生虫检测 主要是对血液原虫（泰勒虫、锥虫、巴贝斯虫等）的检测。

5.2.4 体内虫体检查 剖检时检查的虫体包括吸虫、绦虫、线虫、疥癣螨、羊毛虱、蜱、羊鼻蝇蛆、细颈囊尾蚴、脑包虫、棘球蚴等，肉孢子虫的检查应结合组织学方法。

检测过程中应对检查结果进行记录，并填写羊寄生虫病发病/感染情况调查登记表（附件 1.7），计算寄生虫的感染率、感染强度（附件 1.3 至附件 1.5），判断是否进行驱虫。

5.2.5 选择用药时期 感染强度和感染率为轻度时可暂不用药；感染强度或感染率二者任何一项达到中度感染以上时须用药进行驱虫。

5.3 羊传染病防治效果监测

舍饲羊场按规程进行免疫，口蹄疫免疫第 21 天、3 个月和 5 个月时，分别按羊总数的 5%～10% 随机采血，对免疫效果进行检测，测定抗体滴度，确定免疫保护期和免疫接种时间，并做好免疫效果监测记录（附件 2.3）。

病羊进行药物治疗时，要跟踪观察治疗效果，并作详细记录（附件 2.3）。

5.4 羊营养代谢病的监测

5.4.1 饲料矿物质微量元素和有害物质检测 根据当地土壤环境特点定

期按标准测定饲料中微量元素如硒等和有害物质如氟、亚硝酸盐等的含量，及时发现饲料中矿物质微量元素、有害物质的含量，并按标准添加和减少矿物质微量元素。对有害物质超标的饲料及时处理，避免污染正常饲料和周围环境，减少营养代谢病的发生几率。

5.4.2 舍饲羊生理指标的检测 每年应定期进行2~4次血检，及时了解其血液中各种成分的含量和变化。主要检测项目的测定方法和正常值范围如下：

血糖（费林-吴宪氏法，正常值35~60mg%）、血细胞压积值（正常值30%~40%）、血红蛋白（沙利氏比色法，9~12g%）、血尿素氮（2.1~9.6mmol/L）、血清无机磷（磷钼酸法，4.8~8.0mg%）、血钠（醋酸铀镁试剂法，319.7~349.6mg%）、血钾（四苯硼钠比浊法，15.24~21.11mg%）、血镁（钛黄比色法，1.9~3.9mg%）、血钙（EDTA法，11.88~12.44mg%）、血酮体（水杨酸比色法10mg%以下）。

6 疫病控制和扑灭

羊场发生疫病或有疑似疫病时，应依据《中华人民共和国动物防疫法》、动物传染病防治技术规范和NY 5149及时采取以下措施：

6.1 立即封锁现场

驻场兽医应及时诊断，并尽快向当地动物防疫监督机构报告疫情。

6.2 一类动物疫病

发生疑似一类动物疫病，如口蹄疫、痒病、蓝舌病、小反刍兽疫、绵羊痘和山羊痘等，应当立即向当地兽医主管部门、动物卫生监督机构或者动物疫病预防控制机构报告，并采取隔离等控制措施，防止动物疫情扩散。确诊后应按照《中华人民共和国动物防疫法》采取相应的控制措施和扑灭方法。

6.2.1 确诊发生口蹄疫、小反刍兽疫时，肉羊饲养场应配合当地动物防疫监督机构，对羊群实施严格的隔离、扑灭措施，按照农业部《口蹄疫防治技术规范》扑杀疫点内所有病畜及同群易感畜，并对病死畜、被扑杀畜及其产品进行生物安全处理。

6.2.2 发生痒病时，除了实施严格的隔离、扑杀措施外，还需追踪调查病羊的亲代和子代。

6.2.3 发生蓝舌病时，应扑杀病羊；如血清学反应呈现抗体阳性，但无临床症状时，需采取清群和净化措施。

6.2.4 发生羊痘时，按照农业部《绵羊痘/山羊痘防治技术规范》应对疫点内的病羊及其同群羊彻底扑杀。

6.3 二类动物疫病

发生二类动物疫病，如狂犬病、布鲁氏菌病、炭疽、伪狂犬病、产气荚膜梭菌病、副结核病、弓形虫病、棘球蚴病、钩端螺旋体病、山羊关节炎脑炎、梅迪—维斯纳病，要配合有关部门采取隔离、扑杀、销毁、消毒、生物安全处理、紧急免疫接种，限制已感染动物及其产品、有关物品出入等控制措施。

6.3.1 发生炭疽时，按照农业部《炭疽防治技术规范》将患病动物和同群动物全部进行无血扑杀处理，其他易感动物紧急免疫接种。对所有病死动物和被扑杀动物，排泄物以及可能被污染的垫料、饲料、产品等按《炭疽防治技术规范》进行生物安全处理。

6.3.2 发生布鲁氏菌病、梅迪/维斯纳病、山羊关节炎/脑炎等二类疫病时，患病动物应全部扑杀。对羊群实施清群和净化措施。对受威胁的畜群（病畜的同群畜）实施隔离，可采用圈养和固定草场放牧两种方式隔离。

6.4 三类动物疫病

发生三类动物疫病，如大肠杆菌病、李氏杆菌病、放线菌病、肝片吸虫病、丝虫病、附红细胞体病、肺腺瘤病、传染性脓疱、羊肠毒血症、干酪性淋巴结炎、绵羊疥癣、绵羊地方性流产等，应对羊群进行防治和净化。

6.5 清洗消毒和生物安全处理

按本规程 4.4 中，全场进行彻底的清洗消毒，病死或淘汰羊的尸体按 GB 16548 进行无害化处理。

传染病病原体污染地面时，可先将地面下翻 30cm，同时撒上干漂白粉（用量为 $0.5kg/1m^2$）；然后以水洇湿地面并压平；停放过患有炭疽等芽孢杆菌病羊尸体的场所，应严格加以消毒，首先用 3% 的漂白粉溶液喷洒地面，掘起表层土壤 30cm 左右，并撒干燥漂白粉与土壤混合后，将其妥善运出掩埋。

依据疾病的不同，病死或淘汰羊的尸体应分别采取销毁、化制、高温处理等无害化处理方法（GB 16548），其产品（血液、皮、毛、蹄、角、骨等）应进行严格消毒（GB 16548 和 GB/T 16569）。

7 档案建立

依据《畜禽标识和养殖档案管理办法》，羊场应当建立疾病防治档案，所有记录应妥善保存。

以下内容应准确、完整记录。

7.1 羊的品种、数量、繁殖记录、标识情况、来源和进出场日期。

7.2 饲料、饲草、饲料添加剂等投入品和兽药的来源、名称、使用对象、时间和用量等有关情况。

7.3 检疫、监测、消毒情况。

7.4 病历档案

记录发病、诊断（包括实验室检查及其结果）和用药情况，建立并保存全部用药的记录，治疗用药记录包括肉羊编号、发病时间及症状、药物名称（商品名、有效成分、生产单位及批号）、给药途径、给药剂量、疗程、治疗时间等；预防或促生长混饲用药的记录包括药品名称（商品名、有效成分、生产单位及批号）、给药剂量、疗程等。

7.5 免疫和免疫效果检测记录。

7.6 死亡和无害化处理情况。

附件1 寄生虫病检测方法

1.1 粪便检查法

1.1.1 **粪便采集** 驱虫后 7～10d，随机多点采取直肠粪便，连取 3d，每天 3 次，早中晚各 1 次，每次 5～10g，分别装入干净塑料袋，标号后进行检测。不能及时进行检查时，应挤出袋内空气，4℃保存备用。虫体检测应分别收集每只羊的全粪，分别淘洗检测虫体。

1.1.2 **虫卵、幼虫和卵囊检查**

（1）饱和盐水漂浮法 适用于线虫卵、绦虫卵和球虫卵囊的检查。操作如下：取被检粪便 2g，放入一小玻璃瓶（如青霉素小瓶）内，加入漂浮液少许，用细玻璃棒将粪便搅碎，再加漂浮液直到液面凸出瓶口呈半球形，静置 15～20min，用载玻片轻轻接触液面以沾取虫卵，置于低倍显微镜下检查。每个粪样检查两次。未观察到虫卵时,重复检查一次。

(2) 沉淀法 适用于吸虫卵的检查。操作如下:取 5g 粪样置于烧杯中,加 5 倍量的清水并彻底搅匀,静置 20min,弃去上层液体,再加清水搅匀,反复进行直至上层液体清亮为止并将其弃去,吸取适量的粪汁镜检。

(3) 虫卵计数 常用麦克马斯特法。具体操作:取粪便 2g 于小烧杯中,先加水 10mL,搅匀,再加饱和盐水 50mL,混匀后,用 60 目铜筛过滤,并立即取滤液注入麦克马斯特板计数室内,静置 1~2min,显微镜下对 1cm³ 刻度中的虫卵进行计数,所得数目乘以 200 即为每克粪便中的虫卵数(EPG)。

(4) 驱虫药效的评定 根据驱虫前后 EPG 值,按下列公式计算出虫卵减少率及虫卵转阴率。

$$虫卵减少率 = \frac{驱虫前平均 EPG 值 - 驱虫后平均 EPG 值}{驱虫前平均 EPG 值} \times 100\%$$

$$虫卵转阴率 = \frac{本组中虫卵转阴动物数}{本组动物数} \times 100\%$$

1.2　虫体检查法

1.2.1　**虫体采集**　仔细检查羊只体表,用镊子采取所发现的寄生虫,装入标本瓶内,贴上标签,并详细记录。进行尸体剖检时,对各组织脏器进行逐一详细检查,挑取体内寄生虫,放入生理盐水中洗净,镜检观察并鉴定部分虫体。

1.2.2　**虫体固定、保存**　将采集到的不同种类的寄生虫分别固定于不同的标本瓶中,直接加入 70% 乙醇或 10% 福尔马林溶液固定、保存。

1.3　寄生虫的感染率、感染强度计算方法

$$感染率 = \frac{本组中感染某种寄生虫的动物数}{本组动物数} \times 100\%$$

$$感染强度(虫卵) = \frac{感染某种寄生虫的虫卵数}{每克粪便}$$

$$感染强度(虫体) = \frac{感染某种寄生虫的虫数}{某一动物个体}$$

1.4 感染强度的判定标准

羊寄生虫感染强度的判定标准表

种　类	无感染	轻度感染	中度感染	重度感染
每克类便中的吸虫卵（枚）	0	＜100	100～1 000	＞1 000
每克类便中的线虫卵（枚）	0	＜300	300～3 000	＞3 000
每克类便中的绦虫卵（枚）	0	＜500	500～5 000	＞5 000
每克类便中的细颈线虫卵（枚）	0	＜10	10～100	＞100
羊毛虱（个/只）	0	＜10	10～100	＞100
疥癣螨（个/只）	0	＜10	10～100	＞100
羊鼻蝇蛆（个/只）	0	—	1～10	＞10
羊蜱（个/只）	0	＜5	5～10	＞10

注："—"为无该项标准。

1.5 感染率的判定标准

羊寄生虫感染率的判定标准表

强　度	感染率
无感染	0%
轻度感染	＜10%
中度感染	10%～40%
重度感染	＞40%

1.6 驱虫前后效果评价

驱虫前后效果评价记录表　　　　　　　年　月　日

地区				场名	
寄生虫病种类	驱虫前		驱虫后		驱虫效果评价	

寄生虫病种类	感染率	感染强度	感染率	感染强度	虫卵减少率	虫卵转阴率
吸虫病						
绦虫病						

（续）

地区					场名	
寄生虫病种类	驱虫前		驱虫后		驱虫效果评价	
	感染率	感染强度	感染率	感染强度	虫卵减少率	虫卵转阴率
线虫病						
球虫病						
疥癣螨病					—	—
羊毛虱病					—	—
羊蜱病					—	—
其他寄生虫病					—	—

注："—"为无该项检测项目。

1.7 黄土高原羊寄生虫病发病/感染情况调查

黄土高原羊寄生虫病发病/感染情况调查登记表　　　年　月　日

地区		场名	
寄生虫病种类		感染率	感染强度
疥癣螨病			
羊毛虱			
羊蜱蝇蛆			
吸虫病			
绦虫病			
线虫病			
孢子虫病			
球虫病			
棘球蚴病			
细颈囊尾蚴病			
脑多头蚴病			
焦虫病			
其他寄生虫病			

附件2 羊病检测与防治记录表

2.1 舍饲羊疫病检测采样单

舍饲羊疫病检测采样单   编号：

采样单位名称				采样日期	
采样人姓名				联系电话	
采样点地址		市	县	镇（乡）场/村	
场主/畜主姓名		联系电话		邮编	
养殖模式	□规模场□专业户	更新制度	□连续饲养		□全进全出
养殖畜种		存栏数量		采样动物标识编码	
采样动物性别		年龄		品种	
家畜来源					
样品名称、数量	□扁桃体_____，□淋巴结_____，□肺脏_____， □脾脏_____，□肾脏_____，□血样_____， □脑_____，□粪便_____； □其他，请填写：_____。				
样品保存及运输条件	全血样品一般保存于4℃，血清长期保存需－20℃以下或干冰中（组织样品尽快冷冻）。注：所有样品都避免反复冻融。				
本场/户/村近期是否有疫病流行	有否疫病：□是 □否； 疫病名称：_____				
引种检疫情况	是否检疫：□是 □否； 疫病名称：_____				
邻近养殖场/村是否发病	□是 □否				
当时的发病情况	发病数： 死亡数： 病程： 发病年龄： 发病时间： 症状： 主要病理变化：				

（续）

治疗情况	是否治疗：□是　　□否；　　治疗药物：＿＿＿＿＿＿ 治疗效果：□好　　□中　　□差
临床初步诊断	可能的发病原因（诱因）分析：
	疑似疾病名称：　　　　　　　　诊断兽医师：
备注	

注：每只动物填写1份。

2.2　舍饲羊疫病检测结果记录表

舍饲羊疫病检测结果记录表

监测单位：＿＿＿＿＿＿＿＿＿＿＿＿＿　　　　　　年　　月　　日

样品编号	样品名称 （样品种类）	采集时间	采样人	检测方法	检测结果

2.3 舍饲羊场疾病防治情况记录表

舍饲羊场疾病防治情况记录表（病历）

养殖场名称				病历编号			
场主/畜主姓名				联系电话			
饲养场地址	市 县 镇（乡） 场/村						
养殖模式	□规模场 □专业户			更新制度	□连续饲养		□全进全出
发病羊标识编码		病羊品种		病羊年龄		同群羊数（头）	
羊只来源							
检疫情况							
免疫情况							
发病开始时间	年 月 日		发病结束时间			年 月 日	
病史（曾发生病种）							

发病情况与诊断

发病经过与症状	
检验方法与结果	
诊断结果	

	治疗过程		
开始治疗时间	药物名称、剂量、给药方法	停止治疗时间	兽医师签字
治疗结果			

注：群体发病时，可按圈舍填写；单发时按发病动物填写。

2.4 舍饲羊群免疫效果监测表

舍饲羊群免疫效果监测表

疫苗名称		免疫时间	免疫数量	抽样数量	成年/羔羊	免疫后平均抗体滴度				
						21d	90d	120d	150d	180d
口蹄疫O型-亚洲I型二价灭活疫苗	O型									
	亚洲I型									

附件3　舍饲羊场疾病防治档案

舍饲羊场疾病防治档案

单位名称：_____

养殖代码：_____

动物防疫条件合格证编号：_____

品　　种：_____

（一）生产记录（按日或变动记录）

圈舍号①	时间②	变动情况（数量）③				存栏数④	免疫标识	检疫合格证明编号	备注
		出生	调入	调出	死淘				

注：①圈舍号：填写家畜饲养的圈、舍、栏的编号或名称；不分圈、舍、栏的此栏不填。

②时间：填写出生、调入、调出和死淘的时间。

③变动情况（数量）：填写出生、调入、调出和死淘的数量。调入的需要注明动物检疫合格证明编号，并将检疫证明原件粘贴在记录背面；调出的需要在备注栏注明详细的去向；死亡的需要在备注栏注明死亡和淘汰的原因。

④存栏数：填写存栏总数，为上次存栏数和变动数量之和。

（二）饲料、饲料添加剂和兽药使用记录

年度：

圈舍号	羊耳标	开始使用时间	投入品名称	生产厂家	批号/加工日期	给药途径	给药剂量	停止使用时间	备注

①养殖场外购的饲料应在备注栏注明原料组成。

②养殖场自加工的饲料的生产厂家栏填写自加工，并在备注栏写明使用的饲料添加剂、药物的有效成分和含量。

③单独治疗的羊要填写耳标号。

（三）消毒记录

时间①	消毒场所②	消毒药名称③	生产厂家	批号	用药剂量④	消毒方法⑤	操作员签字

①时间：填写实施消毒的时间。

②消毒场所：填写圈舍、人员出入通道和附属设施等场所。

③消毒药名称：填写消毒药的化学名称。

④用药剂量：填写消毒药的使用量和使用浓度。

⑤消毒方法：填写熏蒸、喷洒、浸泡、焚烧等。

（四）免疫记录

圈舍号：

时间①	存栏数量	免疫数量②	疫苗名称	生产厂家	批号③（有效期）	免疫方法④	免疫剂量	免疫人员	备注⑤

①时间：填写实施免疫的时间。

②数量：填写同批次免疫家畜的数量，单位为头、只。

③批号：填写疫苗的批号。

④免疫方法：填写免疫的具体方法，如喷雾、饮水、滴鼻点眼、注射部位等。

⑤备注：记录本次免疫中未免疫动物的耳标号。

（五）诊疗统计表

统计区间： 年 月 日至 年 月 日

序号	时间	家畜标识编码①	圈舍号②	日龄	病名	用药名称③	用药方法④	诊疗人员⑤	病历编号

①家畜标识编码：填写15位家畜标识编码中的标识顺序号，按批次统一填写。

②圈舍号：填写动物饲养的圈、舍、栏的编号或名称；不分圈、舍、栏的此栏不填。

③用药名称：填写使用药物的名称。

④用药方法：填写药物使用的具体方法，如口服、肌内注射、静脉注射等。

⑤诊疗人员：填写做出诊断结果的单位，如某某动物疫病预防控制中心。执业兽医填写执业兽医的姓名。

(六) 驱虫记录

圈舍号:

时间①	存栏数量	驱虫数量②	药物名称	生产厂家	批号③(有效期)	用药方法④	用药剂量	用药人员	备注⑤

①时间:填写实施驱虫的时间。

②数量:填写同批次驱虫家畜的数量,单位为头、只。

③批号:填写药物的批号。

④驱虫方法:填写驱虫的具体方法,如口服、肌内注射、皮下注射等。

⑤备注:记录本次驱虫中未驱虫动物的耳标号。

(七) 疾病监测与处理结果记录

采样日期	圈舍号①	采样数量	监测项目②	监测单位③	监测结果④	处理情况⑤	备注

①圈舍号:填写动物饲养的圈、舍、栏的编号或名称;不分圈、舍、栏的此栏不填。

②监测项目:填写具体的内容如布鲁氏菌病监测、口蹄疫免疫抗体监测。

③监测单位:填写实施监测的单位名称,如某某动物疫病预防控制中心。企业自行监测的填写自检;企业委托社会检测机构监测的填写受委托机构的名称。

④监测结果:填写具体的监测结果,如阴性、阳性、抗体效价数等。

⑤处理情况:填写针对监测结果对家畜采取的处理方法。如针对布病监测阳性羊的处理情况,可填写为对阳性羊全部予以扑杀;针对抗体效价低于正常保护水平,可填写为对家畜进行重新免疫。

（八）病死家畜无害化处理记录

时间①	数量②	处理或死亡原因③	家畜标识编码④	处理方法⑤	处理单位⑥（或责任人）	备注

①时间：填写病死家畜无害化处理的时间。

②数量：填写同批次处理的病死家畜的数量，单位为头、只。

③处理或死亡原因：填写实施无害化处理的原因，如染疫、正常死亡、死因不明等。

④家畜标识编码：填写15位家畜标识编码中的标识顺序号，按批次统一填写。

⑤处理方法：填写无害化处理方法。

⑥处理单位：委托无害化处理场实施无害化处理的填写处理单位名称；由本厂自行实施无害化处理的由实施无害化处理的人员签字。

参考文献

白移生.1996.硝氯酚驱除绵羊双腔吸虫疗效试验［J］.畜牧兽医杂志，15（1）：35－36.

陈济生.1997.鲁西有角高腿小尾寒羊的饲养［M］.北京：中国建材工业出版社.

胡振英，罗超应，尚若峰.2004.国产克洛素隆驱除山羊肝片吸虫的临床试验［J］.动物医学进展，25（2）：117－119.

李福刚.2002.羔羊败血性大肠杆菌病的诊断和防治［J］.畜牧兽医杂志，21（1）：43－44.

李宏全，郑明学，梁占学.2004.门诊兽医手册［M］.北京：中国农业出版社.

林德贵.2003.家畜外科手术学［M］.第4版.北京：中国农业出版社.

刘家伦.2003.羊附红细胞体病的防治［J］.养殖与饲料，（9）：35－36.

刘月琴，张英杰.2003.羊附红细胞体病的诊治［J］.河北畜牧兽医，19（9）：42－43.

罗才文，钟细苟，龚冬尧.2003.山羊传染性胸膜肺炎的诊断与防治［J］.中国兽医科技，33（10）：73－74.

秦建华，杨鹏华，刘占民，等.2004.舍饲小尾寒羊附红细胞体病的流行病学调查［J］.河北农业大学学报，27（1）：86－88.

秦云.1995.羊衣原体性流产［J］.中国兽医杂志，21（5）：38－40.

孙书华，蒋正军.1996.用聚合酶链反应检测山羊关节炎脑炎及梅迪—维斯纳病毒［J］.中国动物检疫，13（4）：10－11.

王洪斌.2002.家畜外科学［M］.第4版.北京：中国农业出版社.

王建辰.2001.羊病学［M］.北京：中国农业出版社.

王建华.2001.家畜内科学［M］.第3版.北京：中国农业出版社.

王俊东，董希德，梁占学.2001.畜禽营养代谢和中毒病［M］.北京：中国林业出版社.

王梅芝，杨富业.2004.羊传染性胸膜肺炎的综合防治研究［J］.甘肃畜牧兽医，（1）：20－22.

王水明，张常印.1996.土拉杆菌病［J］.动植物检疫，（1）：32－34.

吴金花，包而华，韩英慧，等.2003.绵羊前后盘吸虫病的检疫及治疗试验［J］.内蒙古民族大学学报（自然科学版），18（2）：132－133.

岳文斌，孙效彪，郑明学，等.2001.羊场疾病控制与净化［M］.北京：中国农业出版社.

岳文斌主编.2000.现代养羊［M］.北京：中国农业出版社.

张书杰，于金玲，田丽丽.2004.羔羊大肠杆菌病的防治［J］.辽宁畜牧兽医，（2）：22－23.

赵兴绪.2002.兽医产科学［M］.第3版.北京：中国农业出版社.

钟奇兴，黄雄，姚家康.2003.山羊传染性胸膜肺炎的诊治效果观察［J］.中国草食动物，
　23（1）：42-43.

周学章.1993.绵羊梅迪（Maedi）和维斯纳（Visna）病［J］.中国养羊，13（3）：43-44

朱士盛，马洪超.1990.土拉杆菌病［J］.动物检疫，（3）：26-30.

Jundong Wang，Yuhong Guo，Zhanxue Liang，et al.2003. A study of Amino Acid Composi-
　tion and Histopathology of Goat Tooth in Industrial Fluoride Pollution Area［J］.
　Fluoride，36（3）：177-184